MISZELLANEEN DER ANGEWANDTEN MECHANIK

W. Tollmien.

Miszellaneen der Angewandten Mechanik

Festschrift

WALTER TOLLMIEN

zum 60. Geburtstag
am 13. Oktober 1960
von seinen Freunden und Schülern

Herausgegeben von

MANFRED SCHÄFER
Göttingen

Mit 139 Abbildungen

AKADEMIE-VERLAG · BERLIN
1962

Erschienen im Akademie-Verlag GmbH, Berlin W 8, Leipziger Straße 3—4

Lizenznummer: 202 · 100/543/62

Gesamtherstellung: VEB Druckerei „Thomas Müntzer" Bad Langensalza

Bestellnummer: 5449 · E S 18 B 2

VORWORT

Die „Miszellaneen der Angewandten Mechanik“ enthalten in Buchform die Professor W. Tollmien zu seinem 60. Geburtstag gewidmeten Originalarbeiten. Ihre Themen berühren die verschiedensten Teilgebiete der Mechanik, entsprechend den Arbeitsrichtungen der einzelnen Verfasser. Der Kreis derjenigen Fachgenossen, die der Herausgeber seinerzeit um Unterstützung für das Gelingen seines Vorhabens gebeten hatte, war freilich bewußt von vornherein auf solche Kollegen des In- und Auslandes beschränkt worden, die mit W. Tollmien in besonders ausgeprägtem wissenschaftlichem oder persönlichem Kontakt stehen oder gestanden haben. Allen Autoren, die unserer Bitte um Mitarbeit entsprochen haben, sei an dieser Stelle herzlichst gedankt. Dabei ist in Trauer zweier Mitarbeiter zu gedenken, die inzwischen der Tod mitten aus ihrem Schaffen gerissen hat, es sind dies die Herren Prof. Dr. H. Kauderer (Hannover) und Prof. H. B. Squire (London).

Bei der äußeren Gestaltung dieses Bandes hat sich für die Anordnung der Arbeiten die der alphabetischen Reihenfolge nach Verfassernamen angeboten.

Besonderer Dank gebührt schließlich dem Akademie-Verlag, Berlin, für die Bereitwilligkeit zur Herausgabe der Festschrift und ihre gute Ausstattung, im einzelnen der Redakteurin, Fräulein Dipl.-Math. Renate Helle, und dem Chefredakteur, Herrn Dr. W. Künzel, für die gute Zusammenarbeit bei den Vorbereitungen und der Drucklegung. Die Korrektheit des Textes ist wesentlich der unermüdlichen Hilfe von Fräulein Ebba B. König beim Lesen der Revision zu verdanken.

Göttingen, im Januar 1962 — Der Herausgeber

INHALTSVERZEICHNIS

ZUM GELEIT

Am 13. Oktober 1960 vollendete WALTER TOLLMIEN, ordentlicher Professor für Angewandte Mechanik und Strömungsphysik an der Universität Göttingen und Direktor des Max-Planck-Instituts für Strömungsforschung, Göttingen, sein 60. Lebensjahr. Da er sich zu jener Zeit gerade einer Kur in Bad Nauheim unterzog, wurde die offizielle Feier seines Geburtstages in einer Festsitzung nachgeholt, die im Wintersemester 1960/61 den Auftakt für das seinerzeit von ihm ins Leben gerufene Universitätskolloquium „über Fragen der Angewandten Mathematik und Mechanik" bildete. Bei diesem Anlaß wurde dem Jubilar als sichtbarer Ausdruck der Glückwünsche, Wertschätzung, Dankbarkeit und Verbundenheit eine stattliche Kassette mit den Originalarbeiten überreicht, durch die ihn seine Freunde, Schüler und Kollegen aus der internationalen Fachwelt würdigen und ehren wollten.

Diese Widmungsbeiträge bilden den Inhalt der vorliegenden Festschrift. Ihr Zustandekommen ist der Mitwirkung vieler Fachgenossen zu verdanken, und diejenigen der Angeschriebenen, die leider eine Absage erteilen mußten, haben dies nur unter großem Bedauern getan. Dabei klingt in ihren Worten etwas durch, was dieser Band nicht zum Ausdruck bringen kann, was wir aber unserem lieben Freund WALTER TOLLMIEN gern auch noch übermitteln möchten, nämlich den lebhaften Widerhall, den der Aufruf zu dieser Festschrift im In- und Ausland gefunden hat!

Die dem Festband vorangestellten Geleitworte sind nicht in der Absicht geschrieben worden, eine eingehende Würdigung von TOLLMIENs wissenschaftlichem Werk zu versuchen; dies dürfte bei der heutigen angestiegenen Lebenserwartung ohnehin anläßlich eines 60. Gelehrtengeburtstages als verfrüht erscheinen. Vielmehr soll nur unternommen werden, den Werdegang des Jubilars zu skizzieren und aus seinem Schaffen zu berichten; dies freilich aus der ganz persönlichen Sicht eines Wegbegleiters, der ihm seit mehr als 20 Jahren ununterbrochen zur Seite gestanden hat, mit seiner Hilfe vom einfachen Mitarbeiter zum Kollegen aufgestiegen ist und sich nunmehr seinen Freund nennen darf. Aus diesem für mich sehr glücklichen Umstand glaube ich auch die Legitimation für die folgende Schilderung herleiten zu dürfen; denn ich habe nicht nur TOLLMIENs hervorragende Fähigkeiten als Forscher und Lehrer in seinem Fachgebiet, sondern auch seine hohen menschlichen Qualitäten wie wohl nur wenige kennen und schätzen gelernt, zumal in schweren Zeiten und in für ihn besonders leidvollen Tagen. Aus persönlichem Erleben erinnere ich mich mannigfacher Beispiele seiner lauteren Gesinnung, seiner Aufgeschlossenheit für die Sorgen anderer und seiner uneigennützigen

Hilfsbereitschaft. Sein kritisches und offenherziges Urteil, geschult an exaktem logischen Denken, mag gelegentlich wohl recht streng erscheinen, doch habe ich es kaum jemals als sachlich ungerechtfertigt empfunden. Umsomehr übt er dafür an der eigenen wissenschaftlichen Leistung schärfste Selbstkritik. Wichtige Entscheidungen pflegt er erst nach sorgsamer Überprüfung der Konsequenzen zu fällen, wobei er sich keineswegs scheut, Ratschlägen wie auch berechtigten Einwänden seiner vertrauten Mitarbeiter Rechnung zu tragen. Sein den Rahmen fachlicher Spezialisierung sprengender Interessenkreis umspannt im Grunde das gesamte geistige, kulturelle und politische Leben und spiegelt sich in manchem seiner improvisierten Vorlesungs-Bonmots wider — von ihm selbst scherzhaft als „studium generale" bezeichnet. Seine erstaunliche literarische Belesenheit und seine Freude an geistvollen Gesprächen wie an humorvollen Plaudereien machen ihn allzeit zu einem geschätzten Gesellschafter in fröhlicher Runde, bei der er zumeist viel mehr Gebender als Nehmender ist; vor allem wird eine nett erzählte Anekdote (besonders wenn sie „wirklich wahr" sein soll) stets seinen Beifall finden und mit einem herzhaften Lachen quittiert werden. Bekannt sind sein Kunstsinn für architektonische Schönheit wie seine Liebe zur Natur, überraschend seine genaue Kenntnis der Göttinger Flora.

In einem echten Gelehrtendasein wird stets die wissenschaftliche Leistung den Vorrang vor der Person haben, das Leben eines Forschers ist gleichsam verwoben mit seiner wissenschaftlichen Arbeit, es wird von ihr geprägt und beherrscht. So auch bei WALTER TOLLMIEN. Er ist an sich gebürtiger Berliner, verlebte seine Kindheits- und Jugendjahre aber in Wittenberg. Am dortigen Melanchthon-Gymnasium genoß er auch seine Schulbildung. Noch heute spricht er besonders von seinem einstigen Mathematiklehrer mit warmherziger Verehrung. Offenbar hat ihm auch der Unterricht im Gymnasium seine Vorliebe für das Gedankengut des klassischen Altertums und für die antiken Sprachen eingepflanzt.

Seinen Neigungen entsprechend studierte er vom Sommersemester 1919 bis Wintersemester 1923/24 Mathematik, Physik und Chemie, zunächst kurz an der Universität Berlin, sodann die längste Zeit an der Universität Göttingen, und hier betrieb er insbesondere Angewandte Mechanik. Den Abschluß seines Studiums bildete die Doktorpromotion am 7. Mai 1924 mit einem von L. PRANDTL angeregten Thema. Daraufhin wurde er als Wissenschaftlicher Assistent an dem von PRANDTL geleiteten Kaiser-Wilhelm-Institut für Strömungsforschung eingestellt, wo er bis November 1930 verblieb.

In diese Zeit fällt eine seiner bedeutendsten Leistungen, seine wohl am berühmtesten gewordene Untersuchung zur Turbulenzentstehung durch Betrachtung der Stabilität laminarer Grenzschichtströmungen gegenüber kleinen Störungen mittels der Methode der kleinen Schwingungen. Damit war nach jahrzehntelangen vergeblichen Bemühungen namhafter Forscher erstmalig die Lösung des im Rahmen der Linearisierung vollständigen Störungsproblems durch die „asymptotische Stabilitätstheorie" (d. h. für große REYNOLDSsche Zahlen) gelungen. Durch die TOLLMIENsche Arbeit, an die später zahlreiche Untersuchungen angeknüpft haben, erhielt diese Theorie die heute allgemein akzeptierte und inzwischen streng bewiesene Form. Die Ablehnung, die seinem neuartigen Ergebnis zunächst viele Jahre lang widerfuhr, hat ihn aber niemals an dessen Richtigkeit zweifeln lassen. Als Kuriosum sei noch am Rande vermerkt, daß ein Mathematiker sogar die Unlösbarkeit des zugrundeliegenden mathematischen Eigenwertproblems behauptet hatte, indessen stellte sich später die Beweisführung als nicht stichhaltig heraus.

In seiner ersten Göttinger Zeit schrieb TOLLMIEN auch seinen Artikel über Grenzschichttheorie im Handbuch für Experimentalphysik. Hierbei beweist er erstmals seine große Meisterschaft in der Gestaltung zusammenfassender Darstellungen. Sie ist gekennzeichnet einmal durch eine angemessene Stoffauswahl mit einer ihr angepaßten Gewichtsverteilung (was beides eine souveräne Beherrschung des einschlägigen wissenschaftlichen Materials voraussetzt), zum anderen durch eine außerordentlich klare Darstellungsweise und einen glänzenden — um nicht zu sagen brillanten — wissenschaftlichen Stil. Deshalb legt er auch bei seinen Schülern mit gutem Grunde größten Wert auf eine sprachlich einwandfreie Ausdrucksform. Während meiner ersten Assistentenjahre habe ich ihm in dieser Hinsicht mancherlei abgucken können. Das unermüdliche Ringen um die rechte Formulierung ist TOLLMIEN bis zum heutigen Tage gleichsam Gesetz geblieben, und so haben wir später beide an wichtigen Schriftsätzen nur allzuoft gemeinsam emsig herumgefeilt.

Unterdessen hatte der junge Wissenschaftler auch geheiratet; dieser Ehe entstammen ein heute erwachsener Sohn und eine inzwischen verheiratete Tochter (ein drittes Kind war ihm durch einen tragischen Unglücksfall frühzeitig wieder entrissen worden).

Ein neuer und für ihn bedeutsamer Lebensabschnitt begann mit seiner Übersiedlung in die USA, wo er auf Veranlassung von TH. v. KÁRMÁN als Research Fellow am Guggenheim Aeronautical Laboratory des California Institute of Technology, Pasadena-Cal., in Forschung und Lehre tätig war. Mit seinem damaligen Chef verbindet ihn bis heute eine verehrungsvolle Freundschaft. Daher war es ihm eine besondere Freude, daß Herr VON KÁRMÁN durch seinen Festbeitrag auch die Wertschätzung für seinen einstigen Mitarbeiter zum Ausdruck brachte und so zugleich die Erinnerung an eine schöne und angenehme Vergangenheit wachrief.

Als TOLLMIEN im August 1933 wieder nach Deutschland zurückkehrte, fand er eine veränderte Heimat vor. Seiner ganzen Einstellung nach konnte er den neuen politischen Verhältnissen gegenüber nur eine ablehnende Haltung einnehmen. Mutig und voller Selbstvertrauen hat er diese Gesinnung auch nach außen hin dadurch bekundet, daß er es abgelehnt hatte, etwa durch Paktieren mit dem Nationalsozialismus seine Karriere zu fördern. Aber sein wissenschaftlicher Ruf war inzwischen schon so gefestigt, daß man trotzdem seinen Namen nicht übersehen konnte. So wurde er, nachdem er von 1934 bis 1937 als Wissenschaftlicher Gruppenleiter wieder am Kaiser-Wilhelm-Institut für Strömungsforschung tätig gewesen war und daneben nach seiner Habilitation für Angewandte Mathematik und Mechanik ab Wintersemester 1936/37 als Dozent an der Universität Göttingen gelehrt hatte, im November 1937 als Nachfolger von E. TREFFTZ auf das Ordinariat für Technische Mechanik an der Technischen Hochschule Dresden berufen. Aber erst nach einem Jahr kommissarischer Verwaltung seines neuen Amtes ernannte man ihn am 1. November 1938 zum ordentlichen Professor.

In diesen Jahren hatte er auch begonnen, sich eingehender mit der Theorie kompressibler Strömungen zu befassen, und eine Untersuchung über den Übergang von Unterschall- zu Überschallgeschwindigkeiten durchgeführt, woran er in der Folgezeit noch mehrfach angeknüpft hat. Von jeher galt sein besonderes Interesse auch der Praktischen Analysis, ein für seine Behandlungsweise hydrodynamischer Fragestellungen unentbehrliches Werkzeug, das er vortrefflich zu meistern versteht. Diese Neigung fand ihren Niederschlag in einer vielbeachteten Arbeit, in der er die Vorzüge des Adamsschen Verfahrens zur angenäherten Integration gewöhnlicher Differentialgleichungen herausstellte. Zwei weitere Veröffentlichungen aus dem gleichen Gebiet folgten etwa zehn Jahre später.

Trotz der widrigen äußeren Verhältnisse hat er nach seinen eigenen Äußerungen die Zeit in Dresden als eine recht glückliche empfunden. Die einzigartige Stadt mit ihrem reichen kulturellen Leben und ihrer schönen landschaftlichen Umgebung übte auch auf ihn ihren starken Reiz aus. In dieser Hochschulstellung, mit Verwaltungspflichten nur mäßig belastet, konnte er an der Forschungsarbeit eines kleinen Mitarbeiterstabes laufend tätigen Anteil nehmen, im übrigen blieb ihm noch genügend Zeit für eigenes umfangreiches Schaffen. So gelang ihm damals unter anderem auch die exakte Fehlerabschätzung für die angesetzten Näherungslösungen zu seiner asymptotischen Stabilitätstheorie und damit deren strenge Begründung. Darüber hat er 1943 in einem erinnerungswürdigen Dresdner Kolloquiumsvortrag berichtet. Die Vorlesungstätigkeit bereitete ihm so viel Freude, daß er selbst ihre spätere beträchtliche Ausweitung nicht eigentlich als lästig angesehen hat. Auch waren seine Spezialvorlesungen entsprechend den Verhältnissen an einer Technischen Hochschule gut besucht, besondere Anerkennung fanden dabei seine Vorlesungen in den Ausbildungskursen für Meteorologen. Im übrigen hatte er es in seiner Abteilung durch geschickte Personalpolitik verstanden, einen Kreis von gleichgesinnten engeren Fachkollegen um sich zu scharen, die dann eine unerschütterliche Phalanx gegen jeglichen Einschleusungsversuch von unerwünschten „Parteibuchkollegen“ bildeten.

Aus dieser Zeit rührt meine eigene Bekanntschaft mit W. Tollmien. Ich wurde an seinem Lehrstuhl als erster Assistent eingestellt, zunächst „im beiderseitigen Interesse nur für zwei Jahre“ (daß wir beide noch zwanzig weitere miteinander verbunden bleiben würden, ahnten wir beide damals natürlich noch nicht). Die Zusammenarbeit begann damit, daß wir „gemeinsam“ eine Abhandlung über Windkanalturbulenz schrieben. Bald darauf wurde der Tollmiensche Lehrstuhl in ein wichtiges und vordringliches Forschungsvorhaben einbezogen. Für mich bedeutete es einen außerordentlichen Gewinn, in engstem wissenschaftlichem Kontakt mit einem großen Forscher verfolgen zu können, wie dieser auch für ihn neuartige Fragestellungen, echte Pionierprobleme, angriff und Schritt für Schritt bewältigte. Diese Forschungen verliefen sehr erfolgreich und fanden ihren Niederschlag in zahlreichen Berichten, die nach 1945 von den ausländischen Wissenschaftlern eifrig studiert und viel später teilweise auch sogar zitiert wurden. Recht lehrreich ist für mich im Hinblick auf die spätere eigene Dozententätigkeit auch TOLLMIENS Vorlesungspraxis gewesen, insbesondere, daß er wesentliche Gesichtspunkte und vor allem die Motivierung mathematischer Schlußweisen in prägnanten Formulierungen an die Tafel schrieb. Eine derartige didaktische Hilfe verursacht dem Dozenten selbst naturgemäß einige Mühe (und erlegt ihm auch Verbindlichkeiten auf), ist aber für die Studenten von größtem Nutzen.

Durch den schweren Luftangriff auf Dresden am 13./14. Februar 1945 erlitten er und seine Familie einen harten Schicksalsschlag. Nicht nur seine Wirkungsstätte wurde vollständig vernichtet, er büßte auch sein gesamtes Hab und Gut ein. Im Zuge der Verlagerung seiner Dresdner Forschungsstelle kam er zum dritten Male nach Göttingen. Obwohl er nun seine Hochschulstellung in Dresden verloren hatte und auch über keine materiellen Rücklagen verfügte, ließ er doch niemals den Mut sinken; jedenfalls war ihm trotz fortwährender Schwierigkeiten äußerlich nichts anzumerken. Als er Anfang September 1945 von dem British Resident Scientific Officer als Leiter der „Outside Institutes“ bestellt wurde, die in der vom British Ministry of Supply übernommenen Aerodynamischen Versuchsanstalt Göttingen gesammelt wurden, ging er mit frischer Tatkraft und Schwung an seine neue Aufgabe. Sie bestand vor allem in der Stoffgestaltung und Redaktion für mehrere Bände der „Göttinger Monographien“, in denen die in Göttingen zusammengefaßten Aerodynamiker über ihre Forschungsergebnisse während der Jahre 1939 bis 1945 zu berichten hatten. Dabei hat er selbst auch sehr aktiv durch Abfassen mehrerer eigener Artikel mitgewirkt.

Es folgte dann das Intermezzo seines einjährigen Aufenthaltes in England, wo er als „German Scientist“ im Royal Aircraft Establishment. Farnborough/Hants, bis zum August 1947 tätig war. Sehr gelitten hat er in dieser Zeit an der Trennung von seiner verstreuten Familie, vor allem war für ihn eine schwere seelische Belastung die Sorge um seine schwer und unheilbar kranke Frau in Deutschland. Ihren Verlust hat er mit bewunderungswürdiger Fassung getragen, die Kraft hierfür schöpfte er wohl aus seinem tief verwurzelten christlichen Glauben.

In England erreichte ihn der Ruf auf den Lehrstuhl für Angewandte Mechanik an der Universität Göttingen als Nachfolger seines Lehrers LUDWIG PRADNTL, und er nahm diesen Ruf auch an. Gleichzeitig war ihm die Gesamtleitung des Kaiser-Wilhelm-(später Max-Planck)-Instituts nach Ausscheiden von Prof. BETZ zugesagt worden. Die offizielle Ernennung zum Direktor erfolgte dann nach einiger Verzögerung am 1. Mai 1957. Zunächst bestanden jedenfalls drei wissenschaftlich selbständige Abteilungen, die von BETZ, PRANDTL und TOLLMIEN geleitet wurden. Nach PRANDTLS Tod im August 1953 ging dessen Abteilung mit in der Abteilung von TOLLMIEN auf.

TOLLMIEN war sich darüber im klaren gewesen, daß dem drohenden Absinken der deutschen Wissenschaft nach 1945 nur zu begegnen sei, indem rasch ein ausreichender Stamm von guten Nachwuchskräften herangebildet würde. Daher sah er es als seine vordringlichste Aufgabe an, den in seinem Fach völlig zusammengebrochenen Lehrbetrieb wieder aufzubauen. Dank seines Lehrgeschicks gelang ihm dies auch in kürzester Frist, und heute gehört der von ihm begründete viersemestrige Zyklus von Kursusvorlesungen in Angewandter Mechanik und Strömungsphysik längst zum festen Bestandteil des Vorlesungsplanes. Gleichzeitig schuf er außerdem einen viersemestrigen Vorlesungszyklus in Angewandter Mathematik. Alle diese Vorlesungen samt zugehörigen Übungen hielt er anfangs viele Jahre selbst ab. (Inzwischen ist das Vorlesungsprogramm durch zahlreiche Spezialvorlesungen erweitert, die in erster Linie seine habilitierten Mitarbeiter durchführen.) Das von ihm eingerichtete Kolloquium, für das sich in Göttingen die Abkürzung „KAMM“ eingebürgert hat, wurde schon einleitend erwähnt.

Bekanntlich ist es im Gelehrtenberuf besonders schwierig, das Erbe einer überragenden Persönlichkeit antreten zu müssen. Deshalb hat es TOLLMIEN bewußt von vornherein vermieden, etwa seinen großen Vorgänger und Lehrer nur einfach kopieren zu wollen, vielmehr hat er dem eigenen Wirken in Göttingen gleich einen individuellen Forschungsstil aufgeprägt. Eine Neuorientierung gebot allein schon die gänzlich veränderte Situation, die nach 1945 für die deutsche Strömungsforschung im internationalen Rahmen entstanden war. So hatte TOLLMIEN erkannt, daß gegenüber den zahlreichen gleichartigen Forschungsinstitutionen mit ihren weit überlegenen Hilfsquellen und umfangreichen Arbeitsteams, die sich inzwischen überall in der Welt gebildet hatten, für das Göttinger Institut eine echte internationale Konkurrenzfähigkeit nur dann möglich sei, wenn dort eine saubere Grundlagenforschung betrieben würde, die freilich ihre Impulse von den schöpferischen Ideen einzelner weniger empfangen muß. In diesem Sinne tragen nicht nur TOLLMIENS Vorlesungen manchen Stempel seiner Eigenart, sondern vornehmlich im „KAMM“ kam dieser neue Stil zum Ausdruck, der die Pflege der engen Wechselbeziehung zwischen Mechanik und Angewandter Mathematik zur Voraussetzung hat.

Daher war TOLLMIEN weiterhin bemüht, die geeignetsten seiner Schüler zu einem neuen Mitarbeiterstab heranzubilden und auf diese Weise erst einmal für die Sicherung des wissenschaftlichen Nachwuchses zu sorgen; erst danach erfolgte die Verbesserung und Erweiterung der experimentellen Ausstattung des Institutes. So hat er viele Diplom- und Doktorarbeiten angeregt, doch mit dem allgemeinen Wachstum des Institutes stieg auch die Zahl der gleichzeitig bei ihm tätigen Diplomanden und Doktoranden immer mehr an. Die laufende Bereitstellung von geeigneten Themen ist dabei ja durchaus als eine wissenschaftliche Leistung anzusehen, was jedoch nur allzu oft und gerade von jungen Leuten vielfach übersehen wird. Ungeachtet der außerdem dauernd zunehmenden organisatorischen Belastung hat es TOLLMIEN dennoch zuwege gebracht, zu dieser Zeit eine ganze Reihe von Arbeiten zu schreiben. Darauf näher einzugehen, muß leider hier unterbleiben; der Leser sei dieserhalb auf den nachgestellten Auszug aus seinem Veröffentlichungsverzeichnis verwiesen.

Eine Bereicherung erfuhr das Institut durch die von ihm — unter Ausräumung gewisser Hemmnisse — im April 1954 vollzogene Eingliederung der bis dahin selbständigen Forschungsgruppe für Wärme- und Kältetechnik. Dem damaligen Leiter, Prof. GLASER (jetzt Ordinarius an der TH Stuttgart), war es daher eine willkommene Gelegenheit, durch Übernahme des Festvortrages dem Jubilar nochmals seinen Dank ausdrücken zu können.

Die anläßlich des Internationalen Mechanikkongresses in Istanbul 1952 erfolgte ehrenvolle Wahl zum Ständigen Mitglied des Internationalen Organisationskomitees für diese Kongresse durfte TOLLMIEN mit berechtigtem Stolz erfüllen. Seinen dadurch gewonnenen Einfluß auf dieses höchste Gremium der Vertreter der Mechanik hat er wiederholt dazu genutzt, das Ansehen der deutschen Wissenschaft zu verteidigen und zu stärken. Eine weitere Ehrung bildete 1954 seine Wahl zum Ordentlichen Mitglied der Göttinger Akademie der Wissenschaften. Im Amtsjahr 1954/55 war er Dekan seiner Fakultät, und dieses verantwortungsvolle und zeitraubende Amt mußte er auch als geschäftsführender Prodekan unter etwas schwierigen Umständen erneut ein Semester lang bekleiden.

Natürlich zog man ihn auch zu redaktioneller Mitarbeit heran. So gehört er seit 1947 zum Herausgeberstab der ihm besonders nahe stehenden „Zeitschrift für Angewandte Mathematik und Mechanik", daneben wirkte er auch von 1953 bis 1958 bei der Herausgabe der „Zeitschrift für Flugwissenschaften" mit.

Abschließend sei nochmals ein kurzer Blick in seine private Sphäre geworfen. 1948 hatte sich TOLLMIEN zum zweiten Male vermählt, und zusammen mit seiner neuen Lebensgefährtin ist es ihm inzwischen gelungen, immerhin einen bescheidenen Hausstand wieder aufzubauen. Aus dieser glücklichen und harmonischen Ehe sind drei Mädchen hervorgegangen, an denen er mit großer Vaterliebe hängt.

An WALTER TOLLMIENS 60. Geburtstag hatte ich die außerordentliche Freude, die Glückwünsche der Institutsangehörigen persönlich überbringen zu können und anschließend mit dem Ehepaar TOLLMIEN einen reizenden Nachmittag und Abend in Bad Nauheim verleben zu dürfen, wobei TOLLMIEN vorsorglich sich selbst Dispens von allen kurärztlichen Vorschriften erteilt hatte. Meine damals ausgesprochenen Worte seien hier zusammengefaßt in unser aller herzlichen Wunsch für den Jubilar, daß noch recht viele Jahre ungetrübter und fruchtbarer Schaffenskraft vor ihm liegen mögen!

MANFRED SCHÄFER

Einige Strömungsprobleme der Turbomaschinen

Von Werner Albring
(Institut für angewandte Strömungslehre, Technische Universität Dresden)

1. Einleitung

Für die Festschrift des von mir hochverehrten Herrn Tollmien habe ich ein Thema gewählt, über das ich schon auf der Jahresversammlung 1960 der Gesellschaft für Angewandte Mathematik und Mechanik vorgetragen habe. Als Ingenieur, der sich mit den Strömungsproblemen der Turbomaschinen beschäftigt, hatte ich gern eine durch den damaligen Vortrag sich bietende Möglichkeit genutzt, die Mathematiker zur Zusammenarbeit bei neuen Problemen anzuregen. Ich glaube, daß dieses auch im Sinne des Jubilars liegt, dessen 60. Geburtstag wir feiern. Hat er sich doch als hervorragender Repräsentant der Göttinger Schule stets um eine enge Verbindung zwischen der Mathematik und der technischen Anwendung bemüht, besonders auch zu einer Zeit, als er Ordinarius für Mechanik an der Technischen Hochschule in Dresden war. Mein Beitrag, der über Arbeiten aus Dresden in den letzten Jahren berichtet, möge ein besonderer Gruß von der Stätte seines früheren Wirkens sein.

Viele Ingenieure haben erkannt, daß mathematische Formulierung und Deduktion zu außerordentlich praktischen Zusammenfassungen von einsatzbereitem Wissen führen, daß man zu sicheren Auslegungen von noch unerprobten Anwendungen innerhalb eines in den physikalischen Grundlagen erforschten Gebietes kommen kann. Jedoch reicht die mathematische Betätigung des Ingenieurs in der Regel nur bis zur speziellen Lösung. Es ist wichtig, daß sich darüber hinaus Spezialisten mit der systematischen Erforschung des weiter möglichen beschäftigen [1].

Wesentlich ist, daß technische Entwurfs- und Rechenverfahren schnell zum Ziele führen. Der Maschinenbaubetrieb stellt seinen Ingenieuren Entwicklungstermine, die zu kurz sind für die Nutzung mancher von Mathematikern gebotenen langwierigen Rechenmethoden. Sehr zum Nachteil der Arbeit muß sich dann der Ingenieur mit rohen Abschätzungen begnügen. Neben den Schnellrechenmaschinen gilt das Interesse den Analogierechnern, auch hierüber möchte ich Beispiele vortragen.

Das Aufgabengebiet des Strömungsmaschineningenieurs ist sehr weit gesteckt, ihm erlauben die zahlreichen Anfragen der Praktiker keine Spezialisierung auf Teilprobleme. Aus Hydrodynamik, Gasdynamik, dem Bereich der Grenzschichten muß er durch Rechnung oder Experiment Lösungen erbringen. Hierzu kann ich Beispiele anführen, wenn ich über Arbeiten referieren darf, die in den letzten Jahren im Institut für Angewandte Strömungslehre der Technischen Hochschule

Dresden und in der Hauptabteilung Strömung der Forschungs- und Versuchsanstalt für Strömungsmaschinen, Dresden, durchgeführt wurden.

Dabei sollen nur diejenigen Themen ausgewählt werden, wo die Verbindung zur Mathematik besteht oder wo sie wünschenswert wäre. Die Ingenieurarbeit selbst kann sich nicht nur auf Themen beschränken, die auch den mathematischen Spezialisten interessieren.

2. Die Strömung durch ebene Flügelgitter

Die Energieübertragung in Strömungsmaschinen geschieht durch Änderung des Drehimpulses im Laufrad. Das Laufrad erfüllt seine Aufgabe durch Ablenken der Zuströmung aus der Richtung β_0 in die Abströmrichtung β_3 (Abb. 1).

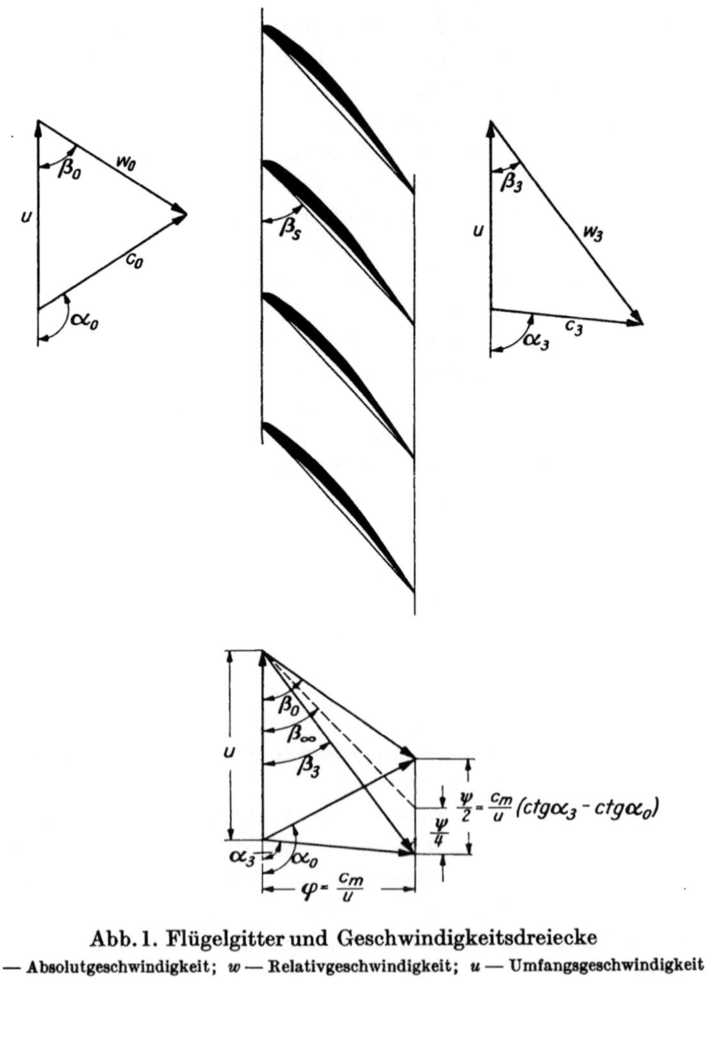

Abb. 1. Flügelgitter und Geschwindigkeitsdreiecke

c — Absolutgeschwindigkeit; w — Relativgeschwindigkeit; u — Umfangsgeschwindigkeit

Schon LEONHARD EULER hat die Mechanik des Vorganges — angeregt durch SEGNERS Wasserrad — mit einer einfachen Gleichung beschrieben, die volle Gültigkeit auch für moderne Strömungsmaschinen hat. Diese Gleichung lautet in unserer heutigen dimensionslosen Schreibweise für axiale Schaufelräder

$$\frac{\Psi}{\varphi} = 2\,(\cot\beta_3 - \cot\beta_0)\,. \tag{1}$$

Sowohl die Druckzahl $\Psi = 2\,g\,H/u^2$ als Maß für die Gesamtdruckänderung im Laufrad als auch die Geschwindigkeitszahl $\varphi = c_m/u$, die die axiale Geschwindigkeit mit der Umfangsgeschwindigkeit vergleicht, sind aus den Geschwindigkeitsdreiecken ablesbar (Abb. 1 unten). Ψ/φ ist ein Kennwert für die Gitterbelastung und proportional zum Auftriebsbeiwert c_a einer Schaufel.

Es ist üblich, aus Zu- und Abströmung einen Winkel β_∞ zu mitteln nach

$$\cot\beta_\infty = \frac{1}{2}\,(\cot\beta_0 + \cot\beta_3)\,. \tag{2}$$

Ein Feld mit den Koordinaten β_∞ und Ψ/φ ist sehr geeignet, Auslegungsdaten sowie Eigenschaften von Schaufelgittern aufzunehmen. Diese Darstellung heißt EULERdiagramm [2]. Als erstes Beispiel zur Anwendung möchte ich die Einordnung von in der Ingenieurpraxis üblichen Verfahren zur Berechnung der

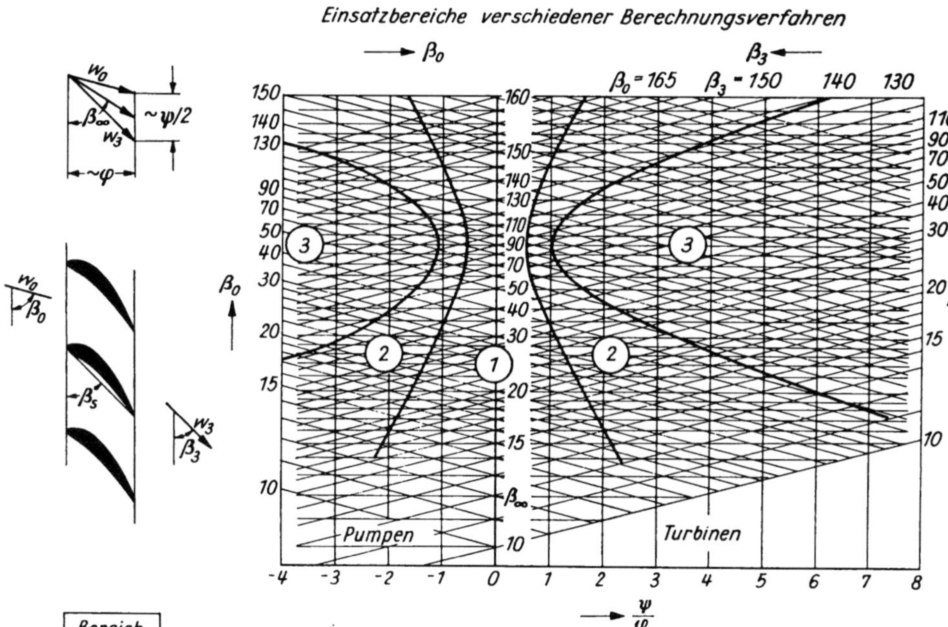

Bereich	
①	Wie Einzelflügel, wenn $c_a t/\ell \leq 0{,}5$ bis $0{,}6$; $t/\ell \geq 1{,}5$
②	Singularitätenverfahren; konforme Abbildung $f/\ell, d/\ell \leq 0{,}15$
③	Geometrische – und Analogiemethoden

Abb. 2. Einsatzbereiche verschiedener Berechnungsverfahren

Geschwindigkeitsverteilung auf Schaufeln gerader Gitter vornehmen. Zahlreich bieten sich Berichte zur Lösung dieser Aufgabe an, jedoch zeigt das nähere Studium Einschränkungen in der Anwendbarkeit, die durch mathematische Vereinfachungen bedingt sind. Es ist aufschlußreich, die Anwendungsbereiche mit allerdings nicht sehr scharf gezogenen Grenzen ins EULERdiagramm einzutragen [17] (Abb. 2). In dieser Abbildung sind nur die in unserem Kreise üblichen Methoden eingetragen, eine Diskussion über Anwendungsbereich, Genauigkeit und Rechenaufwand aller bekanntgewordener Verfahren wurde in [17] vorgelegt.

Bei kleinen Winkeländerungen ($\Delta\beta = \beta_0 - \beta_3 \lesssim 10°$) mittlerer Staffelung, größerem Teilungsverhältnis t/l und dünnen Profilen läßt sich die Rechnung nach den Methoden des Einzelflügels für gleichen Auftriebsbeiwert c_a durch-

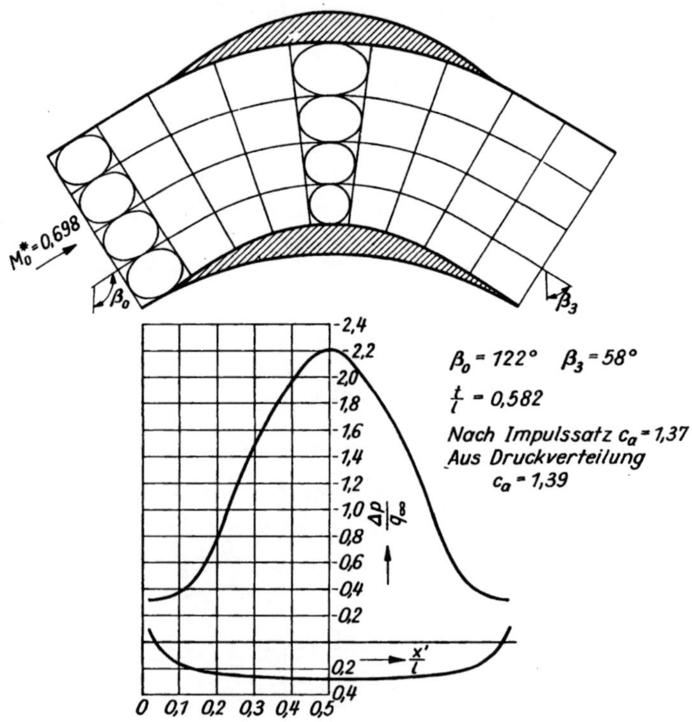

Abb. 3. Gleichdruckgitter für kompressible Strömung aufgebaut mit einem Scheibenvorrat nach Abb. 4

führen. Für größere Umlenkung ($\Delta\beta \lesssim 20$ bis $30°$) kann das Singularitätsverfahren mit Sehnenbelegung benutzt werden [3]. Zum Umsetzen großer Energiefälle in Turbinenschaufeln sind noch größere Winkeldifferenzen $\Delta\beta$ notwendig. Hier ist die für hydrodynamische Strömungen bekannte geometrische Lösung durch Zeichnen des Orthogonalnetzes von Strom- und Äquipotentiallinien zur praktischen Anwendung vereinfacht und auch auf gasdynamische Strömungen erweitert worden [16] (Abb. 3).

Der augenblickliche Impuls ist in jedem der durch Maschen abgegrenzten Teilchen gleich groß. Entsprechendes gilt für die Elementarteile räumlicher Strömungen, die von Stromröhren mit gleichem Durchsatz und Potentialflächen mit gleichem Potentialsprung begrenzt sind. Die Vorschrift über das Verhältnis von Maschenbreite Δn zur Maschenlänge Δs wird erfüllt durch Auslegen des Strömungsfeldes mit einem Vorrat immer wieder benutzbarer Scheiben, deren Größe und Achsenverhältnis von der MACHzahl abhängen (Abb. 4). Die kompressible Strömung ist mit diesem Maschenverfahren mühelos darstellbar, solange nicht Verdichtungsstöße Potentialsprünge bewirken.

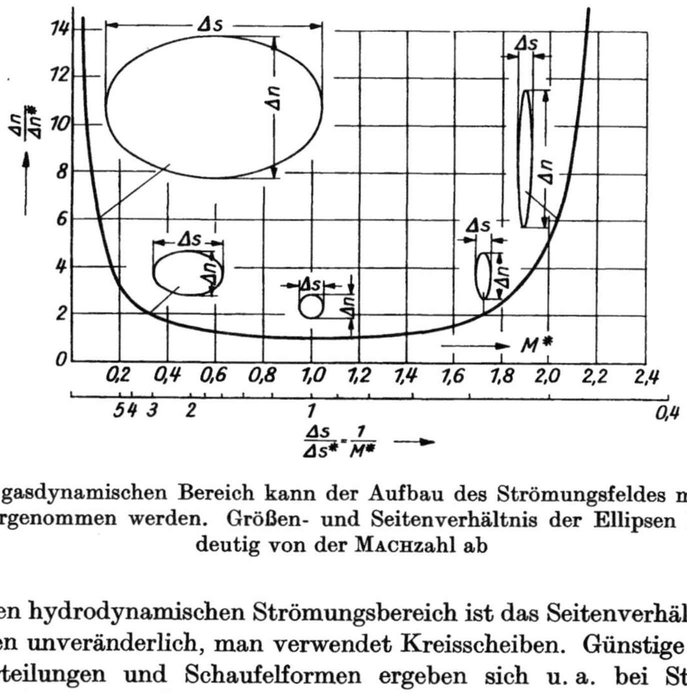

Abb. 4. Im gasdynamischen Bereich kann der Aufbau des Strömungsfeldes mit Ellipsenscheiben vorgenommen werden. Größen- und Seitenverhältnis der Ellipsen hängen eindeutig von der MACHzahl ab

Im ebenen hydrodynamischen Strömungsbereich ist das Seitenverhältnis $\Delta n/\Delta s$ der Maschen unveränderlich, man verwendet Kreisscheiben. Günstige Geschwindigkeitsverteilungen und Schaufelformen ergeben sich u. a. bei Stufung der Maschendurchmesser nach geometrischen Reihen. Die Methode eignet sich zur Lösung der 1. Hauptaufgabe.

Ist die Kontur stark umlenkender Schaufeln vorgegeben und wird die Bestimmung der Geschwindigkeitsverteilung gefordert (2. Hauptaufgabe), so bietet eine neuartige Anwendung der PRANDTLschen Seifenhautanalogie gute Möglichkeiten; die früher so mühevolle Auswertung wird jetzt sehr einfach [4, 5].

Wird über ein Gittermodell eine Seifenhaut gespannt, so entsprechen örtliche Neigungen der Haut den Geschwindigkeiten der ebenen hydrodynamischen Strömung. Linien gleicher Neigung macht man sichtbar durch Spiegeln der Breitenkreise einer über das Modell gestülpten Halbkugel an der Haut (Abb. 5). Die Meridiane der Halbkugel bilden sich im Spiegelbild als Linien gleicher Richtung des Strömungsvektors (Isoklinen) ab. Die Abströmrichtung hinter dem Gitter wird festgestellt mit einem einstellbaren farbigen Meridian, dessen Azimut abgelesen wird, wenn er das Abströmgebiet färbt.

Mit der fotografischen Aufnahme ist das Netz von Isotachen und Isoklinen für die Auswertung fixiert (Abb. 6). Auch drehbehaftete Strömungen, wie sie in radialen Laufrädern vorkommen, sind nach dieser Methode untersucht worden. Hierbei wird der Membran ein kleiner Überdruck auferlegt [6].

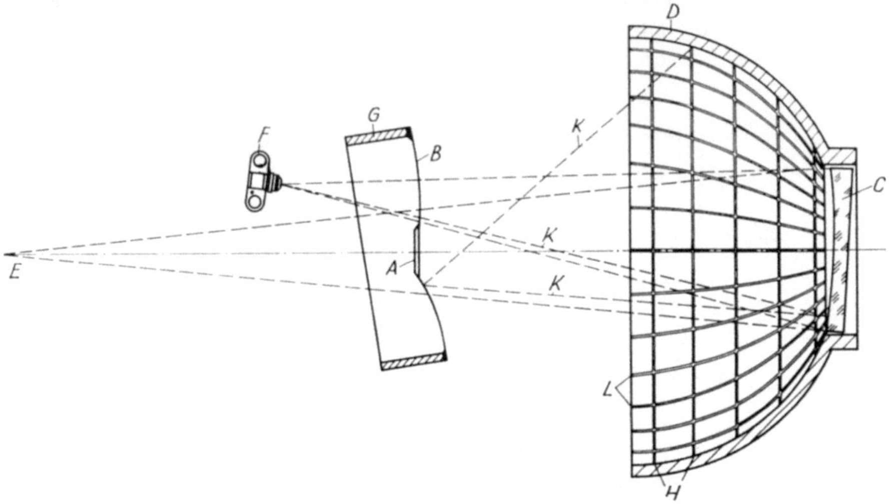

Abb. 5. Prinzipskizze des Versuchsstandes

A = Modell
B = Seifenhaut
C = Hohlspiegel
D = Kugelschale
H = Lichtquelle, entspricht c/c_∞ = const (weißer Ring auf schwarzem Grund)
F = Kamera
G = Rahmen für Seifenhaut
E = Schnittpunkt der in die Kamera fallenden Strahlen
K = Weg eines Lichtstrahles
L = Lichtquelle, entspricht $\frac{c_y}{c_x}$ = const = $\tan \beta$

Dieses Verfahren stünde auch anderen Anwendungen der LAPLACEschen Differentialgleichung oder der POISSONschen Differentialgleichung auf ebene Probleme zur Verfügung.

Gute Möglichkeiten bietet auch der elektroanaloge Versuch mit stark umlenkenden Schaufelgittern [7]. Hierbei wird mit elektrischleitendem Papier das Potential an der Profiloberfläche bei zirkulationsfreier Durchströmung gemessen und nach den Methoden der konformen Abbildung auf Strömungen mit Zirkulation umgerechnet.

Während die Entwurfsingenieure Informationen über die geraden ebenen Flügelgitter bei der Auslegung axialer Schaufelräder benutzen, beherrscht beim Entwurf radial durchströmter Laufräder noch reine Empirie ein weites Feld, die allenfalls nur unzureichend durch eindimensionale Rechnungen ergänzt wird, obwohl zweidimensionale Bearbeitungen von KUCHARSKI und BUSEMANN schon seit den Jahren 1918 und 1928 vorliegen [8, 9].

In letzter Zeit wurden spezielle Auslegungsverfahren für radiale Laufräder entwickelt. Direkte Überlagerung von Potentialströmung und drehbehafteter

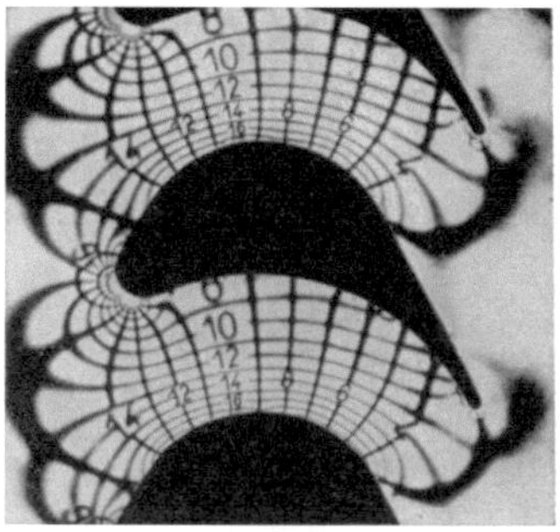

Isotachen - Isoklinen - Feld

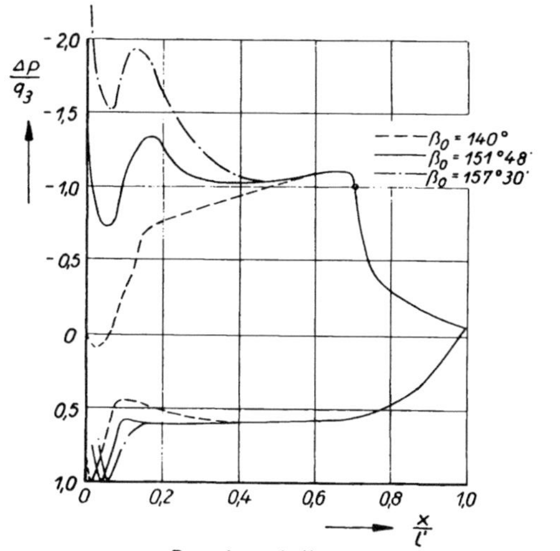

Druckverteilung

Abb. 6. Fotografie des Isotachen-Isoklinenfeldes eines Flügelgitters, das durch Spiegeln an einer gespannten Seifenhaut erhalten wurde, mit der Apparatur nach Abb. 5. Druckverteilungen an der Profiloberfläche sind aus den Isotachen umgerechnet

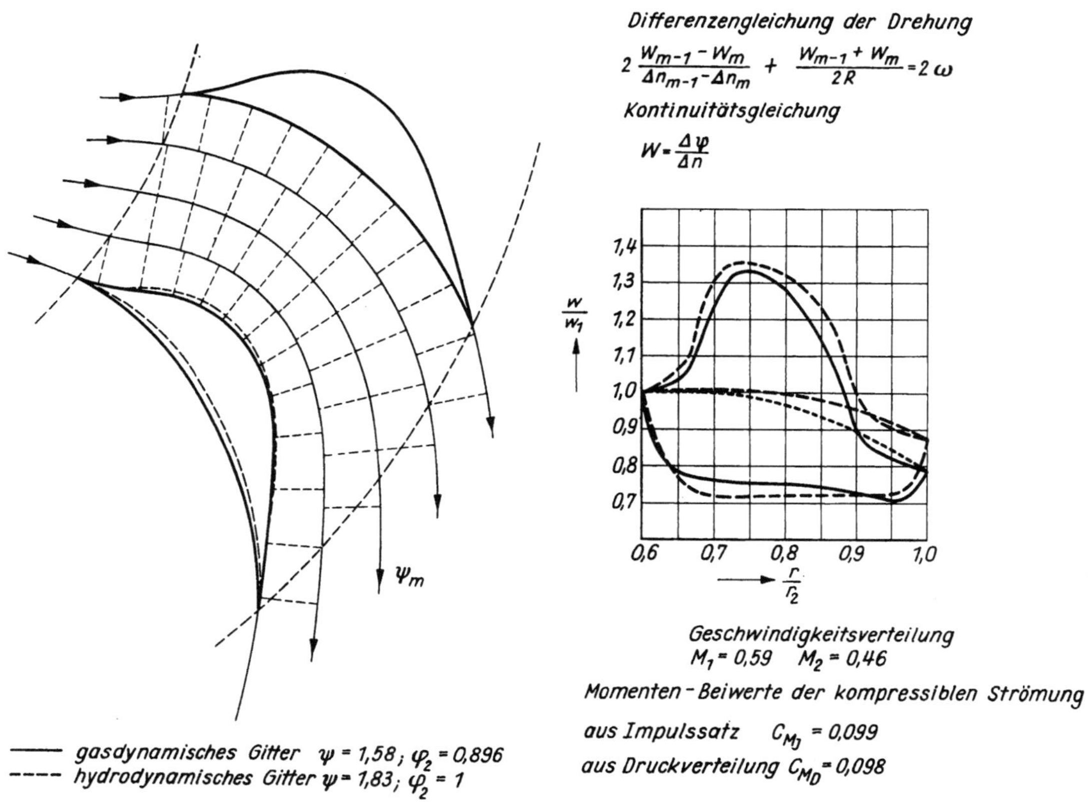

Abb. 7. Aufbau des Strömungsfeldes beim radialen Laufrad mit Hilfe der Maschenmethode für hydrodynamische und kompressible Strömung [22]

Strömung sowie Wirbelbelegung bei kleinen Umlenkungen $\Delta\beta$ wurden durchgeführt [6, 10]. Ihre Anwendung und Beachtung der Grenzschichtströmung ermöglichte, den Wirkungsgrad der Radiallüfter von 72% auf 87% zu steigern [11].

Bei großer Umlenkung und hoher Druckzahl wird ein neues Maschenverfahren eingesetzt (Abb. 7).[1]) Allerdings ist der Arbeitsaufwand bei drehbehafteter Strömung wesentlich größer als beim Aufbau einer Potentialströmung nach dem Scheibenverfahren. Durch schrittweises Lösen der Differenzengleichungen für Kontinuität

$$w = \frac{\Delta \Psi}{\Delta n} \tag{3}$$

und der Drehung

$$2\,\frac{w_{m-1} + w_m}{\Delta n_{m-1} + \Delta n_m} + \frac{w_{m-1} + w_m}{2\,R} = 2\,\omega \tag{4}$$

müssen erst die Maschenabmessungen berechnet werden.

Diese Methode ist auch von Bedeutung zur Auslegung von Schaufeln der Dampfturbinenendstufen. Weil die Stromflächen sehr stark divergieren, bilden nicht gerade, ebene Gitter, sondern Kreisgitter die Ersatzströmung.

Die technische Reife radialer Laufräder steht heute hinter der von Axialrädern zurück. Aussichtsreich scheint aber, die Weiterentwicklung von Radialrädern in der Richtung größerer Gefälle als in Axialrädern in einer Stufe mit geringen Strömungsverlusten umzusetzen.

Wenn die Geschwindigkeitsverteilung auf der Schaufeloberfläche bekannt ist, muß die Ausbildung der Grenzschicht nachgerechnet werden. Wichtiger als die Bestimmung des Verlustbeiwertes für haftende Strömung, der häufig recht gut mit dem einer gleichwertigen Platte übereinstimmt, ist die Berechnung des Ablösungspunktes der Grenzschicht. Nur Gitter, die im vorderen und mittleren Schaufelbereich ablösungsfrei sind, versprechen guten Wirkungsgrad und erzielen die gewünschte Umlenkung.

Bekanntlich sind unsere heutigen Methoden zur Nachrechnung der Grenzschichtablösung nicht sehr genau, und Ergebnisse verschiedener Autoren liefern Kurvenscharen, wo nur eine einzige Abhängigkeit existieren kann (Abb. 8).

Die Ähnlichkeitszahl λ — sie vergleicht Druckkraft bei Ablösung mit einer Trägheitskraft (vgl. Kapitel 3) — ist in Abb. 8 abhängig von der REYNOLDS-zahl $Re_{\delta^{**}}$ nach verschiedenen Rechenmethoden aufgetragen. Im laminaren Gebiet kann man zwischen den Verschiedenheiten von 5 Verfahren wählen, im turbulenten Bereich hat sich die Aussage von BURI als nicht sehr zuverlässig erwiesen. Die heuristische Differentialgleichung von GRUSCHWITZ bietet keine Möglichkeit der Weiterentwicklung. Eine neue Bearbeitung des Meßmateriales von LUDEWIG und TILLMANN [18] auf Wegen, die schon ROTTA [19] gewiesen hat, läßt für die Lage der Ablösung den schraffierten Bereich der Abb. 8 als wahrscheinlich gelten [23].

---

[1]) Die Bilder 7, 8 und 9 sind mit Genehmigung des Verlages Theodor Steinkopff, Dresden, dem Buch W. ALBRING „Angewandte Strömungslehre" entnommen.

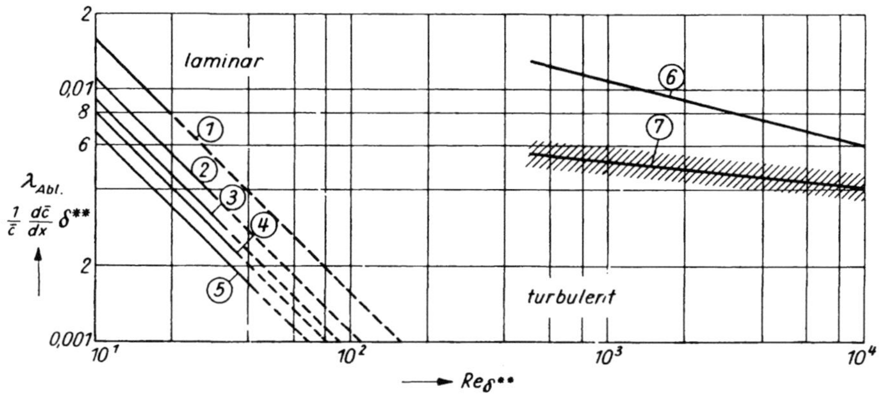

Abb. 8. Ähnlichkeitszahl λ-Ablösung nach verschiedenen Methoden berechnet

① Pohlhausen P 4 ④ Curle, Skan
② Schlichting P 6 ⑤ Hartree
③ Thwaites ⑥ Buri
⑦ nach Auswertung von Abb. 9

Vorausgegangen waren Auswertungen mit Darstellungen (Abb. 9) der dimensionslosen Schubspannung und des Wertes δ^*/δ^{**} abhängig von der Hagenschen Zahl und der Reynoldszahl $Re_{\delta^{**}}$ als Parameter [23]. Das ist ein Vorschlag zur Erweiterung des Verfahrens von Buri, der selbst keine Abhängigkeit von der Reynoldszahl berücksichtigte. Die Impulsgleichung der Grenzschichten — eine nichtlineare Differentialgleichung 1. Ordnung mit variablen Koeffizienten — ließe sich mit diesen Hilfsmitteln auch bei Turbulenz nach dem Isoklinenverfahren lösen. Leider reichen die Messungen nicht aus, um mit Sicherheit den Verlauf im Ablösungsgebiet zu erkennen; eine vorsichtige Extrapolation führte zur Zeichnung des für die turbulente Ablösung als wahrscheinlich geltenden schraffierten Bereiches in Abb. 8.

Die Rechenmethoden genügen nicht, um alle Fragen des Entwurfsingenieurs über optimale Gestaltung und Regelverhalten zu beantworten. Es waren noch umfangreiche Messungen nötig, deren Ergebnisse im Eulerdiagramm niedergelegt sind.

Über das Regelverhalten eines speziellen Gitters mit verschiedenen Staffelungen orientiert Abb. 10 [20]. Optimale Auslegungen innerhalb einer Schaufelsystematik mit 30% Wölbungsrücklage zeigt Abb. 11 [21].

Aus dem Meßmaterial für 160 verschiedene Schaufelgitter sind hier die Auslegungsdaten derjenigen aufgetragen, die bei größter „Belastung" Ψ/φ den kleinsten Verlustbeiwert

$$\zeta_{\text{eben}} = \frac{\Delta p_{\text{ges}}}{\frac{\varrho}{2}\, c_{\text{om}}^2} \tag{5}$$

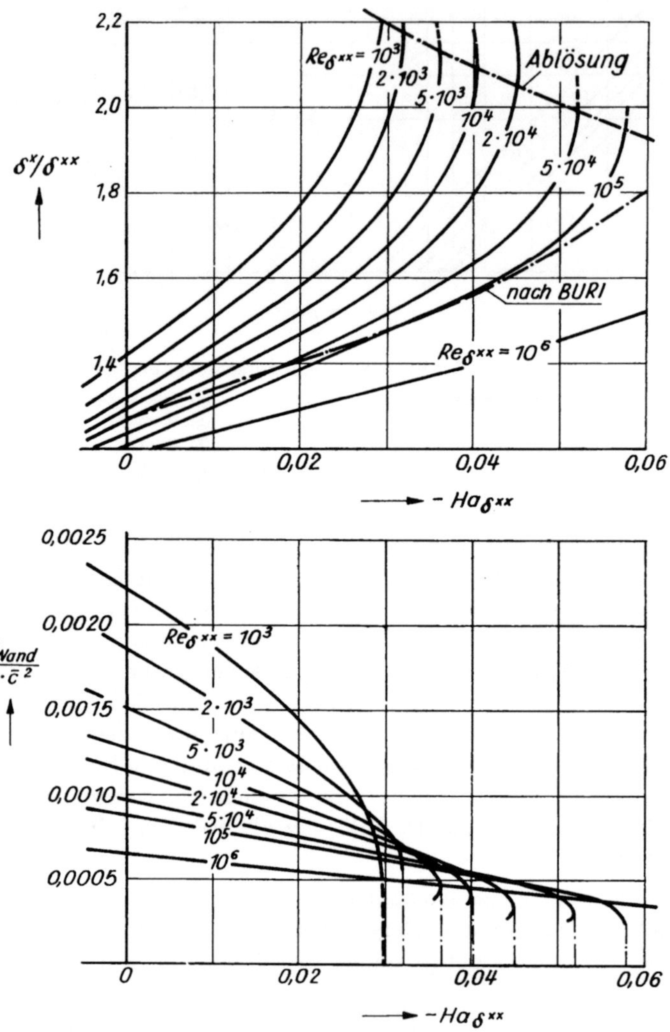

Abb. 9. $\frac{\delta^*}{\delta^{**}}$ sowie $\frac{\tau_{Wand}}{\frac{\varrho}{2}\bar{c}^2}$ abhängig von der HAGENschen Zahl [23].

$H_a = \frac{1}{\bar{c}} \frac{d\bar{c}}{dx} \delta^{**} Re^{\alpha}_{\delta^{**}}$. Der Faktor α nach ROTTA [19] ist 4,53 gesetzt ergeben. Der gestaltende Ingenieur hat gegen diese häufig als Bestauslegung angebotene Auswertung zwei Einwände. Erstens liegt ein solcher Bestpunkt zu nahe bei der Abreißgrenze, teilweise ist im rückwärtigen Gebiet die Strömung schon abgelöst und eine nur geringe Vergrößerung des Zuströmwinkels ergibt außerordentlich starkes Anwachsen der Verluste. Abgerissene Strömung hat zu Schaufelbrüchen schon nach geringer Betriebszeit geführt.

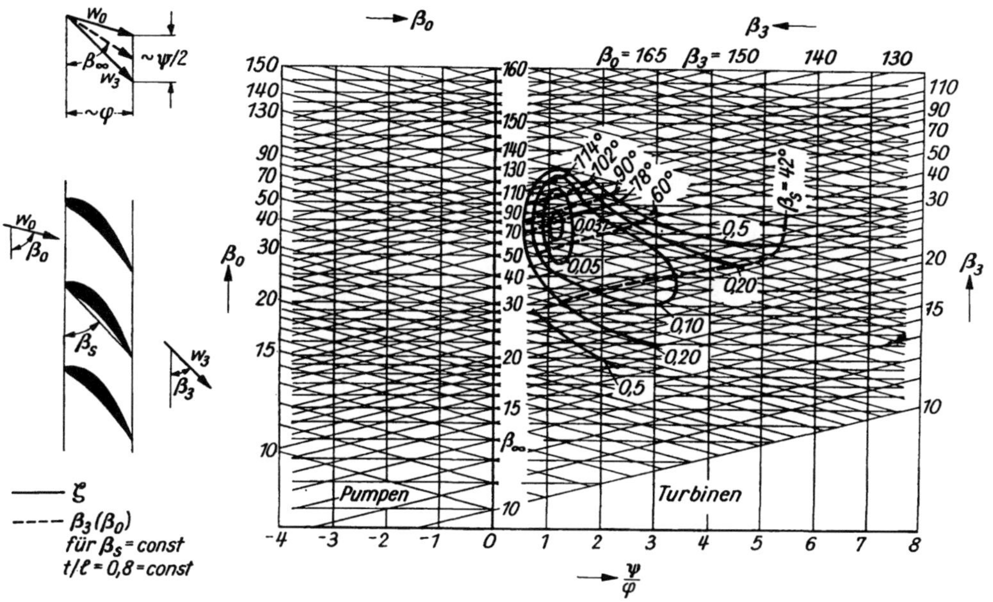

Abb. 10. Meßwerte β_3, $\zeta(\beta_0)$; $\frac{t}{l} = 0{,}8$; $\frac{f}{l} = 0{,}10$; $\frac{x_\varphi}{l} = 0{,}30$; $\frac{d}{l} = 0{,}15$

Zweitens wird besonders bei kurzen Schaufeln unter Einfluß der Wandgrenzschichten der Optimalpunkt bedeutend verschoben, da der Zusatzverlust abhängig von der Belastung Ψ/φ ist [12]. Für die Maschinenauslegung wird daher das Meßmaterial noch zusätzlich so ausgewertet, daß nur Punkte eingetragen sind, die zwischen dem Widerstandsanstieg bei extrem großen und extrem kleinen Zuströmwinkeln liegen. Das ermöglicht günstiges Regeln.

Die bisherigen Messungen im Hochgeschwindigkeitskanal zeigten, daß die an Schaufelgittern im hydrodynamischen Bereich gemessenen Werte β_3 und ζ_{eben} solange ungeändert bleiben, bis die Schallgeschwindigkeit erreicht und sogar etwas überschritten wird, wenn die Strömung bei kleinen Geschwindigkeiten ablösungsfrei war. Oberhalb einer kritischen Machzahl aber müssen beim heutigen Wissensstand Messungen im Hochgeschwindigkeitskanal über die Eignung von Schaufelgittern Aufschluß geben.

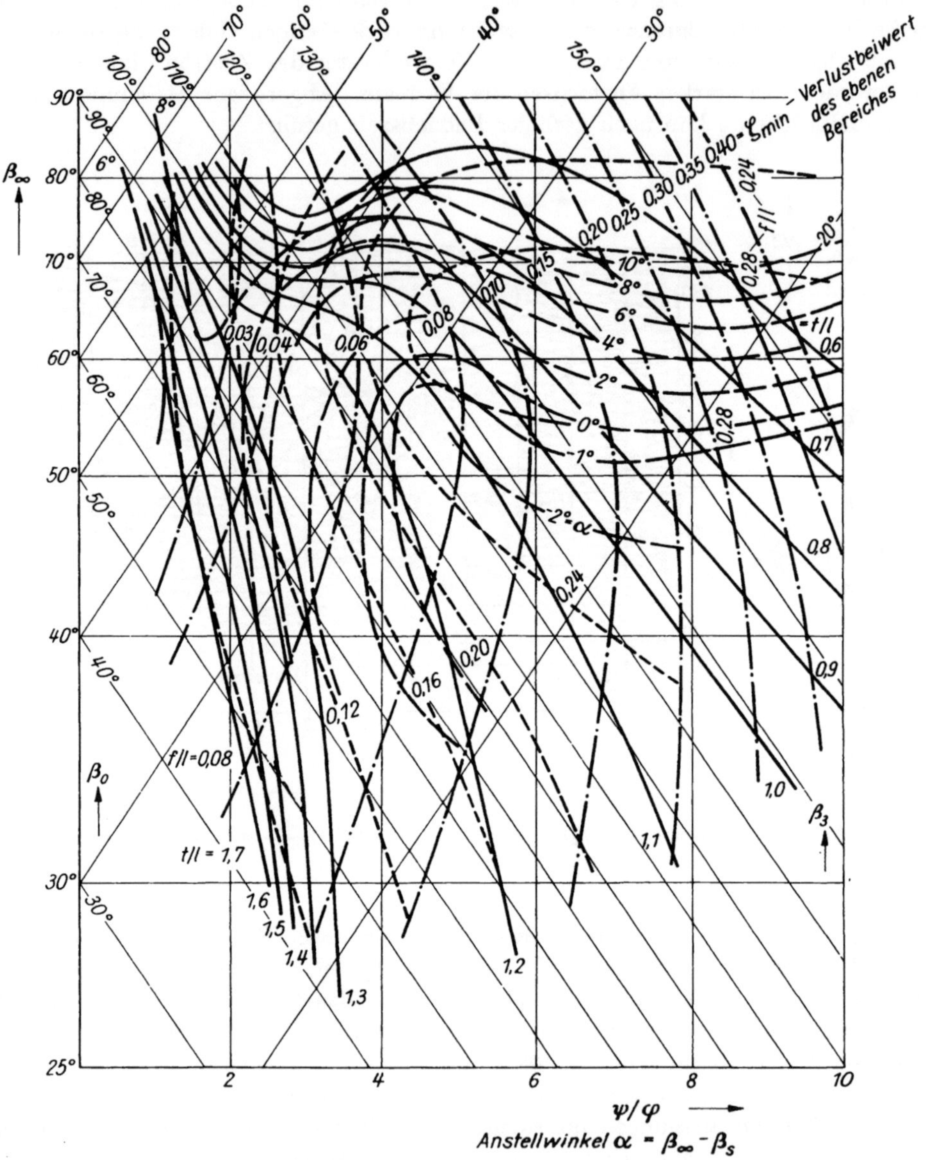

Abb. 11. EULERdiagramm für Gitter minimaler Verluste einer Schaufelsystematik mit 30% Wölbungsrücklage ($d/l \sim f/l$)

a

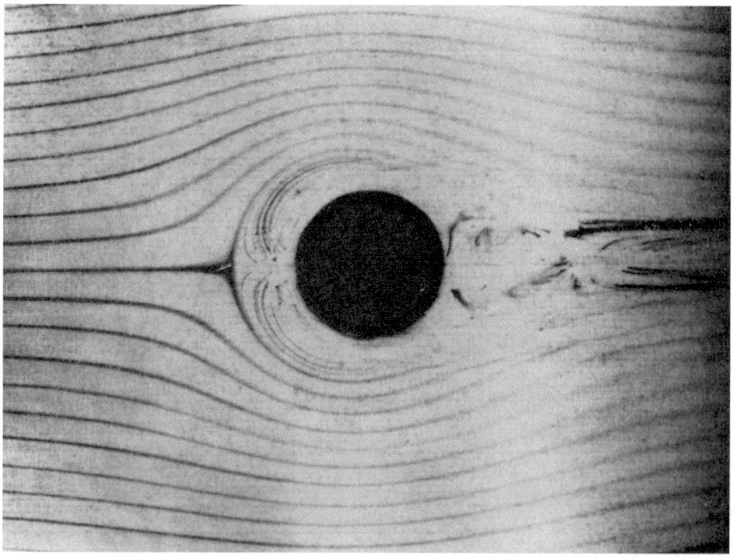

b

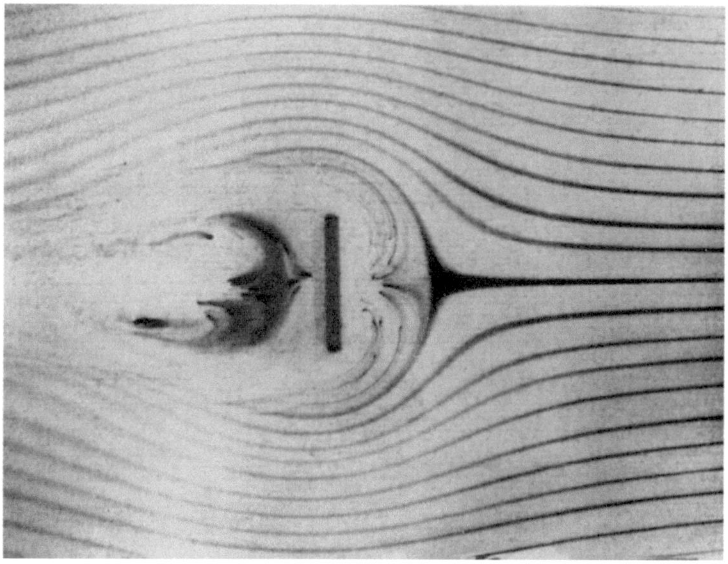

Abb. 12. Wandstromlinien im Wasser mit Kaliumpermanganat sichtbar gemacht bei $Re \approx 2 \cdot 10^4$, es herrscht laminare Grenzschicht [22]. In [12] wurden ganz ähnliche Bilder mit Farbanstrichen im Windkanal bei turbulenter Grenzschicht beobachtet

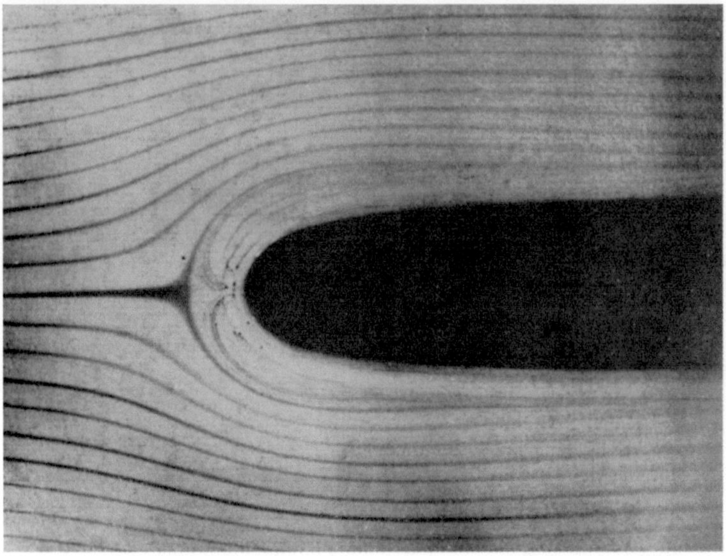

c

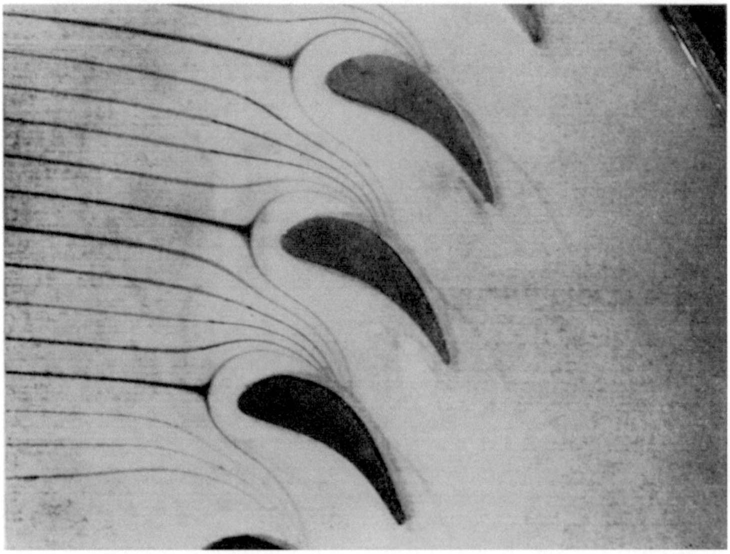

d

3. Randgrenzschichten von Flügelgittern

Während im wandfernen Gebiet der Flügelgitter die Strömung sich nur mit den Koordinaten der Ebene ändert, zeigt sich in Nähe der das Gitter begrenzenden Parallelwände Abhängigkeit von drei Ortskoordinaten. Da eine analytische Lösung des Problemes bei turbulenter Grenzschicht heute noch aussichtslos scheint, waren Messungen nötig, um Einblick in den Strömungsverlauf zu erhalten und um Angaben über die Größe der zusätzlichen Verluste zu machen.

Das nach bekanntem Anstrichverfahren gewonnene Stromlinienbild auf den Seitenwänden zeigt ganz erhebliche Unterschiede gegenüber dem Stromlinien-

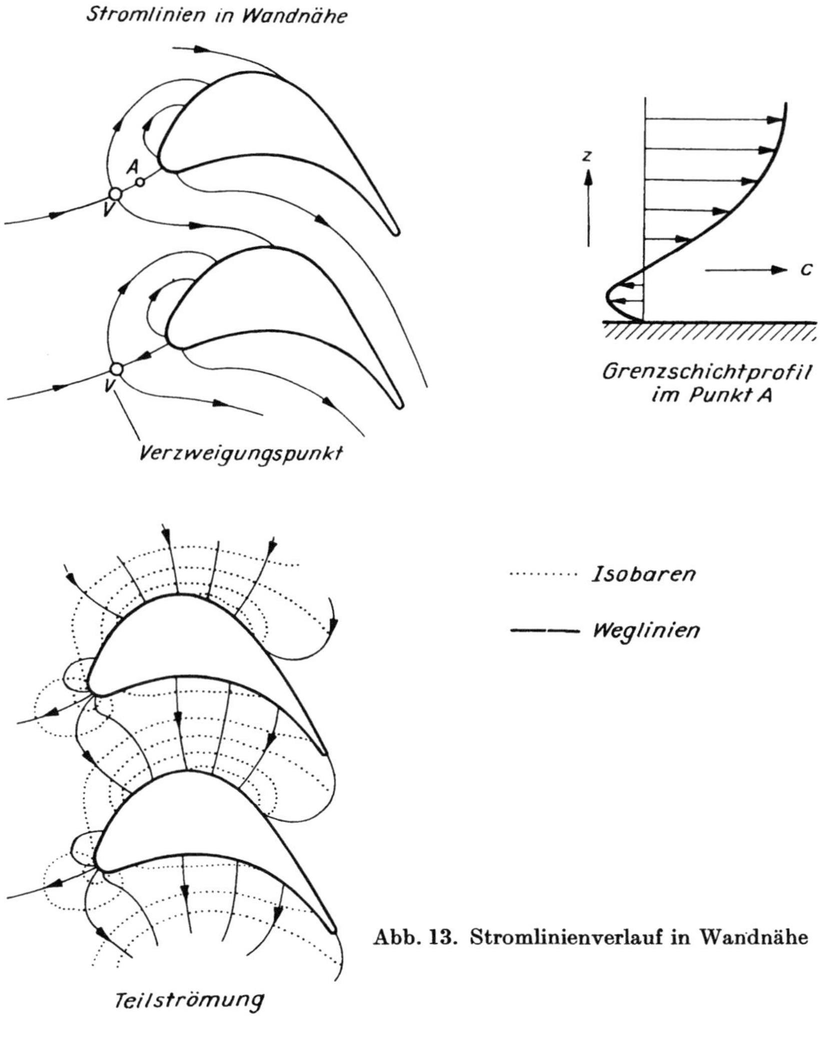

Abb. 13. Stromlinienverlauf in Wandnähe

verlauf in der Potentialströmung (Abb. 12). Besonders auffällig ist, daß schon stromaufwärts von den Nasen der Körper Verzweigungspunkte sich ausbilden. Der Strömung im wandnahen Gebiet wird ein Druckfeld aufgeprägt, vergleichbar mit dem des wandfernen Gebietes (Abb. 13). Die Strömungsrichtung der Teilchen an der Wand resultiert aus der Druckkraft senkrecht zu den Isobaren und der Reibung, die weiter außenliegende Teilchen aufzwingen. Ersetzt man als Näherung das tatsächliche Druckfeld durch das Druckfeld der ebenen Potentialströmung, so sind deren Isoklinen die Weglinien einer isoliert gedachten Teilströmung. Bemerkenswert am resultierenden Wandstromlinienbild ist, daß Stromfäden auf die Saugseite des Gitters treffen (Abb. 13).

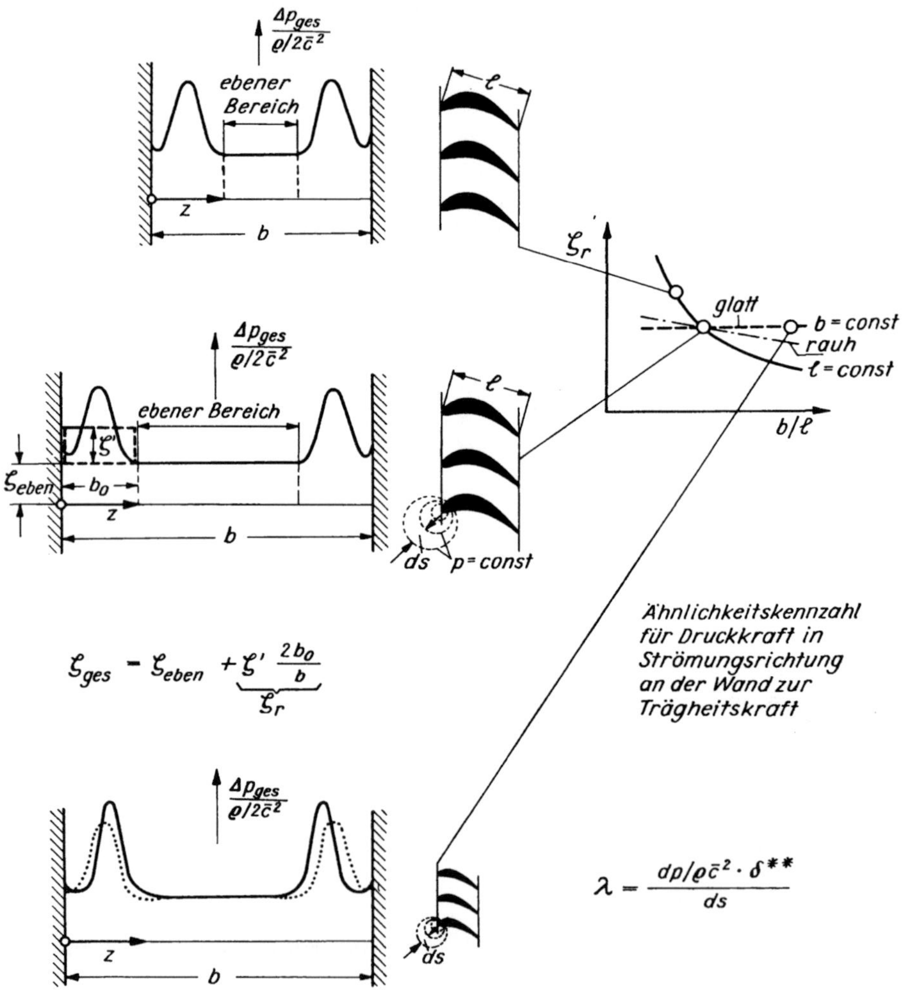

Abb. 14. Gesamtdruckverluste und Widerstandsbeiwerte der Randgrenzschichten

Im Gebiet zwischen dem Verzweigungspunkt V und der Schaufelnase fließen bei A die wandnahen Teile der Grenzschicht entgegen zur Hauptstromrichtung. Es existieren Grenzschichtprofile mit Rückströmung (Abb. 13).

Bei konstantem Druck auf den Seitenwänden besteht keine Veranlassung, daß die Richtung der Wandströmung von der der Kernströmung abweicht. Triviale Beispiele sind das Kreisrohr mit gerader Achse und die ebene Wand, die einen Parallelstrom begrenzt. Interessant ist, daß beim Gitterdurchströmen mit einer freien Wasseroberfläche sich auch am Wasserspiegel Zusatzverluste ähnlich wie bei einer starren Wand zeigen. Vermutlich ist das der Einfluß einer Sekundärströmung, die energiearmes Grenzschichtmaterial von der Wand und der Saugseite an die Oberfläche trägt.

In Nähe der Begrenzungswände gerader Gitter werden die Schaufeldifferenzdrucke gemindert, die Tangentialkraft, die in Umfangsrichtung des Laufrades weist, wird kleiner und im Laufrad die Energieumsetzung geringer als im ebenen Gebiet. Die Größe der „Minderleistung“ und „Minderablenkung“ im Randgebiet zu kennen, ist wichtig für die Auslegung der Maschine, jedoch ist das Problem noch wenig systematisch erforscht.

Mehr Information besitzen wir durch neuere Arbeiten über den zusätzlichen Widerstand [12]. Messungen zeigten den Verlauf des Gesamtdruckverlustes über der Schaufelbreite nach Abb. 14. Rückt man bei gleichbleibenden Schaufelprofilen die Seitenwände näher zusammen, so bleibt der Druckverlust im Wandbereich über dem Wandabstand z aufgetragen ungeändert, solange noch ein Gebiet „ebener Strömung“ zwischen den Wandzonen existiert. Der Anteil des Zusatzverlustes ändert sich hierbei umgekehrt proportional zur Gitterbreite b (Abb. 14).

Die REYNOLDSzahl lag bei $w_3\, l/\nu \approx 1{,}8 \cdot 10^5$. Eine REYNOLDSzahländerung um den Faktor 3 nahm keinen erkennbaren Einfluß auf ζ_r, jedoch zeigte sich Abhängigkeit von der Ähnlichkeitszahl

$$\lambda = \frac{1}{\varrho\, \bar{c}^2} \frac{dp}{ds} \delta^* , \tag{6}$$

die Druckkräfte mit den Trägheitskräften vergleicht. Bei geometrisch ähnlichem Verlauf der Isobaren auf den Wänden reduziert sich (6) zu

$$\lambda \sim \frac{\delta_0^*}{l} ,$$

wobei δ_0^* die Verdrängungsdicke der Grenzschicht im Bereich der Zuströmung ist, l die Sehnenlänge der Schaufel. In [12] wurde, wie es auch schon in früheren Arbeiten geschehen ist, $\zeta_r(\delta_0^*/l)$ aufgetragen. Es zeigt sich von den kleinsten δ_0^*/l-Werten an ein Steigen des Randverlustes, der sich asymptotisch einem Größtwert nähert. Kleinstwert und Größtwert unterscheiden sich nach [12] um den Faktor 3. Bei den Messungen in [12] war für $\delta_0^*/l \approx 0{,}08$ schon Unabhängigkeit $\zeta_r(\delta_0^*/l)$ erreicht. In diesem Gebiet nimmt bei genügend großem Seitenverhältnis ($b/l \gtrsim 1{,}8$) und festem Wandabstand b eine Verkleinerung der Sehnenlänge l keinen Einfluß auf ζ_r. Der Zusatzverlust war im Bereich der Meßgenauigkeit unabhängig vom Teilungsverhältnis t/l und von der Profilform, wobei die Messungen sich auf strömungsgünstige Profile beschränkten. Es wurde nur eine Abhängigkeit $\zeta_r(\beta_0/\beta_3)$ konstatiert, somit sind die Ergebnisse gut im EULER-diagramm darstellbar (Abb. 15). Weil ζ_r als Zusatzverlust gegenüber dem Verlust in ebener Strömung definiert wurde und sich daher umgekehrt proportional

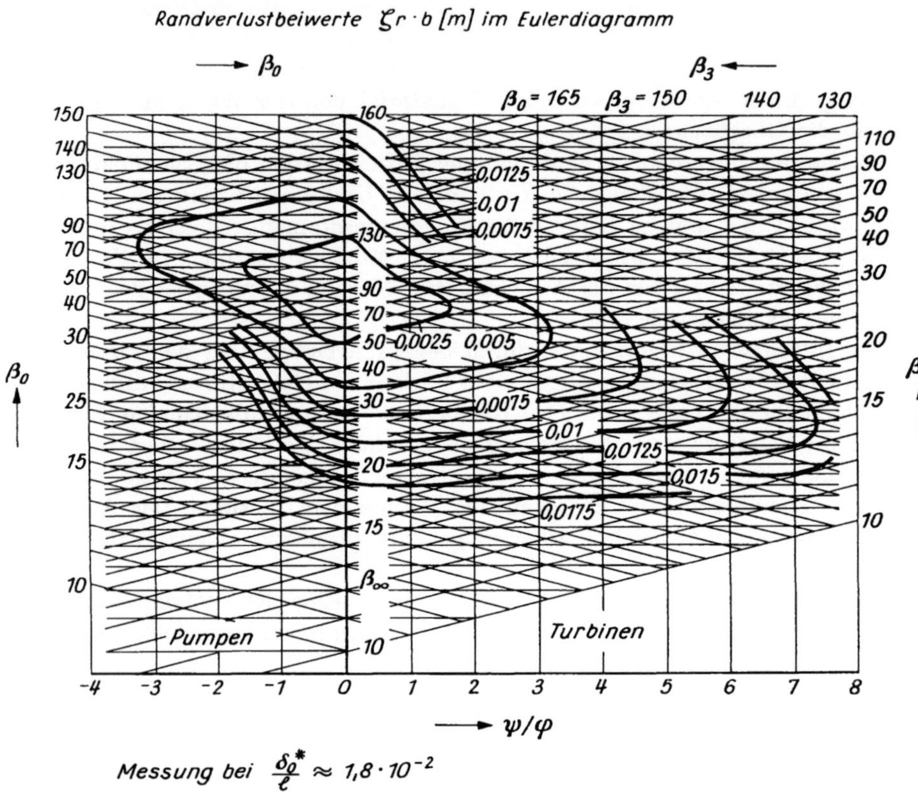

Abb. 15. Randverlustbeiwerte $\zeta_r \cdot b$ [m] bezogen auf den Staudruck der Meridiankomponente. Bei den Messungen war $b/l = 2{,}5$ und $b = 0{,}1$ [m]

zur Schaufelbreite b verhält, ist die Größe $\zeta_r \cdot b$ [m] aufgetragen. Die Form der $\zeta_r \cdot b = \text{const}$-Linien belehrt, daß für $\Psi/\varphi = \text{const}$ die kleinsten Randverluste bei einer Zuströmung unter $\beta_0 = 90°$ auftreten. Für $\beta_\infty = \text{const}$ hat das unbelastete Gitter mit $\Psi/\varphi = 0$ die kleinsten Randverluste. Das Minimum von ζ_r zeigt sich für $\beta_\infty = 90°$ und $\Psi/\varphi = 0$.

Die in Abb. 15 niedergelegten Messungen wurden bei einem Verhältnis $\delta_0^*/l \approx 1{,}8 \cdot 10^{-2}$ vorgenommen, also in einem Gebiet, wo ζ_r noch von δ_0^*/l abhängt. Bis zu den Größtwerten δ_0^*/l ist eine Steigerung von $\zeta_r \cdot b$ um den Faktor

1,5 möglich, bei verschwindender Grenzschichtdicke im Zustrom kann $\zeta_r \cdot b$ bis auf die Hälfte sinken.

Um diese qualitativen Aussagen zu präzisieren, sind noch weitere Messungen über den Kennzahleinfluß nötig.

Bei geometrischer Ähnlichkeit, die sich auch auf die Rauhigkeitserhebungen an den Wänden erstrecken muß, und strömungsmechanischer Ähnlichkeit haben Schaufelgitter den gleichen Zusatzverlustbeiwert. Die Messungen wurden durchweg bei hydraulisch glatten Wänden durchgeführt, einige Versuche mit aufgerauhten Wänden zeigten Anstieg des Randverlustes mit größerer Sehnenlänge l (Abb. 14).

Übertragbar sind diese Werte auf Leiträder und können zumindest als Richtwerte auch für Laufräder benutzt werden.

4. Dreidimensionale Strömungen in Gehäusen und Kreiskegeldiffusoren

Verglichen mit den zweidimensionalen Lösungsmethoden bringt die Berücksichtigung der dritten Ortskoordinate wesentliches Erschweren. Die so bequeme Aufteilung in die Berechnung der Potentialströmung (Primärströmung) und der Reibungsschicht ist dort komplizierter. Es kann nach Überlagerung beider eine Zusatzbewegung (Sekundärströmung) auch im wandfernen Gebiet entstehen.

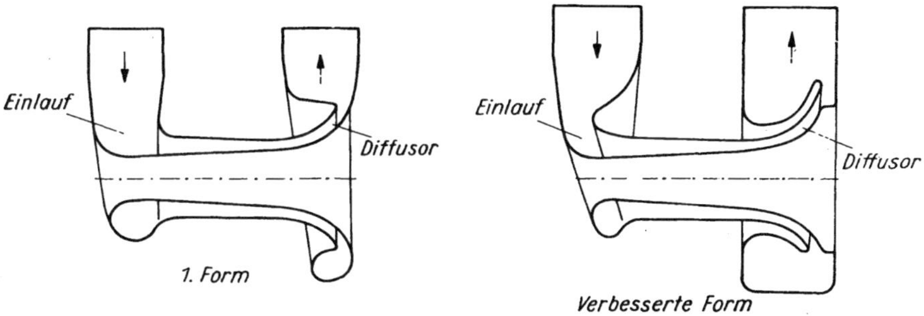

Abb. 16. Einlauf, schaufelfreier Raum und Diffusor eines Axialverdichters

In der Ingenieurpraxis benutzt man das elektroanaloge Experiment zur Bestimmung der Geschwindigkeitsverteilung einer räumlichen Primärströmung. Als Beispiel zeige ich die Aufmessung von zwei schaufelfrei gemachten Axialverdichtergehäusen (Abb. 16). Selbst dem Strömungsfachmann ohne spezielle Erfahrungen würde es schwerfallen, die Ausgangsform zu beurteilen. Wir waren zu Beginn unserer Arbeit geneigt, sie für gut zu halten, die Messungen brachten aber viele Überraschungen (Abb. 17).

Die Meßresultate sind auf die Wandungen gezeichnet, Gebiete gleicher Geschwindigkeit sind abwechselnd schwarz und weiß ausgeführt.

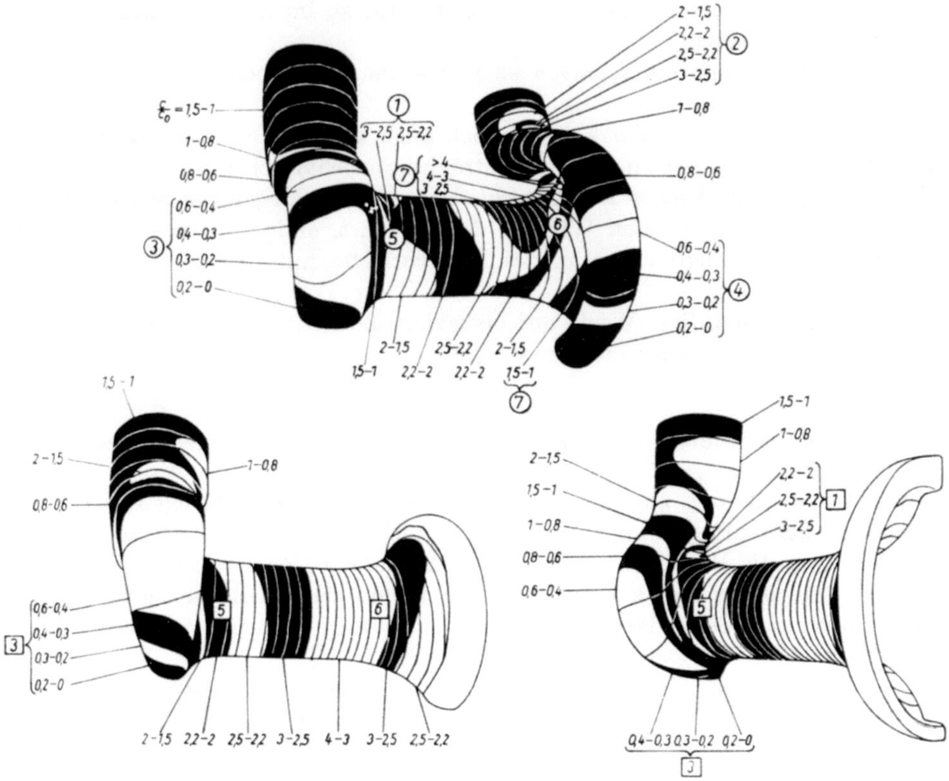

Abb. 17. Flächen der Geschwindigkeitsbereiche für die 1. Form (oben) und die verbesserte Form (unten) der Axialverdichtergehäuse nach Abb. 16

Man erkennt bei der obenstehenden Ausgangsform Inseln erhöhter Geschwindigkeit ① und ②, sodann große Flächen starker Verzögerung im Einlauf ③, einen unerwünschten Drall im Gebiet der ersten Stufe ⑤, endlich ungleichmäßige Durchströmung des Diffusors ⑥; an der dem Austrittsstutzen nächstgelegenen Stelle war statt Verzögerung vierfache Übergeschwindigkeit erkennbar ⑦. Die darunter gezeigte Endvariante vermeidet mit ihrer durch sukzessive Verbesserungen gefundenen Form diese Mängel [13].

Durch solche Messungen werden die höheren Aufwand verlangenden Durchblasversuche mit Luft auf eine kleinere Auswahl von günstig erkannten Formen beschränkt, die Verlustbeiwerte von Austrittsgehäusen konnten von $\zeta \approx 2$ auf etwa $\zeta \approx 0{,}4$ gesenkt werden.

Das nutzbare Druckgefälle einer Strömungsmaschine kann durch einen Diffusor vergrößert werden, der hinter dem Laufrad einen niederen statischen Druck als im Endquerschnitt bewirkt.

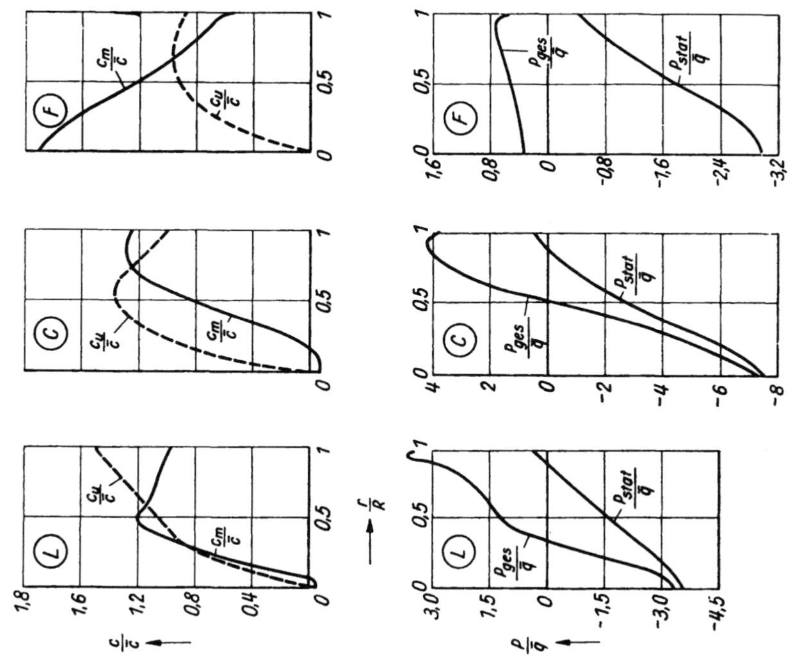

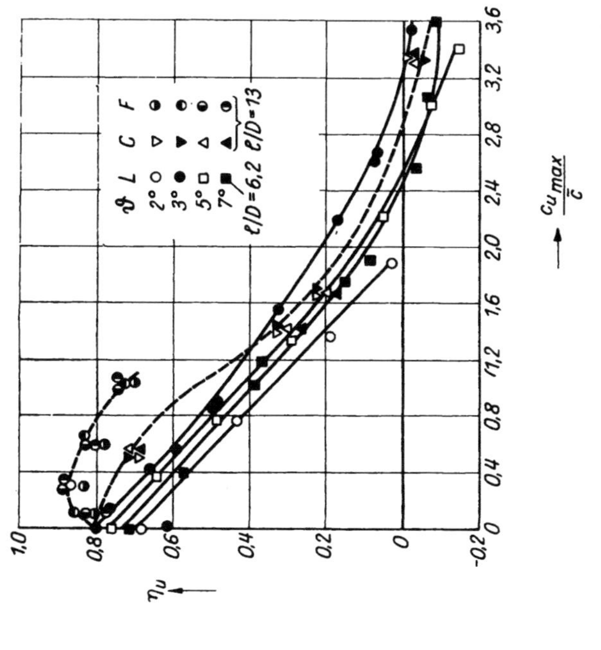

L — Drallverteilung hinter dem Laufrad einer Wasserturbine;
C — Drallverteilung bei einer unverwundenen Leitschaufel;
F — Drallverteilung nach $c_u/c_m = r \cdot \text{const}$

Abb. 18. Unterer Wirkungsgrad von Kreiskegeldiffusoren bei Drall

Trotz mancher Versuche zu einer Theorie wird heute noch die Eigenschaft des Diffusors vorwiegend gemessen. Schon über die einfache Form des Kreiskegeldiffusors existiert eine umfangreiche Literatur, viele Parameter — Rauhigkeit, Turbulenzgrad, REYNOLDSzahl, vor- und nachgeschaltete Rohre — haben Einfluß. Meistens beginnen diese Berichte mit der Feststellung, daß ein wesentlicher Parameter bisher unbeachtet blieb als Rechtfertigung für die eigenen Messungen. Ich selbst möchte in dieser Hinsicht keine Ausnahme machen und behaupten, daß bisher über den Einfluß des Dralles auf die Energieumsetzung nur wenig Informationen vorlagen. PETERS [14] hatte mit einer Anfangsdrallverteilung für $\omega \approx$ const eine Steigerung des Wirkungsgrades beobachtet. Daraus wurde zu Unrecht geschlossen, daß ganz allgemein der Drall den Wirkungsgrad hebt. Demgegenüber hatte die Erfahrung den Wasserturbinenkonstrukteur gelehrt, daß der Drall den Wirkungsgrad mindert, für den Bestpunkt wurde die Maschine drallfrei ausgelegt.

Bei unseren Messungen [15] ist der halbe Öffnungswinkel des Kreiskegeldiffusors zwischen 2° und 7° variiert; geändert wurde die Drallverteilung und die Größe des Dralles (Abb. 18).

Nur bei der Drallverteilung $c_u/c_m = r \cdot$ const (Meßreihe F), die der von PETERS entspricht, steigt der Diffusorwirkungsgrad η_u, der den Anstieg des statischen Druckes mit dem Staudruck im Eintrittsquerschnitt vergleicht. Drallverteilungen, wie sie im Teillastgebiet der Wasserturbinen und anderer Strömungsmaschinen mit Auslegung $c_u \cdot r =$ const vorkommen (L) sowie konstanter Drallwinkel (C) im Eintrittsquerschnitt führen zur Wirkungsgradminderung. Die Strömung haftet zwar an den Wänden, reißt aber in Achsnähe unter Bildung des „Nabentotwassergebietes" ab. Rechnungen mit Hilfe des Impulssatzes sowie Betrachtungen über Gleichgewichtszustände einzelner Strömungsteilchen können die Gesamtwirkung verständlich machen. Eine Theorie der dreidimensionalen reibungsbehafteten Strömung existiert aber noch nicht.

LITERATUR

[1] W. ALBRING: Aufgaben und Möglichkeiten der Strömungslehre bei der Entwicklung des Maschinenbaues. Akademie-Verlag, Berlin 1957.

[2] W. ALBRING: Das Eulerdiagramm zur Auslegung von axialen Schaufelrädern. Maschinenbautechnik 7 (1958).

[3] H. SCHLICHTING: Berechnung der reibungslosen inkompressiblen Strömung für ein vorgegebenes Schaufelgitter. DVI-Forschungsheft 447 (1955).

[4] W. PASCHER: Aufzeichnung der Linien konstanter Geschwindigkeit im Felde hydrodynamischer Gitter mit Hilfe der Seifenhautanalogie. Maschinenbautechnik, Heft 12 (1956).

[5] H. IHLENFELD: Aufzeichnung von Isoklinen und Isotachen mit Hilfe der Seifenhautanalogie bei Schaufelgittern. Wiss. Zeitschrift der TH Dresden (1959).

[6] W. ALBRING: Berechnung der Strömung in radialen Laufrädern. Maschinenbautechnik 7 (1958).

[7] M. HACKESCHMIDT: Zur Berechnung der Potentialströmung um beliebige ebene gerade Profilgitter unter Verwendung des elektrolytischen Troges. Maschinenbautechnik 8 (1959).

[8] W. KUCHARSKI: Strömungen einer reibungsfreien Flüssigkeit bei Rotation fester Körper. München-Berlin 1918.

[9] A. BUSEMANN: Das Förderverhältnis radialer Kreiselpumpen mit logarithmisch spiraligen Schaufeln. ZAMM 8 (1928) 372.

[10] M. HOFFMEISTER: Entwicklung von radialen Laufschaufeln unter Benutzung des Singularitätsverfahrens. Maschinenbautechnik 8 (1959).

[11] W. ALBRING und F. SCHLENDER: Entwicklung eines Radiallüfters mit hohem Wirkungsgrad. Maschinenbautechnik 8 (1959).

[12] H. WOLF: Die Randverluste in geraden Schaufelgittern. Dissertation an der Technischen Hochschule Dresden 1960.

[13] W. ALBRING: Probleme bei der Gestaltung verlustarmer Gehäuse von Strömungsmaschinen. Wiss. Zeitschrift der TH Dresden 8 (1958/59) und Periodica Polytechnica Vol. 3, No. 2, Budapest 1959.

[14] H. PETERS: Energieumsetzungen in Querschnittserweiterungen bei verschiedenen Zulaufbedingungen. Ing. Archiv (1931).

[15] F. LIEPE: Wirkungsgrade von schlanken Kegeldiffusoren bei drallbehafteten Strömungen. Maschinenbautechnik 9 (1960).

[16] W. ALBRING: Ein Näherungsverfahren zur Konstruktion ebener stoßfrei angeströmter Schaufelgitter und Berechnung ihrer Druckverteilung bei stationärer Strömung. Wiss. Zeitschrift der TH Dresden 5 (1955/56) und Maschinenbautechnik 4 (1956).

[17] R. DÖGE: Über die Genauigkeit der Methoden zur Berechnung der inkompressiblen Potentialströmung durch ein ebenes gerades Schaufelgitter und ihre Brauchbarkeit in der Praxis. Maschinenbautechnik 9 (1960).

[18] H. LUDWIEG und W. TILLMANN: Untersuchung über die Wandschubspannung in turbulenten Reibungsschichten. Ing. Archiv 17 (1949).

[19] J. ROTTA: Schubspannungsverteilung und Energiedissipation bei turbulenten Grenzschichten. Ing. Archiv 20 (1952).

[20] R. VOGEL: Ein Windkanal mit Ejektorantrieb zur Untersuchung von Einzelprofilen und Schaufelgittern. Maschinenbautechnik 8 (1959).

[21] R. DÖGE: Ergänzungen zum Aufsatz: Zur Auswertung systematischer Messungen an ebenen geraden Schaufelgittern. Maschinenbautechnik 9 (1960).

[22] Die Abbildungen 7 und 12 sind unveröffentlichten Belegarbeiten bzw. Diplomarbeiten der Herren KÖTHNIG und RANNACHER entnommen.

[23] W. KUNZE: Auswertung bekannter Messungen zur Integration der Impulsgleichung für turbulente Grenzschicht. Maschinenbautechnik 10 (1961).

Streckenprofilgitter mit sich überdeckenden Schaufeln

Von Albert Betz
(Göttingen)

Bei Axialgebläsen und ähnlichen axial durchströmten Pumpenrädern hat man die Erfahrung gemacht, daß der Wirkungsgrad in der Regel schlechter wird, wenn die Profillänge der Schaufeln so groß wird, daß sich die Schaufeln überdecken, oder mit anderen Worten so groß, daß man durch das Rad in axialer Richtung nicht mehr hindurchsehen kann. Qualitativ ist dies auch zu verstehen. Wenn nämlich eine Schaufel im Verlauf ihrer Länge in die Nähe der Vorderkante der folgenden Schaufel kommt, so wird die Geschwindigkeitsverteilung auf ihrer Saugseite in dieser Gegend durch die meist starke Zirkulation am Eintrittsende der folgenden Schaufel stark gestört, und zwar bedingt das Feld dieser Zirkulation eine Verzögerung der Geschwindigkeit und damit einen lokalen Druckanstieg an dieser Stelle der Saugseite. Da hier die Grenzschicht wegen der großen Entfernung von der Eintrittskante schon einigermaßen dick ist, so ist es verständlich, daß dieser Druckanstieg zur Grenzschichtablösung und damit zu Energieverlusten führt.

Um diese Verhältnisse auch quantitativ verfolgen zu können, wird im folgenden an einem Beispiel ein einfaches Verfahren zur Berechnung der Geschwindigkeitsverteilung an den Schaufeln eines Streckenprofilgitters geschildert, d. i. an einem Gitter, dessen Schaufeln aus ebenen Platten bestehen. Die Teilung des Gitters sei t, die Schaufellänge l, der Staffelungswinkel ι bzw. der Steigungswinkel der Schaufeln $\beta = \pi/2 - \iota$. Damit wird die Kanalweite

$$b = t \cos \iota = t \sin \beta \,. \tag{1}$$

In Abb. 1 ist oben links in einer z-Ebene ein derartiges Gitter mit den benützten Bezeichnungen dargestellt. Wird das Gitter in Richtung der Schaufeln mit einer Geschwindigkeit c_0 angeströmt, so wird diese Strömung durch das Gitter nicht gestört, sie bleibt eine Parallelströmung. Ein Punkt P der Schaufel im Abstand s von der Vorderkante V hat in dieser Strömung gegenüber der Vorderkante des Potential

$$\Phi = c_0 \, s \,. \tag{2}$$

Ein Streifen dieser Strömung von der Breite b möge nun so auf eine Halbebene ζ abgebildet werden, daß das Schaufelprofil in den Rand der Halbebene und die Unendlichkeitspunkte der Zu- und Abströmung in der z-Ebene in zwei

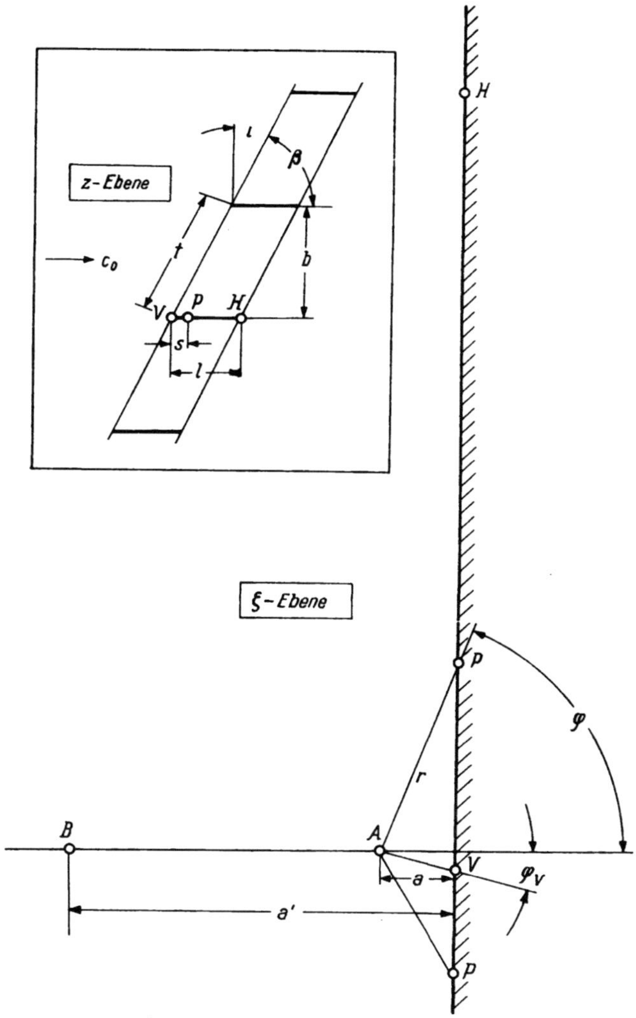

Abb. 1. Konforme Abbildung eines Streifens eines Streckenprofilgitters der z-Ebene auf die halbe ζ-Ebene

Punkte A und B der ζ-Ebene übergehen, die auf einer zum Halbebenenrand senkrechten Geraden im Abstande a und a' vom Halbebenenrande liegen (Abb. 1 rechts). Im Punkte A ergibt sich dann als Abbild der Strömung eine Wirbelquelle mit der Quellstärke

$$E = c_0 \, b \tag{3}$$

und der Zirkulation

$$\Gamma = E \operatorname{tg} \iota \, . \tag{4}$$

Im Punkte B ergibt sich entsprechend eine Wirbelquelle mit der Quellstärke

$$E' = -E = -c_0 b \tag{5}$$

und der Zirkulation

$$\Gamma' = -\Gamma = -E \operatorname{tg} \iota\,. \tag{6}$$

Bei der Ergänzung der Halbebene zur Vollebene durch Spiegelung erscheinen auf der rechten Halbebene die entsprechenden gespiegelten Wirbelquellen. Ihre Wirkungen auf die Geschwindigkeiten und Potentiale längs des Halbebenenrandes sind die gleichen wie die der linken Wirbelquellen. Man braucht daher die Wirkungen der letzteren nur jeweils zu verdoppeln.

Auf dem Halbebenenrand ergeben sich zwei Staupunkte V und H. Sie entsprechen der Vorderkante und Hinterkante der Schaufel. Ist die Schaufel unendlich lang, so rückt sowohl der Punkt B mit seiner Wirbelquelle als auch der Punkt H ins Unendliche. Aber eine Abschätzung zeigt[1]), daß bereits bei einer Länge $l > 1{,}5\,t$ der Einfluß der Wirbelquelle im Punkt B so klein ist, daß man ihn vernachlässigen kann. Im folgenden soll daher der Einfachheit halber eine unendlich lange Platte vorausgesetzt werden. Es läßt sich erforderlichenfalls der Einfluß der Wirbelquelle B leicht durch kleine Korrekturen berücksichtigen, zumal ja für die vorliegende Aufgabe immer $l \approx$ oder $> t$ sein muß. Man kann auch Schaufelformen, die etwas von der ebenen Platte abweichen, durch Quell- oder Wirbelbelegung auf dem Halbebenenrand der ζ-Ebene behandeln.

Ist r der Abstand eines Punktes P von der Wirbelquelle A und φ der Winkel, den der Strahl AP mit der Normalen zum Halbebenenrand bildet, so ergibt sich für die Geschwindigkeit auf dem Halbebenenrand

$$w_0 = \frac{E}{a\,\pi} \cos^2\varphi\,(\operatorname{tg}\varphi + \operatorname{tg}\iota) = c_0 \frac{b}{a\,\pi} \cos^2\varphi\,(\operatorname{tg}\varphi + \operatorname{tg}\iota)\,. \tag{7}$$

Im Staupunkt V ist $w = 0$. Für seine Lage ergibt sich hiernach

$$\operatorname{tg}\varphi_V + \operatorname{tg}\iota = 0\,,\quad \varphi_V = -\iota\,. \tag{8}$$

Das Potential im Punkte P gegenüber diesem Staupunkt V, der ja der Schaufelvorderkante entspricht, ist

$$\Phi = \frac{E}{\pi} \ln\frac{r}{r_v} + \frac{\Gamma}{\pi}(\varphi - \varphi_V) = \frac{E}{\pi}\left[\ln\frac{\cos\iota}{\cos\varphi} + (\varphi + \iota)\operatorname{tg}\iota\right]\,. \tag{9}$$

Dieses Potential muß gleich sein dem in dem entsprechenden Punkt P der Schaufel, im Abstand s von der Vorderkante herrschenden, das nach (2) $\Phi = c_0\,s$ ist. Da nach (3) $E = c_0\,b$ ist, so ergibt sich zwischen s und φ der Zusammenhang

$$\frac{s\,\pi}{b} = \ln\frac{\cos\iota}{\cos\varphi} + (\varphi + \iota)\operatorname{tg}\iota\,. \tag{10}$$

Ist die Anströmung um einen kleinen Anstellwinkel α zur Plattenrichtung geneigt, so überlagert sich eine Zusatzströmung mit der Geschwindigkeit im Un-

[1]) A. BETZ: Näherungsformeln zur konformen Abbildung von Streckenprofilgittern kleiner Teilung. Ing.-Arch. 28 (1959) (GRAMMEL-Sonderband) S. 6.

endlichen $\alpha\, c_0$ senkrecht zur Schaufelrichtung. Diese stellt sich in der ζ-Ebene als Wirbelquelle im gleichen Punkt A dar, aber mit dem Komponenten

$$E_\alpha = -\alpha\, c_0\, b \operatorname{tg} \iota = -\alpha\, E \operatorname{tg} \iota\,, \tag{11}$$

$$\Gamma_\alpha = \alpha\, c_0\, b = \alpha\, E\,. \tag{12}$$

Damit ergeben sich im Punkte P die Störgeschwindigkeiten

$$w_\alpha = \frac{\alpha\, E}{a\, \pi} \cos^2 \varphi\, (1 - \operatorname{tg} \iota \operatorname{tg} \varphi)\,. \tag{13}$$

Auf der Oberfläche der Schaufel ergibt sich eine entsprechende Störgeschwindigkeit c_α. Dabei ist

$$\frac{c_\alpha}{c_0} = \frac{w_\alpha}{w_0} = \alpha \frac{1 - \operatorname{tg} \iota \operatorname{tg} \varphi}{\operatorname{tg} \varphi + \operatorname{tg} \iota} = \alpha\, F_\alpha\,. \tag{14}$$

Die resultierende Geschwindigkeit $c = c_0 + c_\alpha$ bedingt nach Bernoulli einen Druckunterschied gegenüber dem Druck p_0 der ungestörten Anströmung mit der Geschwindigkeit c_0

$$p - p_0 = \frac{\varrho}{2} (c_0^2 - c^2) = -\frac{\varrho}{2} c_0^2 [2\, \alpha\, F_\alpha + (\alpha\, F_\alpha)^2] \approx -\frac{\varrho}{2} c_0^2\, 2\, \alpha\, F_\alpha\,. \tag{15}$$

Man kann nun bei gegebenem Staffelungswinkel ι für eine Reihe von Werten φ einerseits nach Gl. (10) die zu diesen Werten gehörigen Stellen s der Schaufel und andererseits die für die Druck- bzw. Geschwindigkeitsverteilung maßgebende Funktion $F_\alpha = \frac{c_\alpha}{\alpha\, c_0}$ nach (14) berechnen und letztere über s auftragen.

In Abb. 2 ist das Ergebnis dieser Rechnung für $\iota = 81^\circ$ dargestellt. An der Eintrittskante ist die theoretisch unendlich werdende Geschwindigkeitsspitze zu erkennen, die von der Umströmung der scharfen Vorderkante herrührt. Sie läßt sich in bekannter Weise durch Verdicken und Abrunden der Vorderkante so weit mildern, daß sie nicht mehr schädlich wirkt. Weiterhin erkennt man aber auch einen einigermaßen raschen Geschwindigkeitsabfall in der Nähe der Eintrittskante der folgenden Schaufel auf den asymptotischen Wert $F_{\alpha\infty} = -\operatorname{tg} \iota$. Da hier die Grenzschicht schon einigermaßen dick ist, dürfte der mit einem derartigen Geschwindigkeitsabfall verbundene Druckanstieg in den meisten Fällen zur Strömungsablösung führen.

Man muß daher bemüht sein, diesen Geschwindigkeitsabfall auf eine längere Strecke zu verteilen. Durch geeignete Formgebung des Schaufelprofils ergibt sich infolge der Abweichung von der ebenen Schaufel eine Geschwindigkeitsänderung c_P und eine entsprechende Funktion

$$F_P = \frac{c_P}{\alpha\, c_0}\,.$$

Damit wird die gesamte Geschwindigkeitsänderung $c_\alpha + c_P$ und die entsprechende Funktion

$$F = \frac{c_\alpha + c_P}{\alpha\, c_0} = F_\alpha + F_P\,.$$

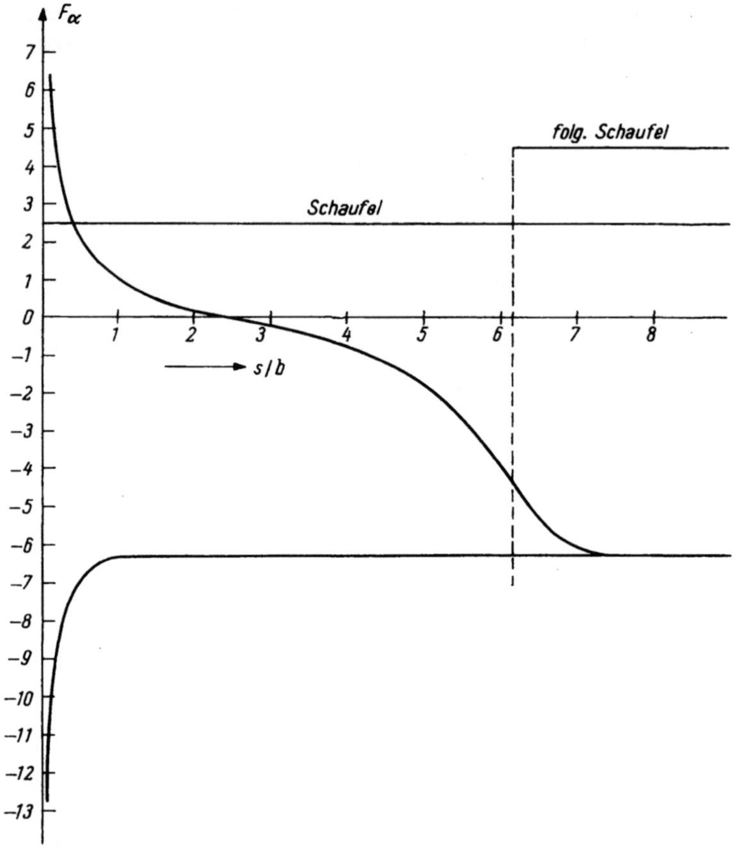

Abb. 2. Verteilung der bei einem Anstellwinkel α entstehenden Zusatzgeschwindigkeit auf der Schaufeloberfläche für die eingezeichnete Anordnung der Schaufeln
(obere Kurve Saugseite, untere Kurve Druckseite)

In Abb. 3 ist qualitativ der etwa erwünschte Verlauf dieser resultierenden Funktion aufgetragen und eine Formänderung angedeutet, die etwa eine solche Änderung bewirken könnte. Die Geschwindigkeitsspitze an der Vorderkante wird in bekannter Weise durch eine Verdickung und Abrundung der Vorderkante gemildert. Durch den auf die Druckseite entfallenden Anteil dieser Verdickung entsteht in der Gegend der Vorderkante der folgenden Schaufel eine Querschnittsverengung, welche hier die Geschwindigkeit erhöht. Ein wesentlicher Teil des Geschwindigkeitsabfalles erfolgt erst dahinter in der diffusorartigen Erweiterung hinter der Vorderkante der folgenden Schaufel. Durch eine leichte Wölbung der Schaufelsaugseite nach unten erhält man an der hohlen Stelle eine verminderte Geschwindigkeit und somit einen Geschwindigkeitsabfall bereits vor dem Einflußbereich der folgenden Schaufelvorderkante, so daß auch dadurch der schroffe

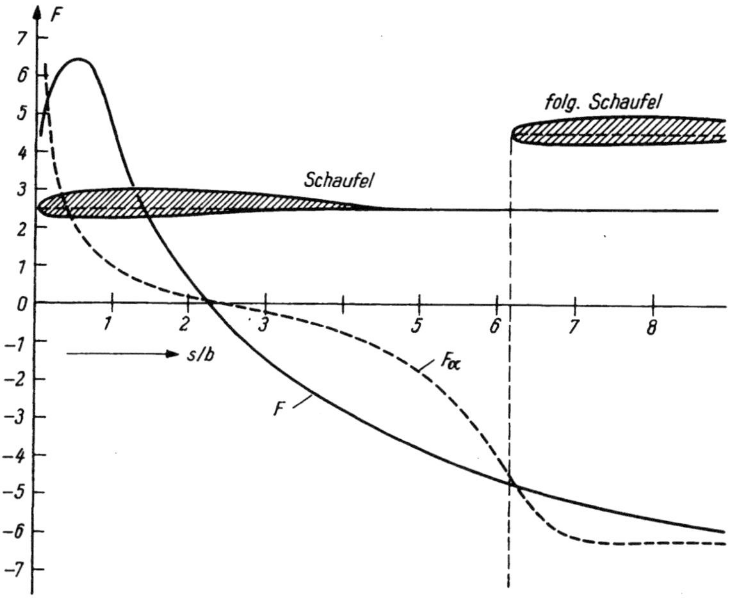

Abb. 3. Qualitative Verbesserung der Geschwindigkeitsverteilung durch geeignete Formgebung der Schaufeln

Abfall gemildert wird. Quantitativ lassen sich die Verhältnisse durch Quell- oder Wirbelbelegungen auf den Halbebenenrand der ζ-Ebene behandeln. Man kann dadurch ohne allzu großen Aufwand die Formänderungen ermitteln, die zur Erzielung einer gewünschten Änderung der Geschwindigkeitsverteilung nötig sind. Leider lassen sich solche verbessernde Maßnahmen jeweils immer nur für *einen* Anstellwinkel durchführen, da der größte Teil ihrer Wirkungen ja vom Anstellwinkel unabhängig, der störende Geschwindigkeitsverlauf nach Abb. 2 aber proportional dem Anstellwinkel ist.

Zusammenfassung

Bei sich überdeckenden Schaufeln entsteht bei einigermaßen kleiner Steigung auf der Saugseite einer Schaufel in der Nähe der Vorderkante der folgenden Schaufel ein ziemlich rascher Druckanstieg, der meist zu einer Grenzschichtablösung führt. Es wird ein einfaches Verfahren angegeben, um für die Streckenprofilgitter die Geschwindigkeitsverteilung auf der Schaufel und damit den Druckverlauf zu berechnen. Auf Grund der Kenntnis dieser Druckverteilung kann man dann durch geeignete Formgebung der Schaufeln die Druckverteilung so verbessern, daß keine Störungen mehr zu erwarten sind.

Zur Berechnung der Reibungswärme in der hydrodynamischen Schmierungstheorie

Von Bekir Dizioğlu

(Technische Universität Istanbul; z. Zt. Technische Hochschule Braunschweig)

1. Einleitung

Für die Beurteilung und Gestaltung der raschlaufenden Gleitlager ist die Temperaturerhöhung durch die im Inneren der Schmierschicht entstehende Reibungswärme entscheidend. Es ist bekannt[1]), daß der größte Teil dieser Reibungswärme durch Kühlung der Gleitflächen des Lagers nicht fortgeleitet werden kann. Deshalb scheint es sinnvoll zu sein, den Grenzfall zu betrachten, bei dem die gesamte entwickelte Wärme im Schmierfilm verbleibt und dessen Temperatur erhöht. Dafür werden wärmeundurchlässige Gleitflächen vorausgesetzt, die es in Wirklichkeit nicht gibt.

Ausgehend von einer Eigenschaft der Lösung der Energiegleichung für die Strömung einer zähen Flüssigkeit wird nachstehend eine einfache Methode zur Bestimmung der mittleren Temperaturerhöhung in der Länge des Schmierfilmes angegeben.

2. Druck- und Energiegleichung für das unendlich breite Lager

Es sei ein Schmierspalt betrachtet, dessen Höhe in Richtung der Bewegung der unteren Gleitfläche abnimmt (Abb. 1). Die Spaltform sei durch die Funktion $h = h(x)$ gegeben. Ist U die Geschwindigkeit der unteren Gleitfläche in der x-Richtung, η die Zähigkeit der Schmierflüssigkeit, p der Druck in der Strömung, so lautet nach der hydrodynamischen Schmierungstheorie die Gleichung für den Druck mit Berücksichtigung der Randbedingungen

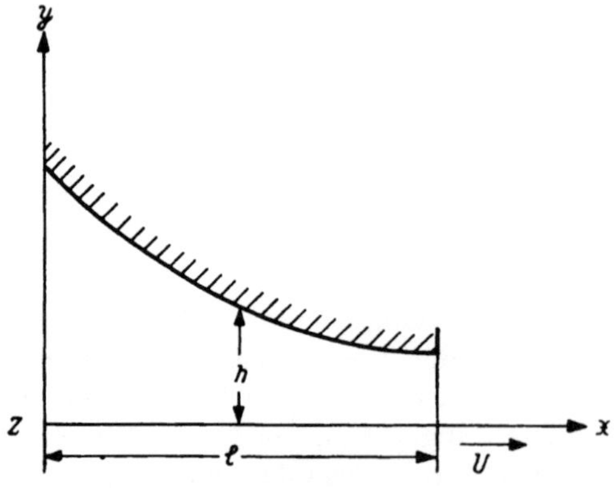

Abb. 1

$$\left.\begin{aligned} y &= 0 : u = U\,; \\ y &= h : u = 0\,; \\ x &= 0 : p = p_0\,; \\ x &= l : p = p_0 \end{aligned}\right\} \tag{1}$$

[1]) B. Dizioğlu: 50 Jahre Grenzschichtforschung, herausgegeben von H. Görtler und W. Tollmien (1954), S. 236.

wie folgt

$$\frac{dp}{dx} = \frac{6\,\eta\,U}{h^2}\left(1 - \frac{h_0}{h}\right). \tag{2}$$

Die konstante Größe h_0, die mit Q bezeichnete Durchflußmenge der Strömung und Geschwindigkeitsverteilung u im Schmierspalt sind wie folgt bestimmt

$$h_0 = \frac{\int\limits_0^l \frac{dx}{h^2}}{\int\limits_0^l \frac{dx}{h^3}}\,; \qquad Q = \frac{U\,h_0}{2}\,; \tag{3}$$

$$u = U\left(1 - \frac{y}{h}\right) + \frac{1}{2\,\eta}\,\frac{dp}{dx}\,(y - h)\,y\,. \tag{4}$$

Die Energiegleichung für die Strömung einer zähen Flüssigkeit lautet unter Vernachlässigung der Wärmeleitung in der x-Richtung

$$\gamma\,c\,\frac{\partial\vartheta}{\partial x} = \lambda\,\frac{\partial^2\vartheta}{\partial y^2} + \eta\left(\frac{\partial u}{\partial y}\right)^2, \tag{5}$$

wobei $\vartheta = \vartheta(x, y)$ die von einem beliebigen Nullpunkt aus gerechnete Temperatur, γ das spezifische Gewicht, c die spezifische Wärme, λ die Wärmeleitfähigkeit der Flüssigkeit sind.

Die Randbedingungen sind

$$y = 0 : \frac{\partial\vartheta}{\partial y} = 0\,; \qquad y = h : \frac{\partial\vartheta}{\partial y} = 0\,; \tag{6}$$

$$x = 0 : \vartheta = 0\,. \tag{6*}$$

In allen obigen Gleichungen sei für η eine mittlere konstante Zähigkeit angenommen, die in bekannter Weise zu bestimmen ist.

3. Eine Eigenschaft der Lösung von Gl. (5) bei einer besonderen Spaltform

Wir betrachten die in Abb. 2 angegebene Spaltform. Bei diesem gedachten Stufenlager besitzt die Spaltfunktion $h = h(x)$ abschnittsweise die konstanten Werte $h_1, h_2, \ldots, h_k, \ldots$. Demnach bleibt in jedem solchen Abschnitt nach Gl. (2) der Druckgradient konstant. Die Geschwindigkeitsfunktion $u(x, y)$ nach Gl. (4) wird somit innerhalb eines solchen Abschnittes nur eine Funktion von y.

Zur Bestimmung der örtlichen Temperaturverteilung in einem solchen Abschnitt wird nun die betreffende Geschwindigkeitsfunktion $u(y)$ in Gl. (5) eingesetzt und diese mit Berücksichtigung der Randbedingungen (6) und der folgenden Anschlußbedingung gelöst. Hierzu sei z. B. der k-te Spalt betrachtet. Dann wird die Anschlußbedingung für diesen Spalt

$$\varkappa = l_k : \vartheta_k = \vartheta_k(l_k, y)\,. \tag{7}$$

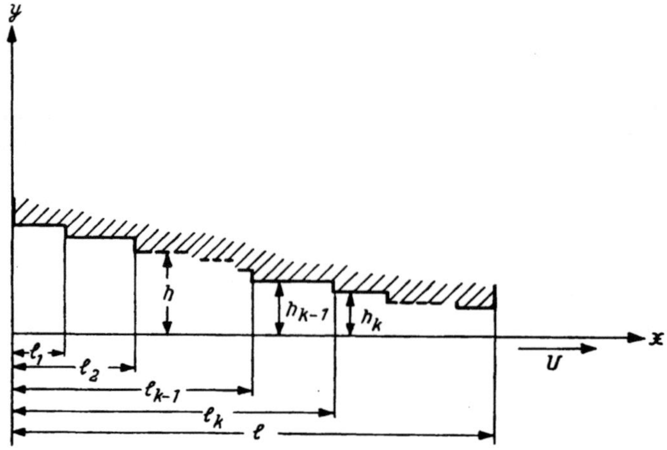

Abb. 2

Zunächst ist ϑ_k als Funktion von y unbekannt. Wir fordern aber, daß an der Grenze zweier benachbarter Spaltabschnitte die nach NUSSELT gebildeten Mittelwerte der Temperaturverteilung $\vartheta(x, y)$ und Geschwindigkeitsverteilung $u(y)$ quer zur Schicht gleich sind. Es ist demnach z. B. für die Abschnitte k und $(k-1)$

$$\bar{\vartheta}_k(l_k) = \frac{\int\limits_0^{h_k} \vartheta_k(l_k, y)\, u_k(y)\, dy}{\int\limits_0^{h_k} u_k(y)\, dy}\,; \quad \bar{\vartheta}_{k-1}(l_k) = \frac{\int\limits_0^{h_{k-1}} \vartheta_{k-1}(l_{k-1}, y)\, u_{k-1}(y)\, dy}{\int\limits_0^{h_{k-1}} u_{k-1}(y)\, dy}\,; \tag{8}$$

$$\bar{\vartheta}_k(l_k) = \bar{\vartheta}_{k-1}(l_k)\,. \tag{8*}$$

Wir setzen die Lösung der Gl. (5) in der Form an

$$\vartheta = \vartheta_p + \Theta\,. \tag{9}$$

ϑ_p ist eine partikuläre Lösung von Gl. (5). Θ genügt der homogenen Differentialgleichung

$$\gamma\, c\, u(y)\, \frac{\partial \Theta}{\partial x} = \lambda\, \frac{\partial^2 \Theta}{\partial y^2}\,. \tag{10}$$

In Gl. (5) kommt ϑ selbst nicht vor; sondern es sind die Ableitungen von ϑ nach x und y vorhanden. Demnach wird eine die Randbedingungen (6) erfüllende partikuläre Lösung bis auf eine Konstante bestimmbar. Es läßt sich daher ein Partikularintegral ϑ_p in der Form

$$\vartheta_p = a\, x + \Phi(y) + b \tag{11}$$

angegeben. Hierin sind die Konstante a und $\Phi(y)$ durch die Randbedingungen festgelegt. b ist zunächst eine freiverfügbare Konstante.

Zur Bestimmung von Θ machen wir den üblichen Produktenansatz

$$\Theta = Y(y)\, e^{-\alpha^2 \cdot \frac{\lambda}{\gamma \cdot c} \cdot x}$$

Dieser Ansatz führt auf die Gleichung für $Y(y)$

$$Y'' + \alpha^2 u(y)\, Y = 0\,. \tag{12}$$

Die Randbedingungen fordern $Y'(0) = Y'(h) = 0$. Wir setzen weiterhin voraus, daß die Geschwindigkeitsfunktion $u(y)$ eine wesentlich positive Funktion von y ist. Es ist nun gewiß, daß diese STURM-LIOUVILLEsche Randwertaufgabe den Eigenwert $\alpha_0 = 0$ mit $Y_0 = \text{const} = 1$ als zugehörige Eigenfunktion besitzt. Die anderen Eigenwerte $\alpha_1, \alpha_2, \alpha_3, \ldots$ sind von Null verschieden und die zugehörigen Eigenfunktionen $Y_1,\ Y_2,\ Y_3, \ldots$ nicht konstant.

Es besteht folgende Orthogonalität

$$\int_0^h u(y)\, Y_m\, Y_n\, dy = \begin{cases} 0, & \text{wenn } m \neq n\,, \\ \neq 0, & \text{wenn } m = n\,, \end{cases} \tag{13}$$

Indem wir das Glied $A_0\, Y_0(y)\, e^{-\alpha^2 \frac{\lambda}{\gamma \cdot c} x} = A_0 = \text{const}$ mit in die Konstante b einbeziehen, wird die allgemeine Lösung der Gl. (5) mit den Randbedingungen (6)

$$\vartheta = a\, x + \Phi(y) + b + \sum_{n=1}^{\infty} A_n\, Y_n\, e^{-\alpha^2 \frac{\lambda}{\gamma \cdot c} x}\,. \tag{14}$$

Es ist nun die Anschlußbedingung (7) zu erfüllen. Dies liefert

$$\vartheta(l_k, y) = a\, l_k + \Phi(y) + b + \sum_{n=1}^{\infty} A_n\, Y_n\, e^{-\alpha^2 \frac{\lambda}{\gamma \cdot c} l_k}\,. \tag{14*}$$

Wir multiplizieren beide Seiten der für alle y-Werte gültigen Gleichung (14*) mit $u(y)$ und berechnen den Integralwert von 0 bis h des somit erhaltenen Ausdrucks. Es ergibt sich, da $Y_0 = 1$ eine Eigenfunktion ist, $\int_0^h u(y) Y_n(y) \cdot 1 \cdot dy = 0$ für $n = 1, 2, 3, \ldots$ und daher

$$\int_0^h \vartheta(l_k, y) \cdot u(y)\, dy = \int_0^h [a\, l_k + \Phi(y) + b]\, u(y)\, dy\,, \tag{15}$$

woraus dann für b

$$b = \frac{1}{\int_0^h u(y)\, dy} \left\{ \int_0^h \left[\vartheta(l_k, y) - \left(a\, l_k + \Phi(y)\right)\right] u(y)\, dy \right\} \tag{16}$$

folgt. Es ist damit bei vorgeschriebener Anschlußbedingung (7) die Konstante b bzw. ϑ_p in Gl. (11) eindeutig festgelegt. Es gilt für alle stückweise stetigen $u(y)$, für welche die Eigenwerte α_n reell sind, $\vartheta \to \vartheta_p$ wenn $x \to \infty$.

Schließlich bilden wir den Ausdruck $\int_0^h \vartheta(x, y)\, u(y)\, dy$, unter Berücksichtigung der Orthogonalitätsrelation $\int_0^h u(y)\, Y_n(y) \cdot 1 \cdot dy = 0$ für $n = 1, 2, \ldots$ sowie der Gl. (15). Man erhält aus Gl. (14)

$$\int_0^h \vartheta(x, y)\, u(y)\, dy = \int_0^h \vartheta(l_k, y)\, u(y)\, dy + a\,(x - l_k) \cdot \int_0^h u(y)\, dy\,. \tag{17}$$

Wir können auch schreiben

$$\frac{\int_0^h \vartheta(x, y)\, u(y)\, dy}{\int_0^h u(y)\, dy} = \frac{\int_0^h \vartheta(l_k, y)\, u(y)\, dy}{\int_0^h u(y)\, dy} + a\,(x - l_k)\,. \tag{18}$$

Die linke Seite von (18) ist der nach NUSSELT gebildete Mittelwert der Temperaturverteilung. Wir bezeichnen ihn mit $\bar{\vartheta}(x)$. Der erste Ausdruck der rechten Seite ist nach Gl. (8) mit $\bar{\vartheta}_k(l_k)$ bezeichnet. Es ist also

$$\bar{\vartheta}(x) = \bar{\vartheta}(l_k) + a\,(x - l_k)\,, \tag{19}$$

$$(l_k \leqq x \leqq l_{k+1})\,. \tag{19*}$$

Durch Gl. (19) ist der mittlere Temperaturverlauf im Abschnitt k bestimmt. Da dies in entsprechender Weise für jeden Abschnitt gilt, so ist damit der mittlere Temperaturverlauf in der Länge der Schmierschicht bekannt. Die Funktion $\bar{\vartheta}(x)$ ist ein stetig verlaufender Geradenzug.

Zur Bestimmung der Konstanten a in Gl. (19) bzw. Gl. (11) wird ϑ_p von Gl. (11) in Gl. (5) eingesetzt und daraus a sowie $\Phi(y)$ so bestimmt, daß die Randbedingungen (6) erfüllt sind. Die Ausführung dieser Rechnung ergibt

$$a = \frac{\eta}{\gamma \cdot c} \cdot \frac{\int_0^h \left(\frac{\partial u}{\partial y}\right)^2 dy}{\int_0^h u(y)\, dy}\,. \tag{20}$$

4. Ersatzstufenlager für eine beliebige Spaltform

Auch in einem Gleitlager von allgemeiner Spaltform (Abb. 1) läßt sich der mittlere Temperaturverlauf längs des Schmierfilmes in gewünschter Annäherung durch Gl. (19) bestimmen, wenn man das betreffende Lager wie folgt durch ein Stufenlager (Abb. 2) ersetzt.

Es seien u, η und die Spaltform (Abb. 1) durch die Funktion $h = h(x)$ gegeben, sowie die Randbedingungen (1) vorgeschrieben. Dann ist für dieses Lager durch Gl. (3) die Konstante h_0 sowie die Durchflußmenge und damit aus Gl. (2) der Verlauf des Druckgradienten längs des Schmierfilmes bestimmt.

Wir denken uns nun in einem rechtwinkligen Koordinatensystem $\frac{dp}{dx}$ über x aufgetragen und ersetzen die somit erhaltene Druckgradientenkurve durch eine Stufenkurve, bei der $\frac{dp}{dx}$ abschnittsweise konstant bleibt (wie z. B. in Abb. 4). Dabei soll in jedem solchen Abschnitt die Fläche jedes solchen Streifens (nicht notwendig von derselben Breite) parallel zur $\frac{dp}{dx}$-Achse gleich der des betreffenden Streifens unter der wirklichen Druckgradientenkurve sein.

Hält man nun die ursprüngliche Durchflußmenge bzw. die Größe von h_0 in Gl. (3) fest, so kann man für jeden Abschnitt dieser Stufenkurve die zugehörige konstante Spalthöhe aus Gl. (2) bestimmen. Es sei angenommen, daß eine solche reelle positive Größe der Spalthöhe existiert.

Wir erhalten demnach ein Ersatzstufenlager wie in Abb. 3b, das dieselbe Durchflußmenge sowie in gewünschter Annäherung dieselbe Druckgradientenkurve des ursprünglichen Lagers besitzt.

Für dieses Ersatzlager läßt sich sofort der mittlere Temperaturverlauf auf Grund der Gl. (19) in jedem Abschnitt bestimmen. Damit ist der mittlere Temperaturverlauf in der Länge der Schmierschicht des Ersatzlagers und folglich in verlangter Annäherung der des ursprünglichen Lagers von beliebiger Spaltform festgelegt.

5. Ein Beispiel

Als Beispiel sei der in Abb. 3a dargestellte ebene Gleitschuh unendlicher Breite betrachtet. In diesem Fall sind

$$h = h_E - \frac{x}{l}(h_E - h_A); \qquad h_0 = 2\frac{h_E h_A}{h_E + h_A}.$$

Es ist zweckmäßig für die nachstehenden Rechnungen die folgenden Verhältniszahlen einzuführen

$$\frac{x}{l} = \xi, \quad \frac{h}{h_A} = \zeta, \quad \frac{h_E}{h_A} = n, \quad \frac{h_A}{l} = m.$$

Dann werden $(h_0/h_A) = 2n/(n+1)$ und $\zeta = n - \xi n + \xi$.

Die Funktion des Druckgradienten für den Gleitschuh nimmt die folgende Form an

$$\frac{dp}{d\xi} = \frac{6\eta u l}{h_A^2 \zeta^2}\left[1 - \frac{2n}{(n+1)} \cdot \frac{1}{\zeta}\right]. \tag{21}$$

Hierin wird ζ als Funktion von ξ eingesetzt; dann ist

$$\frac{h_A^2}{6\eta u l} \cdot \frac{dp}{d\xi} = \frac{1}{(n - n\xi + \xi)^2} - \frac{\frac{2n}{(n+1)}}{(n - n\xi + \xi)^3}. \tag{22}$$

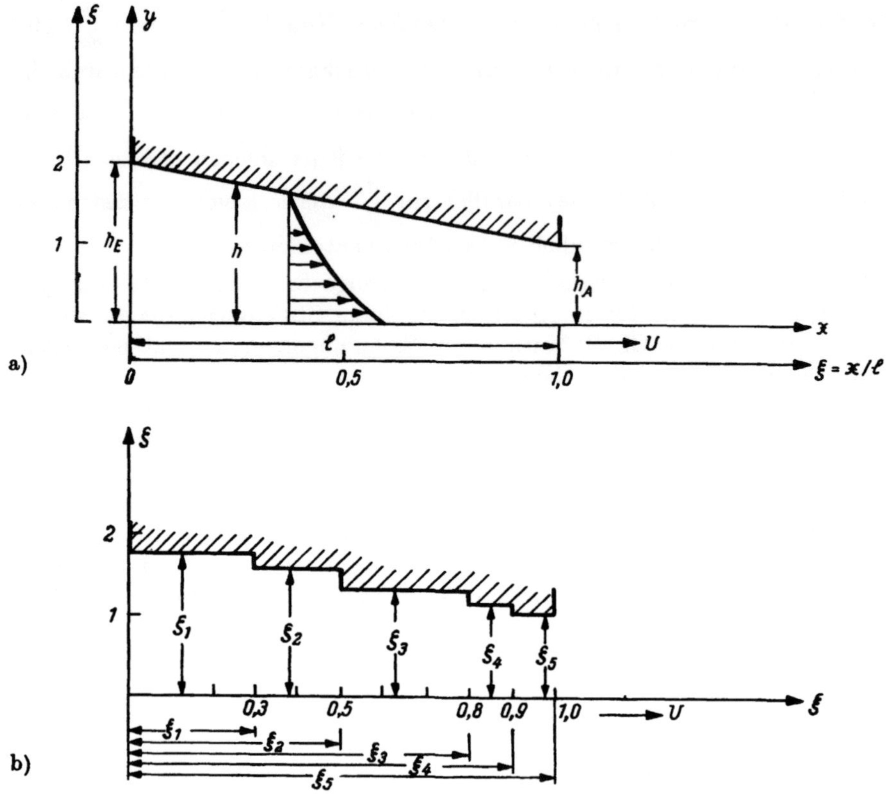

Abb. 3

ξ ist die dimensionslose x-Koordinate, laufend von 0 am Schmierkeileintritt bei der Schmierschichtdicke h_E bis l am Schmierkeilaustritt bei der Schmierschichtdicke h_A.

h_k sei die konstante Spaltdicke vom k-ten Abschnitt des noch zu bestimmenden Ersatzstufenlagers für den Gleitschuh. Diesem Abschnitt soll der konstante Druckgradient $\left(\frac{dp}{d\xi}\right)_k$ entsprechen. Es seien zuerst die folgenden Konstanten eingeführt

$$\frac{h_k}{h_A} = \zeta_k\,, \quad \frac{h_A^2}{6\,\eta\, u\, l} \cdot \left(\frac{dp}{d\xi}\right)_k = B_k\,. \tag{23}$$

Der jeweilige $\frac{dp}{d\xi}$-Wert wird offenbar aus der Gl. (21) bestimmt. Wir haben hierzu die folgende Gleichung zu lösen

$$B_k \zeta_k^3 - \zeta_k + \frac{2\,n}{n+1} = 0\,. \tag{24}$$

Die Gl. (19) für die mittlere Temperaturverteilung im k-ten Abschnitt des Ersatzlagers nimmt die Form

$$\bar{\vartheta}(\xi) = \bar{\vartheta}_k(\xi_k) + a\,l\,(\xi - \xi_k) \tag{25}$$

an. Hierin ist $\zeta_k = \frac{h_k}{h_A}$ und $\xi_k = \frac{l_k}{l}$. Bezeichnet man mit $\xi_{k+1} = \frac{l_{k+1}}{l}$, so ändert sich in Gl. (25) ξ in den Grenzen $\xi_k \leqq \xi \leqq \xi_{k+1}$. Um die Temperatur $\bar{\vartheta}$ in Gl. (25) dimensionslos zu machen, werden die beiden Seiten dieser Gleichung mit $(\lambda/\eta\, U^2)$ multipliziert. Außerdem ist noch a zu berechnen und hierin die obigen dimensionslosen Zahlen einzuführen. Wir erhalten dann, wenn wir noch die Péclétsche Zahl $Pe = \gamma\, c\, U\, h_A/\lambda$ einführen

$$\frac{\lambda}{\eta\, U^2}\,\bar{\vartheta}(\xi) = \frac{\lambda}{\eta\, U^2}\,\bar{\vartheta}_k(\xi_k) + \frac{2\,(1 + 3\,B_k^2\,\zeta_k^4)}{\zeta^2 \cdot m \cdot (1 - B_k\,\zeta_k^2)} \cdot \frac{1}{Pe}\,(\xi - \xi_k)\,. \tag{26}$$

Für die Rechnung wurde angenommen

$$n = 2\,,\quad m = 10^{-3}\,,\quad Pe = 2 \cdot 10^4\,.$$

Für diese Zahlenwerte ergibt sich der in Abb. 4 angegebene Druckgradientenverlauf. Diese Kurve wurde durch eine Stufenkurve ersetzt. Hierbei sind die damit erhaltenen Abschnitte von 1 bis 5 numeriert. Es ist demnach $k = 1, 2, 3, 4, 5$ zu nehmen. Nun ist für jeden Abschnitt B_k oder nach Gl. (24) der zugehörige Wert von ζ_k zu bestimmen. Es ist vorausgesetzt, daß immer ein reeller positiver Wert von ζ_k mit $\zeta_k < \zeta_{k-1}$ existiert. In der Tabelle sind die Ergebnisse zusammengestellt. Das hierzu gehörige Ersatzstufenlager ist in Abb. 3b angegeben.

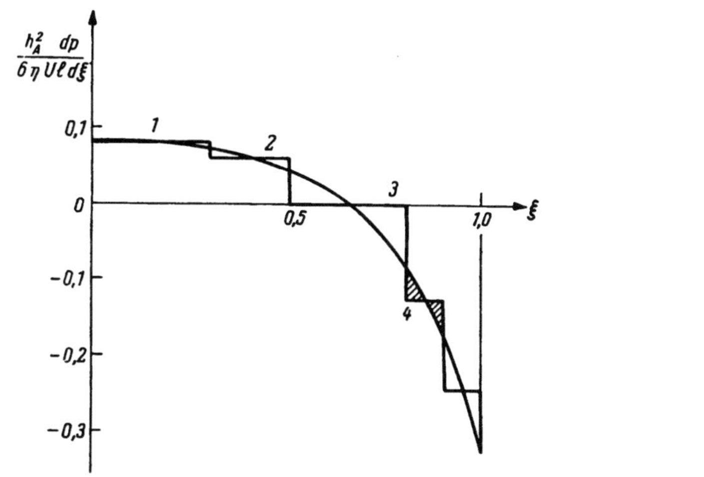

Abb. 4

Für dieses Ersatzlager wurde schließlich abschnittsweise die mittlere Temperaturverteilung aus Gl. (26) bestimmt. Der Gesamtverlauf ist in Abb. 5 dargestellt.

Abb. 5 stellt nun in gewünschter Annäherung den von einem beliebigen Nullpunkt aus berechneten mittleren Temperaturverlauf in der Länge des Schmierfilmes des ursprünglich angegebenen Gleitschuhes der Abb. 3a dar.

6. Schlußbemerkung

Die entwickelte Methode zur Berechnung der mittleren Temperaturverteilung ist vorerst gültig für ein unendlich breites Lager.

Es ist aber bekannt[1]), daß bei den endlich breiten Gleitlagern unter normalen Bedingungen die örtlichen Temperaturunterschiede in der Breite des Lagers klein sind; und es kann deshalb als Mittelwert der Temperaturverteilung in der Breite, besonders bei kurzen Lagern, ohne großen Fehler die Temperatur im Mittelschnitt des Lagers genommen werden.

Unter dieser Voraussetzung bleibt die Energiegleichung (5) auch für das endlich breite Lager gültig. Wird in Abb. 1 die Breite eines solchen Lagers mit der z-Achse gekennzeichnet, so ist offenbar der Druck p eine Funktion von x und z. Demnach muß in Gl. (4) der Druckgradient dp/dx durch seinen partiellen Wert $\partial p/\partial x$ ersetzt werden. Es wird nun aus der bekannten REYNOLDSschen Druckgleichung des endlich breiten Lagers für die vorgeschriebenen Randbedingungen die Druckfunktion $p = p(x, z)$ bestimmt. Daraus wird schließlich der Verlauf des Druckgradienten für den Mittelschnitt des Lagers berechnet. Somit ist aus Gl. (4) der Verlauf von $u(y)$ bekannt und aus Gl. (5) läßt sich die mittlere Temperaturverteilung des endlich breiten Lagers mit Hilfe der für das unendlich breite Lager entwickelten Methode bestimmen.

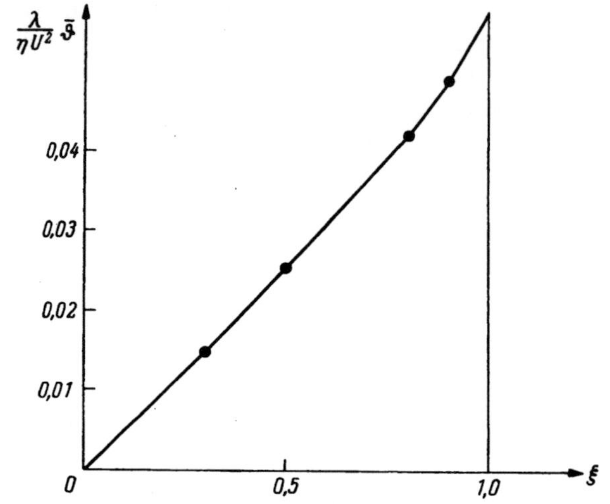

Abb. 5

Tabelle

(k = 1, 2, 3, 4, 5)

ξ_k	B_k	ζ_k
$\xi_1 = 0{,}3$	$B_1 = 0{,}080$	$\zeta_1 = 1{,}780$ oder $\zeta_1 = 2{,}273$
$\xi_2 = 0{,}5$	$B_2 = 0{,}063$	$\zeta_2 = 1{,}583$
$\xi_3 = 0{,}8$	$B_3 = 0{,}000$	$\zeta_3 = 1{,}333$
$\xi_4 = 0{,}9$	$B_4 = -0{,}125$	$\zeta_4 = 1{,}146$
$\xi_5 = 1{,}0$	$B_5 = -0{,}245$	$\zeta_5 = 1{,}050$

[1]) Siehe Fußnote 1, Seite 28.

On the existence of a point with infinite acceleration in the transonic flow around a symmetrical wing profile at zero angle of attack

By Carlo Ferrari
(Istituto di Meccanica Applicata e Aerodinamica — Politecnico di Torino)

Introduction

One of the vexed questions of the transonic flows around symmetrical wing profiles at zero angle of attack relates to the possibility, if any, of the existence of a point of the profile wherein the acceleration becomes infinite, while this singular behaviour of the flow does not correspond to a singular property of the contour in said point. Nikolski and Taganov [1] first indicated that, if one point with infinite acceleration exists, it must belong to the sonic line; Friedrichs [2], Manwell [3], Morawetz and Kolodner [4], by identifying the apparition of the infinite acceleration with the annulment of the Jacobian determinant of the transformation from the physical plane to the hodographie plane, have demonstrated that this point must lie on the profile, and that the profile must have here an *infinite curvature*. Nocilla [5] observed first that in one point of the sonic line the acceleration *may* become *infinite* without the Jacobian therein becoming null, and he succeeded in the developing one example of construction of transonic flow wherein the acceleration becomes infinite in a point S_f of the profile in which the curvature is *finite*: in said example the curvature is *discontinuous* in S_f, approaching to limits *finite* but *different*, depending on S_f being approached on the profile from the supersonic part or from the subsonic part. Nocilla himself indicated one *necessary* condition in order that the curvature be *continuous* in S_f.

This work is linked up with the research of Nocilla and shows how, by fulfilling the condition just mentioned, it is actually possible to obtain a transonic flow with infinite acceleration in a point S_f of the profile, wherein the curvature does not exhibit any discontinuity; on the other hand, from the example mentioned it follows that, while it is true that the curvature in S_f is continuous, the *derivative of said curvature* with respect to the curvilinear abscissa on the profile is *not*, inasmuch as it becomes infinite in S_f. It appears therefore that the possibility to have on the profile a point with infinite acceleration is bound — even in the transonic flow — to some geometrical properties of the contour, in analogy to the supersonic flows (for which the curvature in S_f *must* be infinite), and to the subsonic flows (for which there is a discontinuity of curvature in S_f).

It seem hardly necessary to remember that the interest of the instant research, as well as that of the preceding ones on the same subject, consists in that it connects itself to the study of the causes which can produce the transition from the *regular* transonic flow around a given profile (unless said regular flow exists) to the flow *with shock wave*.

1. Lists of symbols

a = velocity of sound, a^* = critical velocity,

A_n^* = reduced normal acceleration $= \dfrac{q^{*2}}{R^*}$,

A_t^* = reduced tangential acceleration $= \dfrac{dq^*}{dt^*}$,

$\varkappa(\sigma)$ = function of σ defined by $\varkappa(\sigma) = \left(\dfrac{\varrho^*}{\varrho}\right)^2 \left(1 - \dfrac{q^2}{a^2}\right)$; in the approximation of TRICOMI it is $\varkappa(\sigma) = (\gamma + 1)\,\sigma$,

l^* = reference length (chord of the profile),

n = constant defined by (6),

q = velocity, q_∞ = velocity of the flow at the infinite,

q^* $= \dfrac{q}{a^*}$,

R^* = curvature radius of the stream line in a generical point thereof, divided by l^*,

t $= -\dfrac{\xi}{\eta}$,

γ = ratio of specific heats,

ξ, η = characteristic variables, for the TRICOMI equation: $\xi = -\Theta + \dfrac{2}{3}(-\sigma_1)^{3/2}$; $\eta = \Theta + \dfrac{2}{3}(-\sigma_1)^{3/2}$,

Θ = angle made by the direction of velocity with the x axis (in the direction of $\vec{q}_\infty$),

σ = function of q^* as defined by $\sigma = \displaystyle\int_{q^*}^{1} \frac{\varrho}{\varrho^*} \frac{dq^*}{q^*}$,

σ_1 $= (\gamma + 1)^{1/3}\,\sigma$,

ψ = stream function,

ψ^* = reduced stream function.

The meaning of other symbols is indicated in the context.

2. Conditions for the existence of a point with infinite acceleration

In this research we will use the TRICOMI *approximation* and first of all we shall recall some formulas of importance in the problem being examined.

The tangential and normal components of acceleration in a generical point S_f of a stream line, are given in general by

$$A_t^* = \frac{dq^*}{dt^*} = -\frac{q^{*3}}{\varrho/\varrho^*} \frac{\psi_\theta^*}{\psi_\sigma^{*2} + \varkappa(\sigma)\,\psi_\theta^{*2}}\,; \qquad A_n^* = \frac{q^{*2}}{R^*} = -\frac{q^{*3}\,\psi_\sigma^*}{\psi_\sigma^{*2} + \varkappa(\sigma)\,\psi_\theta^{*2}} \tag{1}$$

in the Tricomi *approximation*, for which $\varkappa(\sigma) = (\gamma + 1)\,\sigma$, they may be expressed by means of

$$\left.\begin{aligned} A_n^* &= \frac{1}{R^*} = -\frac{1}{(\gamma+1)^{1/3}} \frac{\psi_{\sigma_1}^*}{\psi_{\sigma_1}^{*2} + \sigma_1 \psi_\theta^{*2}} = -\frac{1}{(\gamma+1)^{1/3}} \frac{1}{\psi_{\sigma_1}^*\left[1 + \sigma_1\left(\dfrac{d\sigma_1}{d\Theta}\right)^2\right]}\,, \\ A_t^* &= \frac{1}{(\gamma+1)^{1/3}} \frac{\psi_\theta^*}{\psi_{\sigma_1}^*} \frac{1}{R^*} = -\frac{1}{(\gamma+1)^{1/3}} \frac{1}{R^*} \frac{d\sigma_1}{d\Theta} \end{aligned}\right\} \tag{2}$$

having assumed (3) $\sigma_1 = (\gamma + 1)^{1/3}\,\sigma$ and being $(d\Theta/d\sigma_1)$ the coefficient of the straight line tangent to the stream line $\psi^* = \text{const}$ passing through the point S of the hodographic plane (σ_1, Θ) corresponding to S_f. If we assume S on the sonic line, from Eqs. (2) ist will appear that, in order that A_t^* be infinite in S_f, being in said point $R^* \neq 0$, it must be

$$\left(\frac{d\Theta}{d\sigma_1}\right)_{\sigma_1=0} = 0 \tag{4}$$

in the corresponding point of the hodographic line, while, in order that R^* in S_f be finite and not null, it must be in S

$$\lim_{\sigma_1 \to 0}\left[\sigma_1\left(\frac{d\sigma_1}{d\Theta}\right)^2\right] \tag{4'}$$

finite; $\psi_{\sigma_1}^*$ finite and non null.

Being ξ and η the *characteristic variables*, which on account of the Tricomi *equation* are given by

$$\xi = -\Theta + \frac{2}{3}(-\sigma_1)^{3/2}\,; \qquad \eta = \Theta + \frac{2}{3}(-\sigma_1)^{3/2} \tag{5}$$

we have

$$\frac{d\Theta}{d\sigma_1} = \left(\frac{3}{2}\right)^{1/3}\left(\frac{\eta+\xi}{2}\right)^{1/3} \frac{\dfrac{d\xi}{d\eta} - 1}{1 + \dfrac{d\xi}{d\eta}}\,.$$

We shall now assume as the origin of the co-ordinates, in the plane (ξ, η), the point homologue of S_f $(O = S)$, and write —in close proximity of O—the equation of line $\psi^* = 0$ in the following form

$$\xi = \eta\,(-1 + c\,\eta^n)\,. \tag{6}$$

Since it is $\xi + \eta = 0$ for $\sigma_1 = 0$, we have on the line (6) in O

$$\left(\frac{d\Theta}{d\sigma_1}\right)_{\sigma_1=0} = -(6)^{1/3}\frac{c^{-2/3}}{n+1}\lim_{\eta\to 0}\eta^{\frac{1-2n}{3}}$$

and therefore we must assume by virtue of (4)

$$0 \leqq n \leqq 1/2 . \tag{7}$$

The case of $n = 0$ is the one considered by NOCILLA [5] and leads — as already stated in the introduction — to a profile whose curvature is discontinuous in S_f. We may now therefore consider the case $n \neq 0$, for which $\psi^* = 0$ in the plane (ξ, η) the case $n \neq 0$, has the form shown in Fig. 1.

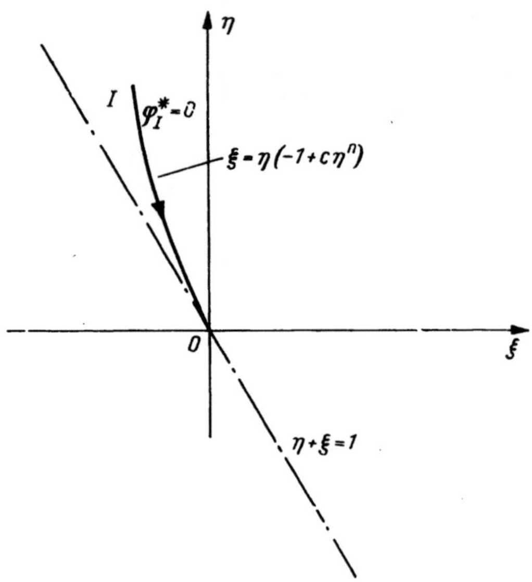

Fig. 1. Streamlinie $\varphi^* = 0$ in the characteristic plane

3. Determination of the stream function in the supersonic region

Let us indicate the stream function in the supersonic region, near to S_f, with ψ_I^*, and assume for it the following expression

$$\begin{aligned}\psi_I^* = \varrho^{p_1}\Big[& A_1 \left(\frac{\Theta^2}{\varrho^2}\right)^{-\frac{p_1}{2}-\frac{1}{6}} \left(\frac{4}{9}\frac{\sigma_1^3}{\Theta^2}\right)^{1/3} F\left(\frac{1}{2}+\frac{p_1}{2},\ 1+\frac{p_1}{2};\ \frac{4}{3};\ -\frac{4}{9}\frac{\sigma_1^3}{\Theta^2}\right) \\ & + B_1 \varrho^{p_2-p_1} \left(\frac{\Theta^2}{\varrho^2}\right)^{-\frac{p_2}{2}-\frac{1}{6}} F\left(\frac{1}{6}+\frac{p_2}{2},\ \frac{2}{3}+\frac{p_2}{2};\ \frac{2}{3};\ -\frac{4}{9}\frac{\sigma_1^3}{\Theta^2}\right) \\ & + C_1 \varrho^{p_3-p_1} \left(\frac{\Theta^2}{\varrho^2}\right)^{-\frac{p_3}{2}-\frac{1}{6}} \left(\frac{4}{9}\frac{\sigma_1^3}{\Theta^2}\right)^{1/3} F\left(\frac{1}{2}+\frac{p_3}{2},\ 1+\frac{p_3}{2};\ \frac{4}{3};\ -\frac{4}{9}\frac{\sigma_1^3}{\Theta^2}\right)\Big]\end{aligned}$$

$$(p_1 < p_2 \leqq p_3) \tag{8}$$

being (9) $\varrho = \Theta^2 + 4/9\,\sigma_1^3$, while A_1, B_1, C_1, p_1, p_2 and p_3 are suitable constants. ψ_I^* becomes null on

$$A_1 \left[\frac{4t}{(1+t)^2}\right]^{\frac{p_1}{2}+\frac{1}{6}} \left[-\frac{(t-1)^2}{(1+t)^2}\right]^{1/3} F\left(\frac{1}{2}+\frac{p_1}{2},\ 1+\frac{p_1}{2};\ \frac{4}{3};\ \frac{(t-1)^2}{(t+1)^2}\right)$$

$$+\ C_1\,\eta^{p_3-p_1}\,t^{\frac{p_3-p_1}{2}} \left[\frac{4t}{(1+t)^2}\right]^{\frac{p_3}{2}+\frac{1}{6}} \left[-\frac{(t-1)^2}{(1+t)^2}\right]^{1/3} F\left(\frac{1}{2}+\frac{p_3}{2},\ 1+\frac{p_3}{2};\ \frac{4}{3};\ \frac{(t-1)^2}{(t+1)^2}\right)$$

$$+\ B_1\,\eta^{p_2-p_1}\,t^{\frac{p_3-p_1}{2}} \left[\frac{4t}{(1+t)^2}\right]^{\frac{p_2}{2}+\frac{1}{6}} F\left(\frac{1}{6}+\frac{p_2}{2},\ \frac{2}{3}+\frac{p_2}{2};\ \frac{2}{3};\ \left(\frac{t-1}{t+1}\right)^2\right) = 0 \qquad (10)$$

wherein $t = -\xi/\eta$. In close proximity of O in the plane (ξ, η), we put $t = 1-\varepsilon$, wherein ε approaches *zero* as a generical point (P) on $\psi_I^* = 0$ approaches O. From (10) we obtain

$$\eta = \left(\frac{2A_1}{B_1}\right)^{\frac{1}{p_2-p_1}} \varepsilon^{\frac{2}{3}\frac{1}{p_2-p_1}} (1+\cdots)\,, \qquad (11)$$

wherein the terms not written approach *zero* when ε approaches *zero*. From a comparison of (11) with (6) it appears that, in order that $\psi_I^* = 0$ in immediate proximity of O will have the behaviour indicated by (6), we must assume

$$\frac{2}{3}\,\frac{1}{p_2-p_1} = \frac{1}{n}$$

and therefore

$$p_2 = p_1 + \frac{2}{3}n\,. \qquad (12)$$

From (8) we obtain then, on the sonic line

$$\left.\begin{aligned} \psi_I^*(0,\Theta) &= \tau_1(\Theta) = B_1\,\Theta^{p_2} = B_1\,\Theta^{p_1+\frac{2}{3}n}\,, \\ \psi_{I,\sigma_1}^*(0,\Theta) &= \nu_I(\Theta) = \left(\frac{2}{3}\right)^{2/3} A_1\,\Theta_1^{p_1-\frac{2}{3}} + \left(\frac{2}{3}\right)^{2/3} C_1\,\Theta^{p_3-\frac{2}{3}}\,, \end{aligned}\right\} \qquad (13)$$

and, in order that ψ_{I,σ_1}^* be finite and not null with Θ approaching *zero*, we need only assume $p_1 = 2/3$; being $n < 1/2$, it is certainly $2/3\,n < 1/3$, and therefore $(\psi_{I,\Theta}^*)_{\sigma_1=0}$ will approach infinite as Θ approaches zero, as it must be in order that A_t^* be infinite in S_f.

From (11) we obtain further that, in close proximity of the point ($\sigma_1 = 0$; $\Theta = 0$) the equation of $\psi_I^* = 0$ may also be written in the form

$$\sigma_1 = \left(\frac{3}{2}\right)^{2/3} c^{2/3}\,\Theta^{2/3\,(1+n)} \left[1 + 2\,\frac{n+1}{3}\,\frac{\frac{2}{3}\,\sigma_1^{3/2}}{\Theta} + \cdots\right]$$

so that it appears that

$$\frac{\sigma_1^3}{\Theta^2} = O(\Theta^{2n}); \qquad \lim_{\sigma_1 \to 0} \left[\sigma_1 \left(\frac{d\sigma_1}{d\Theta}\right)^2\right] = \text{const} \cdot \lim_{\Theta \to 0} (\Theta^{2n}) = 0 .$$

4. Determination of the stream function in the subsonic region in close proximity of S_f

In the subsonic region we assume instead

$$\psi_{II}^* = A_2 \sigma_1 \pm B_2 \sigma_1^{n/2} \left(\frac{\Theta^2}{\frac{4}{9}\sigma_1^3}\right)^{n/2} F\left(\frac{-2n_2+3}{6}, \frac{-2n_2+5}{6}; \frac{3}{2}; \frac{-\Theta^2}{\frac{4}{9}\sigma_1^3}\right) \tag{14}$$

wherein there must be assumed the plus sign for $\Theta > 0$ and the minus sign for $\Theta < 0$. From (14) we deduce

$$\left.\begin{aligned} \tau_{II}(\Theta) &= \psi_{II}^*(0, \Theta) = B_2 \frac{1}{n_2} \frac{\Gamma\left(\frac{1}{2}\right)\Gamma\left(\frac{1}{3}\right)}{\Gamma\left(\frac{n_2}{3}\right)\Gamma\left(\frac{5}{6}-\frac{n_2}{3}\right)} \left(\frac{3}{2}\right)^{1+\frac{n_2}{3}} \Theta^{\frac{2n_2}{3}}, \\ \nu_{II}(\Theta) &= \psi_{II,\sigma_1}^*(0, \Theta) = A_2 + B_2 \left(\frac{3}{2}\right)^{2/3\,(n_2-1)} \frac{\Gamma\left(\frac{3}{2}\right)\Gamma\left(-\frac{1}{3}\right)}{\Gamma\left(\frac{1}{2}-\frac{n_2}{3}\right)\Gamma\left(\frac{2}{3}+\frac{n_2}{3}\right)} \Theta^{\frac{2n_2}{3}-\frac{2}{3}} \end{aligned}\right\} \tag{15}$$

and therefore, in order that ψ_{II}^* be the analytic continuation of ψ_I^* through the sonic straight line, it must be

$$\left.\begin{aligned} &\frac{2n_2}{3} = p_1 + \frac{2}{3}n = \frac{2}{3}(1+n); \quad \frac{B_2}{n_2} \frac{\Gamma\left(\frac{1}{2}\right)\Gamma\left(\frac{1}{3}\right)}{\Gamma\left(\frac{n_2}{3}\right)\Gamma\left(\frac{5}{6}-\frac{n_2}{3}\right)} \left(\frac{3}{2}\right)^{1+\frac{n_2}{3}} = B_1; \\ &\frac{2n_2}{3} - \frac{2}{3} = p_3 - \frac{2}{3}; \qquad A_2 = \left(\frac{2}{3}\right) A_1; \\ &B_2 \left(\frac{3}{2}\right)^{\frac{2}{3}(n_2-1)} \frac{\Gamma\left(\frac{3}{2}\right)\Gamma\left(-\frac{1}{3}\right)}{\Gamma\left(\frac{1}{2}-\frac{n_2}{3}\right)\Gamma\left(\frac{2}{3}+\frac{n_2}{3}\right)} = \left(\frac{2}{3}\right)^{2/3} C_1, \end{aligned}\right\} \tag{16}$$

whence

$$n_2 = 1 + n; \quad p_3 = p_2 . \tag{17}$$

To determine the equation of the line on which ψ_{II}^* becomes null it is suitable, upon assuming $\chi^{*2} = \frac{4}{9}\frac{\sigma_1^3}{\Theta^2}$, to transform the hypergeometric function in the

RH member of Eq. (14) with the formulas of BOLZA so as to have χ^{*2} as the argument. Thus we obtain

$$\left.\begin{aligned}&F\left(\frac{-2n_2+3}{6}, \frac{-2n_2+5}{6}; \frac{3}{2}; -\frac{1}{\chi^{*2}}\right) = \frac{\Gamma\left(\frac{3}{2}\right)\Gamma\left(\frac{1}{3}\right)(\chi^{*2})^{\frac{3-2n_2}{6}}}{\Gamma\left(\frac{5-2n_2}{6}\right)\Gamma\left(1+\frac{n_2}{3}\right)}\\ &\times F\left(\frac{-2n_2+3}{6}, \frac{-n_2}{3}; \frac{2}{3}; -\chi^{*2}\right)\\ &+\frac{\Gamma\left(\frac{3}{2}\right)\Gamma\left(-\frac{1}{3}\right)}{\Gamma\left(\frac{3-2n_2}{6}\right)\Gamma\left(\frac{2+n_2}{3}\right)}(\chi^{*2})^{\frac{5-2n_2}{6}} F\left(\frac{-2n_2+5}{6}, \frac{1-n_2}{3}; \frac{4}{3}; -\chi^{*2}\right).\end{aligned}\right\} \quad (18)$$

By substituting (18) in Eq. (14) and equalling to zero the resulting expression for $\psi^*_{\rm II}$ we obtain, in close proximity of the point ($\sigma_1 = 0$; $\Theta = 0$)

$$A_2\,\sigma_1 \pm B_2\left(\frac{2}{3}\right)^{-\frac{2}{3}n_2} \Theta^{\frac{2}{3}n_2}\left[B_1^* + B_2^*\left(\frac{\frac{4}{9}\,\sigma_1^3}{\Theta^2}\right)^{1/3} + \cdots\right] = 0\,,$$

whose terms not written between square brackets are at the most of the order of magnitude of χ^{*2}, and wherein we have assumed

$$B_1^* = \frac{\Gamma\left(\frac{3}{2}\right)\Gamma\left(\frac{1}{3}\right)}{\Gamma\left(\frac{5-2n_2}{6}\right)\Gamma\left(1+\frac{n_2}{3}\right)}\,; \qquad B_2^* = \frac{\Gamma\left(\frac{3}{2}\right)\Gamma\left(-\frac{1}{3}\right)}{\Gamma\left(\frac{3-2n_2}{6}\right)\Gamma\left(\frac{2+n_2}{3}\right)}\,.$$

It is therefore

$$\sigma_1 = \pm\frac{B_2}{A_2}\left(\frac{2}{3}\right)^{-\frac{2}{3}n_2}(\Theta^2)^{\frac{n_2}{3}}\left[B_1^* + B_2^*\left(\frac{\frac{4}{9}\,\sigma_1^3}{\Theta^2}\right)^{1/3} + \cdots\right]. \quad (19)$$

whence $\frac{\sigma_1^3}{\Theta^2} = O(\Theta^{2n})$; $\lim\limits_{\sigma_1\to 0}\left[\sigma_1\left(\frac{d\sigma_1}{d\Theta}\right)^2\right] = \text{const}\cdot\lim\limits_{\Theta\to 0}(\Theta^{2n}) = 0$, similarly to what has been already deduced for $\psi^*_{\rm I} = 0$. Since σ_1 is positive and B_2/A_2 has the same sign as B_1/A_1 on account of (16), and therefore also positive (in order that the RH member of (11) be real), it appears that in (19) the *lower* sign must be taken, so that $\psi^* = 0$ in the supersonic and subsonic regions will have the form shown in Fig. 2.

5. Geometrical properties of the contour in S_f

From the first of Eqs. (2), due to the afore mentioned behaviour of $\psi^*_{{\rm I},\sigma_1}$ (and therefore of $\psi^*_{{\rm II},\sigma_1}$) in O, and to the limit value found for $\left[\sigma_1\left(\frac{d\sigma_1}{d\Theta}\right)^2\right]$ also in O, it is readily apparent that *the curvature in S_f is finite, not null and continuous.*

It is however also of interest to observe the behaviour of $\frac{dR^*}{ds^*}$ in S_f, ds^* being an element of the contour on the physical plane; being

$$\frac{dR^*}{ds^*} = \frac{dR^*}{d\Theta}\frac{d\Theta}{ds^*} = \frac{1}{R^*}\frac{dR^*}{d\Theta},$$

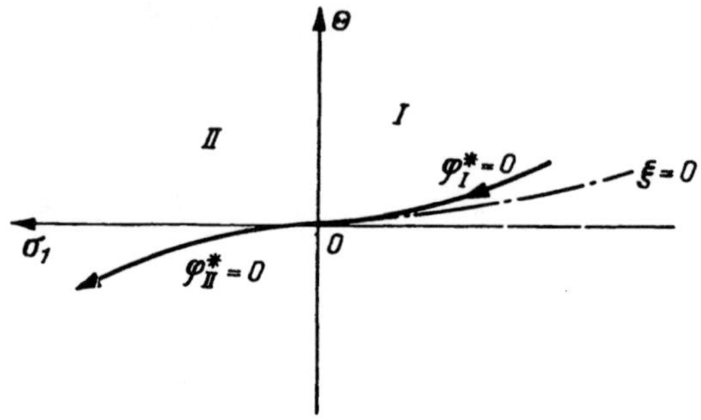

Fig. 2. Streamlinie $\varphi^* = 0$ in the hodographic plane

we deduce from the first of Eqs. (2)

$$R^* \frac{dR^*}{ds^*} = \frac{d}{d\Theta}\left\{\psi^*_{\sigma_1}\left[1 + \sigma_1\left(\frac{d\sigma_1}{d\Theta}\right)^2\right]\right\}$$

$$= \left[1 + \sigma_1\left(\frac{d\sigma_1}{d\Theta}\right)^2\right]\left(\psi^*_{\sigma_1\Theta} + \psi^*_{\sigma_1\sigma_1}\frac{d\sigma_1}{d\Theta}\right) + \psi^*_{\sigma_1}\left[\left(\frac{d\sigma_1}{d\Theta}\right)^3 + 2\,\sigma_1\left(\frac{d\sigma_1}{d\Theta}\right)\frac{d^2\sigma_1}{d\Theta^2}\right].$$

From the expression of ψ^*_{II} obtained as above we deduce that, in close proximity of O, it is

$$\psi^*_{\mathrm{II}\,\sigma_1,\Theta} = \text{const}\cdot(\Theta^2)^{\frac{n}{3}-\frac{1}{2}}[1 + \cdots]$$

wherein the terms not written approach zero as Θ approaches zero, while it is

$$\psi^*_{\mathrm{II},\sigma_1\sigma_1}\left(\frac{d\sigma_1}{d\Theta}\right) = \text{const}\cdot(\Theta^2)^{n-\frac{1}{2}}[1 + \cdots],$$

$$\sigma_1\frac{d\sigma_1}{d\theta}\frac{d^2\sigma_1}{d\Theta^2} = \text{const}\cdot(\Theta^2)^{n-\frac{1}{2}}[1 + \cdots],$$

whence it appears that $\left(\frac{dR^*}{ds^*}\right)_{S_f}$ approaches infinite like $(\Theta^2)^{\frac{n}{3}-\frac{1}{2}}$ as Θ approaches zero, that is to say *also for $n \neq 0$ the acceleration becoming infinite in the point of the profile lying on the sonic line corresponds to a singular geometric property of the contour of the latter, and therefore if the contour does not exhibit such singularity the acceleration cannot become infinite, not even on the sonic line* (on the profile).

6. Conclusions

From the results just obtained, as well as from that indicated in the work by NOCILLA, the following properties can be readily deduced

a) If the curvature has a discontinuity of the first kind in a point S_f of the profile, the acceleration will become infinite even if S_f lies in the subsonic region; while however in this case ψ^*_Θ is in S_f of the order of (log Θ) (always assuming $\Theta = 0$ in S_f), if S_f lies in the sonic line will be of the order of $\Theta^{-\frac{1}{3}}$ and therefore will have a *stronger infinite* in said point; furthermore, ψ^*_Θ, and therefore A^*_t, also approaches infinite like $\Theta^{-\frac{1}{3}(1-2n)}$ (being $n < 1/2$), even if the curvature is continuous, while the derivative of the curvature with respect to the curvilinear abscissa is discontinuous. It appears therefore that *a singularity exhibited by* $\psi^* = 0$ *is enhanced if the point wherein the said singularity comes into existence passes from the subsonic region to the sonic line*, or — in other words — *the flow is particularly sensible to a perturbation taking place therein if this perturbation occurs on the sonic line.*

b) If we admit that for all the MACH numbers M_∞ of the asymptotic flow which are below a given limit, the transonic field is regular, the transition from the regular configuration to that with shock wave, does not take place *with continuity* (i. e. with transition from the regular configuration to the configuration with infinite acceleration in a point of the contour), but abruptly.

REFERENCES

[1] A. A. NIKOLSKI and G. I. TAGANOV: Flow of gas in local supersonic zone and some conditions for the breakdown of potential flow. Prikl. Matem. i. Mech. **10** (1946) 481—502.

[2] K. O. FRIEDRICHS: On the non occurence of a limiting-line in transonic flow. Comm. on Pure and Appl. Math. **1** (1948) 287—301.

[3] A. R. MANWELL: A note on the hodograph transformation. Quart. of Appl. Math. **10** (1952) 177—184.

[4] C. S. MORAWETZ and I. KOLODNER: On the non-existence of limiting lines in transonic flows. Comm. Pure and Appl. Math. **6** (1953) 97—102.

[5] S. NOCILLA: Sulla esistenza di punti con accelerazione infinita sul contorno di profili alari con curvatura finita in corrente transonica. Rend. Acc. Naz. dei Lincei (VIII) **26** (1959).

Einige Betrachtungen zu den Strömungsvorgängen in Gewindewellendichtungen

Von Wilhelm Frössel

(Max-Planck-Institut für Strömungsforschung, Göttingen)

Wellendichtungen werden vorwiegend im Maschinenbau gebraucht. Sie dienen zur Abdichtung von Wellendurchgängen in Maschinengehäusen. Bekannt sind die unter Anpressung anliegenden Dichtmittel mit statischer Abdichtung, wie Stopfbuchse und Dichtring in mannigfacher Ausführung. Ihre Dichtwirkung befriedigt bei mäßiger Wellengeschwindigkeit im allgemeinen, doch ist ihre Lebensdauer durch Verschleiß begrenzt. Die auftretende Reibleistung bzw. Erwärmung bleibt dabei in erträglichen Grenzen. Dagegen ist diese Dichtart für höhere, insbesondere aber für hohe Wellengeschwindigkeiten wegen unzulässigen Verschleißes und zu hoher Reibverluste gänzlich ungeeignet. Hierfür bieten sich die berührungslosen Wellendichtungen an. Altbekannt sind die Labyrinthdichtungen, die aber stets einen Leckverlust haben und deshalb nur in bestimmten Fällen Anwendung finden können. Manchmal dichtet man mit einer Sperrflüssigkeit ab, die in einen Ringraum um die Welle gepumpt wird. Der hierbei nach beiden Seiten auftretende Spaltdurchfluß muß aufgefangen und ständig wieder neu zugeführt werden, wodurch ein beträchtlicher Aufwand notwendig ist.

Absolute Wellendichtigkeit mit mäßigem Aufwand erreicht man mit der Gewindewellendichtung nach dem dynamischen Dichtprinzip. Sie läßt sich vorteilhaft gerade für höhere Wellengeschwindigkeiten einsetzen, weil der Dichtdruck mit der Geschwindigkeit wächst. Die Dichtwirkung beruht allein auf den Strömungsvorgängen in den Dichtgewinden, die wiederum von der Wellendrehung abhängen. In Anbetracht der praktischen Bedeutung von Gewindewellendichtungen soll hier versucht werden, ein Bild von den verwickelten Strömungsvorgängen in den Dichtgewinden zu gewinnen.

Die schematische Darstellung der Gewindewellendichtung ist aus Abb. 1a erkennbar. In diesem Fall ist die drehende Welle glatt und das ruhende Gehäuse trägt das Dichtgewinde. Obgleich diese Anordnung wohl die meist gebräuchlichste ist, steht der zweiten Ausführung, nämlich Gehäuse glatt und Welle mit Gewinde, grundsätzlich nichts im Wege. Zwischen Gewindespitzen und glattem Gegenstück muß wegen des berührungslosen Laufes ein Spalt a bleiben, der aber klein gegen die Gewindetiefe H sein soll. In der Praxis hat sich $a = 0{,}05$ bis $0{,}08$ mm, $B = 1$ mm, $H = 0{,}7$ mm (entsprechend dem bekannten und genormten metrischen Gewinde nach DIN 13 und 14) bewährt[1]). Um bei dem kleinen Spalt a der Freßgefahr bei evtl. Anstreifen zu begegnen, führt man die Gehäusebohrung aus nachgiebigem Material, wie Messing, Bronze oder dgl. aus. Die Dichtwirkung ist proportional der Wellenumfangsgeschwindigkeit und der Zähigkeit der Dichtflüssigkeit. Daher eignet sich die Gewindewellendichtung vornehmlich für höhere Drehzahlen, wie bereits erwähnt, und für Flüssigkeiten als Dichtmittel. Abdichtungen gegen Gase und Dämpfe bedürfen einer besonderen Dichtflüssigkeit, die im Dichtgewinde eine Trennschicht bildet.

Die dynamischen Vorgänge im Dichtgewinde ergeben überschlägig folgendes Bild:

a) Bei ruhender Welle drückt der vorhandene Überdruck $p_i - p_a$ einfach die Dichtflüssigkeit, dem Druckgefälle folgend, durch die Spalte und die Gewindegänge. Das Dichtgewinde ist völlig undicht.

b) Bei drehender Welle erhält die Dichtflüssigkeit infolge Haftung an der Welle und durch innere Flüssigkeitsreibung eine überlagerte Bewegung in Umfangsrichtung, die in den Gewindegängen eine axiale Schraubbewegung entgegen dem Druckgefälle hervorruft, wenn die Gewinderichtung entsprechend gewählt ist. Es findet somit ein ständiger Kreislauf der Dichtflüssigkeit statt, indem unter dem Überdruck die Dichtflüssigkeit durch den Spalt a ausströmt, in den Gewindegängen H aber gegen den Druck wieder hineingefördert wird. Dieser Kreislauf erstreckt sich um so tiefer in das Gewinde hinein, je höher der Überdruck ansteigt bis schließlich die ganze Gewindebreite ausgefüllt ist. In Abb. 1a ist die Füllung durch waagerechte Strichelung angedeutet.

Zur Veranschaulichung der Strömungsvorgänge im einzelnen mag wieder Abb. 1a dienen. In dem Spalt a setzt sich die Stromrichtung aus den beiden Komponenten v_2 und u_2 zu den dünn ausgezogenen Stromlinien zusammen. v_2 hängt darin allein von dem Druckgefälle und von dem Strömungswiderstand ab. An der Welle selbst ist v_2 sicher Null, ebenso an einer unbekannten Zwischenschicht, die in Abb. 1a gestrichelt angedeutet ist, denn im Gewinde H herrscht wegen der Schraubbewegung zwangsläufig v_1 mit entgegengesetzter Richtung von v_2. Zwischen beiden muß also folgerichtig eine Nullschicht liegen. Die Geschwindigkeitskomponente u_2 ist an der Welle gleich der Wellenumfangsgeschwindigkeit U. Sie nimmt mit dem Abstand von der Welle bis auf Null an der Gewindeflanke ab. Die Stromlinien aus den Geschwindigkeitskomponenten v_2 und u_2 sind somit sehr unterschiedlich gerichtet, d. h., die im Spalt a befindlichen Stromlinien überschneiden sich größtenteils. In den Gewindegängen H gibt es die Geschwindigkeitskomponenten v_1 und u_1. Hier muß nun die Stromlinie dem Gewindegang zwangsläufig folgen, wodurch im Gegensatz zu der Spaltströmung die Stromlinienrichtung mechanisch festgelegt ist. Da u_1 genau wie u_2 von der Wellengeschwindigkeit bestimmt wird, ergibt sich v_1 zwangsläufig zu $u_1 \cdot \operatorname{tg} \beta$, mit β als Gewindesteigung. In Abb. 1a stellen die dick ausgezogenen Stromlinien

---

[1]) W. Frössel: Hydrodynamisch wirkende Wellendichtung. Konstruktion, Heft 11 (1956) 463—466.

die mittlere Strömung im Gewinde dar. Auch hier sind die Geschwindigkeitsvektoren örtlich sehr verschieden groß, haben aber alle die gleiche Richtung, so daß im Gewinde keine Überschneidungen stattfinden. In der nur schematisch angedeuteten gestrichelten Trennschicht ist $v_1 = v_2 = 0$ und $u_1 = u_2$. Hier findet

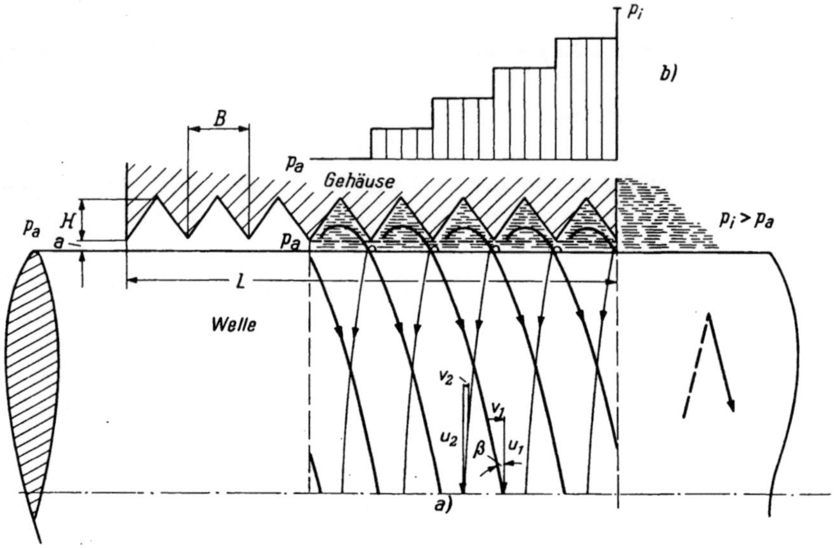

Abb. 1. Anordnung einer Gewindewellendichtung mit schematischem Strömungs- und Druckverlauf

also weder ein Leckverlust, wie die Spaltströmung im Sprachgebrauch des Maschinenbaues heißt, noch eine Förderung statt. In dieser Schicht besteht somit nur reine Umfangsgeschwindigkeit $u_1 = u_2$, die an jeder Gewindespitze Null ist und mittig dazwischen auf ein Maximum anwächst. In jeder zentrierten zylindrischen Flüssigkeitsschicht haben somit die nebeneinander liegenden Flüssigkeitsteilchen verschiedene Umfangsgeschwindigkeiten und folglich auch unterschiedliche Fliehkräfte, die Sekundärströmungen hervorrufen. Letztere können sich besonders bei hohen Geschwindigkeiten sehr nachteilig auswirken, indem sie die Hauptströmung durchwirbeln und behindern. Die mit zunehmender Drehzahl stark ansteigenden Fliehkräfte werden außerdem die zusammenhängende Flüssigkeit bei genügender Größe örtlich aufreißen und Luft einsaugen, was Schaumbildung und damit Zusammenbrechen der Dichtwirkung zur Folge hat. Daraus ist zu schließen, daß die hydrodynamische Dichtung nicht für beliebig hohe Drehzahlen anwendbar ist. Die obere Grenze hängt von den Betriebsverhältnissen ab, u. a. auch wesentlich von der Dichtflüssigkeit selbst und ihrer Betriebstemperatur, die möglichst niedrig bleiben soll. Darum ist die Kühlung der wellennahen Gehäuseteile zumindest bei hohen Umfangsgeschwindigkeiten unerläßlich.

Die Förderung in jedem Gewindegang bringt einen linearen Druckanstieg mit der Gewindelänge von p_a auf p_i mit sich. Gleichzeitig überträgt sich der Druck über die gestrichelte Trennschicht hinweg auch auf den Spaltraum *a*. Zwei axial benachbarte Gewindequerschnitte haben, da ihre Gewindelänge verschieden ist, somit ungleichen Druck. Dasselbe gilt natürlich vom Spaltraum, wo sich deshalb der axiale Druckverlauf an jeder Gewindespitze sprunghaft verändert, wie Abb. 1b zeigt. Die axiale Leckströmung steht somit unter dem Einfluß des stufenweisen Druckabbaues, wie bei einer Labyrinthdichtung, nur daß hier die Leckmenge im Gewinde wieder zurückgepumpt wird. Die mittlere Leckgeschwindigkeit $\bar{v}_2$ stellt sich automatisch gerade so hoch ein, daß ihr Reibwiderstand zwischen zwei Gewindespitzen mit dem aufgezwungenen Drucksprung übereinstimmt. Die Leckmenge ist nunmehr das Produkt aus Spaltquerschnitt an den Gewindespitzen mal mittlerer Leckgeschwindigkeit. Sie ist naturgemäß um so geringer, je enger der Spalt ist. An der letzten Druckstufe bei dem Außendruck p_a wird das Lecköl in dem angrenzenden leeren Gewindegang ohne Druck aufgefangen und zurückgepumpt. Es muß also nicht nur der gegebene Betriebsdruck $p_i - p_a$ mit dem Gewindepumpdruck im Gleichgewicht stehen, sondern das Gewinde muß auch die Leckmenge zurückschaffen können, d. h., Gewindelänge, Gewindequerschnitt und Spaltquerschnitt müssen günstig aufeinander abgestimmt sein. Die absolute Dichtigkeit ist solange gewährleistet, als neben den druckgefüllten Gewindegängen mindestens noch ein leerer Gewindegang zum drucklosen Auffangen liegt. Zu jeder Gewindeart und -größe und jedem Spalt gibt es eine Dichtkonstante

$$C = (p_i - p_a)/\eta\ U\ L\ , \tag{1}$$

die durch Versuche bestimmt werden muß. Darin bedeuten $p_i - p_a$ den schon angegebenen Betriebsdruck (kg/m²), η die Zähigkeit der Dichtflüssigkeit (kgs/m²), U die Wellenumfangsgeschwindigkeit (m/s) und L die Länge des Gewindeträgers (m). Mit Gl. (1) läßt sich ein Dichtgewinde berechnen, wenn die Konstante C [1]) bekannt ist.

Das oben beschriebene Auffangen des drucklosen Lecköles in leeren Gewindegängen ist an bestimmte Wellenstellungen gebunden. Die Abdichtung ist bei horizontaler Welle und vertikaler Welle mit nach oben gerichtetem Ausfluß sicher gewährleistet. Ebenso sicher ist aber auch die Undichtigkeit bei vertikaler Welle mit nach unten gerichtetem Ausfluß, denn dabei kann ein Teil des Lecköles an der Welle entlang ablaufen ohne von den leeren Gewindegängen erfaßt zu werden. Schwach gegen die Horizontale geneigte Wellen mit Ausfluß nach unten dürfen noch als dichtsicher angesehen werden. Als problematisch ist die absolute Dichtigkeit aber bei stärkerer Wellenneigung, etwa über 20°, anzusehen.

Die einfache Gewindewellendichtung dichtet nur für eine Drehrichtung ab. Ihre Anwendung geschieht oft in Zusammenhang mit einem Gleitlager. Dafür mag Abb. 2 ein Beispiel liefern. Hier soll die Gewindewellendichtung *a* gegen Vakuum abdichten. Als Dichtflüssigkeit dient das Schmieröl, das, vom benach-

[1]) Siehe Fußnote auf Seite 47.

barten Gleitlager *b* kommend, die Gewindewellendichtung direkt beaufschlagt. Der nach oben verlegte Ölablauf sorgt für ständige Ölfüllung des Gewindevorraumes und damit für eindeutige Trennung des Außendruckraumes vom Vakuumraum. Im vorliegenden Fall ist mit der dynamischen Dichtung eine statische verbunden. Letztere soll von einer gewissen Drehzahl an mittels Schleudergewichten von ihrem Dichtsitz abgehoben werden.

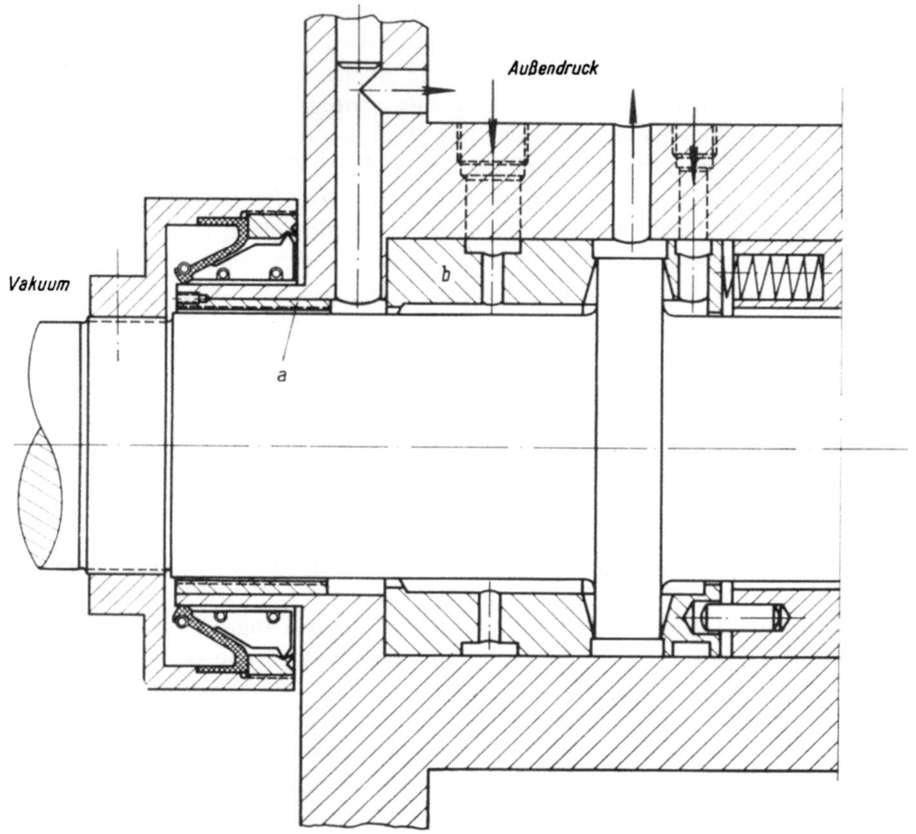

Abb. 2. Ausführungsbeispiel für die Anwendung einer Gewindewellendichtung

Zusammenfassung

Wellendichtungen haben im Maschinenbau die Aufgabe, Wellenausgänge abzudichten. Bis zu mäßigen Wellengeschwindigkeiten genügen die bekannten Stopfbuchsen und Dichtringe. Darüber hinaus wachsen Reibleistung und Verschleiß dieser Dichtart unerträglich an. Man ist deshalb gezwungen, berührungslose Dichtungen mit ihren Vor- und Nachteilen zu verwenden. Es bieten sich an die

Labyrinthdichtung mit ständigem Leckverlust, die Sperrflüssigkeitsdichtung mit beträchtlichem Aufwand und die Gewindewellendichtung. Während die Vorgänge von den ersten beiden genügend bekannt sind, werden hier die Strömungen im Dichtgewinde, hervorgerufen allein durch die relative Wellenbewegung, untersucht und ihre Wirkungen besprochen. Das Hauptergebnis ist die absolute Dichtigkeit bei Erfüllung der Voraussetzungen, jedoch auch die Erkenntnis, daß die Dichtwirkung aufhört, wenn die Dichtflüssigkeit durch die inneren Fliehkräfte zerrissen wird und Schaumbildung einsetzt.

Der Strömungszustand in einer Rektifiziersäule als Grundlage für deren Trennwirkung

Von Helmuth Glaser

(Max-Planck-Institut für Strömungsforschung, Göttingen)

Die Hydro- und Aerodynamik sowie die Thermodynamik bilden die weitaus wichtigsten Grundlagen der Verfahrenstechnik. Demgegenüber tritt die Bedeutung aller übrigen Wissenszweige weit zurück. Besonders interessante Aufgabenstellungen ergeben sich dabei immer dort, wo sich die genannten Gebiete berühren oder überschneiden. Als Beispiel werde der Rektifiziervorgang angeführt, weil sich bei diesem gleichzeitig Strömungs-, Wärmeübertragungs- und Stoffübertragungsvorgänge abspielen. Durch eine entsprechende Analyse der Einzelvorgänge lassen sich dabei häufig tiefe Einblicke in den Gesamtvorgang und neue Erkenntnisse gewinnen. Dies soll im folgenden an Hand eines praktischen Beispieles gezeigt werden.

Als Rektifikation wird die Trennung eines flüssigen Gemisches in seine reinen Bestandteile bezeichnet. Bei dem Zerlegungsvorgang wird die Tatsache ausgenutzt, daß der mit einem flüssigen Gemisch im Gleichgewicht stehende Dampf in der Regel eine andere Zusammensetzung aufweist wie die Flüssigkeit, und zwar enthält der Dampf gegenüber der Flüssigkeit meist einen höheren Anteil der leichter siedenden Komponente, d. h. derjenigen, welche die tiefere Siedetemperatur besitzt.

Als Beispiel soll die Rektifikation in einer Füllkörperkolonne behandelt werden, die mit Raschigringen, d. h. mit zylindrischen Hohlringen, gefüllt ist. Die zu zerlegende Flüssigkeit rieselt in diesem Fall über die Oberfläche der Raschigringe in Form eines dünnen Filmes herab, während ihr von unten her Dampf entgegenströmt. Hierbei findet eine stetige Stoffübertragung in dem Sinne statt, daß die leichter siedende Komponente von der Flüssigkeit in den Dampf übergeht, während die schwerer siedende Komponente vom Dampf an die Flüssigkeit übertragen wird. Die Flüssigkeit reichert sich daher auf ihrem Wege durch die Füllkörpersäule mit dem Schwerersiedenden an, während der Gehalt des Dampfes an Leichtersiedendem nach oben hin zunimmt.

Infolge des hohen Strömungswiderstandes, den der Dampf beim Durchströmen der Füllkörperschüttung erleidet, entsteht ein Druckverlust, dessen Größe stark von der Belastung der Säule abhängig ist. Die Güte der gleichzeitig erreichten Rektifizierwirkung läßt sich mit Hilfe des Gleichgewichtsdiagrammes bestimmen, welches den Zusammenhang von Dampf- und Flüssigkeitszusammensetzung angibt. Gewöhnlich wird als Maß für die Rektifizierwirkung die sogenannte theoretische Bodenzahl oder die Höhe einer Übertragungseinheit angegeben.

1. Druckverlust und Rektifizierwirkung

In neuerer Zeit hat H. BRAUER den Druckverlust und die Rektifizierwirkung an einer Laboratoriums-Füllkörperkolonne sehr sorgfältig gemessen [1]. Als Testgemisch benutzte er n-Heptan/Methylcyclohexan, welches als thermodynamisch ideales Gemisch angesehen werden kann. Ein wesentliches Ergebnis dieser Untersuchung war, daß BRAUER einen engen Zusammenhang zwischen dem Strömungsverhalten und der Rektifizierwirkung nachweisen konnte. In Abb. 1

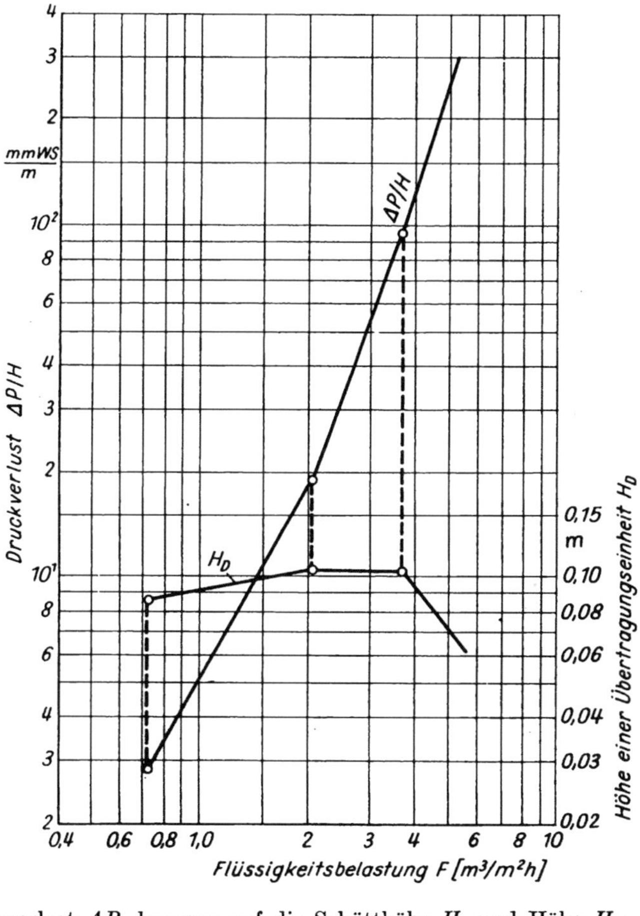

Abb. 1. Druckverlust ΔP, bezogen auf die Schütthöhe H, und Höhe H_D einer Übertragungseinheit einer 5 mm-Raschigringschüttung nach H. BRAUER [1].
Gemisch n-Heptan/Methylcyclohexan, Blasenkonzentration 25 Mol % n-Heptan, Rücklaufverhältnis ∞, ∘ Knickpunkte

ist das Ergebnis einer Versuchsreihe von BRAUER als Beispiel dargestellt. Es bezieht sich auf eine Säule, die mit 5 mm-Porzellanraschigringen gefüllt war. In der Abb. 1 ist die Höhe H_D einer Übertragungseinheit als Maß für die Rektifizierwirkung, die um so besser ist, je kleiner H_D ist, sowie der Druckverlust ΔP des Dampfes, bezogen auf die Schütthöhe H, abhängig von der Flüssigkeitsbelastung F dargestellt. Da die Versuche mit vollständigem Rücklauf durchgeführt wurden, ist mit der Flüssigkeitsbelastung auch die Dampfbelastung gegeben.

Sowohl die H_D- wie auch die ΔP-Kurven in Abb. 1 weisen mehrere Knickpunkte auf, die durch Kreise gekennzeichnet sind. Der Strömungszustand in der Säule läßt sich mit Hilfe der Druckverlustkurve gut analysieren. In dem Bereich, der zwischen dem untersten und dem obersten Knickpunkt liegt, strömt der Dampf turbulent, während die Flüssigkeit gleichzeitig als zusammenhängender Film an den Füllkörpern herabrieselt. Bei größeren Dampfgeschwindigkeiten, d. h. bei Belastungen, die größer sind als die dem mittleren Knickpunkt entsprechende, nimmt die Schichtdicke des Flüssigkeitsfilmes örtlich stark zu, wobei sich an einzelnen Stellen Flüssigkeitsbrücken zwischen den Füllkörpern bilden. Diese beginnen zu schwingen und bilden zusammen mit den Wellen auf der Filmoberfläche eine fluktuierende Berandung. Der Druckverlust nimmt daher in dem Bereich, der durch den mittleren und den oberen Knickpunkt begrenzt wird, stärker mit der Belastung zu als bei kleineren Dampfgeschwindigkeiten. Überschreitet schließlich die Belastung den Wert, der dem oberen Knickpunkt zugeordnet ist, so staut sich die Flüssigkeit in der Säule rasch auf. Der Dampf bewegt sich hier in Form von Blasen oder Schläuchen durch die Flüssigkeit hindurch, so daß die Strömung diskontinuierlich wird. Der Druckverlust steigt daher sehr stark mit der Belastung an. Die drei Strömungsbereiche hat BRAUER als unteren, bzw. oberen turbulenten, bzw. Sprudelbereich bezeichnet. An den Grenzen zwischen den einzelnen Bereichen ändern sich jeweils die für den Druckverlust maßgebenden Gesetzmäßigkeiten. Zu gleichartigen Ergebnissen haben auch die Messungen an zahlreichen anderen Füllkörpern geführt.

Der Verlauf der zweiten Kurve in Abb. 1, welche die Höhe H_D einer Übertragungseinheit abhängig von der Belastung angibt, ist für die Rektifizierwirkung kennzeichnend. Diese ist um so besser, je kleiner H_D ist. Es ist nun bemerkenswert, daß die H_D-Kurve bei den gleichen Belastungen Knickpunkte aufweist wie die Druckverlustkurve. Hieraus geht hervor, daß offensichtlich ein enger Zusammenhang zwischen dem Strömungszustand und der Rektifizierwirkung besteht.

Während BRAUER für seine Versuche eine Laboratoriumskolonne benutzt hat, wurden der Druckverlust und die Rektifizierwirkung von halbtechnischen Säulen durch E. KIRSCHBAUM und Mitarbeiter mehrfach untersucht. Als Beispiel sollen Meßergebnisse angeführt werden, die KIRSCHBAUM und Mitarbeiter an einer Füllkörperkolonne gewonnen haben, welche mit 8 mm-Raschigringen gefüllt war [2]. Als Versuchsgemisch diente Dichloräthan/Toluol. Außerdem wurde bei diesen Versuchen der Druck geändert.

In Abb. 2 ist der Druckverlust, den das Gemisch beim Durchströmen der Säule erleidet, abhängig von der Dampfgeschwindigkeit für vier Absolutdrücke dargestellt. Auch hier weisen die Druckverlustkurven Knickpunkte auf, die

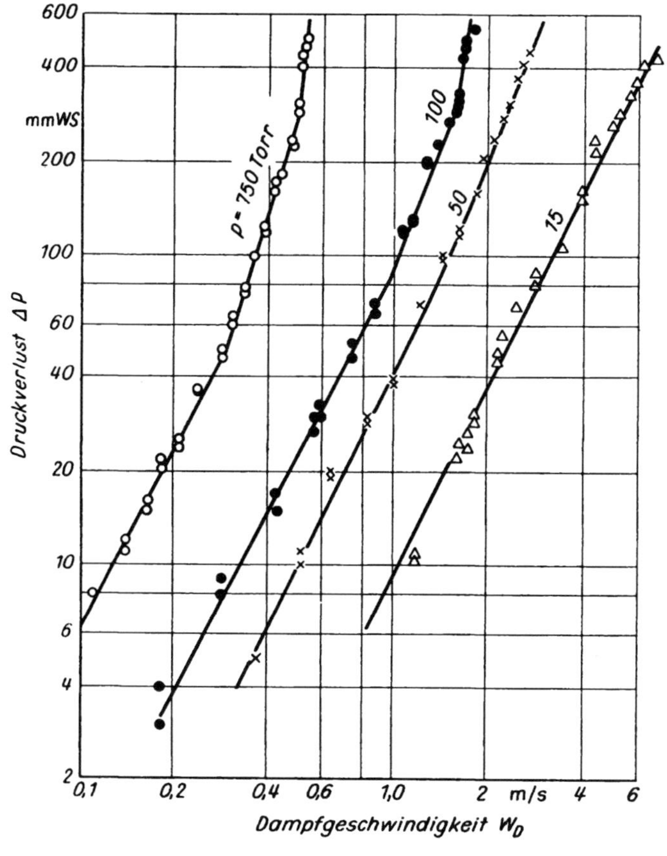

Abb. 2. Druckverlust ΔP abhängig von der Dampfgeschwindigkeit w_D am Säulenkopf bei verschiedenen Drücken nach E. KIRSCHBAUM und Mitarbeiter [2].

8 mm-Porzellan-Raschigringe, Schütthöhe 1 m, Gemisch Dichloräthan/Toluol, Blasenkonzentration 5 Mol % Dichloräthan, Rücklaufverhältnis ∞

allerdings mit abnehmendem Gesamtdruck immer weniger ausgeprägt sind und schließlich verschwinden. Als Maß für die Rektifizierwirkung haben die Verfasser die Wertungszahl n_t abhängig von der Mengengeschwindigkeit m angegeben (Abb. 3). Die Wertungszahl ist der Höhe einer Übertragungseinheit nahezu umgekehrt proportional. Bei einem Vergleich von Abb. 2 und Abb. 3 ist unmittelbar kein Zusammenhang mehr zwischen Strömungszustand und Rektifizierwirkung zu erkennen. Daß er trotzdem besteht, soll im folgenden gezeigt werden.

2. Der Einfluß des Strömungszustandes auf die Rektifizierwirkung

Der enge Zusammenhang, der zwischen dem Zustand der Strömung in einer Füllkörpersäule und der Rektifizierwirkung besteht, läßt sich besonders anschaulich aufdecken, wenn man den Druckverlust und die Rektifizierwirkung in einer Leistungszahl ε_1 miteinander verbindet. Diese stellt das Verhältnis des bei der Rektifikation übertragenen Stoffstromes zu derjenigen Förderleistung dar, die erforderlich ist, um den Dampf durch die Füllkörperschüttung zu fördern. Dabei ist es zweckmäßig, denjenigen Stoffstrom einzuführen, der sich einstellt, wenn die Einheit des Konzentrationsgefälles als treibende Kraft wirksam ist [3]. Die Größe der Leistungszahl ist außerordentlich stark von der spezifischen Belastung abhängig, wobei die spezifische Belastung B den auf die Flächeneinheit bezogenen Dampfstrom bedeutet.

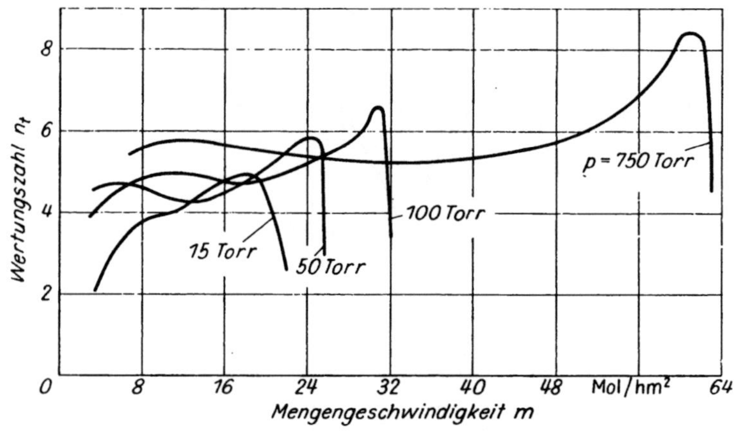

Abb. 3. Wertungszahl n_t abhängig von der Mengengeschwindigkeit m am Säulenkopf bei verschiedenen Drücken nach E. KIRSCHBAUM und Mitarbeiter [2]. Versuchsbedingungen wie in Abb. 2

Auf Grund der Versuchsergebnisse von BRAUER und KIRSCHBAUM wurde der Verlauf der Leistungszahl ε_1 bei Normaldruck abhängig von der Belastung ermittelt. Das Ergebnis ist in Abb. 4 dargestellt. Hier werde noch einmal daran erinnert, daß BRAUER 5 mm-Raschigringe und das Gemisch n-Heptan/Methylcyclohexan, KIRSCHBAUM dagegen 8 mm-Raschigringe und das Gemisch Dichloräthan/Toluol benutzt hat. Trotzdem weisen beide Kurven den gleichen charakteristischen Verlauf auf. Beide sind nur noch durch einen einzigen ausgeprägten Knickpunkt gekennzeichnet, der die Grenze zwischen dem unteren und dem oberen turbulenten Strömungsbereich kennzeichnet. Die einander entsprechenden Äste der Kurven sind Geraden, welche praktisch parallel zu einander verlaufen. Daraus kann zunächst gefolgert werden, daß in den einzelnen Strömungsbereichen gleichartige Gesetzmäßigkeiten für die Einzelvorgänge maßgebend sein müssen. Das war nach einem Vergleich von Abb. 1 bis Abb. 3 nicht ohne weiteres zu erwarten. Es erscheint damit wahrscheinlich, daß sich diese Zusammenhänge auch formal erfassen lassen.

3. Zur Frage der Anwendbarkeit der Ähnlichkeitstheorie auf die Rektifikation

Die Ähnlichkeitstheorie hat sich in der Praxis bei der Lösung zahlreicher Aufgaben als äußerst nützlich erwiesen. Eine Ausnahme hiervon macht das Gebiet der Rektifikation, auf dem in dieser Hinsicht bisher erst sehr bescheidene Fortschritte erzielt worden sind. Das ist nicht zuletzt darauf zurückzuführen, daß die Zahl der maßgebenden Kenngrößen außerordentlich groß ist und mehr als ein Dutzend beträgt [4, 5]. Immerhin ist es in vereinzelten Sonderfällen gelungen, die Ähnlichkeitstheorie auch auf den Rektifikationsvorgang anzuwenden [6]. Es erscheint nun reizvoll zu prüfen, ob sich die oben erwähnten Versuchsergebnisse nicht mit Hilfe der Ähnlichkeitstheorie weiter verarbeiten lassen.

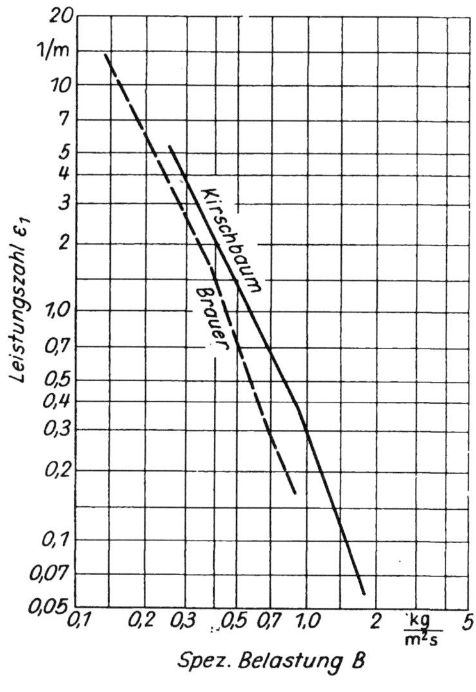

Abb. 4. Leistungszahl ε_1 abhängig von der Belastung B bei verschiedenen Versuchsbedingungen

In Abb. 5 ist zunächst der Verlauf der Leistungszahl ε_1 abhängig von der spezifischen Belastung B auf Grund der Meßergebnisse von Kirschbaum für alle Drücke dargestellt worden. Es zeigt sich nun, daß alle Punkte im Bereich des Vakuumgebietes zwanglos durch Geraden ausgeglichen werden können, die parallel zu jenem Ast der 760-Torr-Kurve verlaufen, der im unteren turbulenten Strömungsbereich liegt. Daraus geht hervor, daß bei den Messungen im Vakuumgebiet offenbar ein einheitlicher Strömungszustand vorgelegen hat. Im übrigen läßt Abb. 5 die für die Rektifikation maßgebenden Zusammenhänge bereits klarer erkennen, als das bei Abb. 2 und 3 der Fall war. Insbesondere tritt der überragende Einfluß des Druckes sehr deutlich hervor.

Um diese Ergebnisse möglicherweise noch weiter zusammenfassen zu können, soll auf einige Ähnlichkeitsbeziehungen zurückgegriffen werden, die bei der

Einphasenströmung gute Dienste geleistet haben. Demzufolge wird für die NUSSELTzahl Nu' der Stoffübertragung folgende Gleichung benutzt

$$Nu' = c_1 \cdot Re^n . \quad (1)$$

Für die Widerstandszahl ψ kann folgender Ansatz herangezogen werden

$$\psi = c_2 \cdot Re^m , \quad (2)$$

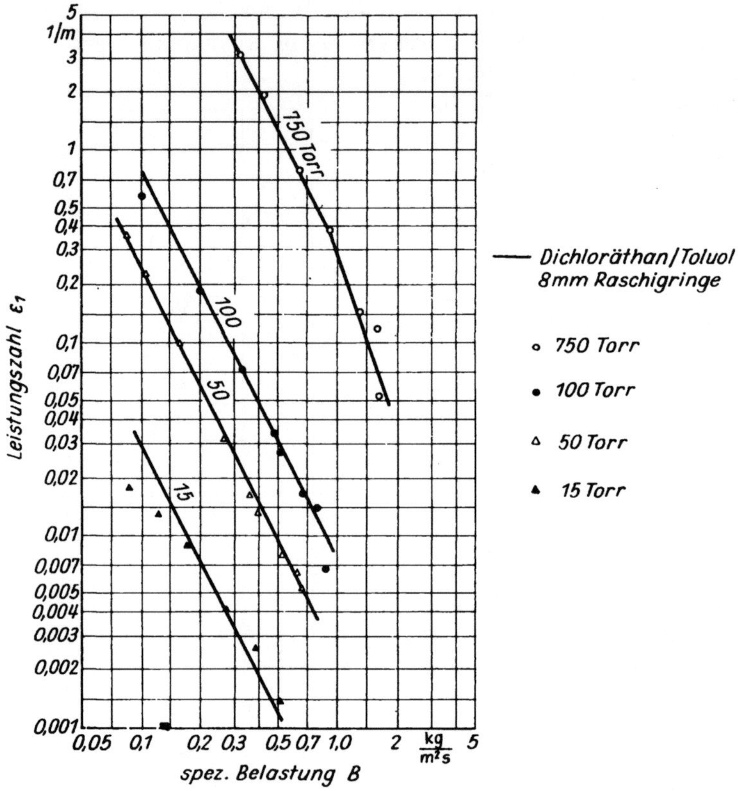

Abb. 5. Leistungszahl ε_1 abhängig von der Belastung B bei verschiedenen Drücken

dabei bedeuten

$Nu' = \frac{\beta d}{\delta}$ NUSSELTzahl der Stoffübertragung,

$\psi = \frac{\Delta P}{H} \cdot \frac{2 g d}{\gamma w^2}$ Widerstandszahl,

$Re = \frac{w d \gamma}{g \eta}$ REYNOLDSzahl,

β	Stoffübergangszahl,
d	Kennzeichnende Längenabmessung,
δ	Diffusionszahl der Gemischpartner im dampfförmigen Zustand,
ΔP	Druckverlust der Füllkörperschüttung,
H	Höhe der Füllkörperschüttung,
g	Erdbeschleunigung,
γ	spez. Gewicht des Gemischdampfes,
w	Dampfgeschwindigkeit,
η	dynamische Viskosität.

Statt der Stoffübergangszahl β soll im folgenden die Stoffaustauschzahl σ benutzt werden, wobei folgender Zusammenhang besteht

$$\sigma = \frac{\beta \gamma}{M} . \tag{3}$$

M bedeutet dabei das Molekulargewicht des Gemischdampfes. Ferner wird die Belastung B eingeführt gemäß folgender Beziehung

$$B = w \gamma . \tag{4}$$

Aus den Gln. (1), (3) und (4) ergibt sich dann für die Stoffaustauschzahl

$$\sigma = c_1 \frac{\gamma \delta}{M d} \cdot \left(\frac{d}{g \eta} \cdot B\right)^n . \tag{5}$$

Für den Druckverlust erhält man aus Gl. (2) und (4)

$$\Delta P = c_2 \frac{H \cdot B^2}{2 g \gamma d} \cdot \left(\frac{d}{g \eta} \cdot B\right)^m , \tag{6}$$

Der in der Säule von der Flüssigkeit an den Dampf übergehende Stoffstrom S an Leichtersiedendem hat folgende Größe

$$S = \sigma M (y^* - y)_m a \cdot f_s \cdot H . \tag{7}$$

In dieser Gleichung bedeuten außer den schon erwähnten Größen

y Gehalt des Gemischdampfes an Leichtersiedendem,

y^* Gehalt des Dampfes an Leichtersiedendem bei Gleichgewicht mit der Flüssigkeit,

a Oberfläche der Füllkörper je Raumeinheit,

f_s Querschnitt der Rektifiziersäule.

Die Förderleistung, die notwendig ist, um den Dampf durch die Säule zu fördern, ergibt sich zu

$$L = \frac{D}{\gamma} \Delta P = \frac{f_s B \Delta P}{\gamma} , \tag{8}$$

wobei D den Dampfstrom bedeutet. Gemäß der obigen Definition gilt für die Leistungszahl

$$\varepsilon_1 = \frac{S}{(y^* - y)_m \cdot L}. \tag{9}$$

Setzt man nun die Gln. (7) und (8) in Gl. (9) ein und berücksichtigt dabei die Gln. (5) und (6), so ergibt sich

$$\varepsilon_1 = \frac{2\, c_1\, a \cdot g^{1-(n-m)}\, d^{n-m}}{c_2} \frac{\gamma^3\, \delta}{\eta^{n-m}} \left(\frac{1}{B}\right)^{3-(n-m)}. \tag{10}$$

Der erste Faktor auf der rechten Seite dieser Gleichung soll in einer Konstante C zusammengefaßt werden

$$C = \frac{2\, c_1\, a \cdot g^{1-(n-m)}\, d^{n-m}}{c_2}. \tag{11}$$

Damit folgt aus Gl. (10)

$$\varepsilon_1 = C \frac{\gamma^3\, \delta}{\eta^{n-m}} \left(\frac{1}{B}\right)^{3-(n-m)}. \tag{12}$$

Dieser Ausdruck enthält nur noch Größen, die bei den Versuchen von KIRSCHBAUM in weiten Grenzen geändert wurden. Die Leistungszahl ε_1 läßt sich auf Grund der Meßwerte mittels folgender Beziehung berechnen [3]

$$\varepsilon_1 = \frac{\gamma\, N_D}{\Delta P}. \tag{13}$$

Dabei bedeutet N_D die Zahl der Übergangseinheiten, die aus der von KIRSCHBAUM angegebenen Wertungszahl n in bekannter Weise ermittelt werden kann.

Bei konstantem Druck ist die Leistungszahl nur von der Belastung B abhängig, da alle übrigen Größen in Gl. (12) in diesem Fall konstant sind. Falls Gl. (12) dem Grunde nach erfüllt sein soll, so müßte sich ε_1 bei doppeltlogarithmischer Darstellung linear mit B ändern. Wie aus Abb. 5 hervorgeht, ist das innerhalb der einzelnen Strömungsbereiche tatsächlich der Fall. Der Exponent $3 - (n - m)$ ergibt sich dann unmittelbar aus der Steigung der Geraden innerhalb der verschiedenen Strömungsabschnitte. Für den unteren turbulenten Strömungsbereich kann hierfür beispielsweise der Wert 2 aus Abb. 5 entnommen werden. Hieraus folgt $n - m = 1$. Damit läßt sich anstelle von Gl. (12) nach einer kleinen Umformung schreiben

$$\varepsilon_1 \cdot \frac{\eta}{\delta\, \gamma^3} = C \left(\frac{1}{B}\right)^2. \tag{14}$$

Diese Beziehung müßte also im unteren turbulenten Strömungsbereich erfüllt sein, wenn die Ähnlichkeitstheorie in diesem Fall anwendbar sein sollte.

In Abb. 6 ist der Ausdruck $\varepsilon_1 \frac{\eta}{\delta\, \gamma^3} \cdot 10^3$ abhängig von der Belastung B für alle Versuche von KIRSCHBAUM dargestellt. Die für die verschiedenen Drücke geltenden Punkte lassen sich bei Belastungen, die im unteren turbulenten Strömungsbereich liegen, ausgezeichnet durch eine Gerade ausgleichen. Diese weist die Steigung —2 auf. Lediglich die für den kleinsten Druck (15 Torr), d. h. für sehr hohes Vakuum geltenden Punkte streuen in Abb. 6 etwas stärker. Das ist jedoch keineswegs verwunderlich, denn in diesem Fall war der Druckverlust, der durch die Füllkörperschüttung verursacht wurde, zum Teil höher als der Absolutdruck am Kopf der Säule. Wird dieser Umstand berücksichtigt, so kann aus der Lage der in Abb. 6 eingetragenen Punkte gefolgert werden, daß die mit Gl. (14) gegebene Beziehung durch die Versuchsergebnisse von KIRSCHBAUM sehr gut bestätigt wird. Das gilt dann aber auch für die Grundlage dieser Gleichung, d. h., die Ähnlichkeitstheorie hat sich auch in diesem Fall als brauchbar erwiesen.

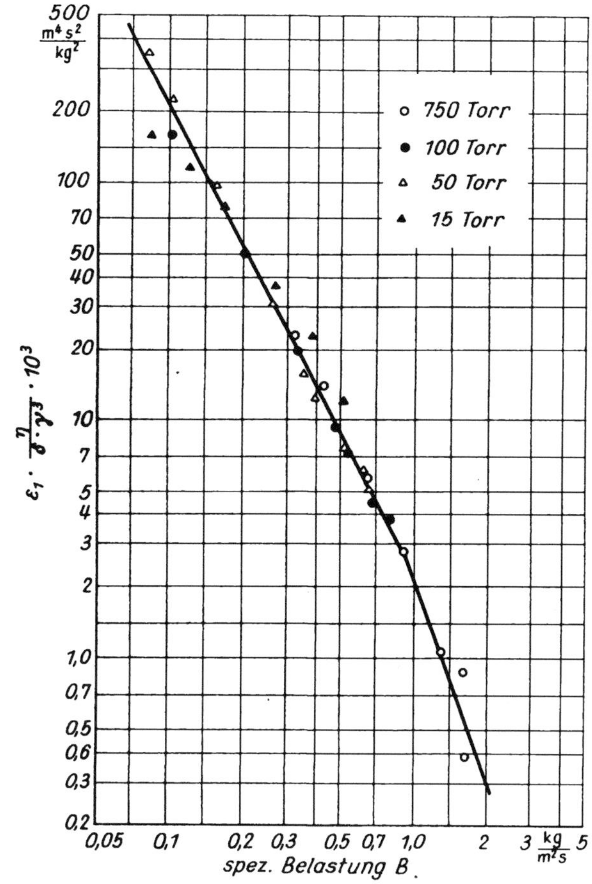

Abb. 6. Einheitliche Darstellung der bei verschiedenen Drücken gewonnenen Versuchsergebnisse

Damit ergeben sich aber einige Vorteile, die praktisch sehr bedeutungsvoll sind: Zunächst einmal lassen sich die Ergebnisse derartiger Versuchsreihen auf diese Weise einheitlich und klar darstellen, denn man erhält formal recht einfache Zusammenhänge, wenn man eine Darstellung wie in Abb. 6 wählt. Demgegenüber ist die übliche Wiedergabe der Versuchsergebnisse, wie z. B. Abb. 2 und 3 erkennen lassen, weit weniger übersichtlich. Damit ist nun vor allem der Weg für eine weitergehende Analyse von Meßergebnissen geebnet. Hierauf soll indes in diesem Rahmen nicht mehr näher eingegangen werden.

Diese Ergebnisse sind aber nicht nur von theoretischem, sondern vor allem von großem praktischem Interesse. Um das Verhalten einer Rektifiziersäule bei Vakuumbetrieb mit einiger Sicherheit voraussagen zu können, waren bisher entsprechende Versuche bei Vakuum erforderlich, die einen großen apparativen

Aufwand erforderten. In Zukunft dürfte es nun möglich sein, die Eigenschaften einer Säule bei Vakuumbetrieb recht genau vorauszusagen, wenn einige wenige Meßwerte bei Normaldruck bekannt sind. Diese sind aber verhältnismäßig einfach zu erhalten.

Damit hat die vorliegende Untersuchung erneut bewiesen, daß sich maßgebende Zusammenhänge oft auf sehr einfache Weise aufdecken lassen, wenn das Zusammenwirken verschiedener physikalischer Grundvorgänge hinreichend beachtet wird. Einige der wichtigsten Grundlagen liefert dabei häufig die Strömungsforschung, die damit eine Schlüsselstellung für die Forschung auf dem Gebiet der Verfahrenstechnik einnimmt.

LITERATUR

[1] H. BRAUER: Zusammenhang zwischen Druckverlust und Rektifizierwirkung in Füllkörperkolonnen. Chemie-Ing.-Technik **29** (1957) 520—530.

[2] E. KIRSCHBAUM, W. BUSCH und R. BILLET: Rektifikation in Füllkörpersäulen bei Atmosphärendruck und Unterdrücken. Chemie-Ing.-Technik **28** (1956) 475—480.

[3] H. GLASER: Die Beurteilung von Füllkörpern für die Rektifikation auf energetischer Grundlage. Chemie-Ing.-Technik **22** (1960) 726—731.

[4] H. KLINGENSPOR: Experimentelle und theoretische Untersuchung von Rektifiziervorgängen im Lichte der Ähnlichkeitstheorie. Dissertation TH Hannover 1958.

[5] P. GRASSMANN: Zur Vorausberechnung des Verstärkungsverhältnisses von Rektifizierböden. Chemie-Ing.-Technik **29** (1957) 497—504.

[6] H. HAUSEN: Rektifizierwirkung von Füllkörpersäulen nach neueren Messungen im Lichte der Ähnlichkeitstheorie. Chemie-Ing.-Technik **32** (1960) 509—512.

Bemerkungen zur GREENschen Funktion der 1. und 2. Randwertaufgabe der Potentialtheorie beim Quadrat

Von DIETHER GROHNE

(Max-Planck-Institut für Strömungsforschung, Göttingen)

Die GREENsche Funktion für die 1. und 2. Randwertaufgabe der Potentialtheorie läßt sich im ebenen Fall nach B. RIEMANN [1] durch die Abbildungsfunktion der konformen Abbildung des Lösungsbereiches auf den Einheitskreis darstellen, wodurch die GREENsche Funktion von 4 Veränderlichen auf die Abbildungsfunktion von nur 2 reellen Veränderlichen zurückgeführt wird. Die konforme Abbildung des Rechteckes kann mittels der JACOBIschen elliptischen Funktion sn (z, k) dargestellt werden. Die hierzu in der Literatur angegebenen Formeln (vgl. [2]) gestatten nun im Sonderfalle des Quadrates eine relativ einfache Aufspaltung der Abbildungsfunktion in Real- und Imaginärteil, zu deren Aufstellung (außer algebraischen Operationen) nur noch eine *reelle* elliptische Funktion einer *reellen* Veränderlichen benötigt wird. Letzteres ist ja beim Rechteck, wenn auch in komplizierterer Weise, ebenfalls möglich.

Das Ergebnis dieser Zerlegung sei vorangestellt. Die Abbildungsfunktion $w(z)$ soll das innere des Quadrates $|x| \leqq 1$, $|y| \leqq 1$ der komplexen z-Ebene auf das Innere des Einheitskreises $|w| \leqq 1$ in der w-Ebene konform abbilden, und zwar so, daß die beiden Punkte $z = 0$ und $z = 1$ in $w = 0$ und $w = 1$ übergehen. Die komplexe analytische Funktion, welche diese Abbildung vermittelt, lautet

$$w(x + i\,y) = \frac{S(x)\,D(y) + i\,S(y)\,D(x)}{1 + C(x)\,C(y)}\,, \tag{1}$$

worin S, C und D die folgenden elliptischen JACOBIschen Funktionen bezeichnen:

$$\left.\begin{aligned} &S(x) = \operatorname{sn}(x\,K, k) \qquad \text{mit dem Modul} \quad k = \frac{1}{\sqrt{2}} \\ &\text{und} \\ &K = 2\int\limits_0^1 \frac{dt}{\sqrt{1 + t^4}} = \frac{1}{4\sqrt{\pi}}\left\{\Gamma\left(\frac{1}{4}\right)\right\}^2. \end{aligned}\right\} \tag{2.1}$$

Es gilt dann weiter

$$C(x) = \sqrt{1 - S^2(x)}\,, \qquad D(x) = \sqrt{1 - \frac{1}{2}\,S^2(x)}\,. \tag{2.2}$$

Die JACOBIsche Funktion $S(x)$ genügt der Differentialgleichung

$$\frac{d^2S}{dx^2} = -S \cdot \left(\frac{3}{2} - S^2\right) \cdot K^2, \tag{2.3}$$

die vom Verfasser auch zur numerischen Berechnung von $S(x)$ nach dem Differenzenverfahren von ADAMS-STÖRMER verwendet wurde (Anfangswerte: $S(0) = 0$, $S'(0) = K$). Man gewinnt so $S(x)$ für eine Folge äquidistanter Argumente, so daß man danach die konforme Abbildung und die GREENsche Funktion für ein quadratisches Punktgitter der z-Ebene konstruieren kann.

Die Vorstufe zu der Formel (1), nämlich

$$w(z) = \frac{S(z)}{1 + C(z)} = \frac{1 - C(z)}{S(z)}, \tag{3}$$

ist verschiedentlich in der Literatur angegeben; z. B. bei OBERHETTINGER-MAGNUS [2], S. 46 (in der z-Ebene um $\pi/4$ gedreht). Sie folgt aus der SCHWARZ-CHRISTOFFELschen Abbildungsformel (vgl. [3] und [2]), welche in unserm Beispiel (siehe Abb. 1 und 2) in der Gestalt

$$z\,K = 2\int_0^w \frac{dt}{\sqrt{1 + t^4}} \qquad \text{mit} \qquad K = 2\int_0^1 \frac{dt}{\sqrt{1 + t^4}} \tag{4}$$

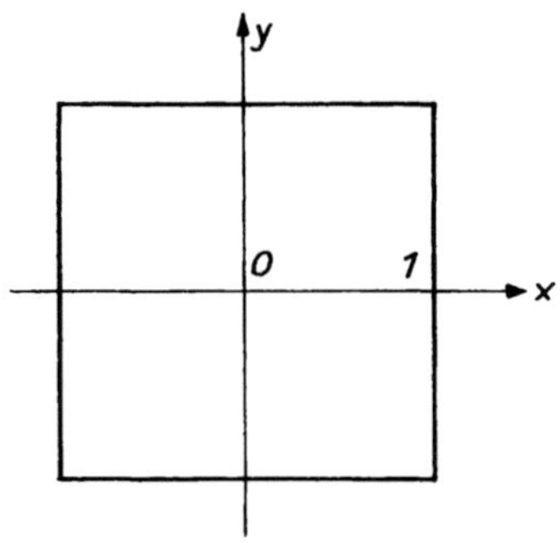

Abb. 1. Skizze des Quadrates in der z-Ebene

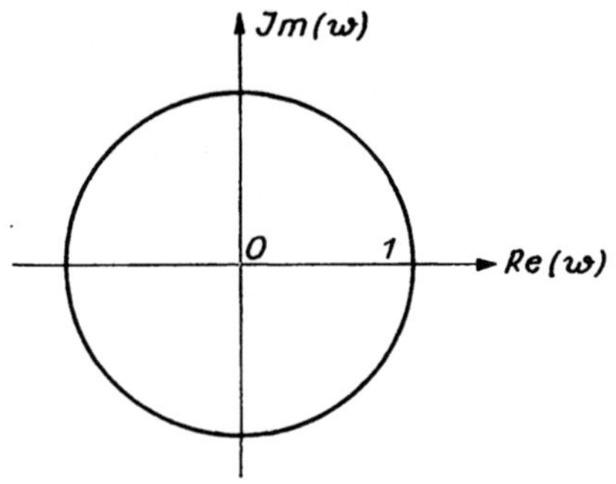

Abb. 2. Lage des Einheitskreises in der w-Ebene

erscheint. Die Integrale lassen sich auf das elliptische Normalintegral $F(k, \varphi)$ in der LEGENDREschen Form zurückführen

$$2\int_0^w \frac{dt}{\sqrt{1 + t^4}} = F(k\,\varphi) \qquad \text{mit} \qquad k = \frac{1}{\sqrt{2}} \qquad \text{und} \qquad \sin\varphi = \frac{2\,w}{1 + w^2}.$$

Setzt man dies ein, so folgt $K\,z = F(k, \varphi)$.

Die Auflösung dieser Gleichung nach $\sin\varphi$ liefert

$$\frac{2\,w}{1 + w^2} = \operatorname{sn}\left(z\,K, \frac{1}{\sqrt{2}}\right) \equiv S(z). \tag{5}$$

Die Richtigkeit von (3) kann nun durch Einsetzen von (3) in (5) bestätigt werden. Die weitere Umrechnung von (3) in (1) macht Gebrauch von den Formeln (vgl. MILNE-THOMSON [4], S. X)

$$S\,(x + i\,y) = \frac{A(x, y) + i\,A(y, x)\,B(x, y)}{1 - A^2(y, x)}\,,$$

$$C\,(x + i\,y) = \frac{B(x, y) - i\,A(x, y)\,A(y, x)}{1 - A^2(y, x)}$$

mit $A(x, y) = S(x)\,D(y)\,, \qquad B(x, y) = C(x)\,C(y)\,.$

Hilfsformel: $A^2(x, y) + A^2(y, x) = 1 - B^2(x, y)\,.$

Nach Kenntnis der konformen Abbildung kann die GREENsche Funktion aufgestellt werden. Es sei etwa die POISSONsche Differentialgleichung $\Delta u(x, y) = f(x, y)$ mit $\Delta = \frac{\partial^2}{\partial x^2} + \frac{\partial^2}{\partial y^2}$ im Innern des Quadrates (oder eines allgemeineren Bereiches B) bei gegebenem $f(x, y)$ zu lösen, so daß die Lösung u auf dem Rande vorgeschriebene Werte annimmt: $u(\text{Rand}) = u(s)$ (1. Randwertaufgabe).

Die Lösung läßt sich durch eine GREENsche Funktion G darstellen, die nicht mehr von $f(x, y)$ und den Randwerten abhängt

$$u(x, y) = \iint\limits_B G(x, y, \xi, \eta)\,f(\eta, \xi)\,d\xi\,d\eta + \int\limits_{\text{Rand}} U(\sigma)\,\frac{\partial G}{\partial \nu}\,d\sigma\,. \tag{6}$$

Die GREENsche Funktion kann nach B. RIEMANN [1] durch die konforme Abbildung $w(z)$ des Lösungsbereiches ausgedrückt werden ($z = x + i\,y\,,\ \zeta = \xi + i\,\eta$):

$$G(z, \zeta) = \frac{1}{2\pi}\left\{\ln \tilde{r} - \frac{1}{2}\ln\left[\tilde{r}^2 + \psi(x, y)\,\psi(\xi, \eta)\right]\right\}$$

mit $\tilde{r} = |w(z) - w(\zeta)| \quad$ und $\quad \psi(x, y) = 1 - |w(z)|^2\,.$

Bei der 2. Randwertaufgabe hat man die Randbedingung $\frac{\partial U}{\partial n} = \gamma(s)$ zu erfüllen, wobei $\gamma(s)$ der Nebenbedingung $\int \gamma(s)\,ds = \iint\limits_B f(x, y)\,dx\,dy$ genügen muß; (solche Nebenbedingungen treten dann auf, wenn die homogene Randwertaufgabe durch eine nicht identisch verschwindende Lösung, hier $u \equiv 1$, erfüllbar ist). Die 2. Randwertaufgabe wird auch nach F. NEUMANN [5] benannt, der zuerst die GREENsche Funktion angegeben und auf die konforme Abbildung zurückgeführt hat:

$$G_{\text{II}}(z, \zeta) = \frac{1}{2\pi}\left\{\ln \tilde{r} + \frac{1}{2}\ln\left[\tilde{r}^2 + \psi(x, y)\,\psi(\xi, \eta)\right]\right\}.$$

Die Lösung ist dann gegeben durch

$$u(x, y) = \iint\limits_B G_{\text{II}}(x, y, \xi, \eta) f(\xi, \eta)\,d\xi\,d\eta - \int\limits_{\text{Rand}} G(x, y, \xi_\sigma, \eta_\sigma)\,\gamma(\sigma)\,d\sigma + \text{const}\,.$$

Will man die GREENsche Lösungsformel (6) bzw. (7) mittels Stützstellen-Kubaturformeln (vgl. hierzu R. v. MISES [6] und J. ALBRECHT u. L. COLLATZ [7]) auswerten, so hat man in der Umgebung der logarithmischen Singularität der GREENschen Funktion eine besondere Kubaturformel zu verwenden, wie sie für eine ähnliche Singularität von T. NONWEILER [8] beschrieben ist. Ein Beispiel hierzu ist die folgende Kubaturformel, in der die Indizes den in Abb. 3 durch eingeklammerte Zahlen gekennzeichneten Stützstellen entsprechen

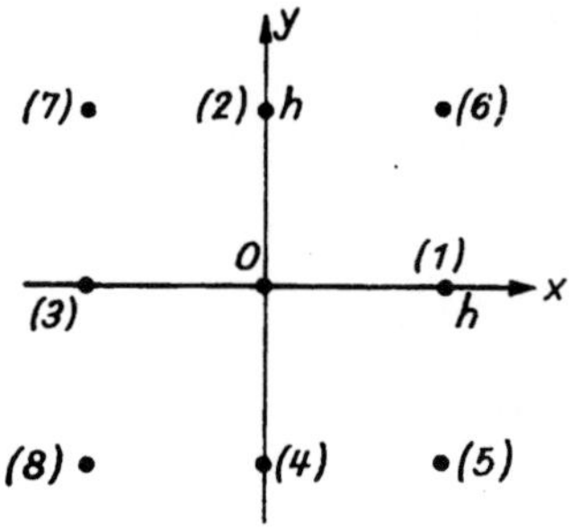

Abb. 3. Skizze der Stützstellen

$$\int_{-h}^{+h}\int_{-h}^{+h} F(x,y)\,dx\,dy = h^2\left\{\left(a + b\ln\frac{1}{h}\right)A + b\cdot B + c\,(F_1+F_2+F_3+F_4) + d\,(F_5+F_6+F_7+F_8)\right\} + \text{Restglied}.$$

Hierin sind A und B durch die Zerlegung $F(x,y) = A\ln\frac{1}{r} + B + o(1)$ des Integranden an der singulären Stelle $r = 0$ bestimmt. Weiter gilt

$$a = \frac{44}{9} - \frac{5\pi}{6} - \frac{4}{3}\ln 2\,,$$

$$b = \frac{8}{3} - 2E\,, \qquad E = 0{,}5772\ldots = \text{EULER-MASCHERONIsche Konstante},$$

$$c = \frac{1}{\ln 2}\left(\frac{10}{9} - \frac{\pi}{6}\right), \qquad d = \frac{1}{3} - \frac{E}{2}\,.$$

Die Formel gilt exakt für $F = \varphi + \psi\cdot\ln r$, wenn φ und ψ Polynome in x und y vom Gesamtgrade 3 sind.

LITERATUR

[1] B. RIEMANN: Gesammelte Werke. Leipzig 1876, S. 3—45 und 81—135.
[2] F. OBERHETTINGER und W. MAGNUS: Anwendung der elliptischen Funktionen in Physik und Technik. Berlin 1949.
[3] H. A. SCHWARZ: Über einige Abbildungsaufgaben. J. Math. **70** (1869) 105.
[4] L. M. MILNE-THOMSON: Die elliptischen Funktionen von Jacobi. Berlin 1931.
[5] F. NEUMANN: Vorlesungen über elektrische Ströme. Leipzig 1884.
[5] R. v. MISES: Numerische Berechnung mehrdimensionaler Integrale. ZAMM **34** (1954) 201—210.
[7] J. ALBRECHT und L. COLLATZ: Zur numerischen Auswertung mehrdimensionaler Integrale. ZAMM **38** (1958) 1—15.
[8] T. NONWEILER: A method for the numerical evaluation of an integral. Cranfield Coll. aeron. Rep. No. 100 (1956).

Schalenstatik im räumlichen COSSERATschen Kontinuum

Von WILHELM GÜNTHER

(Technische Hochschule, Karlsruhe)

1. Einleitung

Die Darstellung von Schalenkräften und -momenten durch Spannungsfunktionen ist in neuerer Zeit häufig erörtert worden [1, 2, 3, 4, 5]. Für diese Funktionen erhält man Gleichungen, die dual zu denjenigen sind, welche den Verschiebungszustand der Schale beschreiben; sie werden mit Vorteil besonders dann verwendet, wenn die Randbelastungen der Schale vorgegeben sind. Deutlicher aber tritt die genannte Analogie noch hervor, wenn man die Querkraftverformungen einerseits, die Schnittmomente um die Schalennormale andererseits, von denen man — aus guten Gründen — gewöhnlich absieht, mit in die Rechnung einbezieht [6, 7]. Man hat dann sechs Spannungsfunktionen verfügbar, welche den sechs Freiheitsgraden der Drehung und Verschiebung eines Schalenelementes entsprechen und eine ins Auge springende statische Bedeutung haben. Völlige Freiheit zu Drehung und Verschiebung bedeutet aber, daß man die Schalenmittelfläche als ein zweiparametriges COSSERAT*sches Kontinuum* anzusehen hat, in welchem jedem *Punkte*, der ein Schalenelement repräsentiert, nicht nur eine Verschiebung (wie im gewöhnlichen Punktkontinuum), sondern auch eine davon unabhängige Drehung zugeordnet ist [7, 8, 9, 10].

In der vorliegenden Arbeit sollen nun die Beziehungen besprochen werden, welche die statischen Größen, insbesondere die Spannungsfunktionen der Schale mit denen des sie umgebenden Raumes verknüpfen. Wie stets bei der Untersuchung von Flächenträgern, hat man zwei Möglichkeiten, solche Beziehungen herzustellen: entweder faßt man die Schale als einen dreidimensionalen Körper geringer Dicke auf und reduziert die statischen Größen des Schalenraumes durch Integration über die Schalendicke in die Mittelfläche hinein, oder aber man sieht die Schale von vornherein als streng zweidimensionale Fläche an, auf der die singulär werdenden Spannungen des Raumes zu den Beanspruchungsgrößen der Schale zusammengefaßt werden. In einer Studie [11] über die Spannungsfunktionen des ebenen Flächenträgers hat H. SCHAEFER diese zweite Methode am Sonderfall des Systems Platte/Scheibe dargelegt und gezeigt, daß es sich bei den genannten Singularitäten um Unstetigkeiten in einem Feld von Nullspannungsfunktionen handelt, die ihrerseits in regulären Bereichen kinematisch möglichen Verschiebungszuständen entsprechen. Daher kann man auch von der Vorstellung ausgehen, daß ein räumliches Verschiebungsfeld beim Durchgang durch die Trägerebene in geeigneter Weise springt. Dies gibt ein so anschauliches Bild von der Mannigfaltigkeit der im ebenen Flächenträger möglichen Spannungszustände, daß man es auch gern auf den Fall der Schale übertragen sehen möchte.

Es liegt auf der Hand, daß man nicht von gewöhnlichen räumlichen Punktkontinua ausgehen kann, wenn man nach einer der beiden hiermit vorgezeichneten Methoden zu der von uns angestrebten Form der Gleichungen der Schalenstatik gelangen will. In der Tat enthält z. B. das in [11] angegebene Verfahren nicht genügend Freiheitsgrade, um damit alle Unsymmetrien in den Schalenbeanspruchungen erfassen zu können. Man wird daher auch das räumliche Schalenkontinuum der ersten Methode ebenso wie den die singuläre Schalenfläche umgebenden Raum der zweiten Methode als ein COSSERATsches Kontinuum ansehen müssen. In ihm hat man übrigens (E. KRÖNER [12]) das allgemeinste metrische Kontinuum vor sich; differentialgeometrisch entspricht es einem metrischen Raume mit unsymmetrischen Zusammenhang, in dem also ein Maßtensor und ein Torsionstensor (É. CARTAN [13]) die Differentialgeometrie regeln. Die elementaren kinematischen und statischen Gleichungen eines solchen Kontinuums sind wohlbekannt (vgl. [14]); im folgenden Abschnitt geben wir einen kurzen Überblick. Sodann werden die Gleichungen der Schalenstatik besprochen; im letzten Abschnitt schließlich wird, dem eingangs skizzierten Programm gemäß, der Zusammenhang zwischen den statischen Größen der Schale und denen des Raumes hergestellt.

2. Kinematik und Statik des räumlichen COSSERATschen Kontinuums

Wir benutzen ein Rechtssystem allgemeiner Koordinaten $q^{(1)}, q^{(2)}, q^{(3)}$ in einem Kontinuum, dessen Punkte durch ihren Ortsvektor $\boldsymbol{r} = \boldsymbol{r}(q^{(i)})$, $i = 1, 2, 3$ gegeben sind. Aus den *kovarianten Maßvektoren* $\boldsymbol{g}_i = \partial_i \boldsymbol{r}$ bilden wir die kovariante Darstellung $g_{ik} = \boldsymbol{g}_i \cdot \boldsymbol{g}_k$ des Maßtensors, und es sei $g = \operatorname{Det}(g_{ik})$. Ferner benötigen wir die kontravarianten Maßvektoren $\boldsymbol{g}^i$, definiert durch $\boldsymbol{g}^i \cdot \boldsymbol{g}_k = \delta^i_k$, und die kontravariante Darstellung des *Permutationstensors* $e^{ikl} = \boldsymbol{g}_i \cdot (\boldsymbol{g}^k \times \boldsymbol{g}^l)$, $e^{123} = \frac{1}{\sqrt{g}}$. In einem Bereich regulärer infinitesimaler Deformationen ordnen wir jedem Punkte $\boldsymbol{r}$ einen Verschiebungsvektor $\boldsymbol{w} = \boldsymbol{w}(q^{(i)})$ und einen Drehvektor $\vec{\varphi} = \vec{\varphi}(q^{(i)})$ zu. Daraus entstehen als *relative* Drehungen bzw. Verschiebungen die Deformationen

$$\vec{\varkappa}_i = \partial_i \vec{\varphi}\,, \qquad \vec{\gamma}_i = \partial_i \boldsymbol{w} + \boldsymbol{g}_i \times \vec{\varphi} \tag{1}$$

des COSSERATschen Kontinuums. Die starren Bewegungen

$$\overset{s}{\vec{\varphi}} = \vec{\varphi}_0\,, \quad \overset{s}{\boldsymbol{w}} = \boldsymbol{w}_0 + \vec{\varphi}_0 \times (\boldsymbol{r} - \boldsymbol{r}_0) \tag{2}$$

mit $\vec{\varphi}_0 = \vec{\varphi}(\boldsymbol{r}_0)$, $\boldsymbol{w}_0 = \boldsymbol{w}(\boldsymbol{r}_0)$ führen, wie es sein muß, zu verschwindenden Deformationen. Die Deformationstensoren

$$\varkappa_{ie} = \vec{\varkappa}_i \cdot \boldsymbol{g}_e\,, \qquad \gamma_{ie} = \vec{\gamma}_i \cdot \boldsymbol{g}_e \tag{3}$$

sind i. a. unsymmetrisch; verlangt man Symmetrie von γ_{ie}, so ist dafür

$$\vec{\varphi} = \frac{1}{2} \operatorname{rot} \boldsymbol{w} \tag{4}$$

notwendig und hinreichend, womit dann das COSSERATsche Kontinuum 3 funktionale Freiheitsgrade verliert und zum gewöhnlichen Punktkontinuum entartet. Aus (1) werden durch Elimination der Lageänderungen $\vec{\varphi}$ und $\boldsymbol{w}$ die *Verträglichkeitsbedingungen*

$$\overset{(1)}{\boldsymbol{I}^l} = e^{l\alpha\beta}\, \partial_\alpha \vec{\varkappa}_\beta = 0\,, \qquad \overset{(2)}{\boldsymbol{I}^l} = e^{l\alpha\beta}\, [\partial_\alpha \vec{\gamma}_\beta + \boldsymbol{g}_\alpha \times \vec{\varkappa}_\beta] = 0 \tag{5}$$

gewonnen (über *griechische* Indizes wird von 1 bis 3 summiert!), denen die linken Seiten von (1) genügen müssen, damit aus den Deformationen die Lageänderungen eindeutig berechnet werden können. Für $\overset{(1)}{\boldsymbol{I}^l}$ und $\overset{(2)}{\boldsymbol{I}^l}$ gelten die Differentialidentitäten

$$\partial_\alpha\Big(\sqrt{g}\,\overset{(1)}{\boldsymbol{I}^\alpha}\Big) \equiv 0\,, \qquad \partial_\alpha\Big(\sqrt{g}\,\overset{(2)}{\boldsymbol{I}^\alpha}\Big) + \boldsymbol{g}_\alpha \times \Big(\sqrt{g}\,\overset{(1)}{\boldsymbol{I}^\alpha}\Big) \equiv 0\,; \tag{6}$$

die einheitliche formale Struktur der kinematischen Gleichungen (1), (5) und (6) ist wohl nicht zu übersehen.

Die *Statik* des COSSERATschen Kontinuums ist dadurch ausgezeichnet, daß in ihr neben den üblichen *Kraftspannungen* noch selbständige *Momentenspannungen* auftreten können, wie z. B. aus dem Prinzip der virtuellen Arbeiten folgt, vgl. [7]. Betrachten wir daher ein Volumenelement, das von den Vektoren $\overset{}{\underset{i}{d\boldsymbol{r}}} = \boldsymbol{g}_i\, dq^i$ aufgespannt wird und den Rauminhalt $dV = \sqrt{g}\; dq^1\, dq^l\, dq^3$ hat, so sind die Schnittflächen $\overset{i}{df}$ $(q^{(i)} = \text{const})$ durch Kräfte $\overset{i}{d\boldsymbol{K}}$ und Momente $\overset{i}{d\boldsymbol{M}}$ belastet. In üblicher Weise nehmen wir an, daß diese lineare Vektorfunktionen der jeweiligen Normaleneinheitsvektoren sind

$$\overset{i}{d\boldsymbol{K}} = \overset{i}{\boldsymbol{n}} \cdot \mathfrak{S}\, \overset{i}{df}\,, \qquad \overset{i}{d\boldsymbol{M}} = \overset{i}{\boldsymbol{n}} \cdot \mathfrak{T}\, \overset{i}{df}\,, \tag{7}$$

wobei $\mathfrak{S}$ der Tensor der Kraftspannungen, $\mathfrak{T}$ der Tensor der Momentenspannungen ist. Auflösung nach $\mathfrak{S}$ bzw. $\mathfrak{T}$ ergibt

$$\mathfrak{S} = \frac{\underset{\alpha}{d\boldsymbol{r}}\, \overset{\alpha}{d\boldsymbol{K}}}{dV}\,, \qquad \mathfrak{T} = \frac{\underset{\alpha}{d\boldsymbol{r}}\, \overset{\alpha}{d\boldsymbol{M}}}{dV}\,. \tag{8}$$

Aus diesen Tensoren leiten wir die *Spannungsvektoren*

$$\boldsymbol{S}^i = \boldsymbol{g}^i \cdot \mathfrak{S} = \frac{dq^i\, \overset{i}{d\boldsymbol{K}}}{dV}\,, \qquad \boldsymbol{T}^i = \boldsymbol{g}^i \cdot \mathfrak{T} = \frac{dq^i\, \overset{i}{d\boldsymbol{M}}}{dV} \tag{9}$$

und die koordinatenmäßige Darstellung des Tensors der Kraft- bzw. Momentenspannungen

$$S^{ik} = \boldsymbol{S}^i \cdot \boldsymbol{g}^k = \boldsymbol{g}^i \cdot \mathfrak{S} \cdot \boldsymbol{g}^k\,, \qquad T^{ik} = \boldsymbol{T}^i \cdot \boldsymbol{g}^i = \boldsymbol{g}^i \cdot \mathfrak{T} \cdot \boldsymbol{g}^k \tag{10}$$

her. S^{ik} und T^{ik} sind i. a. unsymmetrische Tensoren.

Das Volumelement sei zunächst noch durch Volumkräfte $\boldsymbol{p}\,dV$ und Volummomente $\boldsymbol{q}\,dV$ belastet. Dann ergeben sich für die COSSERATschen Spannungen die Gleichgewichtsbedingungen

$$\partial_\alpha(\sqrt{g}\;\boldsymbol{S}^\alpha) = -(\sqrt{g}\;\boldsymbol{p})\,, \qquad \partial_\alpha(\sqrt{g}\,\boldsymbol{T}^\alpha) + \boldsymbol{g}_\alpha \times (\sqrt{g}\;\boldsymbol{S}^\alpha) = -(\sqrt{g}\;\boldsymbol{q})\,, \tag{11}$$

aus denen man ablesen kann, daß der Tensor $\mathfrak{S}$ der Kraftspannungen symmetrisch ist, wenn die Divergenz des Tensors $\mathfrak{T}$ der Momentenspannungen der negativen Belastung durch Volummomente gleich ist. Sind keine Volumbelastungen vorhanden, so haben die Gleichgewichtsbedingungen

$$\partial_\alpha(\sqrt{g}\;\boldsymbol{S}^\alpha) = 0\,, \qquad \partial_\alpha(\sqrt{g}\;\boldsymbol{T}^\alpha) + \boldsymbol{g}_\alpha \times (\sqrt{g}\;\boldsymbol{S}^\alpha) = 0 \tag{12}$$

die Gestalt der Identitäten (6) und dann also nach (5) die allgemeine Lösung

$$\boldsymbol{S}^l = e^{l\alpha\beta}\,\partial_\alpha \boldsymbol{F}_\beta\,, \qquad \boldsymbol{T}^l = e^{l\alpha\beta}\,[\partial_\alpha \boldsymbol{G}_\beta + \boldsymbol{g}_\alpha \times \boldsymbol{F}_\beta]\,; \tag{13}$$

$\boldsymbol{F}_i$ und $\boldsymbol{G}_i$ sind die vektoriellen Spannungsfunktionen des räumlichen COSSERATschen Kontinuums. Die vektoriellen *Nullspannungsfunktionen*

$$\mathring{\boldsymbol{F}}_i = \partial_i \vec{\boldsymbol{\Phi}}\,, \qquad \mathring{\boldsymbol{G}}_i = \partial_i \boldsymbol{W} + \boldsymbol{g}_i \times \vec{\boldsymbol{\Phi}} \tag{14}$$

entsprechen den Deformationen (1) und geben, in (12) eingesetzt, keinen Beitrag zu den Spannungen. Im übrigen sind die Erzeugenden $\vec{\boldsymbol{\Phi}}$ und $\boldsymbol{W}$ der Nullspannungsfunktionen, analog zu (2), nur bis auf starre Bewegungen

$$\overset{s}{\vec{\boldsymbol{\Phi}}} = \vec{\boldsymbol{\Phi}}_0\,, \qquad \overset{s}{\boldsymbol{W}} = \boldsymbol{W}_0 + \vec{\boldsymbol{\Phi}}_0 \times (\boldsymbol{r} - \boldsymbol{r}_0) \tag{15}$$

bestimmt. Mit Hilfe von (7), (13) und des STOKESschen Satzes läßt sich schließlich die, auf den Anfangspunkt des Ortsvektors bezogene, Dyname derjenigen Kräfte und Momente berechnen, welche auf einen einfach zusammenhängenden Oberflächenteil f unseres Kontinuums einwirken: ist C die orientierte Randkurve dieses Bereiches mit den Ortsvektoren $\boldsymbol{x} = \boldsymbol{x}(C)$, so wird

$$\boldsymbol{K} = \oint_C \boldsymbol{F}_\alpha\, dq^\alpha\,, \qquad \boldsymbol{M}_{(A)} = \oint_C [\boldsymbol{G}_\alpha + \boldsymbol{x} \times \boldsymbol{F}_\alpha]\, dq^\alpha\,; \tag{16}$$

darin ist

$$dq^i = dq^i(\boldsymbol{x}) = d\boldsymbol{x} \cdot \boldsymbol{g}^i\,.$$

3. Die Gleichungen der Schalenstatik

Auf der Schalenmittelfläche führen wir GAUSSsche Parameter $q^{(\underline{1})}$, $q^{(\underline{2})}$ ein und senkrecht zu ihr die Längenkoordinate z so, daß $q^{(\underline{1})}$, $q^{(\underline{2})}$ und z in dieser Reihenfolge ein Rechtssystem bilden, gekennzeichnet in jedem Punkte der Mittelfläche durch die kovarianten Maßvektoren

$$\boldsymbol{a}_{\underline{i}} = \partial_{\underline{i}}\boldsymbol{r}(q^{(\underline{1})}, q^{(\underline{2})})\,, \qquad \underline{i} = \underline{1}, \underline{2} \tag{17}$$

und den Einheitsvektor $\boldsymbol{E}$ der Schalennormalen. Der Maßtensor der Mittelfläche ist $a_{\underline{i}\,\underline{l}} = \boldsymbol{a}_{\underline{i}} \cdot \boldsymbol{a}_{\underline{l}}$; die Determinante seiner Maßzahlen sei a. Wir benötigen ferner die kontravarianten Maßvektoren $\boldsymbol{a}^{\underline{i}}$, definiert durch $\boldsymbol{a}_{\underline{i}} \cdot \boldsymbol{a}^{\underline{l}} = \delta^{\underline{i}}_{\underline{l}}$, und die Permutationstensoren

$$e_{\underline{i}\underline{l}} = (\boldsymbol{a}_{\underline{i}} \times \boldsymbol{a}_{\underline{l}}) \cdot \boldsymbol{E}\,, \qquad e^{\underline{i}\underline{l}} = (\boldsymbol{a}^{\underline{i}} \times \boldsymbol{a}^{\underline{l}}) \cdot \boldsymbol{E}\,; \tag{18}$$

es ist

$$e_{\underline{1}\underline{2}} = \sqrt{a}\,, \qquad e^{\underline{1}\underline{2}} = \frac{1}{\sqrt{a}}\,.$$

In einem einfach berandeten Schalenbereich betrachten wir Spannungszustände, welche aus einer Gleichgewichtsbelastung der Schale durch Flächenkräfte und -momente sowie durch Randkräfte und -momente stammen. Abb. 1

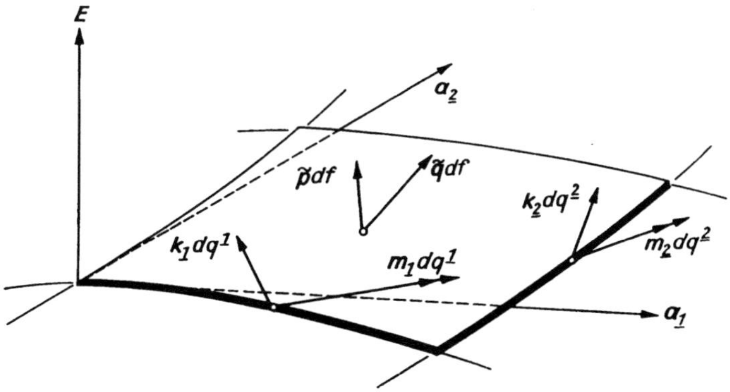

Abb. 1

zeigt die Schnittkräfte $\boldsymbol{k}_{\underline{i}}(q^{(1)}, q^{(2)})$ und die Schnittmomente $\boldsymbol{m}_{\underline{i}}(q^{(1)}, q^{(2)})$, mit denen hier gerechnet werden soll, ferner die Flächenbelastungen $\widetilde{\boldsymbol{p}}$ (Kräfte) und $\widetilde{\boldsymbol{q}}$ (Momente). Für die Schnittgrößen gelten dann die Gleichgewichtsbedingungen

$$e^{\underline{\alpha}\underline{\beta}}\,\partial_{\underline{\alpha}}\boldsymbol{k}_{\underline{\beta}} = -\,\widetilde{\boldsymbol{p}}\,, \qquad e^{\underline{\alpha}\underline{\beta}}\,[\partial_{\underline{\alpha}}\boldsymbol{m}_{\underline{\beta}} + \boldsymbol{a}_{\underline{\alpha}} \times \boldsymbol{k}_{\underline{\beta}}] = -\,\widetilde{\boldsymbol{q}}\,, \tag{19}$$

in denen über unterstrichene griechische Indizes von $\underline{1}$ bis $\underline{2}$ summiert wird. Beim Fehlen von Flächenlasten haben die Gleichgewichtsbedingungen

$$e^{\underline{\alpha}\underline{\beta}}\,\partial_{\underline{\alpha}}\boldsymbol{k}_{\underline{\beta}} = 0\,, \qquad e^{\underline{\alpha}\underline{\beta}}\,[\partial_{\underline{\alpha}}\boldsymbol{m}_{\underline{\beta}} + \boldsymbol{a}_{\underline{\alpha}} \times \boldsymbol{k}_{\underline{\beta}}] = 0 \tag{20}$$

die allgemeine Lösung

$$\boldsymbol{k}_{\underline{i}} = \partial_{\underline{i}}\vec{\Omega}\,, \qquad \boldsymbol{m}_{\underline{i}} = \partial_{i}\vec{\Psi} + \boldsymbol{a}_{\underline{i}} \times \vec{\Omega}\,; \tag{21}$$

$\vec{\Omega}(q^{(1)}, q^{(2)})$ und $\vec{\Psi}(q^{(1)}, q^{(2)})$ sind die vektoriellen Spannungsfunktionen der randbelasteten Schale. Die Nullspannungsfunktionen

$$\vec{\mathring{\Omega}} = \vec{\Omega}_0\,, \qquad \vec{\mathring{\Psi}} = \vec{\Psi}_0 + \vec{\Omega}_0 \times (\boldsymbol{r} - \boldsymbol{r}_0) \tag{22}$$

sind starren Bewegungen eines endlichen Schalenbereichs äquivalent. Aus (20) folgt nach dem STOKESschen Satz für den orientierten Schalenrand R (Abb. 2), dessen Ortsvektor $\boldsymbol{s} = \boldsymbol{s}(R)$ ist,

$$\oint_R \boldsymbol{k}_{\underline{\alpha}}\, \delta q^{\underline{\alpha}} = 0\,, \qquad \oint_R [\boldsymbol{m}_{\underline{\alpha}} + \boldsymbol{s} \times \boldsymbol{k}_{\underline{\alpha}}]\, \delta q^{\underline{\alpha}} = 0; \tag{23}$$

darin ist $\delta q^{\underline{i}} = \delta \boldsymbol{s} \cdot \boldsymbol{a}^i$. Die Randbelastungen

$$\delta \boldsymbol{k} = \boldsymbol{k}_{\underline{\alpha}}\, \delta q^{\underline{\alpha}}\,, \qquad \delta \boldsymbol{m} = \boldsymbol{m}_{\underline{\alpha}}\, \delta q^{\underline{\alpha}} \tag{24}$$

halten sich also insgesamt an der Schale das Gleichgewicht, wie es sein soll: Gl. (23) beschreibt ja das Verschwinden ihrer Dyname im Anfangspunkte A der Vektoren $\boldsymbol{s}$. Die Randwerte der Spannungsfunktionen $\vec{\Omega}$ und $\vec{\Psi}$ können durch Integration von (21) längs des Schalenrandes berechnet werden.

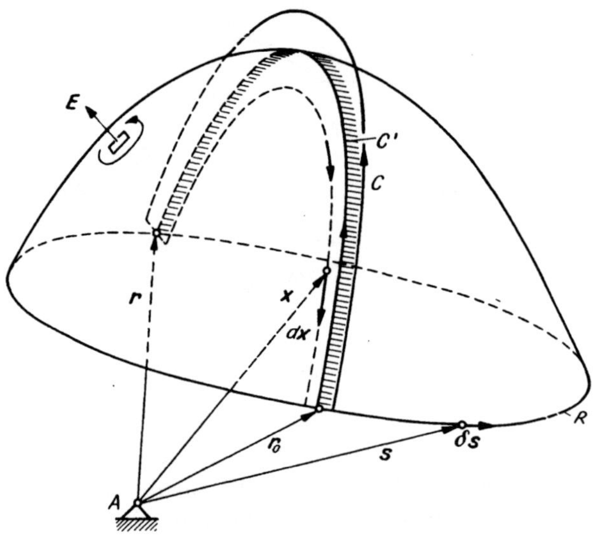

Abb. 2

Es ergibt sich

$$\left.\begin{aligned} \vec{\Omega}(\boldsymbol{r}) &= \underline{\vec{\Omega}_0} + \int_{r_0}^{r} \delta \boldsymbol{k}\,, \\ \vec{\Psi}(\boldsymbol{r}) &= \underline{\vec{\Psi}_0 + \vec{\Omega}_0 \times (\boldsymbol{r} - \boldsymbol{r}_0)} + \int_{r_0}^{r} [\delta \boldsymbol{m} - (\boldsymbol{r} - \boldsymbol{s}) \times \delta \boldsymbol{k}] \end{aligned}\right\} \tag{25}$$

oder

$$\vec{\Omega}(\boldsymbol{r}) = \underline{\vec{\Omega}_0} + \boldsymbol{K}(\delta \boldsymbol{k})\,, \qquad \vec{\Psi}(\boldsymbol{r}) = \underline{\vec{\Psi}_0 + \vec{\Omega}_0 \times (\boldsymbol{r} - \boldsymbol{r}_0)} + \boldsymbol{M}_{(\boldsymbol{r})}(\delta \boldsymbol{m}, \delta \boldsymbol{k})\,, \tag{26}$$

wobei $\boldsymbol{k}$ die Kräftesumme, $\boldsymbol{M}_{(\boldsymbol{r})}$ die auf den Endpunkt $\boldsymbol{r}$ des Integrationsweges bezogene Momentensumme der Randbelastungen ist. Sieht man von den unterstrichenen Gliedern in (25) bzw. (26) ab, die ja als Nullspannungsfunktionen (22) keinen Einfluß auf die Schalenspannungen haben, so bilden also $\vec{\Omega}$ und $\vec{\Psi}$ zusammen die für den Aufpunkt $\boldsymbol{r}$ berechnete Dyname der Randlasten. Für eine spätere Anwendung rechnen wir diese Dyname noch auf den Anfangspunkt A der Ortsvektoren $\boldsymbol{r}$ um; aus (26) ergibt sich mit $\boldsymbol{M}_{(A)} = \boldsymbol{M}_{(\boldsymbol{r})} + \boldsymbol{r} \times \boldsymbol{K}$:

$$\boldsymbol{K} = \vec{\Omega} - \vec{\Omega}_0 , \qquad \boldsymbol{M}_{(A)} = [\vec{\Psi} + \boldsymbol{r} \times \vec{\Omega}] - [\vec{\Psi} + \boldsymbol{r}_0 \times \vec{\Omega}_0] . \tag{27}$$

4. Herleitung der Gleichungen der Schalenstatik aus den Feldgleichungen des räumlichen COSSERATschen Kontinuums

Im ersten Teile dieses Abschnittes befassen wir uns mit der Aufgabe, die statischen Größen der randbelasteten Schale durch Integration räumlicher statischer Funktionen über die Schalendicke t zu gewinnen, eine Aufgabe, die für die Schalenbeanspruchungen selbst natürlich schon des öfteren behandelt worden ist, allerdings ohne Berücksichtigung räumlicher Momentenspannungen, so z. B. in [15]. Dazu wählen wir räumliche Koordinaten $q^{(1)}$, $q^{(2)}$, $q^{(3)} = z$ so, daß die Schalenmittelfläche mit der Fläche $z = 0$ zusammenfällt und von den z-Linien senkrecht durchsetzt wird; für $z = 0$ sei $q^{(1)} = q^{(\underline{1})}$, $q^{(2)} = q^{(\underline{2})}$. Dann wird $\boldsymbol{g}_3 = \boldsymbol{E}$ und

$$\left.\begin{aligned} \boldsymbol{g}_1(q^{(1)}, q^{(2)}, z) &= \boldsymbol{a}_{\underline{1}}(q^{(\underline{1})}, q^{(\underline{2})}) + z\, \partial_{\underline{1}} \boldsymbol{E}(q^{(\underline{1})}, q^{(\underline{2})}) , \\ \boldsymbol{g}_2(q^{(1)}, q^{(2)}, z) &= \boldsymbol{a}_{\underline{2}}(q^{(\underline{1})}, q^{(\underline{2})}) + z\, \partial_{\underline{2}} \boldsymbol{E}(q^{(\underline{1})}, q^{(\underline{2})}) . \end{aligned}\right\} \tag{28}$$

Für die Schalenschnittflächen $q^{(2)} = \text{const}$, $q^{(1)} = \text{const}$ gilt nun die Reduktion

$$\boldsymbol{k}_{\underline{1}}\, dq^{\underline{1}} = -\int_{(z)} d\overset{2}{\boldsymbol{K}} , \qquad \boldsymbol{k}_{\underline{2}}\, dq^{\underline{2}} = +\int_{(z)} d\overset{1}{\boldsymbol{K}} . \tag{29}$$

Wir beziehen uns auf (9) und finden

$$\boldsymbol{k}_{\underline{1}} = -\int_{(z)} \sqrt{g}\, \boldsymbol{S}^2\, dz = e_{\underline{2}\underline{1}} \int_{(z)} h\, \boldsymbol{S}^2\, dz , \qquad \boldsymbol{k}_{\underline{2}} = +\int_{(z)} \sqrt{g}\, \boldsymbol{S}^1\, dz = e_{\underline{1}\underline{2}} \int_{(z)} h\, \boldsymbol{S}^1\, dz \tag{30}$$

mit

$$h = \sqrt{\frac{g}{a}} = 1 - 2\, H\, z + K\, z^2 + \cdots \tag{31}$$

(H die mittlere, K die GAUSSsche Krümmung der Schalenmittelfläche). Die Ausdrücke (30) können wir zu

$$\boldsymbol{k}_{\underline{i}} = e_{\underline{\alpha}\underline{i}} \int_{(z)} h\, \boldsymbol{S}^\alpha\, dz \tag{32}$$

zusammenfassen. Ferner ergibt die Momentenreduktion

$$\boldsymbol{m}_{\underline{1}}\, dq^{\underline{1}} = -\int_{(z)} [d\overset{2}{\boldsymbol{M}} + z\, \boldsymbol{E} \times d\overset{2}{\boldsymbol{K}}] , \qquad \boldsymbol{m}_{\underline{2}}\, dq^{\underline{2}} = +\int_{(z)} [d\overset{1}{\boldsymbol{M}} + z\, \boldsymbol{E} \times d\overset{1}{\boldsymbol{K}}] . \tag{33}$$

Wieder benutzen wir (9), mit dem Ergebnis, daß

$$\boldsymbol{m}_{\underline{i}} = e_{\underline{\alpha}\underline{i}} \int_{(z)} [h\, \boldsymbol{T}^\alpha + z\, \boldsymbol{E} \times h\, \boldsymbol{S}^\alpha] \tag{34}$$

wird. Wir nehmen nun an, daß im ganzen Schalenraum die Spannungen $\boldsymbol{S}^3$ und $\boldsymbol{T}^3$ verschwinden. Diese Annahme ist nur für dünne Schalen sinnvoll, für sie aber charakteristisch. Aus $\boldsymbol{S}^3 = 0$ folgt nach (13) und (14), daß die räumlichen Spannungsfunktionen $\boldsymbol{F}_1$ und $\boldsymbol{F}_2$ zu Nullspannungsfunktionen werden

$$\boldsymbol{F}_1 = \partial_1 \vec{\boldsymbol{\Phi}}\,, \qquad \boldsymbol{F}_2 = \partial_2 \vec{\boldsymbol{\Phi}}\,; \tag{35}$$

dementsprechend fügen wir zu $\boldsymbol{F}_3$ noch eine Nullspannungsfunktion hinzu

$$\boldsymbol{F}_3 \to \boldsymbol{F}_3 + \frac{\partial \vec{\boldsymbol{\Phi}}}{\partial z}\,. \tag{36}$$

Für $\boldsymbol{S}^1$ und $\boldsymbol{S}^2$ liefert dann (13)

$$\sqrt{g}\; \boldsymbol{S}^1 = \partial_2 \boldsymbol{F}_3\,, \qquad \sqrt{g}\; \boldsymbol{S}^2 = -\,\partial_1 \boldsymbol{F}_3\,, \tag{37}$$

was, mit (30) zusammengefaßt, für die Schalenkräfte

$$\underline{\boldsymbol{k}_1} = \int_{(z)} \partial_1 \boldsymbol{F}_3\, dz\,, \qquad \underline{\boldsymbol{k}_2} = \int_{(z)} \partial_2 \boldsymbol{F}_3\, dz \tag{38}$$

und daher

$$\underline{\boldsymbol{k}_1} = \partial_1 \underline{\vec{\boldsymbol{\Omega}}}\,, \qquad \underline{\boldsymbol{k}_2} = \partial_2 \underline{\vec{\boldsymbol{\Omega}}} \tag{39}$$

ergibt, wenn wir

$$\int_{(z)} \boldsymbol{F}_3\, dz = \vec{\boldsymbol{\Omega}}(q^{(1)}, q^{(2)}) \tag{40}$$

setzen. Die Darstellung (39) der Schalenkräfte stimmt mit (21) überein. Etwas umständlicher wird die Rechnung für die Schalenmomente: Aus $\boldsymbol{T}^3 = 0$ folgt zunächst, mit Beachtung von (35)

$$\partial_1 \boldsymbol{G}_2 - \partial_2 \boldsymbol{G}_1 + \boldsymbol{g}_1 \times \partial_2 \vec{\boldsymbol{\Phi}} - \boldsymbol{g}_2 \times \partial_1 \vec{\boldsymbol{\Phi}} = 0\,. \tag{41}$$

Wegen $\partial_1 \boldsymbol{g}_2 = \partial_2 \boldsymbol{g}_1$ können wir statt dessen auch

$$\partial_1 [\boldsymbol{G}_2 - \boldsymbol{g}_2 \times \vec{\boldsymbol{\Phi}}] - \partial_2 [\boldsymbol{G}_1 - \boldsymbol{g}_1 \times \vec{\boldsymbol{\Phi}}] = 0 \tag{42}$$

schreiben, und daraus folgt, daß $\boldsymbol{G}_1$ und $\boldsymbol{G}_2$ räumliche Nullspannungsfunktionen sind

$$\boldsymbol{G}_1 = \partial_1 \boldsymbol{W} + \boldsymbol{g}_1 \times \vec{\boldsymbol{\Phi}}\,, \qquad \boldsymbol{G}_2 = \partial_2 \boldsymbol{W} + \boldsymbol{g}_2 \times \vec{\boldsymbol{\Phi}}\,. \tag{43}$$

Sinngemäß ergänzen wir daher $\boldsymbol{G}_3$ zu

$$\boldsymbol{G}_3 \to \boldsymbol{G}_3 + \frac{\partial \boldsymbol{W}}{\partial z} + \boldsymbol{E} \times \vec{\boldsymbol{\Phi}}\,. \tag{44}$$

Mit diesen Spannungsfunktionen ergibt (13)

$$\sqrt{g}\; \boldsymbol{T}^1 = \partial_2 \boldsymbol{G}_3 + \boldsymbol{g}_2 \times \boldsymbol{F}_3\,, \qquad \sqrt{g}\; \boldsymbol{T}^2 = -\,\partial_1 \boldsymbol{G}_3 - \boldsymbol{g}_1 \times \boldsymbol{F}_3\,. \tag{45}$$

Ferner ist nach (37)

$$\left.\begin{aligned} \boldsymbol{E} \times z \sqrt{g}\; \boldsymbol{S}^1 &= \partial_2 [z\, \boldsymbol{E} \times \boldsymbol{F}_3] - z\, \partial_2 \boldsymbol{E} \times \boldsymbol{F}_3\,, \\ \boldsymbol{E} \times z \sqrt{g}\; \boldsymbol{S}^2 &= -\,\partial_1 [z\, \boldsymbol{E} \times \boldsymbol{F}_3] + z\, \partial_1 \boldsymbol{E} \times \boldsymbol{F}_3\,. \end{aligned}\right\} \tag{46}$$

Faßt man, mit Berücksichtigung von (28), zusammen, so erhält man

$$\left.\begin{aligned} \boldsymbol{m}_{\underline{1}} &= \int_{(z)} \partial_1 [\boldsymbol{G}_3 + z\,\boldsymbol{E}\times\boldsymbol{F}_3]\,dz + \boldsymbol{a}_{\underline{1}}\times\int_{(z)} \boldsymbol{F}_3\,dz\,, \\ \boldsymbol{m}_{\underline{2}} &= \int_{(z)} \partial_2 [\boldsymbol{G}_3 + z\,\boldsymbol{E}\times\boldsymbol{F}_3]\,dz + \boldsymbol{a}_{\underline{2}}\times\int_{(z)} \boldsymbol{F}_3\,dz\,. \end{aligned}\right\} \tag{47}$$

Setzen wir

$$\int_{(z)} [\boldsymbol{G}_3 + z\,\boldsymbol{E}\times\boldsymbol{F}_3]\,dz = \vec{\Psi}(q^{(1)}, q^{(2)})\,, \tag{48}$$

und beachten die Definition (40) der Schalenspannungsfunktion $\vec{\Omega}$, so kommt schließlich

$$\boldsymbol{m}_{\underline{1}} = \partial_{\underline{1}}\vec{\Psi} + \boldsymbol{a}_{\underline{1}}\times\vec{\Omega}\,, \qquad \boldsymbol{m}_{\underline{2}} = \partial_{\underline{2}}\vec{\Psi} + \boldsymbol{a}_{\underline{2}}\times\vec{\Omega}\,, \tag{49}$$

wieder übereinstimmend mit (21).

Erinnert man sich, daß $\vec{\Omega}$ und $\vec{\Psi}$ die Kräfte- bzw. Momentensumme der Randbelastungen waren, bezogen auf den positiven Endpunkt eines Randstückes der Schalenmittelfläche, so kann man aus (40) bzw. (48) auch die, für $\boldsymbol{S}^3 = 0$ und $\boldsymbol{T}^3 = 0$ gültige, Deutung der hier allein noch auftretenden räumlichen Spannungsfunktionen $\boldsymbol{F}_3$ und $\boldsymbol{G}_3$ ablesen: Längs einer Kurve $z = \text{const}$ in der Randquerschnittsfläche greifen Kraft- und Momentenspannungen an, die wir in den positiven Endpunkt dieser Kurve hineinreduzieren; $\boldsymbol{F}_3\,dz$ ist dann die resultierende Kraft, $\boldsymbol{G}_3\,dz$ das resultierende Moment dieser Spannungen.

Sehr einfach gestaltet sich im COSSERATschen Kontinuum die zweite Methode, mit der wir jetzt den Anschluß der Schalenstatik an die des Umgebungsraumes gewinnen wollen: Die Schalenmittelfläche möge zwei spannungsfreie Bereiche voneinander trennen, in denen also die räumlichen Spannungsfunktionen zu Nullspannungsfunktionen (14) entarten. Aus der Dyname (16) wird dann

$$\boldsymbol{K} = \oint_C d\vec{\Phi}\,, \qquad \boldsymbol{M}_{(A)} = \oint_C d\,[\boldsymbol{W} + \boldsymbol{x}\times\vec{\Phi}]\,. \tag{50}$$

Den Erzeugenden $\vec{\Phi}$ und $\boldsymbol{W}$ der Nullspannungsfunktionen, die im übrigen möglichen Lageänderungen $\vec{\varphi}$ und $\boldsymbol{w}$ des COSSERATschen Kontinuums entsprechen, legen wir nun folgende Sprungbedingungen auf

$$\left.\begin{aligned} \lim_{\varepsilon\to 0}\,[\vec{\Phi}(q^{(1)}, q^{(2)}, z = +\,\varepsilon) - \vec{\Phi}(q^{(1)}, q^{(2)}, z = -\,\varepsilon)] &= \vec{\Omega}(q^{(1)}, q^{(2)})\,, \\ \lim_{\varepsilon\to 0}\,[\boldsymbol{W}(q^{(1)}, q^{(2)}, z = +\,\varepsilon) - \boldsymbol{W}(q^{(1)}, q^{(2)}, z = -\,\varepsilon)] &= \vec{\Psi}(q^{(1)}, q^{(2)})\,, \end{aligned}\right\} \tag{51}$$

und $\vec{\Omega}$ und $\vec{\Psi}$ seien im betrachteten Mittelflächenbereich stetige und differenzierbare Funktionen von $q^{(1)}, q^{(2)}$. Den Integrationsweg in (50) wählen wir (Abb. 2) so, daß er die Schalenmittelfläche in den Randpunkten $\boldsymbol{r}_0$ und $\boldsymbol{r}$ senkrecht durchsetzt. Dann wird aus (50)

$$\boldsymbol{K} = \vec{\Omega}(\boldsymbol{r}) - \vec{\Omega}(\boldsymbol{r}_0)\,,\ \boldsymbol{M}_{(A)} = [\vec{\Psi}(\boldsymbol{r}) + \boldsymbol{r}\times\vec{\Omega}(\boldsymbol{r})] - [\vec{\Psi}(\boldsymbol{r}_0) + \boldsymbol{r}_0\times\vec{\Omega}(\boldsymbol{r}_0)\,]\,, \tag{52}$$

und dies muß, weil der Raum außerhalb der Mittelfläche spannungsfrei ist, die Dyname derjenigen (singulären) Spannungen sein, welche am (in Abb. 2 schraffierten) Rande eines die Punkte $\boldsymbol{r}_0$ und $\boldsymbol{r}$ verbindenden Flächenschnittes C' angreifen; C' ist der Schnitt der Mittelfläche mit einer in die Kurve C eingespannten Fläche. Der Vergleich mit (27) zeigt, daß die in (51) definierten Sprungfunktionen $\vec{\Omega}$ und $\vec{\Psi}$ die Spannungsfunktionen der Schale sind. Das wird durch folgende Überlegung noch deutlicher: Wir legen zwei Umlaufschleifen mit verschiedenem Umlaufsinn durch die Randpunkte $(\boldsymbol{r}_0, \boldsymbol{s})$ bzw. $(\boldsymbol{r}_0, \boldsymbol{s} + \delta\boldsymbol{s})$, vgl. Abb. 3, wo die zugehörigen Flächenschnitte C' und $\tilde{C}'$ eingezeichnet sind. Am

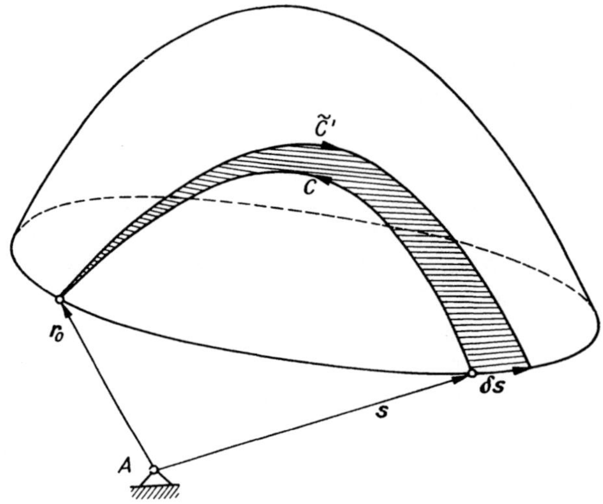

Abb. 3

Randelement $\delta\boldsymbol{s}$ greifen die Randlsten $\delta\boldsymbol{k}$ und $\delta\boldsymbol{m}$ an. Weil das von C', δs und $\tilde{C}'$ berandete Flächenstück der Schale im Gleichgewicht sein muß, gilt

$$\frac{\partial \boldsymbol{K}}{\partial s}\delta\boldsymbol{s} = \delta\boldsymbol{k}\,, \qquad \frac{\partial \boldsymbol{M}_{(A)}}{\partial s}\,\delta s = \delta\boldsymbol{m} + \boldsymbol{s}\times\delta\boldsymbol{k}\,, \tag{53}$$

also

$$\frac{\partial\vec{\Omega}}{\partial s}\,\delta s = \delta\boldsymbol{k}\,, \qquad \frac{\partial\vec{\Psi}}{\partial s}\,\delta s + \delta\boldsymbol{s}\times\vec{\Omega} = \delta\boldsymbol{m}\,, \tag{54}$$

oder

$$\delta_{\underline{\alpha}}\vec{\Omega}\,\delta q^{\underline{\alpha}} = \boldsymbol{k}_{\underline{\alpha}}\,\delta q^{\underline{\alpha}}\,, \qquad \delta_{\underline{\alpha}}\vec{\Psi}\,\delta q^{\underline{\alpha}} + \boldsymbol{a}_{\underline{\alpha}}\,\delta q^{\underline{\alpha}}\times\vec{\Omega} = \boldsymbol{m}_{\underline{\alpha}}\,\delta q^{\underline{\alpha}}\,. \tag{55}$$

Spezialisiert man dies Ergebnis auf Randkurven, die aus Parameterlinien bestehen, so folgt

$$\boldsymbol{k}_{\underline{i}} = \delta_{\underline{i}}\vec{\Omega}\,, \qquad \boldsymbol{m}_{\underline{i}} = \delta_{\underline{i}}\vec{\Psi} + \boldsymbol{a}_{\underline{i}}\times\vec{\Omega}\,, \tag{56}$$

womit (21) wieder zurückgewonnen ist.

Abschließend mag noch gezeigt werden, wie es sich auf die Spannungsfunktionen der Schale auswirkt, wenn man Momente um die Schalennormale ausschließt. Aus $\boldsymbol{m}_{\underline{i}} \cdot \boldsymbol{E} = 0$ folgt nach (56)

$$\partial_{\underline{i}} \vec{\Psi} \cdot \boldsymbol{E} + (\boldsymbol{E} \times \boldsymbol{a}_{\underline{i}}) \cdot \vec{\Omega} = 0 \,. \tag{57}$$

Daß dies zu

$$\Omega^{\underline{i}} = \vec{\Omega} \cdot \boldsymbol{a}^{\underline{i}} = e^{\underline{i}\underline{\alpha}}\, \partial_{\underline{\alpha}} \vec{\Psi} \cdot \boldsymbol{E} \tag{58}$$

führt, bestätigt man leicht mit Hilfe von (18). Mit $\Omega^{\underline{i}}$ sind daher in diesem Fall auch die in der Tangentialebene gelegenen Komponenten von $\vec{\Omega}$ gegeben, so daß nur noch vier voneinander unabhängige Spannungsfunktionen verbleiben.

LITERATUR

[1] A. L. GOLDENWEIZER: Die Gleichungen der Schalentheorie. Prikl. Mat. Mekh. Akad. Nauk. SSSR **4**, 2 (1940).

[2] A. I. LURE: Die allgemeine Theorie dünner Schalen. Prikl. Mat. Mekh. Akad. Nauk. SSSR **4**, 2 (1940).

[3] W. S. WLASSOW: Allgemeine Schalentheorie und ihre Anwendungen in der Technik. Berlin **1958**.

[4] H. SCHAEFER: Die Analogie zwischen den Verschiebungen und den Spannungsfunktionen in der Biegetheorie der Kreiszylinderschale. Ing.-Arch. **29**, 2 (1960).

[5] H. DUDDECK: Das Randstörungsproblem der technischen Biegetheorie dünner Schalen in drei korrespondierenden Darstellungen. Diss. TH Hannover 1959.

[6] W. GÜNTHER: Über das Gleichgewicht an einer randbelasteten Schale. Abh. Braunschw. Wiss. Ges. **8** (1956).

[7] W. GÜNTHER: Analoge Systeme von Schalengleichungen. Ing.-Arch. **30, 3** (1961).

[8] E. COSSERAT und F. COSSERAT: Théorie des corps déformables. Paris 1909.

[9] K. HEUN: Ansätze und allgemeine Methoden der Systemmechanik. Enz. d. Math. Wiss. IV, **2** (1914) 11.

[10] J. L. ERICKSEN and C. TRUESDELL: Exact Theory of Stress and Strain in Rods and Shells. Arch. Rat. Mechanics and Analysis **1** (1958) 4.

[11] H. SCHAEFER: Die drei Spannungsfunktionen des zweidimensionalen ebenen Kontinuums. Österr. Ing.-Arch. **10** (1956) 2—3.

[12] E. KRÖNER: Allgemeine Kontinuumstheorie der Versetzungen und Eigenspannungen. Arch. Rat. Mechanics and Analysis **4** (1960) 4.

[13] É. CARTAN: Sur les variétés à connexion affine et la théorie de la rélativité généralisée. Ann. Sci. de l'Éc. Norm. Sup., III. Sér., **40** (1924).

[14] W. GÜNTHER: Zur Statik und Kinematik des Cosseratschen Kontinuums. Abh. Braunschw. Wiss. Ges. **10** (1958).

[15] A. E. GREEN and W. ZERNA: Theoretical Elasticity. Oxford 1954.

Möglichkeiten und Grenzen für die Verwendung von Kondensatormikrophonen bei der Messung longitudinaler turbulenter Schwankungen

Von Margot Herbeck

(Max-Planck-Institut für Strömungsforschung, Göttingen)

Bezeichnungen (soweit nicht im Text erklärt)

x	Koordinate in Strömungsrichtung
y	Koordinate in horizontaler Richtung (Kanalbreite)
z	Koordinate in vertikaler Richtung (Kanalhöhe)
t	Zeitkoordinate
U	Momentanwert der Windgeschwindigkeit
u, v, w	Momentanwert der Windgeschwindigkeitsschwankung in x-, y- und z-Richtung
U_m	mittlere Geschwindigkeit im Punkte x, y, z
U_∞	Maximalwert von U_m im Austrittsquerschnitt
u'	Wurzel aus dem quadratischen Mittelwert von u (entsprechend andere mit $'$ bezeichnete Größen)
α	$= u'/U_m$ Turbulenzgrad
R_x	Korrelation von u in x-Richtung (entsprechend R_y und R_z)
L_x	$= \int_0^\infty R_x \, dx$ (macroscale) (entsprechend L_y und L_z)
J	Strom durch den Hitzdraht
R_0	Hitzdrahtwiderstand bei Raumtemperatur T_0
R	Hitzdrahtwiderstand bei Arbeitstemperatur T
ΔT	$= T - T_0$
β	Temperaturkoeffizient des Hitzdrahtwiderstandes
m	Zahlenfaktor
e'	Spannungsschwankungen über dem Hitzdraht
M	Zeitkonstante des Hitzdrahtes oder des Mikrophons

1. Einleitung

Bei der Untersuchung von periodischen und turbulenten Windgeschwindigkeitsschwankungen, gleichgültig, ob es sich dabei um die Bestimmung von Mittelwerten, um eine Analyse der Schwankungen nach Amplitude und Frequenz oder auch um Messung anderer charakteristischer Größen (Korrelation usw.) handelt, stellt der sogenannte Hitzdraht das gebräuchlichste und am vielseitigsten anwendbare Meßelement dar, siehe [1] bis [6]. Der aus Platin, Platinlegierungen oder Wolfram bestehende Hitzdraht mit einem Durchmesser von wenigen μ ist jedoch ein diffiziles Meßgerät und hat den Nachteil, daß seine Lebensdauer auf Grund seiner geringen mechanischen Stabilität sehr begrenzt ist. Da Drahtdurchmesser und -länge auch bei sorgfältigster Herstellung und Montage selten mit der wünschenswerten Genauigkeit von wenigen Prozent reproduziert werden können, ist für jeden Hitzdraht eine spezielle Eichung notwendig, die im Hinblick auf die kurze Lebensdauer das Arbeiten umständlich und zeitraubend macht, dies um so mehr, da auch mit einer zeitlichen Konstanz der Eichwerte aus verschiedenen Gründen nicht gerechnet werden kann. Deshalb sind auch während des Betriebs zeitraubende Eichkontrollen ständig erforderlich.

Diese Nachteile waren der Anlaß, an Stelle des Hitzdrahtes versuchsweise ein Kondensatormikrophon für die Untersuchung von Windschwankungen einzusetzen, da ein Kondensatormikrophon bei praktisch unbegrenzter Lebensdauer mechanisch robust ist und seine Eichwerte mit ausreichender Genauigkeit auf lange Zeit konstant bleiben.

Während jedoch der Hitzdraht ein Geschwindigkeitsempfänger ist, stellt ein Kondensatormikrophon weitgehend einen Druckempfänger dar. Es muß deshalb erstens untersucht werden, wie weit ein solcher „Druckempfänger" einen Geschwindigkeitsempfänger bei Messungen turbulenter Geschwindigkeitsschwankungen ersetzen kann, und zweitens, wo die speziellen Meßgrenzen des Druckempfängers in Hinblick auf Dynamik, Frequenzbereich und geometrische Grenzen liegen. Jedoch sollen bei der Diskussion der Meßgrenzen nicht nur die speziellen Eigenschaften der hier benutzten Mikrophone berücksichtigt werden, sondern auch, da die für Schall im Hörbereich bestimmten Mikrophone naturgemäß nicht optimal zur Messung turbulenter Schwankungen ausgelegt sind, soweit wie möglich, die grundsätzlichen Schranken für die Anwendungsmöglichkeiten eines Kondensatormikrophons als Turbulenzmeßgerät festgelegt werden. Da eine strenge theoretische Behandlung konsequent bisher nicht möglich war, werden neben Näherungsansätzen vergleichende Messungen mittels Hitzdraht und Kondensatormikrophon zur Aussage herangezogen.

Für den größten Teil der hier vorliegenden Untersuchungen wurde das Meßmikrophon MM3 der Firma Georg Neumann, Berlin SW 68, Segitzdamm 2, eingesetzt, einige abschließende Messungen wurden mit dem erst später von der gleichen Firma entwickelten Meßmikrophon MM5 durchgeführt. Diese beiden Mikrophone wurden deshalb gewählt, weil sie die kleinsten zur Zeit im Handel befindlichen Mikrophone hoher Meßgenauigkeit darstellen und geringe Abmessungen eine erste Forderung an Turbulenzmeßgeräte bedeuten. Der äußere Durchmesser des MM3 beträgt 1,5 cm, der des MM5 1 cm, der Membrandurchmesser des MM3 mißt 1 cm, der des MM5 0,7 cm. Vor den Membranen sind durchlöcherte Siebplatten angebracht, um die nur ca. $^1/_{100}$ mm starken Membranfolien vor Beschädigung zu schützen. Die Mikrophone werden in der bekannten von E. C. Wente [7] eingeführten Niederfrequenzschaltung verwendet. Das MM3 nebst zugehörigem Verstärker hat für Schall im Hörbereich eine mittlere Empfindlichkeit von 1,3 mV/μb, das MM5 eine von 0,52 mV/μb.

2. Die Meßeigenschaften eines Kondensatormikrophons bei Anwendung als Turbulenzsonde

2.0. Meßprinzip

Bis auf eine Arbeit [8], in der kurz darauf hingewiesen wird, daß bei mit Hilfe eines Kondensatormikrophons durchgeführten Druckmessungen in Wirbeln die Längsschwankungen der Geschwindigkeit stören, ist u. W. in der Literatur die Eignung eines Kondensatormikrophons für Windschwankungsmessungen nicht erwähnt worden, so daß die Diskussion der grundsätzlichen Meßmöglichkeiten angebracht sein dürfte.

Bei den folgenden Betrachtungen ist immer vorausgesetzt, daß es sich um inkompressible Strömungen handelt (bei den in 3. beschriebenen Versuchen lag die maximale Strömungsgeschwindigkeit unter 20 m/s) und ferner, daß die Geschwindigkeitsschwankungen u, v, w klein gegen die mittlere Strömungsgeschwindigkeit U_m sind. Ferner werden Temperatur- und Druckabhängigkeit von Stoffgrößen, sofern sie nur als Korrektionsfaktor wirksam sind, vernachlässigt, da dies der Genauigkeit der vorliegenden Messungen und Rechnungen entspricht.

Abgesehen von hohen Frequenzen (siehe 2.2) ist die Druckanzeige der benutzten Kondensatormikrophone richtungsunabhängig. Infolge der schon erwähnten Mikrophonschaltung nach WENTE und des zum Mikrophon gehörenden Wechselspannungsverstärkers werden die Gleichdruckkomponenten unterdrückt, es wird also nur der Wechseldruck angezeigt. Da eine strenge Berechnung des Wechseldruckes in einem Turbulenzfeld auf Grund des statistischen Charakters der Geschwindigkeitsschwankungen schwierig ist, sei deshalb hier nur ein anschaulicher Näherungsansatz erlaubt. Die einfachste Vorstellung ist die, daß der auf die Membran wirkende Druck gleich dem Staudruck

$$p_{st} = \frac{\varrho}{2} U^2 = \frac{\varrho}{2} \left((U_m + u)^2 + v^2 + w^2 \right) \tag{1}$$

ist. Am Ausgang des Mikrophonverstärkers würde dann (s. o.) der Wechseldruck

$$\tilde{p}_{st} = \varrho \cdot U_m \cdot u \tag{2}$$

angezeigt, da $u^2 + v^2 + w^2 \ll 4\, u\, U$ nach obigen Voraussetzungen angenommen werden darf, d. h., das Störglied $u^2 + v^2 + w^2$ liegt innerhalb der Meßfehler. Damit wird also bei einem Kondensatormikrophon trotz der in weiten Grenzen vorhandenen Richtungsunabhängigkeit praktisch nur die u-Komponente angezeigt ähnlich dem Verhalten des Hitzdrahtes.

Mit $\tilde{p}_{st} = \varrho \cdot U_m \cdot u$ wächst also der angezeigte Wechseldruck proportional mit U_m, der mittleren Windgeschwindigkeit, und u, der Windschwankung, an. Bezeichnet man mit p'_{st} den Effektivwert von $\tilde{p}_{st}$ und mit $\bar{p}_{st}$ den mittleren Staudruck $0{,}5 \cdot \varrho \cdot U_m^2$, so erhält man für den Turbulenzgrad

$$\alpha = u'/U_m = p'_{st}/2\, \bar{p}_{st}\,. \tag{3}$$

Bei konstantem α verläuft also der gemessene Wechseldruck p'_{st} proportional dem Staudruck, d. h. proportional dem Quadrat der Windgeschwindigkeit U_m. Die Empfindlichkeit für die Messung von α hängt demnach stark von U_m ab und ist so bei kleinen Windgeschwindigkeiten sehr gering.

Beim Vergleichen der Aussagen von (2) und (3) mit Hitzdrahtmessungen, die in der Mitte eines rechteckigen Kanals (siehe 3.0) durchgeführt wurden, wurde festgestellt, daß die Formeln bis auf einen konstanten Faktor die Beobachtungen richtig wiedergeben. Berechnet man einmal α aus mittels Hitzdrahtmessungen gewonnenen Werten von u' und zum anderen aus dem Wechseldruck p'_{st}, so liegt der mit dem Kondensatormikrophon gemessene Wert immer um rund 30% höher. Da dieser Korrektionsfaktor, der stets ohne besondere Erwähnung bei Vergleich der in 3. beschriebenen Hitzdraht- und Mikrophonmessungen berücksichtigt worden ist, bei den hier vorliegenden Versuchsbedingungen inneralb der Meßgenauigkeit praktisch konstant blieb und auch, abgesehen von hohen Frequenzen (siehe 2.2 und 3.2) frequenzunabhängig ist, stört er bei der Auswertung der Druckmessungen primär nicht.

Trotzdem wäre eine Deutung erwünscht. Die Untersuchungen zur Bestimmung des Faktors sind jedoch noch nicht so weit fortgeschritten, um aussagen zu können, ob entweder experimentelle Ungenauigkeiten oder eine zu grobe Näherung in der Wechseldruckberechnung die Einführung eines Faktors in (2) erforderlich machten.

Bei Messung von Schall unter Annahme ebener Wellen beträgt der angezeigte Wechseldruck

$$p_{ak} = \varrho \cdot u\,(c \pm U_m)\,, \tag{4}$$

wobei hier u die Schallschnelle und c die Schallgeschwindigkeit bedeuten. Formeln (2) und (4) haben einen analogen Aufbau!

Bei einem Hitzdraht läßt sich die Größe $\alpha = u'/U_m$ für die hier vorausgesetzten kleinen α-Werte mit ausreichender Genauigkeit an Hand von

$$\alpha = u'/U_m = \frac{-e'}{m \cdot J \cdot R} \cdot \frac{1}{R/R_0 - 1} \tag{5}$$

gewinnen [1] bis [6]. Da bei einem gegebenen Hitzdraht der Widerstand R üblicherweise für jede Windgeschwindigkeit auf den gleichen Wert eingestellt wird, ist damit in (5) für $\alpha = \text{const}$ die Anzeige e' dem Stromwert J, d. h. $U^{m/2}$ proportional. Im Gegensatz zur Messung mittels Mikrophon steigt also hier die Meßempfindlichkeit für α nur sehr langsam mit U an, da $0{,}2 \leqq m \leqq 0{,}5$ ist [2, 4]. Dies ist selbstverständlich als Vorzug der Hitzdrahtmethode gegenüber der Messung mittels Kondensatormikrophon anzusehen. Formel (5) gilt sowohl, wenn u' eine Windschwankung ist, als auch, wenn u' die Schallschnelle bedeutet. Es muß allerdings bei der Messung der Schallschnelle in strömenden Medien nach Formel (4) vorausgesetzt werden, daß es sich um fortschreitende Wellen handelt, also keine den Meßvorgang komplizierende Knoten- und Schwingungsbaucheffekte auftreten [9].

Die unterschiedliche Anzeige von Windschwankungen u_1 und Schallschnelleamplituden u_2 bei einem Kondensatormikrophon, für das der angezeigte Wert proportional $U_m \cdot u_1 + (c \pm U_m) \cdot u_2$ angenommen wird, und bei einem Hitzdraht, für den dieser Wert proportional $u_1 + u_2$ ist, bringt die Möglichkeit mit sich, daß durch Kombination beider Meßmethoden die Anteile von u_1 und u_2 bestimmt werden können, sofern die obigen Voraussetzungen erfüllt sind.

2.1. Dynamikgrenzen

Die Dynamik eines Kondensatormikrophons ist aus verschiedenen Gründen begrenzt. Bei dem Mikrophon MM3 mit seiner Empfindlichkeit von 1,3 mV/μb beträgt die Rauschspannung am Mikrophonverstärkerausgang ca. 10^{-2} mV, entsprechend $5 \cdot 10^{-3}$ μb, bei dem MM5 liegt sie in gleicher Größenordnung. In Praxis wird aber diese an sich recht günstig liegende untere Empfindlichkeitsgrenze durch den im Raum stets vorhandenen akustischen Störpegel zusätzlich verschlechtert. So betrug z. B. bei den unter 3. beschriebenen Untersuchungen in einem Windkanallaboratorium des Göttinger Max-Planck-Instituts für Strömungsforschung der akustische Störpegel 0,05 bis 0,2 μb (mittlere Zimmerlautstärke), lag also um 1 bis 2 Zehnerpotenzen höher als der Rauschpegel. Bei einem Störpegel von 0,01 bzw. 0,1 μb und für einen Turbulenzgrad von 1% muß nach den üblichen Vorstellungen der Staudruck mindestens 1 μb bzw. 10 μb betragen, entsprechend Windgeschwindigkeiten von 0,4 bzw. 1,3 m/s, damit das Mikrophon MM3 für Turbulenzmessungen eingesetzt werden kann. Bei höheren Turbulenzgraden erniedrigen sich die Anforderungen an den Mindeststaudruck reziprok zu α, bei geringeren α-Werten steigen sie entsprechend. Analoge Betrachtungen gelten für das MM5. Diese untere Beschränkung des Meßbereiches bei einem Kondensatormikrophon, die durch die im Vergleich zum Hitzdraht sehr viel höhere Empfindlichkeit gegenüber akustischen Störungen bedingt ist, bedeutet leider eine wesentliche Beeinträchtigung der Anwendungsmöglichkeiten. Es sei betont, daß diese untere Dynamikgrenze für jedes als Druckempfänger arbeitende Mikrophon gilt, konstruktiv also nicht beeinflußbar ist.

Die obere Dynamikgrenze wird einmal durch die Bereichsgrenze der linearen Beziehung zwischen Druck und Änderung der Mikrophonkapazität bedingt und zum anderen von der linearen Aussteuerung des Mikrophonverstärkers. Für MM3 und MM5 ist bei der vorliegenden Polarisationsspannung von 60 V die erste Forderung bis um 2000 μb erfüllt, entsprechend einer Windgeschwindigkeit von 18 m/s. Die Aussteuerung des Verstärkers beschränkt den zulässigen Wechseldruck auf 100 μb bzw. 200 μb, wenn der Klirrfaktor kleiner als 1% bzw. 5% sein soll.

Die angegebenen Grenzwerte, die für die meisten akustischen Messungen ausreichend sind, lassen sich, wenn erforderlich, ohne besondere Schwierigkeiten weiter nach oben verschieben. Erniedrigt man die Polarisationsspannung am Kondensatormikrophon, wodurch die durch elektrische Kräfte bedingte Durchbiegung der Membran (Abstand der beiden Elektroden 10 bis 20 μ) reduziert wird, so kann mit größeren mechanischen Kräften, also mithöheren Staudrücken, gearbeitet werden, da jetzt ein größerer Bereich für die durch den Winddruck hervorgerufene zulässige Membran Durchbiegung vorhanden ist. Wie in 2.0 gezeigt wurde, steigt die Anzeigeempfindlichkeit proportional dem Staudruck an, so daß die elektrische Reduzierung der Empfindlichkeit durch Erniedrigung der Polarisationsspannung im Bereich hoher Staudrücke meßtechnisch keine Schwierigkeiten mit sich bringt. Praktisch angewandt wurde bei den in 3. beschriebenen

Untersuchungen diese Meßbereichsvergrößerung nicht, da der maximale Staudruck in dem benutzten Windkanal 2000 μb nicht überschritt.

Zur Erhöhung des Wechseldruckmeßbereiches wird schon von der Herstellerfirma eine Spezialausführung geliefert, die eine zuschaltbare Parallelkapazität zur Mikrophonkapsel enthält, um die elektrische Empfindlichkeit im Mikrophoneingangskreis um 20 db herabsetzen zu können. Eine Erweiterung des Wechseldruckmeßbereiches war aber bei den vorliegenden Untersuchungen bisher ebenfalls nicht aktuell, da die untersuchten Windschwankungen immer nur wenige Prozent der mittleren Windgeschwindigkeit betrugen, so daß der resultierende Wechseldruck innerhalb der vorhandenen Meßgrenzen blieb.

Es muß aber darauf hingewiesen werden, daß auch nach Anwendung der erwähnten möglichen Erweiterungen der Mikrophonmeßbereiche das zulässige Geschwindigkeitsgebiet für Windschwankungsmessungen wesentlich unter dem für einen Hitzdraht möglichen Bereich bliebe, der bekanntermaßen bis ins Überschallgebiet reicht. Doch wäre selbstverständlich durch Verwendung von Mikrophontypen mit größerer zulässiger Winddruckbelastung, deren Konstruktion wohl kaum auf Schwierigkeiten stößt, der Anwendungsbereich von Kondensatormikrophonen nach höheren Geschwindigkeiten hin noch wesentlich ausdehnbar.

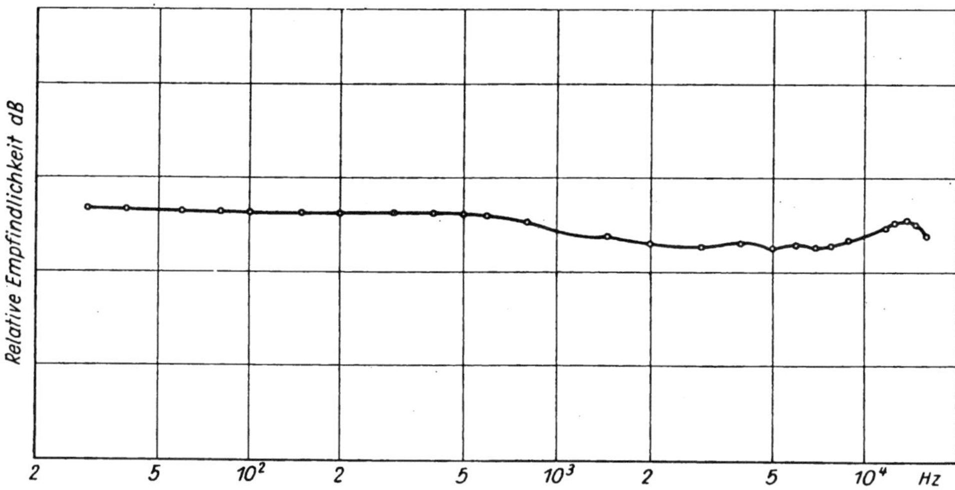

Abb. 1a. Frequenzga des Mikrophons MM3 einschließlich Verstärkers für unter 0° einfallende Schallschwingungen oberhalb 30 Hz

2.2. Frequenzbereich

Der für das Mikrophon MM3 einschließlich Mikrophonverstärker gültige Frequenzgang der Empfindlichkeit bezüglich unter 0° einfallender Schallschwingungen im Hörgebiet ist aus Abb. 1a zu ersehen. Für unter 90° einfallende Schallschwingungen sinkt die Empfindlichkeit jedoch schon ab 3 kHz ab. Abb. 1b zeigt den abgeschätzten Frequenzgang für Schwingungen von wenigen Hz. Dieser Frequenzgang, der durch die geometrischen und elastischen Eigenschaften der Mikrophonkapsel und durch den Mikrophonverstärker bedingt ist [7], ist grundsätzlich auch bei Messung turbulenter Schwankungen maßgebend. Der Frequenzgang des MM5 verläuft bis auf eine Erweiterung nach hohen Frequenzen hin, die hier ohne Bedeutung ist, ähnlich dem des MM3.

Bei Windschwankungsmessungen wird jedoch schon für sehr viel niedrigere Frequenzen ein deutlicher Amplitudenabfall beobachtet. Aus Abb. 12 und 13 ist zu ersehen, daß der Amplitudenabfall bei um so höheren Frequenzen einsetzt, je größer die Windgeschwindigkeit ist, und je kleiner das Mikrophon ist. Dieser

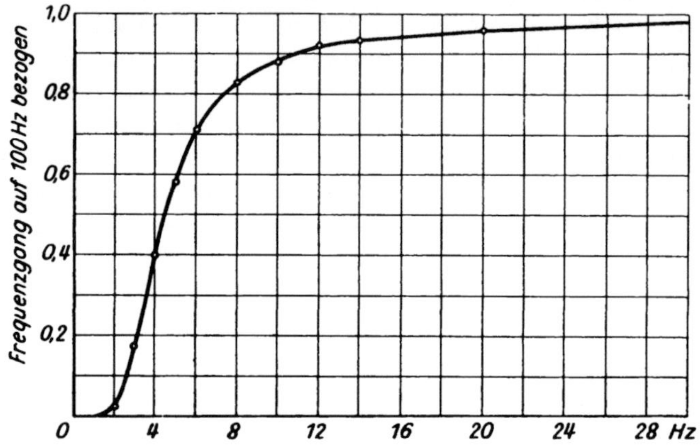

Abb. 1b. Frequenzgang des Mikrophons MM3 einschließlich Verstärkers bei tiefen Frequenzen

Frequenzabfall ist verschiedenen Einflüssen zuzuschreiben. Einmal setzen die geometrischen Dimensionen der Mikrophone die obere Frequenzgrenze herab, wie in Abb. 10 der Vergleich der Spektren, die mittels verschieden langer Hitzdrähte (3,8 mm und 24 mm) und des Mikrophons MM3 aufgenommen wurden, zeigt. Wenn auch in Abb. 10 ein merklicher Einfluß der geometrischen Dimensionen festzustellen ist, so ist ebenfalls aus dem viel stärkeren Frequenzabfall bei der MM3-Aufnahme (Mikrophondurchmesser 15 mm) als bei dem 24 mm langen Draht zu ersehen, daß der Frequenzabfall kein einfacher linearer Effekt allein ist. Da die Membranen der beiden Mikrophone durch Siebplatten geschützt werden, wodurch also eine Art Hohlraumresonator vor die Membranen geschaltet wird, wurde versuchsweise durch Abdeckung einzelner Siebplattenlöcher die Eigenfrequenz der Resonatoren geändert. Eine merkliche Änderung des Frequenzganges konnte aber danach nicht beobachtet werden. Eine gewisse Beeinflussung des Frequenzganges dürfte jedoch in der Strömungsfeldverzerrung durch die Mikrophonkapseln zu suchen sein, verbunden mit einer Störung des turbulenten Austausches in Mikrophonnähe. Vergleichende Messungen der spektralen Verteilung mittels

Hitzdraht ergaben nämlich, daß in Mikrophonnähe die hohen Frequenzen etwas geschwächt werden.

Wichtig ist jedoch die Feststellung, daß trotzdem bis herauf zu einigen kHz die unkompensierten Mikrophone MM3 und MM5 durchweg einen günstigeren Frequenzgang haben als unkompensierte Hitzdrähte von wenigen μ, Abb. 11b. Kompensationsmöglichkeiten für den Frequenzgang von MM3 und MM5 an der oberen Grenze sind in 3.2 diskutiert.

Die untere Grenzfrequenz eines Kondensatormikrophons kann elektrisch oder mechanisch bedingt sein. Bei MM3 und MM5 berechnet sich die elektrische Grenzfrequenz $f_{m,e}$ [7], bei einer angegebenen Mikrophonkapazität $C_0 = 60$ pF und einem Aufladewiderstand $R_a = 400$ MOhm mittels der Formel

$$f_{m,e} = \frac{1}{2\pi \cdot R_a \cdot C_0} = 6{,}6 \text{ Hz}. \tag{6}$$

Bei diesem Wert ist die reine Mikrophonempfindlichkeit (in der Praxis kommt noch der Frequenzgang des Verstärkers, der auf den Hörbereich abgestimmt ist, hinzu) auf den 0,7ten Teil herabgesunken. Abb. Ib zeigt den Frequenzgang an der unteren Grenze, der nach Formel (6) und dem gemessenen Frequenzgang des Verstärkers abgeschätzt wurde. Aus (6) ist zu entnehmen, daß $f_{m,e}$ sehr einfach durch Vergrößern von R_a oder durch Parallelschaltung eines Kondensators zu C_0 nach tieferen Frequenzen verlegt werden kann, was aber bei dem eigentlichen Zweck des MM3 und MM5, Schallmessungen im Hörbereich durchzuführen, nicht notwendig ist. Auch bei Turbulenzmessungen bringt eine Herabsetzung von $f_{m,e}$ nicht viel, da $f_{m,e}$ schon in unmittelbarer Nähe der mechanischen Grenzfrequenz $f_{m,m}$ liegt.

Die Größe $f_{m,m}$ ist durch Konstruktionseigenschaften festgelegt, die nicht ohne entscheidende Variation der Frequenzcharakteristik geändert werden können. Der Wert von $f_{m,m}$ wird nämlich durch die Zeit bestimmt, die durch den Druckausgleich in dem Elektrodenzwischenraum des Kondensatormikrophons bedingt ist. Dieser Druckausgleich wird durch kleine Luftdurchlaßlöcher in der Festelektrode ermöglicht und ist von entscheidendem Einfluß auf die Gleichmäßigkeit des Frequenzganges. Bei dem MM3 dauert nach Angabe des Herstellers der Druckausgleich ungefähr 0,5 s. Beim MM5 dürfte $f_{m,m}$ die gleiche Größenordnung haben. Damit resultiert für $f_{m,m}$ ebenfalls ein Wert von wenigen Hz. Diese untere Frequenzgrenze bedeutet aber in vielen Fällen keine wesentliche Einschränkung der Anwendungsmöglichkeiten für Turbulenzmessungen, da einmal sehr häufig der Anteil der tieffrequenten turbulenten Schwankungen keinen ins Gewicht fallenden Anteil der Gesamtenergie darstellt, andererseits auch eine elektrische Kompensation des Frequenzganges an der unteren Grenze noch innerhalb gewisser Schranken möglich wäre.

Allerdings folgt aus der Existenz einer unteren Frequenzgrenze, daß beim Kondensatormikrophon im Gegensatz zum Hitzdraht eine einfache Eichung mittels konstanter Windgeschwindigkeitswerte nicht möglich ist. Dies ist aber beim Kondensatormikrophon auch nicht so notwendig, da die Eichwerte eines hochwertigen Kondensatormikrophons auf längere Zeit konstant bleiben. (Es sei hier nur kurz darauf hingewiesen, daß bei den etwas anders konstruierten Kondensatormikrophonen in der RIEGGERschen Hochfrequenzschaltung [7] eine untere Frequenzgrenze nicht existieren würde. Da jedoch der dazugehörige elektrische Schaltaufwand umfangreich und störungsempfindlich ist, dürfte diese Form für den hier beabsichtigten einfachen und schnellen Einsatz nicht geeignet sein.)

2.3. Geometrische Grenzen

In den zulässigen Windgeschwindigkeitsbereichen wird die Anwendung eines Kondensatormikrophons für Turbulenzmessungen im allgemeinen jedoch weniger durch die angegebenen Dynamik- und Frequenzgrenzen beschränkt als durch seine geometrischen Dimensionen. Um sinnvolle Meßergebnisse zu erhalten, dürfen die geometrischen Dimensionen selbstverständlich nicht den Homogenitätsbereich der turbulenten Schwankungen überschreiten. Der Großteil der Turbulenzuntersuchungen geht jedoch in Wandnähe vor sich, wo das Meßorgan wegen der örtlich sich stark ändernden Turbulenzgrößen eine maximale Dicke von 0,01 mm i. a. nicht überschreiten soll, zumindest in Richtung senkrecht zur Wand. Diese kleinen Abmessungen sind leider bei einem Kondensatormikrophon nicht zu erreichen. Ob nun aus Homogenitätsgründen nur Messungen in Kanal- bzw. Strahlmitte oder auch über weite Teile des Strömungsquerschnittes möglich sind, hängt von den Strömungsfelddimensionen ab und muß von Fall zu Fall entschieden werden.

In 2.2 wurde schon darauf hingewiesen, daß durch die geometrischen Dimensionen der Mikrophonkapseln die Anzeige der Frequenzkomponenten störend beeinflußt wird, was sich in einem Empfindlichkeitsabfall bei hohen Frequenzen um so stärker bemerkbar macht, je größer die Mikrophonkapsel ist.

Der in verschiedener Hinsicht bei der Messung turbulenter Geschwindigkeitsschwankungen störende Einfluß der Mikrophonabmessungen kann jedoch durch Vorschaltung kurzer Staurohre vor die Mikrophonmembranen reduziert werden. In [8] wurde auf Versuche dieser Art hingewiesen, um Druckmessungen in Wirbeln mittels Kondensatormikrophon auch bei höheren Frequenzen durchführen zu können. Abb. 13 enthält ein Beispiel dafür, wie der Frequenzabfall an der oberen Grenze durch Vorschaltung eines Anpassungsstückes reduziert werden kann. Benutzt wurde hier ein halbes Rotationsellipsoid von 10 mm Länge und Durchmesser und einer Bohrung, die sich von 1,5 mm Durchmesser an der Spitze kontinuierlich bis zum Membrandurchmesser erweitert.

3. Anwendungsbeispiele

3.0. Versuchsanordnung

Die in 3.1 bis 3.7 beschriebenen Turbulenzuntersuchungen in einem rechteckigen Windkanal ($2\,d = 7$ cm, $2\,h = 40$ cm, $L = 3$ m) sollen zur weiteren Erläuterung der Einsatzmöglichkeiten eines Kondensatormikrophons für Windschwankungsmessungen dienen. Im normalen Zustand werden an diesem Meßkanal abgerundete Einlaufkanten benutzt, die mit der Kanalbreite 2 d und der Windgeschwindigkeit U_∞ gebildete kritische Re-Zahl beträgt dann am Kanalausgang 19 000 (Anlaufströmung). Außerdem können an beiden Eingangsseiten des Meßkanals Stolperkanten angebracht werden, die die kritische Re-Zahl ungefähr um den Faktor 2 herabsetzen, den Turbulenzgrad in der gleichen Größenordnung erhöhen und das Maximum der spektralen Verteilung nach tiefen Frequenzen verschieben. Von dieser praktischen Variationsmöglichkeit wurde bei den folgenden Messungen öfters Gebrauch gemacht. Bei den Untersuchungen wurde das Mikrophon am Kanalausgang an der Stelle $x = 299$ cm, $y = z = 0$ mit zur Strömung senkrecht stehender Membran angeordnet, da für die Dimensionen der benutzten Mikrophone nur in Kanalmitte ein ausreichender Homogenitätsbereich bezüglich U_m und u' zu erhalten ist. Beobachtungen und Aussagen gelten also nur für diese Anordnung.

3.1. Messung des Turbulenzgrades

Abb. 2a und 2b zeigen den in Kanalmitte gemessenen Turbulenzgrad, der mit und ohne Stolperkanten bei verschiedenen Windgeschwindigkeiten mittels Hitz-

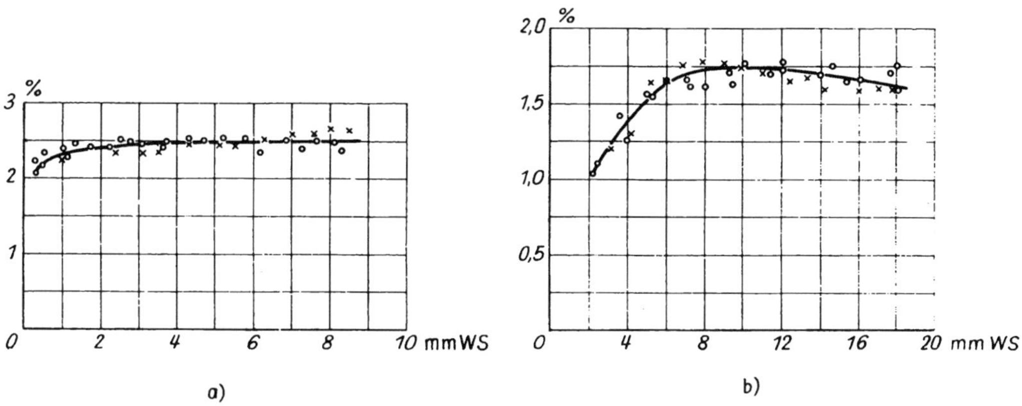

Abb. 2. Verlauf von u'/U_m in Kanalmitte als Funktion des Staudruckes p_{st}

○ Messung mit Hitzdraht
× Messung mit MM3

a) Kanal mit Stolperkanten, b) Kanal ohne Stolperkanten

draht und Mikrophon MM3 aufgenommen wurde, wobei der in 2.0 erwähnte Faktor bei den MM3-Messungen berücksichtigt worden ist. Die thermische Trägheit des Hitzdrahtes wurde in der üblichen Weise [5] kompensiert. Die mit dem Mikrophon gemessenen Werte sind zur Elimination der Frequenzgangfehler außerdem nach dem in 3.4 angegebenen Verfahren korrigiert worden. Ohne diese rechnerische Kompensation würde man bei den Messungen im Kanal ohne Stolperkanten einen Unterschied von ca. 11% und im Kanal mit Stolperkanten einen Unterschied von ca. 8% zwischen Hitzdraht- und Mikrophonanzeige feststellen. Innerhalb der Meßgenauigkeit ist kein wesentlicher Unterschied zwischen den nach den beiden Aufnahmemethoden gewonnenen Meßwerten zu beobachten, wenn es auch den Anschein hat, daß mit wachsender Windgeschwindigkeit die Mikrophonempfindlichkeit geringfügig absinkt.

Es sei noch darauf hingewiesen, daß die mittlere Turbulenzenergie auch bei Integration über mehrere Sekunden bis zu 10% schwankte. Erst bei Mittelung über 30 s lagen die Abweichungen unter 5%. Bei den in 3.2 beschriebenen Spektralanalysen wurden in den unteren Frequenzbereichen noch höhere Schwankungen des Mittelwertes beobachtet.

Der weitgehenden Übereinstimmung zwischen den mittels Hitzdraht und Mikrophon gemessenen Mittelwerten der turbulenten Schwankungen entsprechen auch die untereinander sehr ähnlichen Oszillogramme von den Momentanwerten, Abb. 3, wie auch die in 3.2 diskutierten Messungen der spektralen Verteilung. Um festzustellen, wie weit eine Übereinstimmung zwischen den mit Hitzdraht und Mikrophon aufgenommenen Oszillogrammen zu erwarten ist, wurden außerdem zum Vergleich Oszillogramme von den Signalen zweier Hitzdrähte in variierten Abständen aufgenommen, Abb. 4. Die mittleren Abweichungen im Erscheinungsbild der Oszillogramme, die von zwei Hitzdrähten im Abstand von 5 mm stammen, dürften ungefähr denen zwischen Hitzdraht- und Mikrophonaufnahmen entsprechen.

Es sei hier jedoch darauf hingewiesen, daß bei diesen nur zur Orientierung gedachten Vergleichsaufnahmen die hohen Frequenzen aus apparativen Gründen etwas geschwächt sind, so daß die vorhandenen, jedoch beim Gesamtbild weniger ins Gewicht fallenden Unterschiede in diesem Bereich nicht mehr sichtbar werden.

3.2. Aufnahme der spektralen Verteilung

Die Messung der spektralen Verteilung wurde auf das Frequenzgebiet von wenigen Hz bis zu einigen kHz beschränkt, da bei den vorliegenden Untersuchungen der wesentliche Anteil der Turbulenzenergie in diesem Bereich liegt und ferner für diese Frequenzen keine zusätzlichen Meßschwierigkeiten auftreten. Somit haben auch die im folgenden gemachten Aussagen über den Frequenzgang nur Gültigkeit in diesem Bereich.

Die spektrale Verteilung ab 32 Hz wurde in Schaltung Abb. 5 aufgenommen, die Verteilung unter 32 Hz in Schaltung Abb. 6. Im letzteren Fall wurden die verstärkten Hitzdraht- bzw. Mikrophonsignale mittels des Telefunken-Meßmagnetophons M5M bei einer Bandgeschwindigkeit von 1,5 cm · s^{-1}, die die Aufnahme von Frequenzen von 3 bis 800 Hz erlaubt, aufgezeichnet. Die Wiedergabe erfolgte bei 19 cm/s Bandgeschwindigkeit, wodurch eine Frequenztransformation nach oben im Verhältnis 1:12,5 erreicht wurde, so daß auch Frequenzgemische von wenigen Hz mittels der vorhandenen handelsüblichen Terzsiebe mit den Bereichen

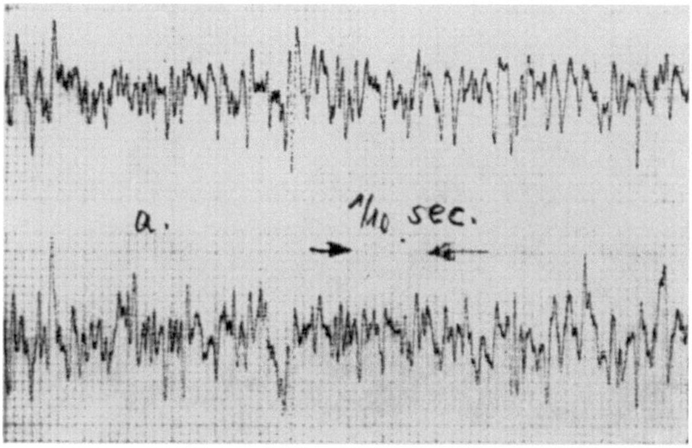

Abb. 3. Oszillogramme von mittels Hitzdraht und Mikrophon aufgenommenen turbulenten Schwankungen
(Kanal mit Stolperkanten, $p_{st} = 4$ mm W.-S.)

Mikrophon (ohne Kompensation)
Hitzdraht (ohne Kompensation)

TAFEL 5

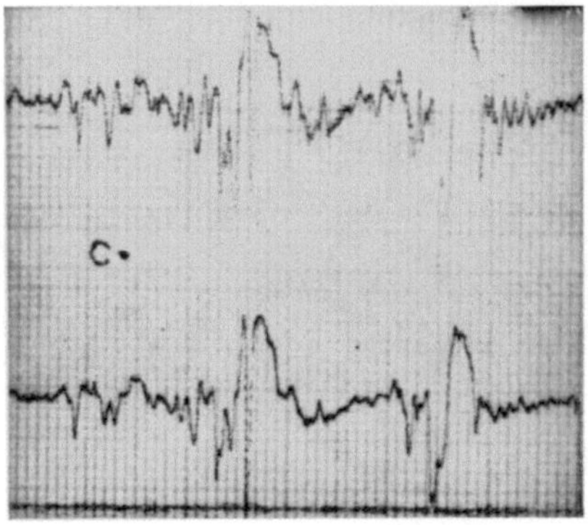

a)

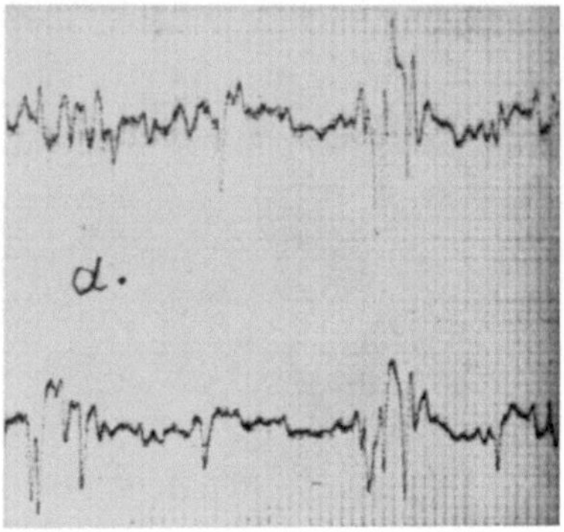

b)

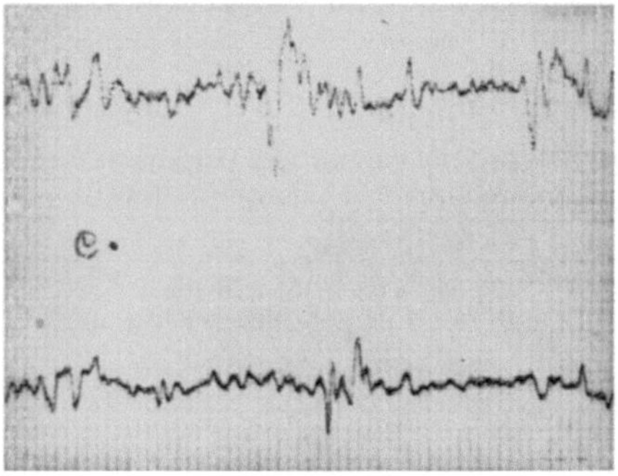

c)

Abb. 4. Oszillogramme von turbulenten Schwankungen mittels Hitzdrähten in verschiedenen Abständen aufgenommen

(Staudruck 2 mm W.-S. im Kanal mit Stolperkanten)

(Staudruck 2 mm W.-S. im Kanal mit Stolperkanten)
a) Abstand: 1 mm b) 5 mm c) 10 mm

Abb. 5. Blockschema für die direkte Aufnahme der spektralen Verteilung von u

a) Messung mit Hitzdraht

b) Messung mit Mikrophon

HD	Hitzdraht	RV	Röhrenvoltmeter
B	Brücke mit Kathodenstufe	O	Oszillograph
RG	Rechteckgenerator	Mi	Kondensatormikrophon
GTV	Gegentaktkompensationsverstärker	MV	Mikrophonverstärker
TS	Terzsieb		

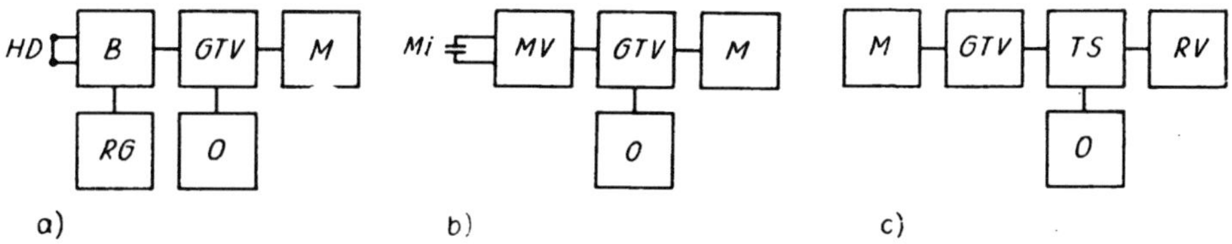

Abb. 6. Blockschema für die Messung der spektralen Verteilung von u mittels Magnetophon

a) Aufnahme mittels Hitzdraht
b) Aufnahme mittels Mikrophon
c) Wiedergabe über Magnetophon M5M

HD	Hitzdraht	RV	Röhrenvoltmeter
B	Brücke mit Kathodenstufe	O	Oszillograph
RG	Rechteckgenerator	Mi	Mikrophon MM3
GTV	Gegentaktkompensationsverstärker	MV	Mikrophonverstärker
TS	Terzsieb	M	Meßmagnetophon M5M

von 32 bis 360 Hz, 320 bis 3600 Hz und 3,2 bis 36 kHz (Hersteller: Siemens und Halske) analysiert werden konnten. Die Terzsiebe haben im Durchlaßbereich eine Dämpfung von 0,7 Neper mit Abweichungen von $\pm$ 15%. Bei $\pm$ 1 Oktave außerhalb der Bandmitte beträgt die Dämpfung etwa 5 Neper.

Aufgetragen ist in den Abbildungen 10 bis 13 der Ausschlag A pro Terzsieb in den direkt gemessenen Effektivwerten, also

$$A = \text{const} \cdot \left(\int_{n_u}^{n_0} F(n) \cdot dn \right)^{1/2} \tag{7}$$

$\Bigl(F(n)$ Spektralfunktion von u, n Frequenz der turbulenten Schwankungen und $\int_0^\infty F(n) \cdot dn = 1\Bigr)$

als Funktion von n_u oder n_m $\bigl(n_u$ die untere, n_0 die obere Grenzfrequenz des jeweiligen Terzfilterbereiches, $n_m = (n_u + n_0)/2\bigr)$.

Diese Auftragung wurde gewählt, weil A einen sehr viel geringeren Frequenzgang als $F(n)$ aufweist, so daß in den Diagrammen der Unterschied in den Frequenzcharakteristiken optisch besser in Erscheinung tritt. Die Ausschläge pro Terzsieb sind, da es sich in der vorliegenden Arbeit immer um Vergleichsmessungen handelt und eine Zusammenfassung von mehreren Kennlinien auf einem Diagrammblatt erwünscht ist, in beliebigen Einheiten angegeben.

Entsprechend den in 2.2 angestellten Überlegungen liegt ohne besondere Kompensation die untere Frequenzgrenze für die benutzte Mikrophonverstärkeranordnung bei ca. 10 Hz, wie auch aus Abb. 11b ersichtlich ist. Mittels der aus Abb. 1b zu entnehmenden Korrektionsfaktoren erhält man eine Übereinstimmung zwischen Hitzdraht- und Mikrophonmessungen bis ungefähr 3 Hz. Dies bedeutet eine untere Frequenzgrenze, die in vielen Fällen ausreichend sein dürfte.

Wie ebenfalls schon in 2.2 erwähnt, ist die obere Grenze für unkompensierte Mikrophonsignale wie beim Hitzdraht von der Windgeschwindigkeit abhängig (Abb. 12 und 13) und liegt auch in der gleichen Größenordnung, jedoch etwas günstiger, Abb. 11b.

Aus Versuchen ergab sich, daß zur Kompensation des Frequenzganges bei den Mikrophonsignalen in der zugehörigen Verstärkeranordnung zwei Glieder der Charakteristik: $1 + j\,2\,\pi\,n\,M$ hintereinander zu schalten sind, entsprechend einer Amplitudenanhebung

$$g = (1 + j\,2\,\pi\,n\,M)^2\,. \tag{8a}$$

Die Werte, der zu MM3 und MM5 gehörenden Zeitkonstanten ließen sich durch die empirischen Formeln

$$M_{MM3} = 0{,}3 \cdot U_m^{-1} \quad \text{bzw.} \quad M_{MM5} = 0{,}16 \cdot U_m^{-1} \tag{8b}$$
$$(M \text{ in s}, \ U_m \text{ in cm} \cdot \text{s}^{-1})$$

wiedergeben. Auf diese Weise konnte im untersuchten Geschwindigkeitsbereich bis zu ca. 3 kHz herauf eine ausreichende Übereinstimmung zwischen Hitzdraht- und Mikrophonmessung erhalten werden. Eine strenge Deutung der Zeitkonstanten soll hier nicht versucht werden. Es sei hier nur darauf hingewiesen, daß der Faktor 0,3 bzw. 0,16 in (8b) die Dimension einer Länge hat und in Größenordnung folgender Längen liegt: Radius des Mikrophongehäuses und der Mikrophonmembran. Daß M reziprok von U_m abhängt, ist plausibel, da über größere Geschwindigkeitsbereiche bei unveränderten geometrischen Verhältnissen die Spektren bei Division von n durch U_m weitgehend zur Deckung kommen. Abb. 11a gibt ein Beispiel für einen entsprechend (8a) und (8b) korrigierten Frequenzgang.

Wie schon in 2.2 erwähnt, besteht außerdem die Möglichkeit, durch Vorschaltung von kurzen staurohrartigen Gebilden den Frequenzgang zu verbessern, siehe Abb. 13.

Zusammenfassend wäre also zu sagen, daß bei den vorliegenden Versuchsbedingungen turbulente Schwankungen mittels der Mikrophone MM3 und MM5 für einen Frequenzbereich von wenigen Hz bis zu mehreren kHz gemessen werden konnten, wenn an der unteren und oberen Grenze der Frequenzgang der Mikrophone entweder rechnerisch oder mittels elektrischer oder mechanischer Entzerrungsglieder korrigiert wird. Die einfache rechnerische Korrektion (für Mittelwerte siehe 3.4) oder die mechanische Entzerrung werden im allgemeinen vorzuziehen sein, da eine elektrische Kompensation gemäß (8a) mit einer wesentlichen Erhöhung des Störpegels verbunden ist.

Die in den nächsten Abschnitten beschriebenen Untersuchungen sind im Grunde nichts anderes als Bestätigungen dafür, daß sich unter den vorliegenden Strömungsbedingungen Frequenzgang und Phasenlage turbulenter Geschwindigkeits- und Druckschwankungen weitgehend entsprechen.

3.3. Die Amplitudenverteilung der Geschwindigkeitsschwankungen

Zur Messung der Amplitudenverteilung der Windgeschwindigkeitsschwankungen und auch ihrer Ableitungen kann bei Berücksichtigung der Homogenitäts- Dynamik- und Frequenzgrenzen ein Mikrophon ebensogut wie ein Hitzdraht benutzt werden. Zur Amplitudenanalyse von Hitzdraht- und Mikrophonsignalen wurde eine einfache SCHMITT-TRIGGERstufe verwendet. Die Meßfehler lagen bei dieser einfachen Anordnung um 10%. Die nach beiden Aufnahmemethoden gewonnenen Analysenwerte zeigten eine gute Übereinstimmung.

3.4. Bestimmung der Korrelationslänge L_x

Da im benutzten Windkanal die Korrelationslängen L_x, L_y und L_z in der Größenordnung von 1 cm liegen, ist es nicht möglich, diese Größen über Korrelationsmessungen mittels der Mikrophone MM3 und MM5 zu bestimmen. Aber es läßt sich für das Mikrophon ein anderer Weg zur näherungsweisen Gewinnung von L_x angeben, der dem von DRYDEN für Hitzdrähte vorgeschlagenen Näherungsverfahren entspricht [3]. Hierbei wird angenommen, daß das eindimensionale Turbulenzspektrum $F(n)$ approximativ durch

$$F(n) = \frac{4\, L_x/U_m}{1 + (2\,\pi\, n\, L_x/U_m)^2} \tag{9}$$

dargestellt werden kann. Kompensiert man den Frequenzgang der Mikrophone entsprechend Formel (8a) und (8b), so gilt für das Verhältnis σ der quadratischen Mittelwerte kompensiert zu unkompensiert

$$\frac{1}{\sigma} = \frac{2}{\pi} \int\limits_0^\infty \frac{dq}{(1 + q^2)\,(1 + a^2 q^2)^2} = \frac{a + 2}{2\,(a + 1)^2} \tag{10}$$

($a = M \cdot U_m/L_x$ und $q = 2\,\pi\, n \cdot L_x/U_m$), wobei für die üblichen σ-Werte ($1 < \sigma < 2$) mit ausreichender Genauigkeit

$$\sigma = 1 + 1{,}5\, a \tag{11}$$

gesetzt werden kann. Damit gilt

$$L_x = 3\,M \cdot U_m/2\,(\sigma - 1)\,. \tag{12}$$

Man kann aber ebenfalls das Verhältnis σ_1 der quadratischen Mittelwerte von entsprechend $1 + (2\,\pi\,n\,M)^2$ angehobenen Mikrophonsignalen und von unkompensierten Signalen bestimmen und erhält dann

$$L_x = M \cdot U_m \cdot (2 - \sigma_1)/(2\,\sigma_1 - 2)\,. \tag{13}$$

Da bei dem letzteren Verfahren mit dem üblichen Kompensationsverstärker für Hitzdrahtmessungen [5] gearbeitet werden kann, wurde hier diese Methode angewandt. Messungen mit dem MM3 (größere Zeitkonstanten sind bei dieser Methode von Vorteil!) ergaben im Mittel

für den Kanal mit Stolperkanten $L_x = 2{,}2$ cm und
für den Kanal ohne Stolperkanten $L_x = 1{,}6$ cm .

Diese Werte stimmen innerhalb der Meßgenauigkeit mit den nach der DRYDENschen Hitzdrahtmethode gewonnenen Werten von

$$L_x = 2{,}5 \text{ cm} \quad \text{bzw.} \quad L_x = 1{,}8 \text{ cm}$$

überein.

3.5. Bestimmung der Korrelationslänge λ_x

Da, wie gesagt, Korrelationsmessungen mittels Mikrophon nicht möglich sind, so entfällt auch die Bestimmung der Korrelationslängen λ_x, λ_y und λ_z über Bildung der 2. Ableitung der Korrelationen im Nullpunkt. Es existieren jedoch drei verschiedene Verfahren, nach denen wenigstens λ_x mittels Mikrophon gewonnen werden kann [3].

Die genaueste Methode zur λ_x-Bestimmung, die zwar etwas zeitaufwendiger ist als die beiden anderen Verfahren, jedoch klar überschaubare Fehlergrenzen aufweist, geht über die Aufnahme der Spektralfunktion $F(n)$. Man gewinnt hieraus λ_x durch die Beziehung

$$\lambda_x^{-2} = (2\,\pi/U_m)^2 \cdot \int_0^\infty n^2 \cdot F(n) \cdot dn\,. \tag{14}$$

Die auf diese Weise mittels Hitzdraht und Mikrophon MM5 (Frequenzgang in beiden Fällen elektronisch oder rechnerisch korrigiert) erhaltenen λ_x-Werte sind aus der Tabelle zu ersehen. Sie stimmen innerhalb der Meßfehler von 10% gut überein.

Die beiden anderen Methoden zur λ_x-Bestimmung erfordern, wenn eine Bestimmung der Größenordnung von λ_x nicht ausreicht, notwendig eine elektrische oder mechanische Kompensation. Da aber die elektrische Kompensation den Störpegel beim Hitzdraht proportional n und beim Mikrophon proportional n^2 anhebt, wurde hier nur mit mechanischer Kompensation und ohne Kompensation gearbeitet.

Die eine λ_x-Bestimmungsmethode beruht auf der Relation

$$\lambda_x = U_m \cdot u'/u_t' \qquad (u_t = \partial u/\partial t)\,. \tag{15}$$

Die nach Schaltung Abb. 7 gemessenen Werte sind ebenfalls aus Tabelle 1 zu ersehen. Die nichtkompensierten Werte sind dabei zu groß ausgefallen, weil u_t' hierbei wesentlich zu klein gemessen wird, während bei u' der Fehler weniger ins Gewicht fällt. Doch sei darauf hingewiesen, daß die Meßergebnisse hier mit dem MM5 immer noch besser sind als mit einem unkompensierten 3 μ-Draht, der bei 100 °C Übertemperatur arbeitete. Die „mechanisch kompensierten" Signale liefern jedoch Ergebnisse, die mit den durch Frequenzanalyse erhaltenen Werten gut übereinstimmen.

Die dritte Methode zur λ_x-Bestimmung geht von Gleichung

$$\lambda_x = U_m/\pi N_0 \tag{16}$$

aus, wobei N_0 die Zahl der Nulldurchgänge pro Sekunde bei den turbulenten Schwankungen bedeutet. Abb. 8 gibt die Meßschaltung für Nullstellenzählung wieder, die Tabelle die nach dieser Methode gewonnenen Werte, die aber nur in der Größenordnung richtig sind, da hier ohne Kompensation gearbeitet wurde.

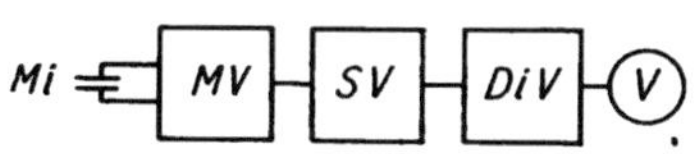

Abb. 7. Blockschema der Schaltung zur Bestimmung von λ_x durch Differentiation

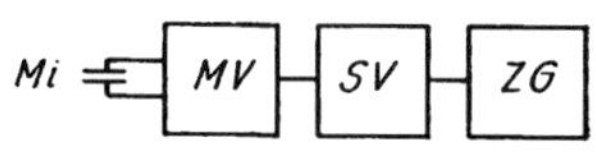

Abb. 8. Blockschema der Schaltung zur Bestimmung von λ_n durch Nullstellenzählung

SV Spannungsverstärker
DiV Differenziergerät
ZG Zählgerät
V Thermokreuzinstrument
andere Bezeichnungen siehe Abb 5 und 6

3.6. Bestimmung des flatness-Faktors

Der für die Charakteristik turbulenter Schwankungen wichtige flatness-Faktor $F = \overline{u^4}/(\overline{u^2})^2$, der in guter Näherung mit der Intermittenz η durch $F = 3/\eta$ verbunden ist ($\eta = 0$ laminare Strömung, $0 < \eta < 1$ Übergangsgebiet, $\eta = 1$ vollturbulente Strömung), wurde in der Schaltung Abb. 9 gemessen. Die Schaltung war aus Schaltelementen des Telefunken-Analogrechners RA 463/2 aufgebaut. Ein Unterschied in der Aufnahme von F mittels Hitzdraht oder Mikrophon konnte nicht festgestellt werden. Die Messung im Kanal mit Stolperkanten ergab

$F = 3{,}0 \pm 0{,}2$, d. h., die Strömung war vollturbulent. Im Kanal ohne Stolperkanten lag F höher, $F = 3{,}8 \pm 0{,}2$, die Strömung liegt hier demnach noch im Übergangsgebiet.

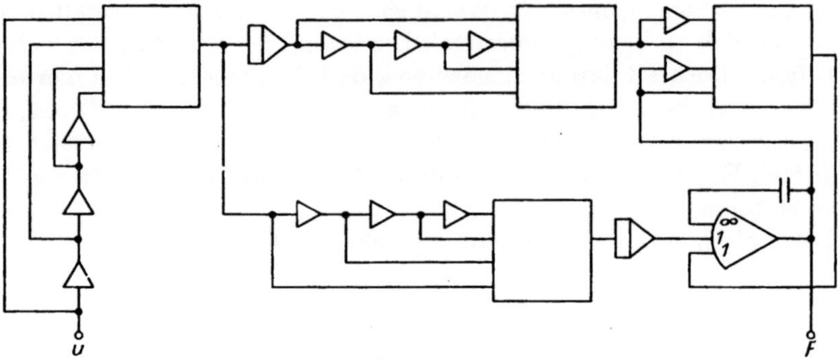

Abb. 9. Blockschema der Schaltung zur Bestimmung des flatness-Faktors

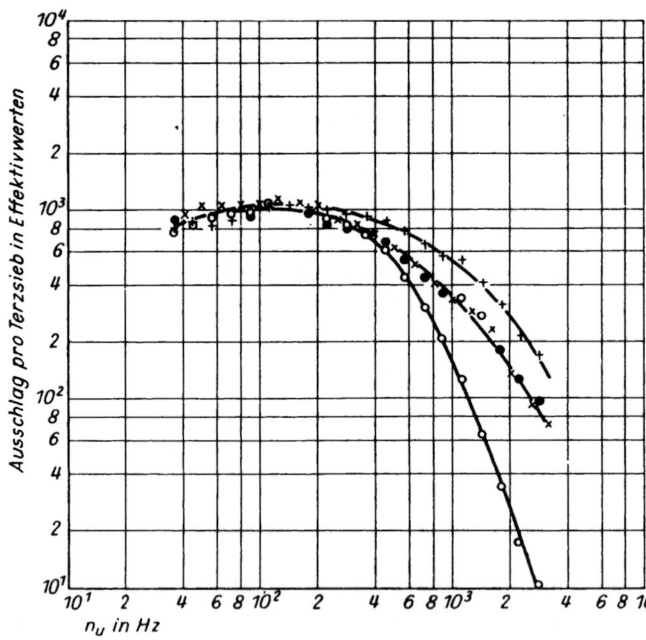

Abb. 10. Spektralanalyse der u-Komponente bei Aufnahme mittels Kondensatormikrophon MM3 und verschieden langer kompensierter Hitzdrähte

(Kanal ohne Stolperkanten, $p_{st} = 9$ mm W.-S.)

○ Mikrophon MM3
+ 3,8 mm langer Hitzdraht in z-Richtung
× 24 mm langer Hitzdraht in z-Richtung
● 24 mm langer Hitzdraht in y-Richtung

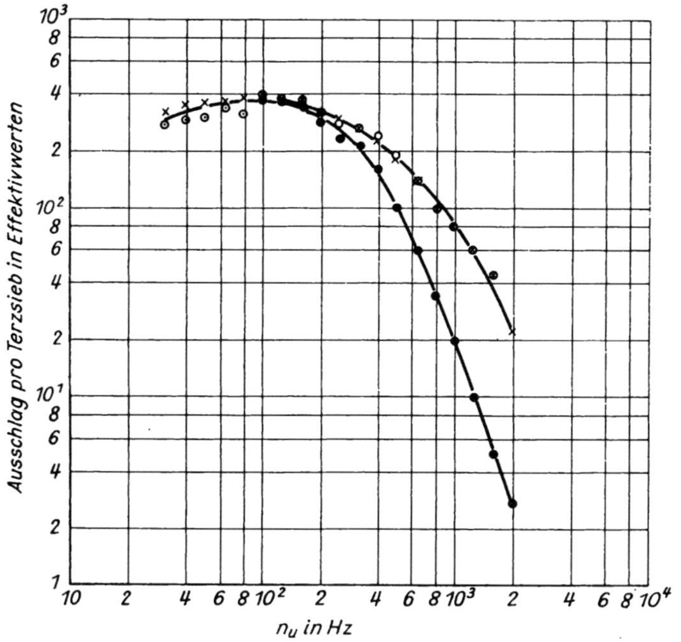

Abb. 11a. Spektralanalyse der u-Komponente bei Aufnahme mittels Mikrophon MM3 und Hitzdraht (Kanal ohne Stolperkanten, $p_{st} = 5{,}3$ mm W.-S.)

● Mikrophon ohne Kompensation × Hitzdraht mit Kompensation ○ Mikrophon mit Kompensation

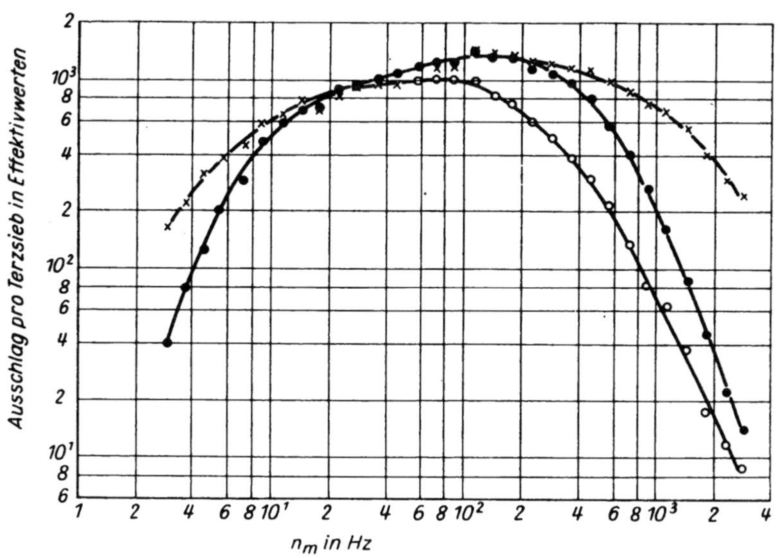

Abb. 11b. Spektralanalyse der u-Komponente bei Aufnahme mittels Mikrophon MM3 und Hitzdraht (Kanal ohne Stolperkanten, $p_{st} = 9$ mm W.-S.)

● Mikrophon ohne Kompensation × Hitzdraht mit Kompensation ○ Hitzdraht ohne Kompensation

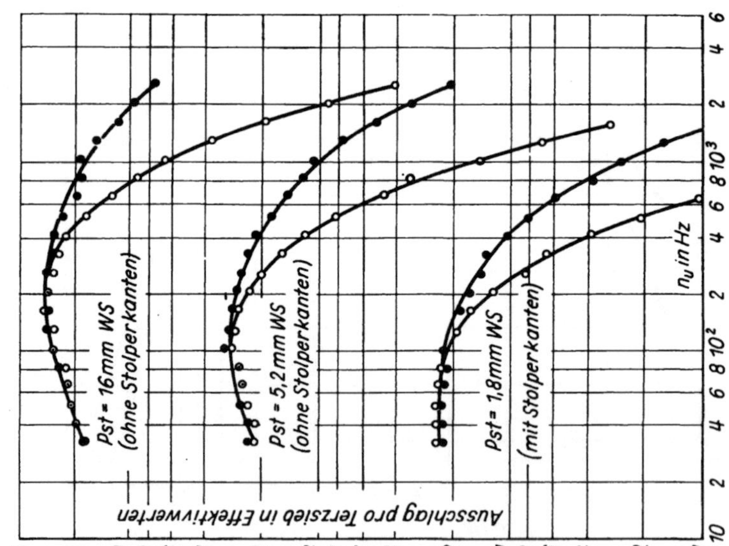

Abb. 12. Spektralanalyse der u-Komponente bei verschiedenen Windgeschwindigkeiten

● 5 μ-Hitzdraht mit Kompensation
○ Mikrophon MM3 ohne Kompensation

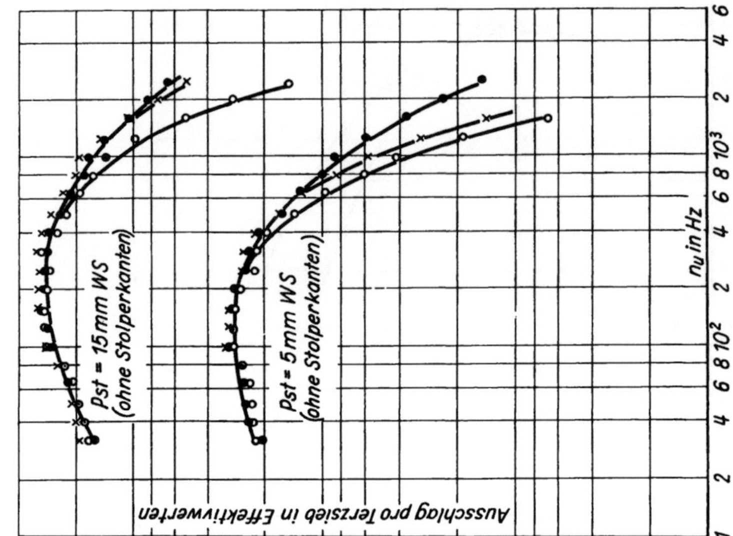

Abb. 13. Spektralanalyse der u-Komponente bei verschiedenen Windgeschwindigkeiten

● 3 μ-Hitzdraht mit Kompensation
× Mikrophon MM5 mit mechanischer Kompensation
○ Mikrophon MM5 ohne Kompensation

3.7. Weitere Meßmöglichkeiten

Ausgehend von den in 3.1 bis 3.6 diskutierten Schaltungen und Meßgrößen kann durch Rechnung oder unter Benutzung von weiteren addierenden, multiplizierenden, integrierenden oder differenzierenden Schaltelementen, wie sie z. B. in dem bei den vorliegenden Messungen benutzten Telefunken-Analogrechner RA 463/2 vorliegen, selbstverständlich noch eine Anzahl weiterer charakteristischer Turbulenzgrößen (Schiefe, Autokorrelation usw.) mittels Mikrophonaufnahme gewonnen werden, sofern dafür eine Aufnahme der longitudinalen Schwankungskomponente genügt. Etwaige Fehler durch Dynamikgrenzen, Frequenzgang und geometrische Dimensionen müssen selbstverständlich von Fall zu Fall beachtet werden.

4. Zusammenfassung

In den vorliegenden Untersuchungen wurde gezeigt, daß unter Beachtung des Dynamikbereiches und der Frequenzgrenzen kleine Kondensatormikrophone praktische und robuste Aufnahmeorgane für die Messung der longitudinalen turbulenten Geschwindigkeitsschwankungen darstellen, sofern in einer Fläche von der Größe der Mikrophonmembran die Turbulenz als homogen angesehen werden kann und die geometrischen Ausmaße der Mikrophonkapseln keine wesentlichen Störungen der Strömungsfelder bedingen. Raumbedarf, Frequenz- und Dynamikgrenzen und die größere Empfindlichkeit gegenüber Schallschwingungen schränken die Anwendung der Mikrophone im Vergleich zu Hitzdrähten zwar ein, doch wird dies in vielen Fällen durch gewisse Vorzüge der Mikrophonmethode aufgewogen:

1. Das Mikrophon erfordert bei direkter und praktisch zeitlich konstanter Anzeige des Wechseldruckes

$$p'_{st} = \text{const} \cdot \varrho \cdot U_m \cdot u' \tag{17}$$

kein ständiges zeitraubendes Eichen und Nachjustieren wie ein Hitzdraht, was eine wesentliche Erhöhung der Meßgeschwindigkeit bedeutet.

2. Ohne Kompensation ist der Frequenzgang der Mikrophone, insbesondere der des MM5, durchweg günstiger als der von wenigen μ dünnen Hitzdrähten, wodurch sich häufig die Anwendung von unbequemen Frequenzkompensationsschaltungen erübrigt. Ist eine Kompensation des Frequenzganges jedoch erforderlich, so erweist es sich ferner als vorteilhaft, daß bei den Kondensatormikrophonen neben der elektrischen Kompensation die Möglichkeit zu einer mechanischen Kompensation besteht, wo das Störungsrauschen im Vergleich zur elektrischen Kompensation nur sehr gering ansteigt.

Der Deutschen Forschungsgemeinschaft, Bad Godesberg, ist für die Bereitstellung von Mitteln zu danken, die zur Beschaffung von in der vorliegenden Arbeit benutzten Meßgeräten dienten.

Tabelle der nach verschiedenen Verfahren erhaltenen λ_x-Werte

Staudruck (mm W.-S.)	Empfänger			Verfahren
	Hitzdraht ($3\,\mu^{\varnothing}$)	MM3	MM5	
	λ_x (cm)	λ_x (cm)	λ_x (cm)	
5	0,49	—	0,47	Spektralanalyse (elektronisch oder rechnerisch kompensiert)
8	0,47	—	0,43	
15	0,43	—	0,44	
5	0,85	1,03	0,78	Differentiation (ohne Kompensation)
8	0,85	0,94	0,77	
15	0,92	1,3	0,87	
5	—	—	0,49	Differentiation nach mechanischer Kompensation
8			0,44	
15			0,40	
5	1,15	1,1	1,0	Nullstellenzählung (ohne Kompensation)
8	1,15	1,15	1,05	
15	1,2	—	1,1	

LITERATUR

[1] H. REICHARDT: Über das Messen turbulenter Längs- und Querschwankungen. Z. angew. Math. Mech. **18** (1938) 358—365.

[2] H. SCHUH: Windschwankungsmessungen mit Hitzdrähten. Göttinger Monographien über Fortschritte der deutschen Luftfahrtforschung seit 1939, Monographie D_1 4, 3, 1—28 (AVA Göttingen 1945/46).

[3] J. LAUFER: Investigation of turbulent flow in a two-dimensional channel. NACA TN 2123 (1950).

[4] G. DÄTWYLER: Beiträge zur Hitzdrahtmethode. Z. angew. Math. Phys. **1** (1950) 298—316.

[5a] L. S. G. KOVASZNAY: Development of turbulence-measuring equipment. NACA Rep. 1209 (1954).

[5b] L. S. G. KOVASZNAY: Turbulence measurements. Appl. Mech. Rev. **12** (1959) 375—380.

[6] R. D. COOPER and M. P. TULIN: Turbulence measurements with the hot-wire anemometer. AGARDograph 12 (1955).

[7] E. SKUDRZYK: Die Grundlagen der Akustik. Springer-Verlag, Wien 1954, S. 429—433.

[8] YASUJIRO KOBASHI: Measurements of pressure fluctuation in the wake of cylinders. J. phys. Soc. Japan **12** (1957) 533—543.

[9] L. BERGMANN: Der Ultraschall. Verlag Hirzel, Zürich 1949.

Remarques sur la démonstration des équations du mouvement d'un milieu continu

Par J. Kampé de Fériet

(Institut de Mécanique des Fluides, Université de Lille)

En hommage pour son Jubilé, nous demandons au Professeur Tollmien, la permission de présenter quelques modestes remarques pédagogiques.

Pour établir les équations du mouvement d'un milieu continu, dans la plupart des cours de Mécanique, on utilise des parallélépipèdes et des tétraèdres infiniment petits; cette méthode, dont le caractère heuristique est évident, nécessite, pour devenir rigoureuse, de prouver chaque fois que les quantités négligées sont des infiniment petits d'ordre supérieur; elle devient alors très lourde.

Nous avons mis au point, dans notre enseignement[1]), *une méthode qui n'utilise que des parallélépipèdes et des tétraèdres finis*; elle s'appuie uniquement sur deux formules mathématiques, dont la démonstration rigoureuse, faite au préalable dans un cours de Mathématiques, ne laisse place à aucune difficulté; dans le cours de Mécanique on est alors libéré de tout souci d'ordre mathématique et l'on peut concentrer son attention sur l'aspect physique des opérations effectuées.

Les deux résultats mathématiques, que nous prenons comme base sont:

I. La formule de Green

$$\int_D \frac{\partial A_j}{\partial x_j}\, dv = -\int_S \alpha_j A_j\, ds \tag{1}$$

le vecteur $[A_1, A_2, A_3]$ étant continu dans le domaine D et sur la surface (régulière) fermée S; les dérivèes étant continues dans D; $[\alpha_1, \alpha_2, \alpha_3]$ est le vecteur unitaire normal orienté vers l'intérieur de D; nous employons la convention de sommation d'Einstein pour les indices répétés.

II. La formule de continuité

Si $f(x_1, x_2, x_3)$ est une fonction continue de (x_1, x_2, x_3) et si l'intégrale

$$\int_D f(x_1, x_2, x_3)\, dv$$

[1]) Nous l'utilisons depuis 1955; nous sommes redevables à nos collègues les Prof. A. Martinot-Lagarde et Gonthier de plusieurs remarques qui nous ont conduit à la mise au point actuelle.

est nulle pour tout parallélépipède D ou pour toute sphère D (ou, en général, pour toute famille de domaines D, telle que tout ensemble ouvert contenant un point x contienne au moins un D contenant x), alors

$$f(x_1, x_2, x_3) = 0 . \tag{2}$$

Notre exposé se divise en trois parties:

(A) écrire l'équation de la somme des forces pour un parallélépipède fini arbitraire; en déduire l'équation locale vérifiée en tout point.

(B) écrire l'équation de la somme des forces pour un tétraèdre fini arbitraire; en déduire que le tableau des efforts est un tenseur (c'est la célèbre équation de Cauchy).

(C) écrire l'équation du moment des forces pour un domaine arbitraire et en déduire que le tenseur est symétrique.

Nous partons de la définition (résultant de 3 hypothèses axiomatiques sur la nature des efforts dans un milieu continu) du tableau de 9 nombres $\sigma_{j,k}(x_1\, x_2, x_3)$; le nombre algébrique $\sigma_{j,k}(a_1, a_2, a_3)$ représente la projection sur l'axe $0\,x_k$ de l'effort (par unité de surface) exercé par le milieu continu situé du côté $x_j < a_j$ sur le milieu continu situé du côté $x_j > a_j$; nous supposons que les $\sigma_{j,k}$ (x_1, x_2, x_3) et leurs dérivées partielles $\frac{\partial \sigma_{j,k}}{\partial x_j}$ sont des fonctions continues de (x_1, x_2, x_3).

Nous désignerons par ϱ la masse spécifique du milieu continu, par $[f_1, f_2, f_3]$ la force appliquée en chaque point, provenant d'actions extérieures au milieu et par $[\gamma_1, \gamma_2, \gamma_3]$ l'accélération du milieu continu; nous supposons ϱ, f_j, γ_j fonctions continues de (x_1, x_2, x_3).

(A) Considérons un parallélépipède arbitraire (fini) D à faces normales aux axes; désignons par $S_1, S_1', S_2, S_2', S_3, S_3'$ ses six faces; les vecteurs unitaires correspondant à S_1 et S_1', respectivement, étant $[1, 0, 0]$ et $[-1, 0, 0]$ et de même pour les autres couples de faces.

En vertu du principe fondamental de la Mécanique, la résultante des forces d'inertie et des forces extérieures agissant sur la portion du milieu continu renfermée dans D doit être nulle; projetons sur l'axe $0x_1$

$$\int_D (f_1 - \gamma_1)\, \varrho\, dv + \int_{S_1} \sigma_{1,1} ds - \int_{S_1'} \sigma_{1,1}\, ds + \int_{S_2} \sigma_{2,1}\, ds - \int_{S_2'} \sigma_{2,1}\, ds + \int_{S_3} \sigma_{3,1}\, ds - \int_{S_3'} \sigma_{3,1}\, ds = 0 .$$

Mais en vertu des valeurs spéciales du vecteur unitaire $[\alpha_1, \alpha_2, \alpha_3]$ sur les 6 faces $S_1, S_1', \ldots$ ceci peut s'écrire

$$\int_D (f_1 - \gamma_1)\, \varrho\, dv + \int_S \alpha_j\, \sigma_{j,1}\, ds = 0$$

ou, appliquant la formule de Green à la seconde intégrale,

$$\int_D \left[(f_1 - \gamma_1)\, \varrho - \frac{\partial \sigma_{j,1}}{\partial x_j}\right] dv = 0 .$$

Cette intégrale étant nulle pour *tout* parallélépipède de la classe considérée, on déduit en vertu du principe II

$$(f_1 - \gamma_1)\,\varrho = \frac{\partial \sigma_{j,1}}{\partial x_j}$$

en tout point; le raisonnement s'appliquant à chaque axe nous avons le système des équations locales

$$(f_k - \gamma_k)\,\varrho = \frac{\partial \sigma_{j,k}}{\partial x_j}. \tag{3}$$

(B) Considérons un plan P; soit D un tétraèdre fini quelconque ayant une face S_0 dans P et ses trois faces S_1, S_2, S_3 normales aux axes; toutes les faces S_0 correspondant à des tétraèdres de ce type sont évidemment des triangles semblables dans P; désignons par $[\tau_1, \tau_2, \tau_3]$ l'effort exercé par le milieu extérieur à D sur le milieu intérieur à D en un point quelconque de P.

En vertu du principe de la Mécanique rappelé en (A), nous avons:

$$\int_D (f_1 - \gamma_1)\,\varrho\, dv + \int_{S_1} \sigma_{1,1}\, ds + \int_{S_2} \sigma_{2,1}\, ds + \int_{S_3} \sigma_{3,1}\, ds + \int_{S_0} \tau_1\, ds = 0\,. \tag{4}$$

En appliquant la formule de Green à (3)

$$\int_D (f_1 - \gamma_1)\,\varrho\, dv = -\int_S \alpha_j\, \sigma_{j,1}\, ds\,.$$

Mais à cause des valeurs spéciales de $[\alpha_1, \alpha_2, \alpha_3]$ sur les faces S_1, S_2, S_3 on peut écrire cette dernière formule

$$\int_D (f_1 - \gamma_1)\,\varrho\, dv = -\int_{S_1} \sigma_{1,1}\, ds - \int_{S_2} \sigma_{2,1}\, ds - \int_{S_3} \sigma_{3,1}\, ds - \int_{S_0} \alpha_j\, \sigma_{j,1}\, ds\,.$$

De telle sorte que (4) se réduit à

$$\int_{S_0} [\tau_1 - \alpha_j\, \sigma_{j,1}]\, ds = 0\,.$$

Cette formule étant vraie, quel que soit le triangle S_0 de la famille considérée, on doit avoir en vertu du principe II, en tout point de P:

$$\tau_1 - \alpha_j\, \sigma_{j,1} = 0\,.$$

D'où, en appliquant le même raisonnement à chaque axe

$$\tau_k = \alpha_j\, \sigma_{j,k}\,; \tag{5}$$

ce sont les équations de Cauchy, équivalentes en langage moderne au critère de tensorialité du tableau $\sigma_{j,k}$.

(C) Appliquons maintenant le principe de la Mécanique sous la forme du moment, au milieu contenu dans un domaine arbitraire D de frontière S

$$\int_D [x_j\,(f_k - \gamma_k) - x_k\,(f_j - \gamma_j)]\,\varrho\, dv + \int_S (x_j\,\tau_k - x_k\,\tau_j)\, ds = 0\,. \tag{6}$$

En vertu de la formule (5) la seconde intégrale s'écrit

$$\int_S (x_j\, \sigma_{i,k} - x_k\, \sigma_{i,j})\, \alpha_i\, ds$$

d'où en vertu de la formule de GREEN (I), elle peut être remplacée par:

$$-\int_D \frac{\partial}{\partial x_i}(x_j\,\sigma_{i,k} - x_k\,\sigma_{i,j})\,dv = \int_D \left[\left(x_j \frac{\partial \sigma_{i,k}}{\partial x_k} - x_k \frac{\partial \sigma_{i,j}}{\partial x_j}\right) + \sigma_{j,k} - \sigma_{k,j}\right] dv\,.$$

En reportant cette expression dans (6) et en tenant compte de (3) les coefficients de x_j et x_k s'annulent et il reste

$$\int_D (\sigma_{j,k} - \sigma_{k,j})\,dv = 0\,.$$

Le domaine D étant arbitraire l'application du principe II donne:

$$\sigma_{j,k} = \sigma_{k,j} \tag{7}$$

en tout point.

Nous avons donc établi que *le tableau des neuf nombres* $\sigma_{j,k}(x_1, x_2, x_3)$ *est un tenseur symétrique, vérifiant en chaque point du milieu continu les équations:*

$$(f_k - \gamma_k)\,\varrho = \frac{\partial \sigma_{j,k}}{\partial x_j}\,.$$

A tribute to Walter Tollmien

By Theodore von Kármán
(Paris)
In cooperation with
Frank L. Wattendorf

It is a true pleasure to give tribute to a friend of many years and former co-worker, Walter Tollmien, on the occasion of his sixtieth birthday. We both belonged to the Göttingen School of applied mechanics, especially fluid mechanics developed by Ludwig Prandtl under the aegis of Felix Klein and Carl Runge. I would count myself as a member of the first generation of Prandtl scholars: whereas many have been fortunate in being among the numerous generations of Prandtl scholars, Tollmien is one of the most important products of what might be considered the second generation.

If I look back on the contributions of the Göttingen school to fluid mechanics and especially aerodynamics, the following main points come into my mind: extension of simple computation methods long used for the solution of two dimensional flows of incompressible ideal fluids to three dimensional problems; systematic development of the circulation theory for lift and drag of airfoils with finite aspect ratio; the concept of the laminar boundary layer for the understanding and practical calculation of frictional effects in fluids of small viscosity; introduction and semi-empirical development of the concept of the turbulent boundary layer. In addition the first beginnings of practical calculations of flows in compressible fluids, below and above the velocity of sound belong also to the early period of the Prandtl school.

Tollmien's attention was at a rather early date concentrated on the problems of boundary layers, especially on the question of instability of the laminar layer which was supposed to explain the transition from laminar to turbulent frictional resistance. His scientific training was characterized by the main characteristics of the Göttingen school: fundamental approach to problems to be solved in close connection with the basic principles of mechanics.

As I first visited the California Institute of Technology in Pasadena, California, in 1926, Robert A. Millikan clearly explained to me that in his opinion the weak point of the U. S. engineering sciences was the "ad hoc approach" to the practical problems to be solved. I was somewhat surprised by this criticism because I remembered from the time I was a graduate student in Göttingen that Felix Klein, returning from a trip to the United States, was enthusiastic about the way American mathematicians and physicists found opportunity to apply their knowledge to practical industrial problems. However, Millikan's wish was my command; and as in 1930 I took over the Directorship of the newly founded GUGGENHEIM Aeronautics Laboratory at the California Institute of Technology my main concern was to train aeronautical engineers in such a way that they could not only use the necessary mathematical means, but in addition could have an integrated approach to the technical problems, i. e., consider the physical ideas behind the mathematical operations and always visualize the relation between theoretical and experimental research. Since the initial members of the GUGGENHEIM Aeronautics Laboratory of the California Institute of Technology were especially strong in the experimental field and practical calculations, it appeared to me that we needed a person, at least in the first period, who would help to transplant some elements of the Göttingen approach to the new institution. HARRY GUGGENHEIM's offer of two postdoctoral fellowships for the initial period of 5 years solved the financial question and I asked WALTER TOLLMIEN to accept one of the fellowships and come for a few years to the United States.

TOLLMIEN arrived in Pasadena during 1930 and blended well into the small group of the GUGGENHEIM Aeronautics Laboratory. In fact, his desire to supply a theoretical basis for the different experimental investigations in fluid mechanics took precedence over his own original work. He was of invaluable assistance to graduate students and researchers at GALCIT, in reviewing their experimental results, suggesting to them a theoretical framework, showing potential ceilings attainable. He was an excellent teacher in this regard providing both current indoctrination and future goals to research scientists especially graduate students immersed in the preparation of M. S. or Ph. D. theses.

As one example of TOLLMIEN's contributions at the California Institute of Technology, he assisted me greatly in establishing a new course in Applied Mechanics. He worked up notes for me for each session of this course and had all material in convenient form for me prior to each lecture. I well remember one of the first lectures in Applied Mechanics whereby time did not permit TOLLMIEN to complete his briefing in German before I had to leave for my lecture. TOLLMIEN walked with me to the hall explaining his notes to me in German all the way. The students were already assembled as I entered the room so I immediately started my lecture, going to the blackboard to write equations. After some minutes I observed unrest among the students, until one brave soul finally brought to my attention the fact that I had been lecturing in German. Afterwards, I asked TOLLMIEN and WATTENDORF why they had not warned me that I was speaking German. TOLLMIEN said that he had not noticed, and FRANK WATTENDORF said that he understood my German better than my English.

At the California Institute of Technology, TOLLMIEN played a very useful role as adviser to the newly established Fluid Mechanics Division of the GUGGENHEIM Aeronautical Laboratory, initially with FRANK WATTENDORF, ARNOLD KUETHE and HERBERT HOOVER, Jr. This group developed a technique of measuring correlations of turbulent fluctuations by means of directional hot wire apparatus;

and succeeded in proving experimentally for the first time the validity of linear shear distribution in fully developed turbulent flow in a channel.

Another contribution of TOLLMIEN at this time was the application of the KÁRMÁN similarity hypothesis to the mixing of jets, applied by KUETHE to his hot wire experiments on jet mixing, descrited in his Ph. D. thesis.

In addition, TOLLMIEN helped considerably on problems of the new GUGGENHEIM Airship Institute at Akron, Ohio, of which I also served as Director at that time. Two examples are:

a) Analysis of flow and moment distribution about an airship body during motion in a curved path.

b) Analysis of flow and moment distribution about an airship body during motion through perpendicular gusts.

Both of the above analyses were very useful to me when my advice was requested on the possible aerodynamic causes of the crash of the airship "Akron" during bad weather conditions. My estimates showed that the aerodynamic moments acting on the "Akron" under the influence of gusts corresponding to the prevailing weather conditions, were more than sufficient to explain failure.

The fundamentals in theory which TOLLMIEN made available to the original fluid mechanics group at GALCIT were passed down to successors such as KNOBLOCK, FRANCIS and MILTON CLAUSER, THIELE, CORRSIN, LAUFER etc.

Following the period at the California Institute of Technology in the early 1930's, TOLLMIEN made an outstanding contribution to the theory of transition from laminar to turbulent flow, commonly known as the TOLLMIEN-SCHLICHTING stability theory giving the relationship between frequency of perturbation and REYNOLDS number at which instability first appears. Although the theory is twodimensional and linear, it provided a basic physical concept out of which considerable experimental research grew. I will not go into this in any detail, but will only touch briefly on a few high points.

The validity of the TOLLMIEN-SCHLICHTING theory was confirmed experimentally by SCHUBAUER and SKRAMSTAD, who simulated artificial perturbations in a two-dimensional flow, and measured the oscillations induced. The good agreement between theory and experiment gave confidence to others to search toward a more complete picture of real flow conditions, under which the observed REYNOLDS number of transition differed from the values corresponding to frequency as predicted by the two-dimensional theory. An extensive series of theoretical and experimental investigations followed over many years to clarify this fact, and in general the following main aspects of real transition were taken into account:

Non-linear aspects

The linear theory was refined by LIN, STUART and others to account for non-linear perturbations.

Three-dimensional aspects

The influence of three-dimensional perturbations was considered by GÖRTLER, SQUIRE, LIN, KOVASNAY, CRIMINALE, etc.

Concept of turbulent contamination

This concept, proposed by EMMONS and others, visualizes instability starting in a small domain where laminar-turbulent transition takes place, then propagating in a conical field.

Concepts of basic mechanism of transition

The concept of the perturbation leading to transition in the form of horseshoe vortices was proposed by THEODORSEN, and demonstrated experimentally by WESKE. KLEBANOFF visualized the basic disturbance in the form of curved vortex lines.

In conclusion, it is a pleasure to review certain aspects of WALTER TOLLMIEN's activities which were closely associated with my own activities and those of my co-workers; and to recall that the original considerations of the TOLLMIEN-SCHLICHTING theory made rich contributions to fluid mechanics and led to a variety of theoretical and experimental research by many investigators in the years which followed.

Über ein Umkehrproblem aus der Schwingungslehre

Von HANS KAUDERER †

(Lehrstuhl für Baumechanik, Technische Hochschule Hannover)

I.

Während sich zahlreiche Untersuchungen mit der Frage nach den Eigenfrequenzen schwingungsfähiger Körper von vorgegebener Gestalt beschäftigen, scheint dem umgekehrten, vom technischen Standpunkt aus ebenfalls nicht uninteressanten Problem, nämlich der Ermittlung der Gestalt eines schwingungsfähigen Körpers mit einem vorgeschriebenen Spektrum von Eigenfrequenzen, noch verhältnismäßig wenig Aufmerksamkeit gewidmet worden zu sein.

Einen kräftigen Vorstoß in dieser Richtung verdankt man einigen sowjetischen Forschern, so insbesondere M. G. KREIN, der sich in den letzten Jahren in einer Reihe von Veröffentlichungen mit der Frage nach der Massenverteilung längs einer transversal schwingenden Saite bei vorgeschriebenen Eigenfrequenzen befaßt hat [1].

Diese Arbeit soll nun ebenfalls — wenn auch nur in bescheidenem Ausmaß, weil sie sich mit einem sehr speziellen Problem beschäftigt — zur Lösung der aufgeworfenen Frage etwas beitragen. Es soll nämlich gezeigt werden, wie man die Gestalt eines mehrfach abgesetzten Stabes bestimmen kann, wenn man die Eigenfrequenzen seiner Längsschwingungen vorgibt und überdies für seinen Aufbau noch einige einschränkende Vorschriften macht.

Zuerst werden wir (Ziff. II) diese Vorschriften formulieren und zugleich ein Verfahren zur Darstellung des Amplitudenverlaufs des schwingensen Stabes kennenlernen, das die weiteren Untersuchungen anschaulich macht. Sodann soll (Ziff. III) die für die Lösung des Problems grundlegende Rekursionsformel aufgestellt werden. Es schließt sich (Ziff. IV) eine Betrachtung darüber an, welche Eigenfrequenzen man unter den einschränkenden Vorschriften für den Aufbau des Stabes überhaupt vorgeben darf. Die Anwendung der Rekursionsformel ermöglicht es dann, durch einen einfachen Algorithmus die Konstanten, welche die Gestalt des Stabes kennzeichnen, zu berechnen (Ziff. V). Ein Zahlenbeispiel (Ziff. VI) zeigt die praktische Durchführung des Verfahrens. Einige Schlußbemerkungen (Ziff. VII) geben Ausblicke auf weitere, mit derselben Methode lösbare Fragestellungen.

II.

Wir betrachten einen geraden Stab von vorgeschriebener Länge $2\,l$ aus homogenem elastischem Material, für das wir den Elastizitätsmodul E und die Dichte ϱ

ebenfalls vorschreiben. Die Stabachse falle mit einer x-Achse zusammen und erstrecke sich von $x = 0$ bis $x = 2\,l$. An seinen Enden sei der Stab unverschieblich gelagert (Abb. 1). Er soll aus einer vorgegebenen Anzahl von $2\,n$ gleichlangen zylindrischen Teilstücken von der Länge $\Delta x = l/n$ derart aufgebaut werden, daß die zur x-Achse senkrechte Ebene durch den Punkt $x = l$ zur Symmetrieebene wird. Der Querschnitt des von $x = 0$ an gezählten i-ten Teilstückes sei mit q_i $(i = 1, 2, \ldots, 2\,n)$ bezeichnet, wobei dann wegen der Symmetrie $q_i = q_{2n+1-i}$ wird. Die Werte von q_i sollen nun so bestimmt werden, daß der Stab ein vorgeschriebenes Spektrum von Eigenfrequenzen für die Längsschwingungen erhält. Um die Untersuchung noch etwas zu vereinfachen, nehmen wir an, n sei gerade; sie läßt sich jedoch auch für ungerade n durchführen.

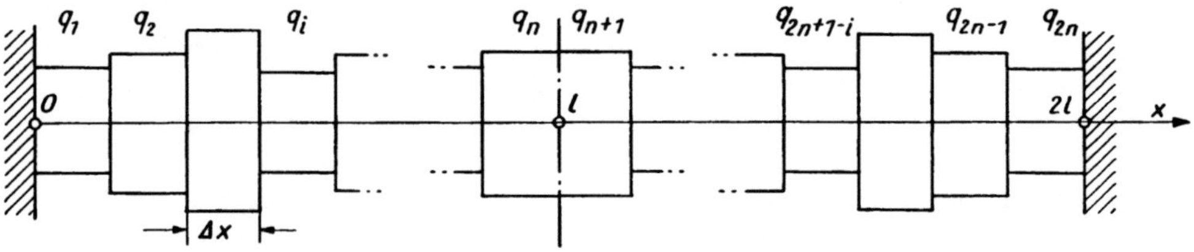

Abb. 1. Der den Untersuchungen zugrunde gelegte Stab

Ist $u(x, t)$ die Längsverschiebung des Stabquerschnitts an der Stelle x zur Zeit t, so gilt für jedes einzelne zylindrische Teilstück des Stabes bekanntlich die partielle Differentialgleichung

$$\varrho \frac{\partial^2 u}{\partial t^2} = E \frac{\partial^2 u}{\partial x^2},$$

die mit dem Produktansatz für stationäre Schwingungen mit der Kreisfrequenz ω

$$u(x, t) = U(x) \sin \omega t$$

auf die homogene gewöhnliche Differentialgleichung

$$\frac{d^2 U}{dx^2} + \frac{\varrho\, \omega^2}{E} U = 0$$

für die Schwingungsamplitude $U(x)$ führt.

Wir benützen nun dimensionslose Größen, nämlich die Stabkoordinate

$$\xi = x/l \qquad \text{mit} \qquad \Delta\xi = \Delta x/l = 1/n\,,$$

sodann mit einer beliebig gewählten Länge $\overline{U}(\neq 0)$ die Amplitude

$$\eta = U/\overline{U}\,,$$

und weiterhin die Kreisfrequenz

$$\alpha = \sqrt{\frac{\varrho}{E}}\, l\, \omega\,.$$

Dann lautet die Differentialgleichung für jedes einzelne Teilstück des Stabes

$$\frac{d^2\eta}{d\xi^2} + \alpha^2 \eta = 0 .$$

Sie hat mit den beliebig wählbaren Integrationskonstanten A und δ die allgemeine Lösung

$$\eta = A \sin (\alpha \xi + \delta) .$$

Zur Darstellung des Amplitudenverlaufs wählen wir ein rechtwinkliges Koordinatensystem, auf dessen Abszissenachse wir η und auf dessen Ordinatenachse wir die zur Längsdehnung dU/dx proportionale Größe

$$\zeta = \frac{1}{\alpha} \frac{d\eta}{d\xi} = \frac{1}{\omega} \sqrt{\frac{E}{\varrho}} \frac{1}{\overline{U}} \frac{dU}{dx} = A \cos (\alpha \xi + \delta)$$

abtragen. Es wird dann

$$\eta^2 + \zeta^2 = A^2 ,$$

und wir erhalten für jedes Teilstück von der Länge Δx einen Kreisbogen um den Ursprung mit dem Halbmesser A und dem Zentriwinkel $\alpha \Delta\xi = \alpha/n$, der bei wachsenden x- oder ξ-Werten im Uhrzeigersinn zu durchlaufen ist.

Der Amplitudenverlauf für den ganzen Stab in der (η, ζ)-Ebene muß sich demnach aus $2n$ Kreisbogenstücken um den Ursprung mit gleichgroßen Zentriwinkeln α/n (aber i. a. verschiedenen Halbmessern) zusammensetzen. Von den Kreisbögen, die zu zwei benachbarten Teilstücken mit den Nummern i und $i + 1$ gehören, sind hierbei folgende Übergangsbedingungen zu erfüllen:

1. Die Abszisse des Endpunktes des i-ten Kreisbogens muß mit derjenigen des Anfangspunktes des $(i + 1)$-ten übereinstimmen, weil die Verschiebungsamplituden U an der Übergangsstelle der beiden Teilstücke gleich sind.

2. Die Ordinate ζ_i'' des Endpunktes des i-ten Kreisbogens muß mit derjenigen des Anfangspunktes des $(i + 1)$-ten ζ_{i+1}' die Beziehung

$$q_i \zeta_i'' = q_{i+1} \zeta_{i+1}'$$

erfüllen, die sich mit dem Querschnittsverhältnis

$$\psi_i = q_{i+1}/q_i$$

auch in der Form

$$\zeta_i'' = \psi_i \zeta_{i+1}' \tag{1}$$

schreiben läßt. Sie folgt aus der Forderung, daß die Längskraft im Stab durch die Übergangsstelle der beiden Teilstücke übertragen werden muß. (Man kann sich zwischen dem Ende des i-ten und dem Anfang des $(i + 1)$-ten Teilstücks eine dünne starre Scheibe als Übertragungsglied vorstellen.)

Da die Eigenfrequenzen der Längsschwingungen zweier Stäbe mit veränderlichen Querschnitten $q(x)$ und $\bar{q}(x)$ unter gleichen Bedingungen übereinstimmen, wenn $q(x)$ und $\bar{q}(x)$ für alle x in einem festen Verhältnis stehen, so können wir grundsätzlich die Folge der Werte q_i (und somit die Gestalt des Stabes) nur bis auf einen Proportionalitätsfaktor bestimmen. Wir dürfen daher etwa q_1 einen willkürlichen positiven Wert geben, und unsere Aufgabe ist gelöst, wenn es uns gelungen ist, die Folge der Querschnittsverhältnisse $\psi_1, \psi_2, \ldots, \psi_{n-1}$ zu einem vorgeschriebenen Spektrum von Eigenfrequenzen zu berechnen.

III.

Wir wollen jetzt eine Rekursionsformel aufstellen für die Zentriwinkel, die zu den Endpunkten der Kreisbögen in der (η, ζ)-Ebene gehören.

Es sei β_i der von der $+\zeta$-Achse an im Uhrzeigersinn positiv gemessene Zentriwinkel des Endpunktes (η_i'', ζ_i'') des i-ten Kreisbogens und $\beta_i + \gamma_i$ der Zentriwinkel des Anfangspunktes $(\eta_{i+1}', \zeta_{i+1}')$ des $(i+1)$-ten Kreisbogens. Dann ist

$$\beta_{i+1} = \beta_i + \gamma_i + \frac{\alpha}{n}$$

der Zentriwinkel des Endpunktes $(\eta_{i+1}'', \zeta_{i+1}'')$ des $(i+1)$-ten Kreisbogens, und es folgt, wie man aus Abb. 2 abliest, wegen (1)

$$\operatorname{tg}(\beta_i + \gamma_i) = \frac{\eta_i''}{\zeta_{i+1}'} = \psi_i \frac{\eta_i''}{\zeta_i''} = \psi_i \operatorname{tg} \beta_i$$

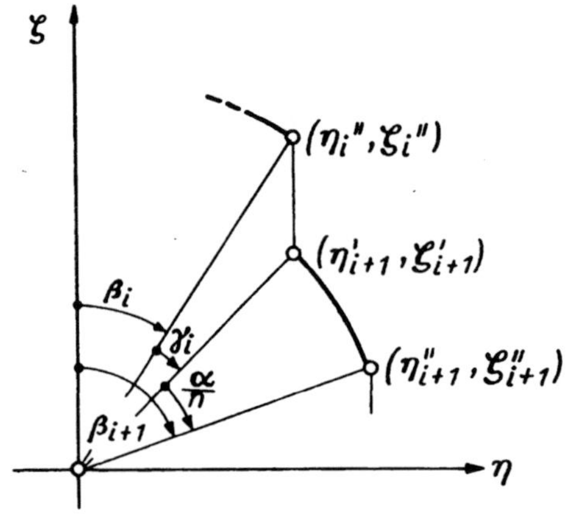

Abb. 2. Zur Herleitung der Rekursionsformel

und somit

$$\operatorname{tg} \beta_{i+1} = \frac{\psi_i \operatorname{tg} \beta_i + \operatorname{tg} \frac{\alpha}{n}}{1 - \psi_i \operatorname{tg} \beta_i \operatorname{tg} \frac{\alpha}{n}} \quad \text{für} \quad i = 1, 2, \ldots, 2n-1 .$$

Weil der Stab für $x = 0$ festgehalten ist, so muß für den Anfangspunkt des ersten Bogens die Abszisse $\eta_1' = 0$ sein, während die Ordinate ζ_1' beliebig wählbar ist. Es ist also stets $\beta_1 = \alpha/n$.

Mit den Abkürzungen

$$B_i = -\operatorname{tg}\frac{\alpha}{n}\operatorname{tg}\beta_i\,, \tag{2}$$

$$\vartheta^2 = 1 + \operatorname{tg}^2\frac{\alpha}{n} \tag{3}$$

läßt sich hieraus die Rekursionsformel

$$B_{i+1} = 1 - \frac{\vartheta^2}{1 + \psi_i B_i} \qquad (i = 1, 2, \ldots, 2n - 1)$$

bilden. Wegen $\beta_1 = \alpha/n$ wird $B_1 = 1 - \vartheta^2$, und wir erhalten somit

$$B_2 = 1 - \frac{\vartheta^2}{(1+\psi_1) - \psi_1\vartheta^2}\,, \qquad B_3 = 1 - \cfrac{\vartheta^2}{(1+\psi_2) - \psi_2\cfrac{\vartheta^2}{(1+\psi_1) - \psi_1\vartheta^2}} \tag{4}$$

und schließlich für B_n die Entwicklung

$$B_n = 1 - \cfrac{\vartheta^2}{(1+\psi_{n-1}) - \psi_{n-1}\cfrac{\vartheta^2}{(1+\psi_{n-2}) - \psi_{n-2}\cfrac{\vartheta^2}{\cdots\cdots\cdots\cdots\overline{(1+\psi_2) - \psi_2\cfrac{\vartheta^2}{(1+\psi_1) - \psi_1\vartheta^2}}}}}\,. \tag{5}$$

Ist nun i gerade und B_i als Quotient zweier Polynome $P_i(\vartheta^2)$ und $Q_i(\vartheta^2)$ vom Grad $i/2$ in ϑ^2 darstellbar:

$$B_i = \frac{P_i(\vartheta^2)}{Q_i(\vartheta^2)}\,, \tag{6}$$

so folgt durch zweimalige Anwendung der Rekursionsformel für B_{i+1}, daß

$$B_{i+2} = \frac{\psi_i(1+\psi_{i+1}-\vartheta^2)\,P_i(\vartheta^2) + (1+\psi_{i+1})(1-\vartheta^2)\,Q_i(\vartheta^2)}{\psi_i(1+\psi_{i+1})\,P_i(\vartheta^2) + (1+\psi_{i+1}-\psi_{i+1}\vartheta^2)\,Q_i(\vartheta^2)} = \frac{P_{i+2}(\vartheta^2)}{Q_{i+2}(\vartheta^2)}$$

wird; d. h., B_{i+2} muß sich dann als Quotient zweier Polynome vom Grad $\frac{1}{2}(i+2)$ in ϑ^2 ausdrücken lassen. Nun ist aber wegen (4) die Voraussetzung (6) für $i = 2$ erfüllt, und somit muß, da ja n gerade ist, der Ausdruck

$$B_n = \frac{P_n(\vartheta^2)}{Q_n(\vartheta^2)}$$

ein Quotient aus zwei Polynomen vom Grad $\frac{1}{2}n$ in ϑ^2 sein. Wie man aus (5) erkennt, verschwindet B_n für $\vartheta^2 = 1$. Das Zählerpolynom $P_n(\vartheta^2)$ enthält also den Faktor $(1 - \vartheta^2)$. Sind $\vartheta_1^2, \vartheta_3^2, \ldots, \vartheta_{n-3}^2$ die weiteren Nullstellen von $P_n(\vartheta^2)$ und $\vartheta_0^2, \vartheta_2^2, \ldots, \vartheta_{n-2}^2$ diejenigen des Nennerpolynoms $Q_n(\vartheta^2)$, so muß sich mit irgendeiner Konstanten $c\ (\neq 0)$ der Ausdruck für B_n auf die Form

$$B_n = c\,\frac{(1-\vartheta^2)(\vartheta_1^2-\vartheta^2)(\vartheta_3^2-\vartheta^2)\cdots(\vartheta_{n-3}^2-\vartheta^2)}{(\vartheta_0^2-\vartheta^2)(\vartheta_2^2-\vartheta^2)(\vartheta_4^2-\vartheta^2)\cdots(\vartheta_{n-2}^2-\vartheta^2)} \tag{7}$$

bringen lassen.

IV.

Nun wollen wir zeigen, daß für einen Stab mit $2n$ Teilstücken in der angenommenen symmetrischen Form schon sämtliche Eigenfrequenzen festgelegt sind, wenn man für ihn nur die $n-1$ niedrigsten vorschreibt.

Wir gehen davon aus, daß mit wachsender Knotenzahl k die Eigenfrequenzen größer werden und die durch $U(x)$ bzw. $\eta(\xi)$ dargestellten Schwingungsformen abwechselnd symmetrisch und antimetrisch zur Stabmitte verlaufen müssen. Alle Größen, die zu der Schwingungsform mit k Knoten gehören, bezeichnen wir künftig durch den hochgesetzten Index (k). Da die Schwingungsform mit der niedrigsten Eigenfrequenz symmetrisch und knotenfrei ist, so müssen die $\alpha^{(k)}$ mit geradem k $(\geqq 0)$ zu symmetrischen und mit ungeraden k $(\geqq 1)$ zu antisymmetrischen Schwingungsformen gehören. Im (η,ζ)-Diagramm muß der Endpunkt des n-ten Kreisbogens bei symmetrischen Schwingungsformen, für die ja die Dehnung in der Mitte verschwindet, auf der η-Achse liegen, und bei antimetrischen Schwingungsformen, für welche die Verschiebung in der Mitte verschwindet, auf der ζ-Achse. Es wird somit der zugehörige Zentriwinkel

$$\beta_n^{(k)} = \alpha^{(k)} + \sum_{i=1}^{n-1} \gamma_i^{(k)} = (k+1)\frac{\pi}{2} \; (k = 0, 1, 2, \ldots) . \tag{8}$$

Wie man sich leicht überzeugt, erhält man stets eine mögliche Lösung, wenn man $\alpha^{(k)}/n = j\pi/2$ $(j = 1, 2, \ldots)$ setzt. Da dann sämtliche Kreisbögen auf der η- oder der ζ-Achse beginnen und endigen, so werden alle $\gamma_i^{(k)}$ gleich Null, und es ergibt sich die Beziehung $j n \pi/2 = (k+1)\pi/2$, also $k = jn - 1$. Für die Schwingungsform mit $jn-1$ Knoten $(j = 1, 2, \ldots)$ liegen also von vornherein die Eigenwerte fest, nämlich

$$\alpha^{(jn-1)} = j n \frac{\pi}{2} \; (j = 1, 2, \ldots) . \tag{9}$$

(Dies sind die Schwingungsformen, bei denen jedes einzelne Teilstück an seinen Enden einen Bauch oder einen Knoten hat.) Somit müssen die Zentriwinkel $\alpha^{(k)}/n$ der Kreisbögen, die zu Schwingungsformen mit weniger als $n-1$ Knoten gehören, sämtliche kleiner als $\pi/2$ sein.

Weiter kann man sich anhand des (η,ζ)-Diagramms klarmachen, daß es zu jedem möglichen Diagramm für k Knoten aus Kreisbögen mit den Zentriwinkeln $\alpha^{(k)}/n$ $(k = 0, 1, 2, \ldots, n-2)$ auch solche für k' bzw. k'' Knoten mit den Zentriwinkeln

$$\frac{\alpha^{(k')}}{n} = m\pi - \frac{\alpha^{(k)}}{n} \quad \text{und} \quad \frac{\alpha^{(k'')}}{n} = m\pi + \frac{\alpha^{(k)}}{n} \; (m = 1, 2, \ldots) \tag{10}$$

gibt, wobei die Winkel

$$\gamma_i^{(k')} = -\gamma_i^{(k)} \quad \text{und} \quad \gamma_i^{(k'')} = +\gamma_i^{(k)} \tag{11}$$

werden. Für die zugehörigen Zentriwinkel $\beta_n^{(k')}$ und $\beta_n^{(k'')}$ folgt dann wegen (8), (10) und (11):

$$\beta_n^{(k')} = \alpha^{(k')} + \sum_{i=1}^{n-1} \gamma_i^{(k')} = m\, n\, \pi - \alpha^{(k)} - \sum_{i=1}^{n-1} \gamma_i^{(k)} = (2\, m\, n - k - 1)\frac{\pi}{2}\,,$$

$$\beta_n^{(k'')} = \alpha^{(k'')} + \sum_{i=1}^{n-1} \gamma_i^{(k'')} = m\, n\, \pi + \alpha^{(k)} + \sum_{i=1}^{n-1} \gamma_i^{(k)} = (2\, m\, n + k + 1)\frac{\pi}{2}\,,$$

und für die Knotenzahlen

$$k' = 2\, m\, n - k - 2 \qquad \text{und} \qquad k'' = 2\, m\, n + k \qquad (m = 1, 2, \ldots)\,.$$

Läuft nun k von 0 bis $n - 2$, so überstreicht k' den Wertebereich von $(2\, m - 1)n$ bis $2\, m\, n - 2$ und k'' den Wertebereich von $2\, m\, n$ bis $(2\, m + 1)\, n - 2$. Zusammen mit den Knotenzahlen $j\, n - 1$ $(j = 1, 2, \ldots)$, die sich oben ergaben, werden hiermit gerade sämtliche ganzen Zahlen von $k = n - 1$ an erfaßt; d. h. also, daß durch die Vorgabe der $n - 1$ Werte von $\alpha^{(0)}$ bis $\alpha^{(n-2)}$ mit

$$\alpha^{(0)} < \alpha^{(1)} < \alpha^{(2)} < \cdots < \alpha^{(n-2)} < n\,\frac{\pi}{2} = \alpha^{(n-1)} \tag{12}$$

schon sämtliche Eigenfrequenzen des Stabes festgelegt sind. Trägt man das Spektrum auf einer α-Achse ab, so werden die Punkte $\alpha = j\, n\, \frac{\pi}{2}$ $(j = 1, 2, \ldots)$ jeweils Symmetriepunkte für das Frequenzintervall von $(j - 1)\, n\, \frac{\pi}{2}$ bis $(j + 1)\, n\, \frac{\pi}{2}$.

V.

Da $\beta_n^{(k)} = (k + 1)\,\pi/2$ und $\alpha^{(k)}/n < \pi/2$ für $0 \leqq k \leqq n - 2$ ist, so muß nach (2) $B_n^{(k)}$ für ungerade k verschwinden und für gerade k unendlich werden. Dies bedeutet aber, daß das Zählerpolynom von B_n in (7) Nullstellen für diejenigen Werte von ϑ^2 besitzen muß, die sich nach (3) für $\alpha = \alpha^{(k)}$ mit ungeradem k ergeben, während das Nennerpolynom für die ϑ^2-Werte verschwindet, die zu den $\alpha^{(k)}$ mit geraden k-Werten gehören. Übrigens verschwinden dann Zähler bzw. Nenner erwartungsgemäß auch für diejenigen Werte von $\alpha^{(k)}$, die auf Grund der Untersuchung in Ziff. IV durch die $n - 1$ ersten Werte mitbestimmt sind.

Somit ergibt sich das folgende einfache Verfahren zur Lösung unserer Aufgabe: Wir schreiben uns die ersten $n - 1$ Werte $\alpha^{(k)}$ unter Berücksichtigung der Ungleichung (12) vor, berechnen hierzu die Werte

$$\vartheta_k^2 = 1 + \operatorname{tg}^2 \frac{\alpha^{(k)}}{n}\,, \tag{13}$$

setzen sie in die Gleichung (7) für B_n ein und multiplizieren Zähler und Nenner aus, wobei wir die Glieder nach steigenden Potenzen von ϑ^2 ordnen. Dann bilden wir durch fortgesetzte Division die Entwicklung (5) für B_n. Hierbei zeigt es sich, daß wir, um als erstes Glied die Zahl 1 in dieser Darstellung zu erhalten, den Faktor c in (7) so wählen müssen, daß die Absolutglieder im Zähler und im Nenner von (7) gleich (z. B. $= 1$) werden. Die bei der Entwicklung (5) auftretenden Koeffizienten liefern dann der Reihe nach die Querschnittsverhältnisse $\psi_{n-1}, \psi_{n-2}, \ldots, \psi_1$, wobei das letzte Glied noch eine Rechenprobe ermöglicht.

VI.

Das Verfahren soll an einem Zahlenbeispiel erläutert werden. Der gesuchte Stab soll $2n = 12$ Teilstücke erhalten. Hätte er konstanten Querschnitt, so wären die Kreisfrequenzen ω seiner freien Schwingungen aus

$$\sqrt{\frac{\varrho}{E}}\, l\,\omega = \alpha = j\,\frac{\pi}{2} \quad (j = 1, 2, \ldots)$$

zu berechnen. Statt dessen schreiben wir uns die Werte

$$\alpha^{(0)} = 1\,, \qquad \alpha^{(1)} = 3\,, \qquad \alpha^{(2)} = 5\,, \qquad \alpha^{(3)} = 6\,, \qquad \alpha^{(4)} = 8$$

vor. Der Wert $\alpha^{(5)}$ ist für $n = 6$ nach (9) gleich $3\pi = 9{,}4248$; d. h., die Ungleichung (12) ist erfüllt. Alle weiteren α-Werte sind hiermit festgelegt. Es wird dann z. B.

$$\alpha^{(6)} = 6\pi - \alpha^{(4)} = 10{,}85; \quad \alpha^{(7)} = 6\pi - \alpha^{(3)} = 12{,}85; \quad \ldots;$$
$$\alpha^{(10)} = 6\pi - \alpha^{(0)} = 17{,}85; \quad \alpha^{(11)} = 6\pi = 18{,}85; \quad \alpha^{(12)} = 6\pi + \alpha^{(0)} = 19{,}85;$$
$$\alpha^{(13)} = 6\pi + \alpha^{(1)} = 21{,}85 \text{ usf.}$$

Mit den Werten von $\alpha^{(0)}$ bis $\alpha^{(4)}$ wird nach (13)

$$\vartheta_0^2 = 1{,}0283; \ \vartheta_1^2 = 1{,}2984; \ \vartheta_2^2 = 2{,}2117; \ \vartheta_3^2 = 3{,}4255; \ \vartheta_4^2 = 18{,}0713\,.$$

Setzt man dies in den Ausdruck (7) ein, multipliziert aus und dividiert Zähler und Nenner je mit dem Absolutglied durch, so folgt

$$B_6 = \frac{1 - 2{,}0621\,\vartheta^2 + 1{,}2869\,\vartheta^4 - 0{,}2248\,\vartheta^6}{1 - 1{,}4800\,\vartheta^2 + 0{,}5185\,\vartheta^4 - 0{,}0243\,\vartheta^6}\,.$$

Durch fortgesetzte Division erhält man hieraus nach längerer, aber elementarer Zwischenrechnung die Entwicklung (5) in der Form

$$B_6 = 1 - \cfrac{\vartheta^2}{1{,}718 - 0{,}718\cfrac{\vartheta^2}{2{,}612 - 1{,}612\cfrac{\vartheta^2}{2{,}662 - 1{,}662\cfrac{\vartheta^2}{2{,}417 - 1{,}417\cfrac{\vartheta^2}{2{,}431 - 1{,}431\,\vartheta^2}}}}}\,,$$

woraus

$$\psi_1 = 1{,}431; \ \psi_2 = 1{,}417; \ \psi_3 = 1{,}662; \ \psi_4 = 1{,}612; \ \psi_5 = 0{,}718$$

folgt. Setzen wir den willkürlich wählbaren Querschnitt $q_1 = 1$, so wird demnach

$$q_2 = \psi_1 q_1 = 1{,}431; \ q_3 = \psi_2 q_2 = 2{,}029; \ q_4 = \psi_3 q_3 = 3{,}373;$$
$$q_5 = \psi_4 q_4 = 5{,}435; \ q_6 = \psi_5 q_5 = 3{,}902.$$

Als Beispiel zeigt Abb. 3 das (η, ζ)-Diagramm für den Amplitudenverlauf der linken Stabhälfte, der zu $\alpha^{(4)} = 8$ gehört. Hierbei berechnet sich der Zentriwinkel der einzelnen Kreisbögen zu $\alpha^{(4)}/n = 4/3$ oder 76° 24′. Der Halbmesser des ersten Kreisbogens, der auf der ζ-Achse beginnt, ist beliebig; der letzte Bogen endigt auf der η-Achse.

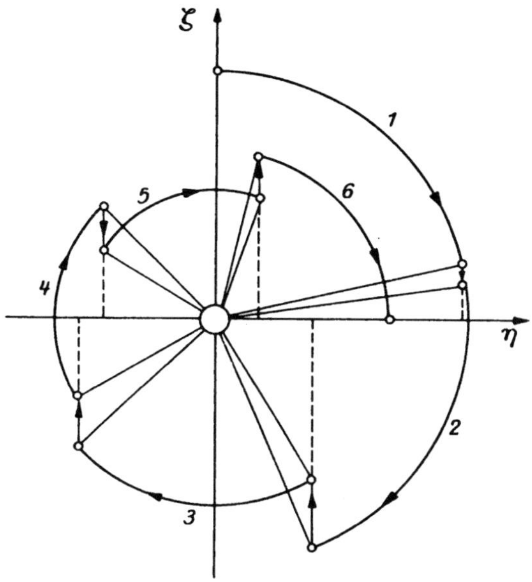

Abb. 3. Amplitudenverlauf der linken Stabhälfte zu $\alpha^{(4)} = 8$

VII.

Der Grundgedanke des Verfahrens läßt sich auch auf andere Schwingungsprobleme anwenden, die formal auf die gleichen mathematischen Beziehungen führen. So kann man in analoger Weise die Drillschwingungen des abgesetzten Stabes behandeln. Auch für freie Stabenden wird die Aufgabe lösbar, wenn man das Verfahren den geänderten Randbedingungen anpaßt.

Betrachtet man nur die eine Hälfte des Stabes, so lassen sich natürlich auch unsymmetrische Anordnungen behandeln. Hierbei tritt dann allerdings der Nachteil auf, daß man, um die Querschnittsverhältnisse eindeutig zu bestimmen, zu den Eigenfrequenzen, die man eigentlich vorschreiben möchte, noch weitere, dazwischenliegende Zahlwerte, die nur beim symmetrischen Stab einen Sinn haben, willkürlich wählen muß.

Nimmt man diesen Nachteil, der praktisch nicht sehr schwer wiegt, in Kauf, so kann man auch drehsymmetrische Scheiben berechnen, für die man die Eigenfrequenzen ihrer Torsionsschwingungen vorschreibt. Eine Darstellung des Schwingungsbildes der tordierten Scheibe, die mit der hier benützten nahe verwandt ist, findet sich bei E. B. Biezeno und R. Grammel [2].

LITERATUR

[1] F. R. Gantmacher und M. G. Krein: Oszillationsmatrizen, Oszillationskerne und kleine Schwingungen mechanischer Systeme. Berlin 1960. S. 322, sowie die im dortigen Literaturverzeichnis auf S. 350 unter den Nummern [16] bis [22] aufgeführten Arbeiten von M. G. Krein.

[2] C. B. Biezeno und R. Grammel: Technische Dynamik. II. Bd. 2. Aufl., Berlin/Göttingen/Heidelberg 1953. S. 41.

Berechnung der Quell- und Dipolverteilungen zur Darstellung der Überschallströmung an vorgegebenen Rotationskörpern

Von Friedrich Keune

(Deutsche Versuchsanstalt für Luftfahrt, Aachen; Institut für angewandte Gasdynamik)

Übersicht

Aus einer Iteration nach Gliedern abnehmender Größenordnung sowohl der gasdynamischen Gleichung der linearisierten Theorie als auch der Randbedingung für die Strömung an der Körperoberfläche gelingt eine konvergierende Summendarstellung der Singularitätenverteilung auf der Körperachse zur Darstellung nicht zu dicker angestellter Rotationskörper. Es wird gezeigt, daß die Ergebnisse wesentlich von der Machzahl abhängen, sobald man sich nicht nur mit den bekannten ersten Näherungen begnügt. Die analytische Darstellung gibt einfache Zusammenhänge der Ergebnisse mit der Machzahl und dem Dickenverhältnis.

1. Aufgabenstellung

Die Theorie zur Berechnung der Strömung um Körper kleiner Streckung und um schlanke Rotationskörper, die zu praktisch nützlichen und wesentlichen Erkenntnissen führte, wurde unter der Voraussetzung kleiner Querausdehnung des Körpers gegenüber seiner Tiefe und kleiner Anstellwinkel gewonnen. Die Tatsache, daß dann nach diesen bekannten Theorien der Einfluß der Kompressibilität auf einige der Strömungseigenschaften vernachlässigbar klein bleibt, ist lediglich eine Folge der besonderen Idealisierung der Strömung. Es besteht deshalb kein Grund, eine Erweiterung der Methode zur analytischen Berechnung der Strömung unbedingt mit der Berücksichtigung nichtlinearer Kompressibilitätseinflüsse zu verbinden. Abgesehen davon, daß diese nichtlinearen Einflüsse bei rotationssymmetrischer Strömung nur in einer ersten Näherung erfaßt wurden, für dreidimensionale Strömungen aber noch fehlen, ist eine möglichst genaue Berechnung der Strömung, welche nur die nach Prandtl gegebenen linearen Kompressibilitätseinflüsse berücksichtigt, theoretisch und praktisch sinnvoll genug. Eine Deutung des Unterschiedes zwischen analytischem und durch Messung gewonnenem Ergebnis bleibt aussichtslos, wenn dieser Unterschied noch mit merklichen oder großen Fehlern der analytischen sogenannten „linearisierten" Theorie behaftet ist. Diese nur die linearen Zusammenhänge zwischen den Änderungen der Geschwindigkeitskomponenten im Raum berücksichtigende „lineare" Theorie erfaßt in der Überschallströmung nicht das Auftreten und den Einfluß von Stößen und ihre Ergebnisse sind außerdem in unmittelbarer Schallnähe unbrauchbar. Aber sie gibt wesentliche Aussagen über den Einfluß von MACHzahl und Dickenverhältnis oder Streckung und Anstellwinkel, insbesondere in der Überschallströmung, wo die Größe Eins des PRANDTL-Faktors $\sqrt{M_1^2 - 1}$ stark überschritten werden kann, bevor die Merkmale der Hyperschallströmung auftreten.

Hier soll die für allgemeine dreidimensionale Körper durchführbare Theorie für den Rotationskörper vorgegebener Körperform entwickelt werden. Und zwar wird sie zweckmäßig als eine Erweiterung der bekannten Theorie für schlanke Rotationskörper gegeben, die als eine erste Näherung anzusehen ist. Es wird darauf ankommen, möglichst genau den Zusammenhang zwischen der vorgegebenen Körperform und den Singularitätenverteilungen auf der Achse des Rotationskörpers zu bestimmen, welche diesen Körper mit genügender Genauigkeit zur Stromlinie in der ungestörten Parallelströmung machen. Mit diesen Verteilungen von Quellen und Dipolen ist dann auch das Strömungsfeld an der Körperoberfläche und im Raum bestimmt, jedoch sollen die Eigenschaften der Strömung um den Körper hier nicht im Einzelnen untersucht werden.

Der Vorteil der analytischen Berechnung der Singularitätenverteilungen und der Störströmung gegenüber den Charakteristikenverfahren liegt im wesentlichen darin, daß die Abhängigkeit der Ergebnisse von MACHzahl und Dickenverhältnis angegeben und Umrechnungen von einer MACHzahl oder einem Dickenverhältnis auf andere mit nur geringem Aufwand durchgeführt werden können.

Die bekannten Ergebnisse der Theorie der Unter- und Überschallströmung um schlanke Rotationskörper läßt die Frage nach ihrer Genauigkeit offen. Mit der Berechnung einer über diese erste Näherung hinausgehenden zweiten Näherung würde die Beantwortung dieser Frage nicht gegeben, sondern nur um eine Näherung hinausgeschoben. Deshalb wird hier ein Verfahren erarbeitet, welches durch Iteration eine Summe von Singularitätenverteilungen liefert, in der jedes Glied von kleinerer Größenordnung ist als das vorhergehende. Die Kenntnis beliebig hoher Näherungen der Singularitätenverteilungen oder aber ihre exakte Form gibt erst die hier angestrebten zuverlässigen Aussagen über die Genauigkeit der Ergebnisse einer Näherung.

2. Die allgemeinen Formeln für das Geschwindigkeitsfeld der „linearisierten" Potentialströmung, die Geschwindigkeit an der Körperoberfläche und die Randbedingungen für die Singularitätenverteilungen

Für die Beschreibung der Strömung um vorn spitze und schlanke Rotationskörper werden die Punkte des Raumes in Zylinderkoordinaten $(x; r; \gamma)$ festgelegt. Die Achse des Rotationskörpers wird zur x-Achse, die Bugspitze liege in ihrem Nullpunkt. Die radialen Abstände r von der Achse sind in allen Meridianebenen gleich, so daß die Kontur des Rotationskörpers zwischen $x = 0$ und der Körpertiefe bei $x = L$ durch die Verteilung der Radien $r = R(x)$ seiner Kreisquerschnitte über die Körpertiefe gegeben ist, Abb. 1. Der Winkel γ zwischen den Meridianebenen des Körpers wird von der zur ungestörten Anströmung parallelen Meridianebene aus gemessen, Abb. 2. Anstelle der Strömung um den Körper bei der Anströmungsgeschwindigkeit W_∞ unter dem Anstellwinkel ε gegen die Körperachse werden die beiden Strömungen bei den beiden zueinander senkrechten Komponenten von W_∞ parallel und senkrecht zur x-Achse untersucht:

$$\left.\begin{aligned} U_\infty &= W_\infty \cos\varepsilon\,, \\ V_\infty &= W_\infty \sin\varepsilon\,. \end{aligned}\right\} \tag{1}$$

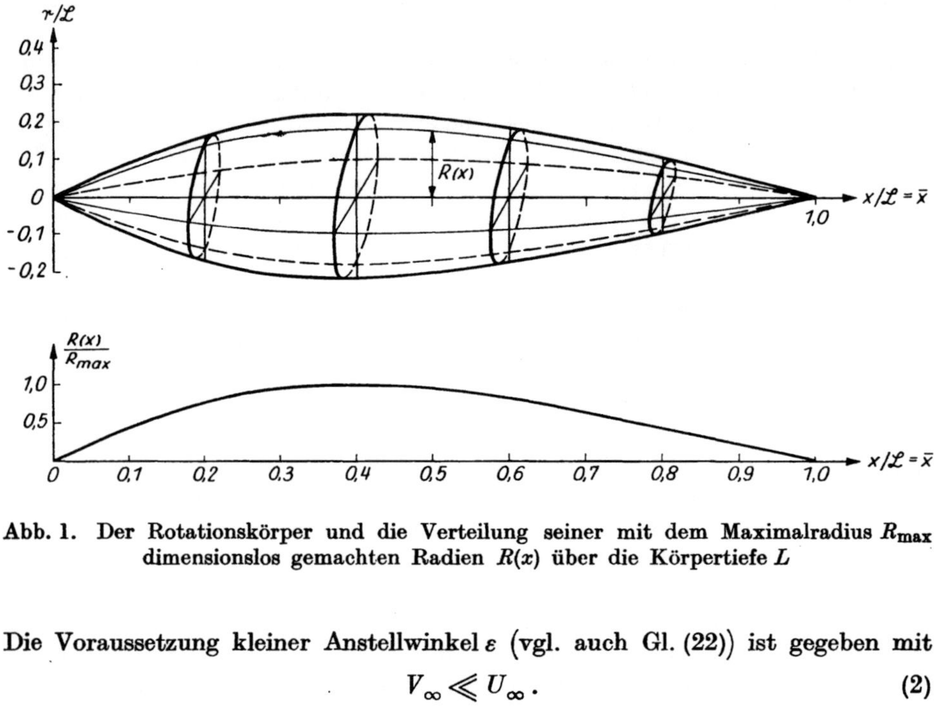

Abb. 1. Der Rotationskörper und die Verteilung seiner mit dem Maximalradius $R_{\max}$ dimensionslos gemachten Radien $R(x)$ über die Körpertiefe L

Die Voraussetzung kleiner Anstellwinkel ε (vgl. auch Gl. (22)) ist gegeben mit

$$V_\infty \ll U_\infty\,. \tag{2}$$

Die drehungsfreie Potentialströmung sei bei axialer Anströmung durch die Potentialfunktion $\Phi(x; r)$ und bei Queranströmung durch $\Phi^*(x; r; \gamma)$ beschrieben. Sie ist dann bei Schräganströmung unter dem Anstellwinkel ε mit der Summe beider gegeben:

$$\varphi(x; r; \gamma) = \Phi(x; r) + \Phi^*(x; r; \gamma)\,. \tag{3}$$

Die Geschwindigkeitskomponenten $u(x; r; \gamma) = \frac{\partial\varphi(x; r; \gamma)}{\partial x}$ parallel zur x-Achse und $v(x; r; \gamma) = \frac{\partial\varphi(x; r; \gamma)}{\partial r}$ in radialer Richtung liegen in den Meridianebenen des Körpers, die dritte Geschwindigkeitskomponente $w(x; r; \gamma) = \frac{1}{r}\frac{\partial\varphi(x; r; \gamma)}{\partial\gamma}$ steht senkrecht zu ihr und dem Radialstrahl r. Sie ist in Richtung zunehmender Winkel γ positiv, Abb. 3. Bei axialer Anströmung ist die Strömung mit $w(x; r; \gamma) = 0$ rotationssymmetrisch, in jeder der Meridianebenen die gleiche.

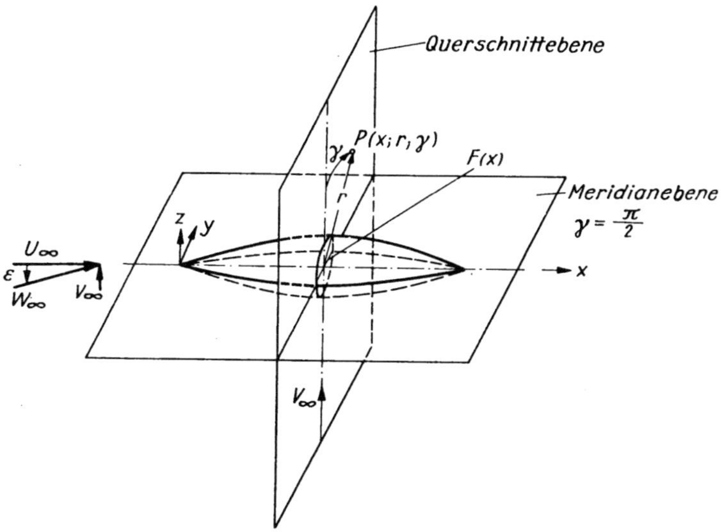

Abb. 2. Rotationskörper bei Schräganströmung: Zerlegung der Anströmung in axiale und Queranströmung und die Zylinderkoordinaten x, r, γ des Raumes sowie seine beiden ausgezeichneten Ebenen, die Meridianebenen $\gamma = \text{const}$ und Querschnittebenen $x = \text{const}$

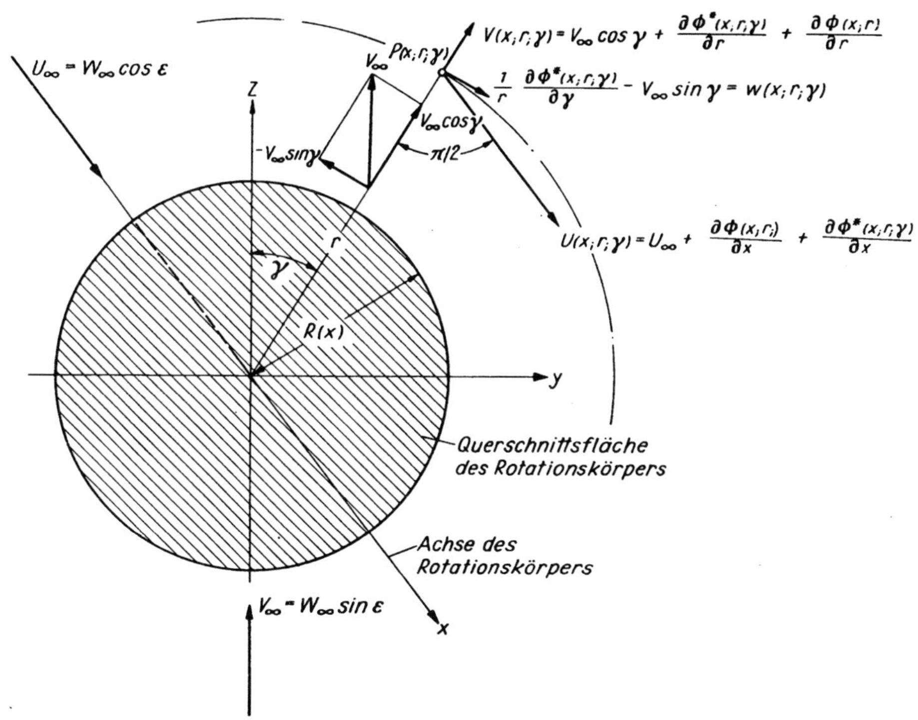

Abb. 3. Richtung der drei Geschwindigkeitskomponenten in Punkten $P(x; r; \gamma)$ des Raumes

Werden bei einer MACHzahl M_1, für die im allgemeinen die der Parallelströmung genommen wird, alle nichtlinearen Kompressibilitätseinflüsse vernachlässigt, so wird die so idealisierte Strömung durch die gasdynamische Gleichung der „linearisierten“ Theorie beschrieben:

$$-(M_1^2-1)\frac{\partial^2\varphi(x;r;\gamma)}{\partial x^2}+\frac{\partial^2\varphi(x;r;\gamma)}{\partial r^2}+\frac{1}{r}\frac{\partial\varphi(x;r;\gamma)}{\partial r}+\frac{1}{r^2}\frac{\partial^2\varphi(x;r;\gamma)}{\partial\gamma^2}=0\,. \quad (4)$$

Für Quellverteilungen $Q_x(x)\,U_\infty$ bei axialer Anströmung und Dipolverteilungen $D(x)\,V_\infty$ beim Anteil der Queranströmung des Körpers sind die Lösungen dieser gasdynamischen Gleichung bekannt. In der unterkritischen Unterschallströmung ist

$0 \leqq M_1 < M_{\text{krit}} < 1$:

$$\Phi(x;r)=-\frac{U_\infty}{4\pi}\int\limits_0^L Q_x(\xi)\frac{d\xi}{\sqrt{(x-\xi)^2+(1-M_1^2)\,r^2}}\,, \quad (5)$$

$$\Phi^*(x;r;\gamma)=\frac{V_\infty\cos\gamma}{2\pi}(1-M_1^2)r\int\limits_0^L\frac{D(\xi)\,d\xi}{\sqrt{(x-\xi)^2+(1-M_1^2)\,r^2}^{\,3}}\,, \quad (6)$$

und analog in Überschallströmung oberhalb der oberen kritischen MACHzahl M_{Krit}:

$1 < M_{\text{Krit}} < M_1$:

$$\Phi(x;r)=-\frac{U_\infty}{2\pi}\int\limits_0^{x-r\sqrt{M_1^2-1}} Q_x(\xi)\frac{d\xi}{\sqrt{(x-\xi)^2-(M_1^2-1)\,r^2}}\,, \quad (7)$$

$$\Phi^*(x;r;\gamma)=\frac{V_\infty\cos\gamma}{\pi r}\int\limits_0^{x-r\sqrt{M_1^2-1}} D_x(\xi)\frac{(x-\xi)\,d\xi}{\sqrt{(x-\xi)^2-(M_1^2-1)\,r^2}}\,. \quad (8)$$

Die Annahme, daß die Quellstärke und die Dipolstärke in der Bugspitze des Körpers Null ist: $Q_x(0)=0$ und $D(0)=0$, ist für vorn spitze Körper berechtigt. Beide Singularitätenverteilungen $Q_x(x)$ und $D(x)$ sind in der Überschallströmung zwischen $x=0$ und $x=L-R(L)\sqrt{M_1^2-1}$ definiert, wenn $R(L)$ der Radius des Endquerschnittes (bei $x=L$) des Körpers ist; in der Unterschallströmung erstrecken sie sich über die ganze Körperlänge $0\leqq x\leqq L$.

Durch die Potentialfunktionen (5) und (6) ist die Unterschallströmung im Raum und durch die Potentialfunktionen (7) und (8) die Überschallströmung im von der Bugspitze des Körpers ausgehenden MACHkegel gegeben,

$$r\leqq\frac{x}{\sqrt{M_1^2-1}}=x\,\mathrm{tg}\,\alpha_1\,, \quad (9)$$

sobald die zu einer vorgegebenen Körperform gehörenden Singularitätenverteilungen bekannt sein werden. Für angestellte Rotationskörper bildet die Achse dieses Kegels in der Meridianebene $\gamma=0$ mit der Achse des Rotationskörpers den Anstellwinkel ε. Für kleine Anteile der „Queranströmung" V_∞ darf diese Winkeländerung der Kegelachse bei der Betrachtung der Strömung am Körper selbst unberücksichtigt bleiben, solange dieser MACHkegel nicht die Körperkontur schneidet.

Die Tangente an der Körperkontur bildet mit der x-Achse den Winkel ϑ (Abb. 4):

$$\operatorname{tg} \vartheta = \frac{dR(x)}{dx} = R_x(x) \,. \tag{10}$$

Sie ist die Schnittlinie der Meridianebene mit der zu ihr senkrechten Tangentialebene des Rotationskörpers.

Die beiden in der Meridianebene liegenden Geschwindigkeitskomponenten

$$U(x; r; \gamma) = U_\infty + \frac{\partial \Phi(x;\, r)}{U_\infty\, \partial x} U_\infty + \frac{\partial \Phi^*(x;\, r;\, \gamma)}{V_\infty\, \partial x} V_\infty \tag{11}$$

und

$$V(x; r; \gamma) = V_\infty \cos\gamma + \frac{\partial \Phi(x;\, r)}{U_\infty\, \partial r} U_\infty + \frac{\partial \Phi^*(x;\, r;\, \gamma)}{V_\infty\, \partial r} V_\infty \tag{12}$$

liefern in Richtung der Tangente die resultierende Geschwindigkeit für rotationssymmetrische Strömung:

$$W_t\big(x;\, R(x); \gamma\big) = U\big(x;\, R(x); \gamma\big) \cos \vartheta + V\big(x;\, R(x); \gamma\big) \sin \vartheta \tag{13}$$

oder mit dem Winkel ϑ nach Gl. (10)

$$W_t\big(x;\, R(x); \gamma\big) = \frac{1}{\sqrt{1 + R_x^2(x)}} \left[U\big(x;\, R(x); \gamma\big) + R_x(x)\, V\big(x;\, R(x); \gamma\big)\right]. \tag{14}$$

Bei Schräganströmung ändert sie sowohl ihre Richtung in der Tangentialebene um den Winkel χ mit der Meridianebene:

$$\operatorname{tg} \chi = \frac{w(x;\, R(x);\, \gamma)}{W_t(x;\, R(x);\, \gamma)} \tag{15}$$

als auch mit der Geschwindigkeitskomponente

$$w(x; r; \gamma) = -\, V_\infty \sin\gamma + \frac{1}{r} \frac{\partial \Phi^*(x;\, r;\, \gamma)}{V_\infty\, \partial \gamma} V_\infty \tag{16}$$

in der Tangentialebene senkrecht zur Meridianebene ihren Betrag:

$$|\mathfrak{W}(x;\, R(x); \gamma)| = \sqrt{W_t^2(x;\, R(x); \gamma) + w^2(x;\, R(x); \gamma)} \,. \tag{17}$$

Bei Rotationskörpern liegt die Körpernormale in der Meridianebene, Abb. 4. Die Zerlegung der beiden Geschwindigkeitskomponenten $U(x; r; \gamma)$ und $V(x; r; \gamma)$ in Richtung der Tangente $\mathfrak{t}$ und der Normalen $\mathfrak{n}$ in der Meridianebene führte zu Gl. (13) und außerdem zu

$$W_\mathfrak{n}(x;\, R(x); \gamma) = U(x;\, R(x); \gamma) \sin \vartheta - V(x;\, R(x); \gamma) \cos \vartheta \,. \tag{18}$$

Da der Rotationskörper Stromlinie in der Parallelströmung sein soll, muß diese Geschwindigkeitskomponente senkrecht zur Tangentialebene des Körpers ver-

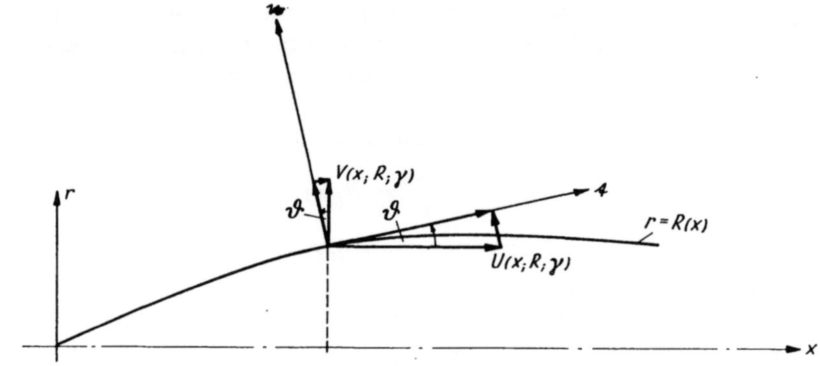

Abb. 4. Zur Bestimmung der beiden Geschwindigkeitskomponenten in Richtung der Tangente an den Rotationskörper in Meridianebenen und in Richtung der Körpernormalen, die für Rotationskörper ebenfalls in den Meridianebenen liegt

schwinden. Diese Forderung liefert die exakte Randbedingung für die Bestimmung der Funktionen $Q_x(x)$ und $D(x)$ der Quell- und Dipolverteilung:

$$V_\infty \cos\gamma + \left[\frac{\partial\Phi(x;r)}{U_\infty\,\partial r} U_\infty + \frac{\partial\Phi^*(x;r;\gamma)}{V_\infty\,\partial r} V_\infty\right]_{r=R(x)}$$
$$= R_x(x)\left[U_\infty + \frac{\partial\Phi(x;r)}{U_\infty\,\partial x} U_\infty + \frac{\partial\Phi^*(x;r;\gamma)}{V_\infty\,\partial x} V_\infty\right]_{r=R(x)}. \tag{19}$$

Diese Randbedingung muß sowohl für axiale Anströmung als auch für jeden anderen Wert von U_∞ und V_∞ erfüllt sein, so daß sie in zwei nur eine der beiden Potentialfunktionen $\Phi(x;r)$ oder $\Phi^*(x;r;\gamma)$ enthaltende Bedingungen aufgelöst werden kann.

Mit dem Inhalt $F(x) = \pi R^2(x)$ der Querschnittsflächen des Rotationskörpers und ihrer Änderung $F_x(x) = 2\pi R(x) R_x(x)$ in Achsenrichtung entsteht aus der Randbedingung (19) nach Multiplikation mit $2\pi R(x)$ die Randbedingung für die Quellverteilung

$$2\pi\left(r\frac{\partial\Phi(x;r)}{U_\infty\,\partial r}\right)_{r=R(x)} = F_x(x) + F_x(x)\left(\frac{\partial\Phi(x;r)}{U_\infty\,\partial x}\right)_{r=R(x)} \tag{20}$$

und nach Multiplikation mit $\pi R^2(x)$ die Randbedingung

$$F(x)\cos\gamma + \pi\left(r^2\frac{\partial\Phi^*(x;r;\gamma)}{V_\infty\,\partial r}\right)_{r=R(x)} = \frac{1}{2}F_x(x)\left(r\frac{\partial\Phi^*(x;r;\gamma)}{V_\infty\,\partial x}\right)_{r=R(x)} \tag{21}$$

für die Dipolverteilung. In dieser Form bleiben beide Randbedingungen auch noch für den Grenzwert verschwindenden Dickenverhältnisses endlich. Sie führen mit den Potentialfunktionen (5) und (6) im Unterschall oder (7) und (8) bei Überschallströmung zu Integralgleichungen für $Q_x(x)$ und $D(x)$.

Diese Lösung wird im 4. Kapitel durch ein Iterationsverfahren ersetzt, dessen Ergebnis eines der Anliegen der vorliegenden Untersuchung ist. Nach der Bestimmung der Singularitätenverteilungen sind mit den Gl. (13) bis (16) auch die resultierende Geschwindigkeit und ihre Richtung an der Körperoberfläche formal bekannt, worauf in diesem Bericht nicht ausführlich eingegangen wird.

3. Iterative Darstellung der gasdynamischen Gleichung und ihre Lösungen

Im allgemeinen sind nur solche Rotationskörper interessant, deren maximaler Radius $R_{\max}$ klein gegenüber der Körpertiefe ist und deren Querschnittsflächen $F(x)$ sich in Tiefenrichtung nur wenig ändern. Außerdem sind in der hier betrachteten reibungsfreien Strömung nur kleine Anstellwinkel ε sinnvoll. Mit den Voraussetzungen

$$R_{\max} \ll L; \; F_x(x) \ll L \, , \; \operatorname{tg} \varepsilon \sim \frac{R_{\max}}{L} \ll 1 \tag{22}$$

ist für alle betrachteten Punkte in der Umgebung des Körpers die Festsetzung

$$r \sqrt{M_1^2 - 1} \ll x \tag{23}$$

keine einschneidende Spezialisierung für die Berechnung der Strömung am Körper.

Dann ist aber für sehr kleine radiale Abstände r das erste Glied der gasdynamischen Gleichung (4) um das Quadrat des Radialabstandes r kleiner als jedes der drei folgenden Glieder und in erster Näherung zu vernachlässigen. Damit ist die Strömung allein durch die rein zweidimensionale gasdynamische Gleichung

$$\frac{\partial^2 \varphi_n^{[0]}(x; r; \gamma)}{\partial r^2} + \frac{1}{r} \frac{\partial \varphi_n^{[0]}(x; r; \gamma)}{\partial r} + \frac{1}{r^2} \frac{\partial^2 \varphi_n^{[0]}(x; r; \gamma)}{\partial \gamma^2} = 0 \tag{24}$$

charakterisiert, deren Lösung zu den beiden Potentialfunktionen

$$\left. \begin{aligned} \frac{\Phi_n^{[0]}(x; r)}{U_\infty} &= \frac{Q_{nx}(x)}{2\pi} \ln r + \Omega_n(x) \, , \\ \frac{\Phi_n^{*[0]}(x; r; \gamma)}{V_\infty} &= \frac{D_n(x)}{\pi r} \cos \gamma \, , \end{aligned} \right\} \tag{25}$$

der bekannten Strömung um sehr schlanke Körper führt. Die Funktion $\Omega_n(x)$ werde vorerst als irgendeine Funktion von x allein angesehen, die sich als freie Konstante der Lösung der Differentialgleichung (24) anbietet.

Im folgenden 4. Kapitel wird gezeigt, daß sich die Quellverteilung und die Dipolverteilung für einen vorgegebenen Körper durch iterative Lösung der Randbedingungen (20) und (21) aus Summen mit Gliedern abnehmender Größenordnung zusammensetzen lassen. Je ein Glied mit dem Index n, $Q_{nx}(x)\, U_\infty$ und $D_n(x)\, V_\infty$, dieser beiden Summen wird hier betrachtet. Der hoch gestellte Index $[2\nu]$, hier für $\nu = 0$, gibt die Unterscheidung der Potentialfunktionen als Lösungen der iterativen Darstellung der gasdynamischen Gleichung (4).

Damit die Ergebnisse der folgenden Untersuchungen nicht nur für die Überschallströmung, sondern auch im Unterschall formal ohne Zusatzfunktionen richtig bleiben, muß der untersuchte Körper in der Unterschallströmung in einer Heckspitze enden, so daß dort mit $F(L) = 0$ und $F_x(L) = 0$ auch $Q_x(L) = 0$ und $D(L) = 0$ sind. In der Überschallströmung unterliegt die Körperform nicht dieser Einschränkung. Sie darf mit einem beliebigen Endquerschnitt abschließen, muß aber mit einer Bugspitze beginnen. In der Bugspitze aller betrachteten Körper gilt für die Körperradien

$$x = 0: \quad R(0) = 0; \quad R_x(0) = \operatorname{tg} \vartheta_0 , \tag{26a}$$

und dann für die Querschnittsfläche und ihre ersten beiden Änderungen

$$x = 0: \quad F(0) = 0; \quad F_x(0) = 0; \quad F_{xx}(0) = 2\pi \operatorname{tg}^2 \vartheta_0 . \tag{26b}$$

Eine zweite Näherung der gasdynamischen Gleichung (4) für $\nu = 1$ enthält als erstes Glied die Lösungen (25) der ersten Näherung $\nu = 0$, da dieses Glied nun von gleicher Größenordnung ist wie jedes der drei anderen Glieder der zweiten Näherung. Dieses mit der ersten Näherung (25) bekannte Glied wird auf die rechte Gleichungsseite genommen:

$$\frac{\partial^2 \varphi_n^{\mathrm{II}}(x;\, r;\, \gamma)}{\partial r^2} + \frac{1}{r} \frac{\partial \varphi_n^{\mathrm{II}}(x; r; \gamma)}{\partial r} + \frac{1}{r^2} \frac{\partial^2 \varphi_n^{\mathrm{II}}(x; r; \gamma)}{\partial \gamma^2} = (M_1^2 - 1) \frac{\partial^2 \varphi_n^{[0]}(x; r; \gamma)}{\partial x^2} \tag{27}$$

mit den Lösungen für das betrachtete Glied der Singularitätenverteilungen:

$$\left.\begin{aligned} \frac{\Phi_n^{\mathrm{II}}(x; r)}{U_\infty} &= \frac{1}{4} (M_1^2 - 1)\, r^2 \left[\frac{\partial^2 \Phi_n^{[0]}(x; r)}{U_\infty\, \partial x^2} - \frac{1}{2\pi} \frac{d^2 Q_{nx}(x)}{dx^2} \right], \\ \frac{\Phi_n^{*\mathrm{II}}(x; r; \gamma)}{V_\infty} &= \frac{1}{2} (M_1^2 - 1)\, r \left[\frac{1}{\pi} \frac{d^2 D_n(x)}{dx^2} \left(\ln r - \frac{1}{2} \right) + \frac{d\Omega_n^*(x)}{dx} \right] \cos\gamma . \end{aligned}\right\} \tag{28}$$

Die in der Potentialfunktion $\Phi_n^{*\mathrm{II}}(x; r; \gamma)$ auftretende Funktion $\Omega_n^*(x)$ von x allein hat als freie Konstante der Lösung der Differentialgleichung (27) die gleiche Bedeutung wie $\Omega_n(x)$ in Gl. (25).

In der dritten Näherung hat ebenso die gasdynamische Gleichung die Form

$$\frac{\partial^2 \varphi_n^{\mathrm{IV}}(x; r; \gamma)}{\partial r^2} + \frac{1}{r} \frac{\partial \varphi_n^{\mathrm{IV}}(x; r; \gamma)}{\partial r} + \frac{1}{r^2} \frac{\partial^2 \varphi_n^{\mathrm{IV}}(x; r; \gamma)}{\partial \gamma^2} = (M_1^2 - 1) \frac{\partial^2 \varphi_n^{\mathrm{II}}(x; r; \gamma)}{\partial x^2} . \tag{29}$$

Werden auf der rechten Gleichungsseite für $\varphi_n^{\mathrm{II}}(x; r; \gamma)$ nach Gl. (3) die Lösungen (28) eingeführt, so sind die Lösungen von (29) gegeben:

$$\left.\begin{aligned} \frac{\Phi_n^{\mathrm{IV}}(x; r)}{U_\infty} &= \frac{1}{64} (M_1^2 - 1)^2\, r^4 \left[\frac{\partial^4 \Phi_n^{[0]}(x; r)}{U_\infty\, \partial x^4} - \frac{3}{4\pi} \frac{d^4 Q_{n\,x}(x)}{dx^4} \right], \\ \frac{\Phi_n^{*\mathrm{IV}}(x; r; \gamma)}{V_\infty} &= \frac{1}{16} (M_1^2 - 1)^2\, r^3 \left[\frac{1}{\pi} \frac{d^4 D_n(x)}{dx^4} \left(\ln r - \frac{5}{4} \right) + \frac{d^3 \Omega_n^*(x)}{dx^3} \right] \cos\gamma . \end{aligned}\right\} \tag{30}$$

Ganz analog ergibt sich eine beliebige 2ν-te Näherung der gasdynamischen Gleichung für die betrachteten Singularitätengleichungen

$$\frac{\partial^2 \varphi_n^{[2\nu]}(x; r; \gamma)}{\partial r^2} + \frac{1}{r} \frac{\partial \varphi_n^{[2\nu]}(x; r; \gamma)}{\partial r} + \frac{1}{r^2} \frac{\partial^2 \varphi_n^{[2\nu]}(x; r; \gamma)}{\partial \gamma^2} = (M_1^2 - 1) \frac{\partial^2 \varphi_n^{[2(\nu-1)]}(x; r; \gamma)}{\partial x^2} . \tag{31}$$

Nach Umformen der rechten Gleichungsseite mit allen vorherigen Näherungen in ihre Abhängigkeit von der ersten Näherung sind die Lösungen von (31)

$$\left.\begin{aligned} \frac{\Phi_n^{[2\nu]}(x;r)}{U_\infty} &= k_{2\nu}\,(M_1^2-1)^\nu\, r^{2\nu}\left[\frac{\partial^{2\nu}\Phi_n^{[0]}(x;r)}{U_\infty\,\partial x^{2\nu}} - \frac{\varkappa_{2\nu}}{4\,\pi}\,\frac{d^{2\nu}Q_{nx}(x)}{dx^{2\nu}}\right], \\ \frac{\Phi_n^{*[2\nu]}(x;r;\gamma)}{V_\infty} &= k_{2\nu}^*(M_1^2-1)^\nu r^{2\nu-1}\left[\frac{1}{\pi}\,\frac{d^{2\nu}D_n(x)}{dx^{2\nu}}\left(\ln r - \frac{1}{2}\varkappa_{2\nu}^*\right) + \frac{d^{2\nu-1}\,\Omega_n^*(x)}{dx^{2\nu-1}}\right]\cos\gamma\,. \end{aligned}\right\} \quad (32)$$

Die Zahlenwerte

$$\left.\begin{aligned} k_{2\nu} &= \frac{1}{2^{2\nu}(\nu!)}\,; & \varkappa_{2\nu} &= 2\sum_{s=1}^{\nu}\frac{1}{s}\,, \\ k_{2\nu}^* &= 2\,\nu\,k_{2\nu}\,; & \varkappa_{2\nu}^* &= \varkappa_{2\nu-2} + \frac{1}{\nu}\,, \\ k_{2\nu}^{**} &= 2\,\nu\,(2\,\nu-1)\,k_{2\nu}\,; & \varkappa_{2\nu}^{**} &= \varkappa_{2\nu-2} + \frac{1}{\nu} - \frac{2}{2\,\nu-1} \end{aligned}\right\} \quad (33)$$

sind bis $\nu = 6$ in einer Zahlentafel zusammengestellt.

Für Punkte der Körperoberfläche $r = R(x) \ll L$ ist jede der Näherungen der gasdynamischen Gleichung und damit auch jede ihrer Lösungen um zwei Größenordnungen — den Faktor r^2 — kleiner als die vorhergehende.

Besonders wesentlich ist, daß die Summe der Näherungen der gasdynamischen Gleichungen die „linearisierte" gasdynamische Gleichung (4) *bis zur* $(N-1)$*-ten Näherung exakt wiedergibt. Allein die Potentialfunktion der* N*-ten Näherung erfüllt nur die Glieder der zweidimensionalen „Querschnittströmung der gasdynamischen Gleichung"*. Diese letzte Potentialfunktion kann von beliebig klein gewählter Größenordnung sein.

Formal ausgedrückt gilt also für die Summe

$$\left.\begin{aligned} \varphi_n^{[2\nu]}(x;r;\gamma) &= \Phi_n^{[2\nu]}(x;r) + \Phi_n^{*[2\nu]}(x;r;\gamma)\,, \\ \varphi_n(x;r;\gamma) &= \sum_{\nu=0}^{N}\varphi_n^{[2\nu]}(x;r;\gamma) \end{aligned}\right\} \quad (34)$$

der Potentialfunktionen bei Überschallströmung in Kegeln durch die Bugspitze mit kleinen Öffnungswinkeln und bei Überschallströmungen in kleinen Radialabständen gegenüber der Körpertiefe die gasdynamische Gleichung

$$\begin{aligned} &-\sum_{\nu=0}^{N-1}(M_1^2-1)\,\frac{\partial^2\varphi_n^{[2\nu]}(x;r;\gamma)}{\partial x^2} \\ &\quad+\sum_{\nu=0}^{N}\left[\frac{\partial^2\varphi_n^{[2\nu]}(x;r;\gamma)}{\partial r^2} + \frac{1}{r}\,\frac{\partial\varphi_n^{[2\nu]}(x;r;\gamma)}{\partial r} + \frac{1}{r^2}\,\frac{\partial^2\varphi_n^{[2\nu]}(x;r;\gamma)}{\partial\gamma^2}\right] = 0\,. \end{aligned} \quad (35)$$

Wenn die Konvergenz dieser iterativen Darstellung der gasdynamischen Gleichung (4) vorausgesetzt wird, dann muß die Summe ihrer Lösungen schließlich in die Lösung der gasdynamischen Gl. (4) übergehen, das sind im vorliegenden Fall nach der Zerlegung (3) die Potentialfunktionen (5) bis (8). Oder umgekehrt müssen die einzelnen Glieder der Entwicklungen dieser Potentialfunktionen den entsprechenden Näherungen (24), (27), (29) usw. der gasdynamischen Gleichung

Tabelle

Die ersten sieben Zahlenwerte $k_{2\nu}$, $\overset{*}{k}_{2\nu}$, $\overset{**}{k}_{2\nu}$ und $\varkappa_{2\nu}$; $\overset{*}{\varkappa}_{2\nu}$ sowie $\overset{**}{\varkappa}_{2\nu}$

ν	0	1	2	3	4	5	6
$k_{2\nu}$	1	$\frac{1}{4}$	$\frac{1}{64}$	$\frac{1}{2304}$	$\frac{1}{147.456}$	$\frac{1}{14.745.600}$	$\frac{1}{212.328.000}$
$\varkappa_{2\nu}$	0	2	3	$\frac{11}{3}$	$\frac{25}{6}$	$\frac{137}{30}$	$\frac{49}{10}$
$\overset{*}{k}_{2\nu}$	—	$\frac{1}{2}$	$\frac{1}{16}$	$\frac{1}{384}$	$\frac{1}{18.432}$	$\frac{1}{1.474.560}$	$\frac{1}{17.694.000}$
$\overset{*}{\varkappa}_{2\nu}$	—	1	$\frac{5}{2}$	$\frac{10}{3}$	$\frac{47}{12}$	$\frac{131}{30}$	$\frac{71}{15}$
$\overset{**}{k}_{2\nu}$	—	$\frac{1}{2}$	$\frac{3}{16}$	$\frac{5}{384}$	$\frac{7}{18.432}$	$\frac{9}{1,474.560}$	$\frac{11}{17.694.000}$
$\overset{**}{\varkappa}_{2\nu}$	—	—1	$\frac{11}{6}$	$\frac{44}{15}$	$\frac{305}{84}$	$\frac{373}{90}$	$\frac{751}{165}$

genügen. Für axiale Anströmung wurde diese Entwicklung früher von F. KEUNE für Flügel nicht mehr kleiner Streckung durch andersartige physikalische Überlegungen [3] gewonnen, vgl. auch [4, 5, 6]. Diese Entwicklungen werden hier nicht benötigt, lediglich die Ergebnisse für sehr schlanke Körper, vgl. G. N. WARD [7] oder F. KEUNE [1], sind zur Bestimmung der noch frei verfügbaren Funktionen $\Omega_n(x)$ und $\Omega_n^*(x)$ notwendig. Physikalisch geben diese Funktionen innerhalb der gleichen Näherung den Einfluß der räumlich verteilten Singularitäten auf die in der Iteration hervorgehobene zweidimensionale Strömung in den Querschnitten des Körpers. Sie geben deshalb auch den charakteristischen Unterschied zwischen Unter- und Überschallströmung und enthalten den Einfluß der MACHzahl. Für $\Omega_n(x)$ wurde die Bezeichnung „Raumeinfluß" eingeführt (vgl. [1] und [2]), die ebenso treffend auch für die zur Queranströmung gehörende Funktion $\Omega_n^*(x)$ gilt. Erst die Festlegung dieser beiden „Raumeinflüsse" aus den Potentialfunktionen (5) bis (8) verknüpfen die bisher gewonnene Summe allgemeinerer Lösungen mit diesen Potentialfunktionen; gegen sie muß dann die Summe konvergieren. Bei axialer Anströmung ist dieser Raumeinfluß

$0 \leqq M_1 < M_{\text{krit}} < 1$:

$$\Omega_n(x) = -\frac{Q_{nx}(x)}{4\pi} \ln \frac{4x(L-x)}{1-M_1^2} + \frac{1}{4\pi} \int_0^L \frac{Q_{nx}(x) - Q_{nx}(\xi)}{|x-\xi|} d\xi , \tag{36}$$

$1 < M_{\text{Krit}} < M_1$:

$$\Omega_n(x) = -\frac{Q_{nx}(x)}{2\pi}\ln\frac{2x}{\sqrt{M_1^2-1}} + \frac{1}{2\pi}\int_0^x \frac{Q_{nx}(x)-Q_{nx}(\xi)}{x-\xi}\,d\xi\,. \tag{37}$$

Da die Potentialfunktion $\Phi_n^*(x;r;\gamma)$, Gl. (6) und (8) aus der Potentialfunktion $\Phi_n(x;r)$, Gl. (5) und (7) entsteht

$$\Phi_n^{*[2\nu]}(x;r;\gamma) = \cos\gamma\left(\frac{\partial\Phi_n^{[2\nu]}(x;r)}{\partial r}\right) \quad \text{für} \quad Q_{nx}(x)\,U_\infty \to 2\,D_n(x)\,V_\infty\,, \tag{38}$$

ist der Raumeinfluß für die Queranströmung bestimmt mit

$0 \leqq M_1 < M_{\text{krit}} < 1$:

$$\Omega_n^*(x) = -\frac{D_{nx}(x)}{2\pi}\ln\frac{4\,x\,(L-x)}{1-M_1^2} + \frac{1}{2\pi}\int_0^L \frac{D_{nx}(x)-D_{nx}(\xi)}{|x-\xi|}\,d\xi\,, \tag{39}$$

$1 < M_{\text{Krit}} < M_1$:

$$\Omega_n^*(x) = -\frac{D_{nx}(x)}{\pi}\ln\frac{2x}{\sqrt{M_1^2-1}} + \frac{1}{\pi}\int_0^x \frac{D_{nx}(x)-D_{nx}(\xi)}{x-\xi}\,d\xi\,. \tag{40}$$

Die in den Raumeinflüssen auftretenden Integrale sind besonders einfach angebbar, wenn die Singularitätenverteilungen mit ausreichender Genauigkeit in eine TAYLOR-Reihe für die Bugspitze entwickelt werden können. Für die Quellverteilung ergibt sich zum Beispiel bei Überschallströmung für die Geschwindigkeitskomponente in Tiefenrichtung, also für $\Omega_{nx}(x)$

$$2\pi\,g_{nx}(x) = \int_0^x \frac{Q_{nxx}(x)-Q_{n\,xx}(\xi)}{x-\xi}\,d\xi = x\,Q_n^{(3)}(0) + \frac{3}{4}x^2\,Q_n^{(4)}(0)$$
$$+\frac{11}{36}x^3\,Q_n^{(5)}(0) + \cdots + \frac{1}{(m-2)!}\,\frac{1}{2}\,\varkappa_{2(m-2)}\,x^{m-2}\left(\frac{d^mQ(x)}{dx^m}\right)_{x=0}. \tag{41}$$

Die aus den Potentialfunktionen (32) abzuleitenden Geschwindigkeitskomponenten sind für $\nu > 0$ mit den Zahlenwerten (33) (der Zahlentafel) bei axialer Anströmung

$$\left.\begin{aligned}
\frac{\partial\Phi_n^{[2\nu]}(x;r)}{U_\infty\,\partial x} &= k_{2\nu}\,(M_1^2-1)^\nu\,r^{2\nu}\left[\frac{\partial^{2\nu+1}\Phi_n^{[0]}(x;r)}{U_\infty\,\partial x^{2\nu+1}} - \frac{\varkappa_{2\nu}}{4\pi}\,\frac{d^{2\nu+1}Q_{nx}(x)}{dx^{2\nu+1}}\right],\\
\frac{\partial\Phi_n^{[2\nu]}(x;r)}{U_\infty\,\partial r} &= k_{2\nu}^*\,(M_1^2-1)^\nu\,r^{2\nu-1}\left[\frac{\partial^{2\nu}\Phi_n^{[0]}(x;r)}{U_\infty\,\partial x^{2\nu}} - \frac{\varkappa_{2\nu}^*}{4\pi}\,\frac{d^{2\nu}Q_{nx}(x)}{dx^{2\nu}}\right]
\end{aligned}\right\} \tag{42}$$

und bei Queranströmung

$$\left.\begin{aligned}
\frac{\partial \Phi_n^{*[2\nu]}(x;r;\gamma)}{V_\infty\,\partial x} &= k_{2\nu}^{*}\,(M_1^2-1)^\nu\, r^{2\nu-1} \\
&\quad\times\left[\frac{1}{\pi}\,\frac{d^{2\nu+1}D_n(x)}{dx^{2\nu+1}}\left(\ln r-\frac{1}{2}\,\varkappa_{2\nu}^{*}\right)+\frac{d^{2\nu}\Omega_n^{*}(x)}{dx^{2\nu}}\right]\cos\gamma\,, \\
\frac{\partial \Phi_n^{*[2\nu]}(x;r;\gamma)}{V_\infty\,\partial r} &= k_{2\nu}^{**}\,(M_1^2-1)^\nu\, r^{2(\nu-1)} \\
&\quad\times\left[\frac{1}{\pi}\,\frac{d^{2\nu}D_n(x)}{dx^{2\nu}}\left(\ln r-\frac{1}{2}\,\varkappa_{2\nu}^{**}\right)+\frac{d^{2\nu-1}\Omega_n^{*}(x)}{dx^{2\nu-1}}\right]\cos\gamma\,, \\
\frac{1}{r}\,\frac{\partial \Phi_n^{*[2\nu]}(x;r;\gamma)}{V_\infty\,\partial \gamma} &= -\frac{1}{r}\,\frac{\Phi_n^{*[2\nu]}}{V_\infty\cos\gamma}\sin\gamma\,.
\end{aligned}\right\} \tag{43}$$

Für $\nu = 0$ sind diese Komponenten bei axialer Anströmung

$$\frac{\partial \Phi_n^{[0]}(x;r)}{U_\infty\,\partial x}=\frac{Q_{n\,xx}(x)}{2\,\pi}\ln\frac{r\sqrt{M_1^2-1}}{2\,x}+g_{nx}(x)\,,\qquad \frac{\partial \Phi_n^{[0]}(x;r)}{U_\infty\,\partial r}=\frac{Q_{nx}(x)}{2\,\pi\,r} \tag{44}$$

und bei Queranströmung

$$\left.\begin{aligned}
\frac{\partial \Phi_n^{*[0]}(x;r;\gamma)}{V_\infty\,\partial x} &= \frac{D_{n\,x}(x)}{\pi\,r}\cos\gamma\,, \\
\frac{\partial \Phi_n^{*[0]}(x;r;\gamma)}{V_\infty\,\partial r} &= -\frac{D_n(x)}{\pi\,r^2}\cos\gamma\,, \\
\frac{1}{r}\,\frac{\partial \Phi_n^{*[0]}(x;r;\gamma)}{V_\infty\,\partial \gamma} &= -\frac{D_n(x)}{\pi\,r^2}\sin\gamma\,.
\end{aligned}\right\} \tag{45}$$

4. Die Näherung für die Singularitätenverteilungen auf der Körperachse

Mit der Voraussetzung schlanker Körper

$$\frac{R_{\max}}{L}=\bar R_{\max}\ll 1\,,\qquad F_{\max}=\pi\,R_{\max}^2=\pi\,\bar R_{\max}^2\,L^2 \tag{46}$$

in nur wenig angestellter Parallelströmung (vgl. auch Gl. (22)) enthalten die Randbedingungen (20) und (21) Glieder verschiedener Größenordnungen. Und zwar ist in der Randbedingung (20) für die Quellverteilung das zweite Glied und in (21) für die Dipolverteilung das Glied der rechten Gleichungsseite um die Größenordnung $F_x(x) \sim \frac{F_{\max}}{L}$ kleiner als jedes der beiden anderen Glieder. In der ersten Näherung für die Singularitätenverteilungen $Q_{1x}(x) \sim F_{\max}\,L^{-1}$ und $D_1(x) \sim F_{\max}$ ist dieses Glied in den Randbedingungen vernachlässigbar. Mit den Radialkomponenten (44) und (45) der ersten Näherung (25) der gasdynamischen Gleichung ist die Quellverteilung bestimmt durch

$$Q_{1x}(x)=F_x(x)=2\,\pi\,R(x)\,R_x(x) \tag{47}$$

und nach (21) die Dipolverteilung

$$D_1(x) = F(x) = \pi R^2(x) . \tag{48}$$

Beide Ergebnisse sind proportional dem Maximalquerschnitt und seit langem bekannt: die Quellverteilung nach Überlegungen von H. Föttinger und F. Weinig [8] und die Dipolverteilung mit der Theorie von M. M. Munk für die Strömung an Luftschiffkörpern. Der Näherungscharakter dieser Ergebnisse wird häufig nicht genügend hervorgehoben. Sie sind allein aus den zweidimensionalen Querschnittsströmungen gewonnen worden. Und zwar ist die Dipolverteilung nur durch die jeweilige örtliche Querschnittsfläche $F(x)$ und die Quellverteilung durch deren örtliche Änderung bestimmt. Beide Singularitätenverteilungen sind unabhängig von der Körperform in benachbarten Querschnitten und behalten nur deshalb für alle Machzahlen bei Unterschall- und auch bei Überschallströmung — sogar auch im kritischen Machzahlbereich — den gleichen Wert.

In der zweiten Näherung der Singularitätenverteilung treten nicht nur die Axialkomponenten in (44) und (45) der nun bekannten ersten Näherung für $n = 1$ im vorher vernachlässigten Glied der Randbedingungen auf, sondern durch die zweite Näherung (27) der gasdynamischen Gleichung wird außerdem erstmalig in dieser Näherung der Charakter kompressibler Strömungseinflüsse auch bei der Erfüllung der Randbedingungen wirksam. Mit den Radialkomponenten (42) und (43) für die zweite Näherung (28) der Potentialfunktion für die bekannten Singularitätenverteilungen (47) und (48) und den Radialkomponenten in (44) und (45) mit den gesuchten Singularitätenverteilungen $Q_{2x}(x)$ und $D_2(x)$ ergibt sich aus der Randbedingung (20) mit

$$Q_{2x}(x) + 2\pi \left(r \frac{\partial \Phi_1^{\text{II}}(x;r)}{U_\infty \, \partial r} \right)_{r=R(x)} = F_x(x) \left(\frac{\partial \Phi_1^{[0]}(x;r)}{U_\infty \, \partial x} \right)_{r=R(x)} \tag{49}$$

die zweite Näherung der Quellverteilung

$$\begin{aligned} Q_{2x}(x) = {} & F_x(x) \left(\frac{\partial \Phi_1^{[0]}(x;r)}{U_\infty \, \partial x} \right)_{r=R(x)} \\ & - (M_1^2 - 1) \, F(x) \left[\left(\frac{\partial^2 \Phi_1^{[0]}(x;r)}{U_\infty \, \partial x^2} \right)_{r=R(x)} - \frac{1}{4\pi} \frac{d^3 F(x)}{dx^3} \right]. \end{aligned} \tag{50}$$

Analog folgt aus der Randbedingung (21) zunächst

$$- D_2(x) \cos\gamma + \left(\pi r^2 \frac{\partial \Phi_1^{*\text{II}}(x;r;\gamma)}{V_\infty \, \partial r} \right)_{r=R(x)} = \frac{1}{2} F_x(x) \left(r \frac{\partial \Phi_1^{*[0]}(x;r;\gamma)}{V_\infty \, \partial x} \right)_{r=R(x)} . \tag{51}$$

Durch die enge Verknüpfung der ersten Näherung der Singularitätenverteilungen lassen sich alle von dieser Dipolverteilung induzierten Strömungsanteile durch die Strömungsanteile der Quellverteilung der ersten Näherung ausdrücken. So ergibt sich beim Vergleich der Näherungen (47) und (48) mit den Gl. (28)

$$\frac{\Phi_1^{*\text{II}}(x;r;\gamma)}{V_\infty} = (M_1^2 - 1) \, r \left[\frac{\partial \Phi_1^{[0]}(x;r)}{U_\infty \, \partial x} - \frac{F_{xx}(x)}{4\pi} \right] \cos\gamma \tag{52}$$

und entsprechend Gl. (32) für irgendeine der höheren Näherungen

$$\frac{\Phi_1^{*[2\nu]}(x;r;\gamma)}{U_\infty} = 2\,k_{2\nu}^*\,(M_1^2-1)^\nu\,r^{2\nu-1}\left[\frac{\partial^{2\nu-1}\Phi_1^{[0]}(x;r)}{U_\infty\,\partial x^{2\nu-1}} - \frac{\varkappa_{2\nu}^*}{4\,\pi}\,\frac{d^{2\nu}F(x)}{dx^{2\nu}}\right]\cos\gamma\,. \quad (53)$$

Deshalb ist schließlich die zweite Näherung der Dipolverteilung mit

$$D_2(x) = -\frac{F_x^2(x)}{2\,\pi} + (M_1^2-1)\,F(x)\left[\left(\frac{\partial\Phi_1^{[0]}(x;r)}{U_\infty\,\partial x}\right)_{r=R(x)} + \frac{F_{xx}(x)}{4\,\pi}\right] \quad (54)$$

bestimmt. In dieser Näherung können Quell- und Dipolverteilung nicht mehr ineinander übergeführt werden.

Beide Singularitätenverteilungen (50) und (54) sind proportional dem Quadrat des Maximalquerschnittes des Körpers. Sie haben nicht nur die aus physikalischen Gründen erwartete Abhängigkeit von der MACHzahl, das zweite Glied der Ergebnisse wechselt außerdem beim Übergang von Unterschall- zu Überschallströmung sein Vorzeichen. Bemerkenswert ist das bei MACHzahl Eins eigentlich ungültige Ergebnis, daß die zweite Näherung der Dipolverteilung bei $M_1 = 1$ endlich bleibt, während nur die Quellverteilung logarithmisch über alle Grenzen anwächst.

Diese analytisch gegebenen zweiten Näherungen der Singularitätenverteilungen zeigen als einen der Vorteile des gewählten Iterationsverfahrens, daß die MACHzahleinflüsse auf die Singularitätenverteilungen und damit auf das ganze Strömungsfeld in einfacher Weise angebbar sind.

Analog den beiden ersten Näherungen sind aus den Randbedingungen (20) und (21) nacheinander höhere Näherungen der Singularitätenverteilungen abzuleiten, wobei jede Näherung um eine Potenz des Maximalquerschnittes $F_{\max}$ kleiner ist als die vorherige. Bei ihrer Berechnung ist nur darauf zu achten, daß jedes der Glieder gleicher Größenordnung in die Randbedingung eingesetzt wird. Unbekannt ist in jeder Näherung nur die Singularitätenverteilung der kleinsten Größenordnung mit dem Index S in den Radialkomponenten (44) und (45), alle anderen Glieder der Randbedingungen sind aus vorhergehenden Näherungen bekannt. Ein Strömungsanteil der Größenordnung $F_{\max}^S$ wird durch die Größenordnung $F_{\max}^n$ der Singularitätenverteilung mit dem Index n und die Größenordnung $F_{\max}^\nu$ der Potentialfunktionen mit dem Index $2\,\nu$ als Lösungen der Näherungen der gasdynamischen Gleichung festgelegt. Die Größenordnung S eines Gliedes ist deshalb mit den Indizes n und ν für alle n von $n = 1$ bis $n = S$ bestimmt durch

$$n + \nu = S\,. \quad (55)$$

Aus der Randbedingung (20) folgt dann diejenige Quellverteilung, welche proportional $F_{\max}^S$ sein soll mit

$$2\,\pi\sum_{\nu=0}^{S-1}\left(r\,\frac{\partial\Phi_{S-\nu}^{[2\nu]}(x;r)}{U_\infty\,\partial r}\right)_{r=R(x)} = F_x(x)\sum_{\nu=0}^{S-2}\left(\frac{\partial\Phi_{S-\nu-1}^{[2\nu]}(x;r)}{U_\infty\,\partial x}\right)_{r=R(x)} \quad (56)$$

und der Radikalkomponente (44)

$$Q_{S\,x}(x) = F_x(x) \sum_{\nu=0}^{S-2} \left(\frac{\partial \Phi_{S-\nu-1}^{[2\nu]}(x;r)}{U_\infty \, \partial x} \right)_{r=R(x)} - 2\,F(x) \sum_{\nu=1}^{S-1} \left(\frac{1}{r} \frac{\partial \Phi_{S-\nu}^{[2\nu]}(x;r)}{U_\infty \, \partial r} \right)_{r=R(x)} \tag{57}$$

Beide Summen auf der rechten Gleichungsseite bleiben endlich für $r = R(x) \to 0$.

In gleicher Weise ergibt sich aus der Randbedingung (21) für die Dipolverteilung der Größenordnung $F_{\max}^S$ mit

$$\pi \sum_{\nu=0}^{S-1} \left(r^2 \frac{\partial \Phi_{S-\nu}^{*[2\nu]}(x;r;\gamma)}{V_\infty \, \partial r} \right)_{r=R(x)} = \frac{1}{2} F_x(x) \sum_{\nu=0}^{S-2} \left(r \frac{\partial \Phi_{S-\nu-1}^{*[2\nu]}(x;r;\gamma)}{V_\infty \, \partial x} \right)_{r=R(x)} \tag{58}$$

und der Radialkomponente (45)

$$D_S(x) \cos\gamma = -\frac{1}{2} F_x(x) \sum_{\nu=0}^{S-2} \left(r \frac{\partial \Phi_{S-\nu-1}^{*[2\nu]}(x;r;\gamma)}{V_\infty \, \partial x} \right)_{r=R(x)} + F(x) \sum_{\nu=1}^{S-1} \left(\frac{\partial \Phi_{S-\nu}^{*[2\nu]}(x;r;\gamma)}{V_\infty \, \partial r} \right)_{r=R(x)} . \tag{59}$$

Mit den bekannten Singularitätenverteilungen der ersten beiden Näherungen ist beispielsweise für $S = 3$ die dritte Näherung der Quellverteilung mit Gl. (57)

$$Q_{3x}(x) = F_x(x) \left[\left(\frac{\partial \Phi_2^{[0]}(x;r)}{U_\infty \, \partial x} \right)_{r=R(x)} + \left(\frac{\partial \Phi_1^{\mathrm{II}}(x;r)}{U_\infty \, \partial x} \right)_{r=R(x)} \right] - 2\,F(x) \left[\left(\frac{1}{r} \frac{\partial \Phi_2^{\mathrm{II}}(x;r)}{U_\infty \, \partial r} \right)_{r=R(x)} + \left(\frac{1}{r} \frac{\partial \Phi_1^{\mathrm{IV}}(x;r)}{V_\infty \, \partial r} \right)_{r=R(x)} \right], \tag{60}$$

und die der Dipolverteilung mit Gl. (59)

$$D_3(x) \cos\gamma = -\frac{1}{2} F_x(x) \left[\left(r \frac{\partial \Phi_2^{*[0]}(x;r;\gamma)}{V_\infty \, \partial x} \right)_{r=R(x)} + \left(r \frac{\partial \Phi_1^{*\mathrm{II}}(x;r;\gamma)}{V_\infty \, \partial x} \right)_{r=R(x)} \right] + F(x) \left[\left(\frac{\partial \Phi_2^{*\mathrm{II}}(x;r;\gamma)}{V_\infty \, \partial r} \right)_{r=R(x)} + \left(\frac{\partial \Phi_1^{*\mathrm{IV}}(x;r;\gamma)}{V_\infty \, \partial r} \right)_{r=R(x)} \right] \tag{61}$$

bestimmt. Diese Bestimmungsgleichungen entsprechen den Gl. (49) und (51) der vorigen Näherung. In sie sind nach den Gl. (42) bis (45) die Singularitätenverteilungen $Q_{2x}(x)$ und $D_2(x)$ der zweiten Näherung für $\nu = 0$ und $\nu = 1$ und nach den Gl. (42) und (53) die Singularitätenverteilungen $Q_{1x}(x)$ und $D_1(x)$ der ersten Näherung für $\nu = 1$ und $\nu = 2$ einzusetzen. Durch die analytische Durchführung dieser Umformung würden die Ausdrücke (60) und (62) durch die mit zunehmender Näherung wachsende Anzahl von Gliedern unübersichtlich. Beide Singularitätenverteilungen dieser dritten Näherung sind proportional $F_{\max}^3$.

Die gesuchten Singularitätenverteilungen für den vorgegebenen Körper sind bis zur geforderten Genauigkeit durch die Summe der Näherung gegeben:

$$Q_x(x) = \sum_{n=1}^{S} Q_{nx}(x)\,, \qquad D(x) = \sum_{n=1}^{S} D_n(x)\,. \tag{62}$$

Damit sind die Randbedingungen (20) *und* (21) *für die Strömung an der Körperoberfläche ebenso wie die gasdynamische Gleichung* (35) *bis zur* $(N-1)$*-ten Näherung erfüllt. Der Fehler in der* N*-ten Näherung ist proportional der* N*-ten Potenz des Maximalquerschnitts.*

5. Betrachtungen zur Konvergenz der Summendarstellung der Singularitätenverteilungen

Ein zuverlässiger Weg zur Bestimmung des Fehlers der Summendarstellung der Potentialfunktionen und der Singularitätenverteilungen ist die Auswertung der Potentialfunktionen (7) und (8) der exakten gasdynamischen Gleichung (4) der „linearisierten" Theorie. Diese Auswertung ist zum Beispiel dann möglich, wenn angenommen werden kann, daß sich die Singularitätenverteilungen durch ein Polynom darstellen lassen. Für Überschallströmung sei die Quellverteilung dargestellt durch ihre TAYLOR-Entwicklung in der Bugspitze:

$$Q_x(x) = x\,Q_{xx}(0) + \frac{1}{2}\,x^2\,Q^{(3)}(0) + \frac{1}{6}\,x^3\,Q^{(4)}(0) + \cdots + \frac{1}{(m-1)!}\,x^{m-1}\,Q^{(m)}(0)\,. \tag{63}$$

Da die von der Dipolverteilung der Queranströmung induzierte Störströmung durch eine Differentiation nach dem Radialabstand r aus der Störströmung der Quellverteilung hervorgeht — vgl. Gl. (38) —, wird hier nur die von der Quellverteilung induzierte Strömung betrachtet. Unter der Voraussetzung (63) besteht dann die Potentialfunktion (7) aus einer Summe von Integralen der Form

$$J_\mu = -\frac{1}{x^\mu}\int\limits_0^{x-r\sqrt{M_1^2-1}} \frac{\xi^\mu\,d\xi}{\sqrt{(x-\xi)^2-(M_1^2-1)\,r^2}}\,, \tag{64}$$

die sowohl von der Abszisse x als auch vom radialen Abstand r abzuhängen scheinen. Da in der Überschallströmung die vom Körper induzierte Strömung nur innerhalb des MACHkegels existiert, kann mit $\sin\lambda$ ein einziger Parameter in (64) eingeführt werden.

$$0 \leqq \frac{r\sqrt{M_1^2-1}}{x} \leqq 1\,, \qquad \sin\lambda = \frac{r\sqrt{M_1^2-1}}{x}\,. \tag{65}$$

Mit der neuen Integrationsvariablen $\xi = x\,\zeta$ gehen die Integrale (64) über in die Form

$$J_\mu(\lambda) = -\int\limits_0^{1-\sin\lambda} \zeta^\mu\,\frac{d\zeta}{\sqrt{(1-\zeta)^2-\sin^2\lambda}}\,, \tag{66}$$

die nur noch vom Parameter $\sin\lambda$ abhängt. Für die Radialkomponente $\frac{\partial \Phi(x;r)}{\partial r}$ der Geschwindigkeit werden außerdem noch die Ableitungen dieser Integralformen nach r benötigt. Und zwar ist

$$J'_\mu(\lambda) = r\,\frac{\partial J_\mu(\lambda)}{\partial r} = \frac{dJ_\mu(\sin\lambda)}{d\sin\lambda}\sin\lambda\,. \tag{67}$$

Die analytische Form dieser Integrale und eine ausführliche Darstellung dieser Theorie zur Berechnung der Strömung um Rotationskörper wird in einer Arbeit von G. ALTMANN und F. KEUNE [9] mitgeteilt. Hier interessiert diese Darstellung nur für die Konvergenzbetrachtungen der Störströmung und für die Größe des verbleibenden Fehlers. Die Potentialfunktion (7) läßt sich unter der Voraussetzung (63) mit den Integralen (66) in der Form schreiben:

$$\begin{aligned}\frac{2\pi\,\Phi(x;\sin\lambda)}{U_\infty} &= x\,Q_{xx}(0)\;J_1(\lambda) + \frac{1}{2}\,x^2\,Q^{(3)}(0)\;J_2(\lambda)\\ &\quad + \frac{1}{6}\,x^3\,Q^{(4)}(0)\;J_3(\lambda) + \cdots + \frac{1}{(m-1)!}\,x^{m-1}Q^{(m)}(0)\,J_{m-1}(\lambda)\end{aligned} \tag{68}$$

mit den beiden Geschwindigkeitskomponenten in Achsen- und in radialer Richtung

$$\left.\begin{aligned}2\pi\,\frac{\partial\Phi(x;\sin\lambda)}{U_\infty\,\partial x} &= Q_{xx}(0)\;J_0(\lambda) + x\,Q^{(3)}(0)\;J_1(\lambda) + \frac{1}{2}\,x^2\,Q^{(4)}(0)\;J_2(\lambda)\\ &\quad + \frac{1}{6}\,x^3\,Q^{(5)}(0)\;J_3(\lambda) + \cdots + \frac{1}{(m-2)!}\,x^{m-2}\,Q^{(m)}(0)\;J_{m-2}(\lambda)\;,\\ 2\pi\,r\,\frac{\partial\Phi(x;\sin\lambda)}{U_\infty\,\partial r} &= x\,Q_{xx}(0)\,J'_1(\lambda) + \frac{1}{2}\,x^2\,Q^{(3)}(0)\;J'_2(\lambda)\\ &\quad + \frac{1}{6}\,x^3\,Q^{(4)}(0)\;J'_3(\lambda) + \cdots + \frac{1}{(m-1)!}\,x^{m-1}\,Q^{(m)}(0)\;J'_{m-1}(\lambda)\;.\end{aligned}\right\} \tag{69}$$

Von dieser Darstellung des Feldes der Störströmung aus gesehen sind die einzelnen Näherungen $\Phi^{[2\nu]}(x;r)$ der Potentialfunktion $\Phi(x;r)$, wie sie im 3. Abschnitt gegeben sind, jetzt Näherungen

$$J_\mu^{[2\nu]}(\lambda) \quad\text{und}\quad J_\mu'^{[2\nu]}(\lambda) \tag{70}$$

der Integralformen. Und zwar sind diese Näherungen durch die Voraussetzung $\sin\lambda \ll 1$ bestimmt. Das heißt aber, daß die Integralformen $J_\mu(\lambda)$ und $J'_\mu(\lambda)$ die Abklingeigenschaften der Strömung in radialer Richtung im ganzen Gültigkeitsbereich $0 \leqq \sin\lambda \leqq 1$ für feste Abszissen x richtig wiedergeben, die Näherungen (70) hingegen mit wachsendem $\sin\lambda$ mit dem Fehler der Näherungstheorie behaftet sind, wenn angenommen wird, daß den Berechnungen die gleiche Quellverteilung zugrunde liegt. Wir unterscheiden deshalb zwei Fehlerquellen. Die eine ist die angenäherte Wiedergabe der Abklingeigenschaften der Störströmung der Singularitäten mit wachsendem Radialabstand von der Achse. Außerdem unterscheiden sich dadurch die nach der Näherung und mit den tatsächlichen Abklingeigenschaften berechneten Singularitäten. Die Ursache beider Fehlerquellen sind die Abweichungen in den Abklingeigenschaften, die zu untersuchen sind. Werden diese vernachlässigbar klein, so wird auch die Genauigkeit der Berechnung der Singularitätenverteilungen groß.

Zunächst gibt die Differenz (Abb. 5)

$$J_\mu(\lambda) - J_\mu^{[0]}(\lambda) \tag{71}$$

den Fehler der ersten Näherung der Theorie für schlanke Körper. Die Differenzen (Abb. 6 und 7)

$$J_\mu(\lambda) - \sum_{\nu=0}^{1} J_\mu^{[2\nu]}(\lambda)\,, \qquad J_\mu(\lambda) - \sum_{\nu=0}^{2} J_\mu^{[2\nu]}(\lambda) \tag{72}$$

zeigen den Fehler der zweiten und dritten Näherung der Näherungstheorie an. Das gleiche gilt für die Geschwindigkeitskomponenten in radialer Richtung (Abb. 8) für die erste Näherung

$$J'_\mu(\lambda) - J'^{[0]}_\mu(\lambda) \tag{73}$$

und (Abb. 9 und 10) für die zweite und dritte Näherung

$$J'_\mu(\lambda) - \sum_{\nu=0}^{1} J'^{[2\nu]}_\mu(\lambda)\,, \quad J'_\mu(\lambda) - \sum_{\nu=0}^{2} J'^{[2\nu]}_\mu(\lambda) \tag{74}$$

und schließlich für große μ noch für die vierte Näherung (Abb. 10)

$$J'_\mu(\lambda) - \sum_{\nu=0}^{3} J'^{[2\nu]}_\mu(\lambda)\,. \tag{75}$$

Selbstverständlich stimmen die Geschwindigkeitskomponenten (69) mit denen der Näherung $[2\,\nu]$ überein, wenn an Stelle der Integralformen deren Näherungen $J_\mu^{[2\nu]}(\lambda)$ bzw. $J'^{[2\nu]}_\mu(\lambda)$ eingesetzt werden.

Die Integralformen sind in diesen Abbildungen für eine Quellverteilung (63) angegeben, in der alle höheren Ableitungen als $Q^{(10)}(0) = \left.\frac{d^{10}Q(x)}{dx^{10}}\right|_{x=0}$ verschwinden. Nach Gl. (69) für die Geschwindigkeitskomponenten sind deshalb die Formen $J_\mu(\lambda)$ bis $\mu = 8$ und $J'_\mu(\lambda)$ bis $\mu = 9$ notwendig. Praktisch wäre dann die Quellverteilung in neun Punkten längs der Körpertiefe vorgeschrieben. Darüber hinaus ist sie in der Bugspitze stets als Null vorausgesetzt.

Die Differenzen zeigen, daß die Theorie für schlanke und dünne Körper (die erste Näherung) mit steigender MACHzahl — das heißt für größere Werte von $\sin\lambda$ — zu beachtlichen Fehlern in der Geschwindigkeitsverteilung führen kann. Die zweite Näherung (für $\nu = 1$) bringt bereits eine wesentliche Verbesserung — die Wiedergabe des Kurvenverlaufes für die ersten Integralformen mit Indizes bis $\mu = 4$ in Abb. 6 und bis $\mu = 3$ in Abb. 9 blieb nur durch eine starke Vergrößerung des Maßstabes gegenüber Abb. 5 bzw. Abb. 8 übersichtlich. Die weiteren Integralformen mit höherem Index μ, welche als Faktoren zu höheren Ableitungen der Quellverteilung an der Stelle $x = 0$ gehören, werden dagegen erst durch höhere Näherungen $J_\mu^{[2\nu]}$ bzw. $J'^{[2\nu]}_\mu$ gut dargestellt. Da aber im allgemeinen die höchsten Werte von $\sin\lambda$ nahe der Bugspitze zu erwarten sind und dort $x \ll L$ ist, wird im allgemeinen der Fehler in der Wiedergabe dieser Integralformen bei

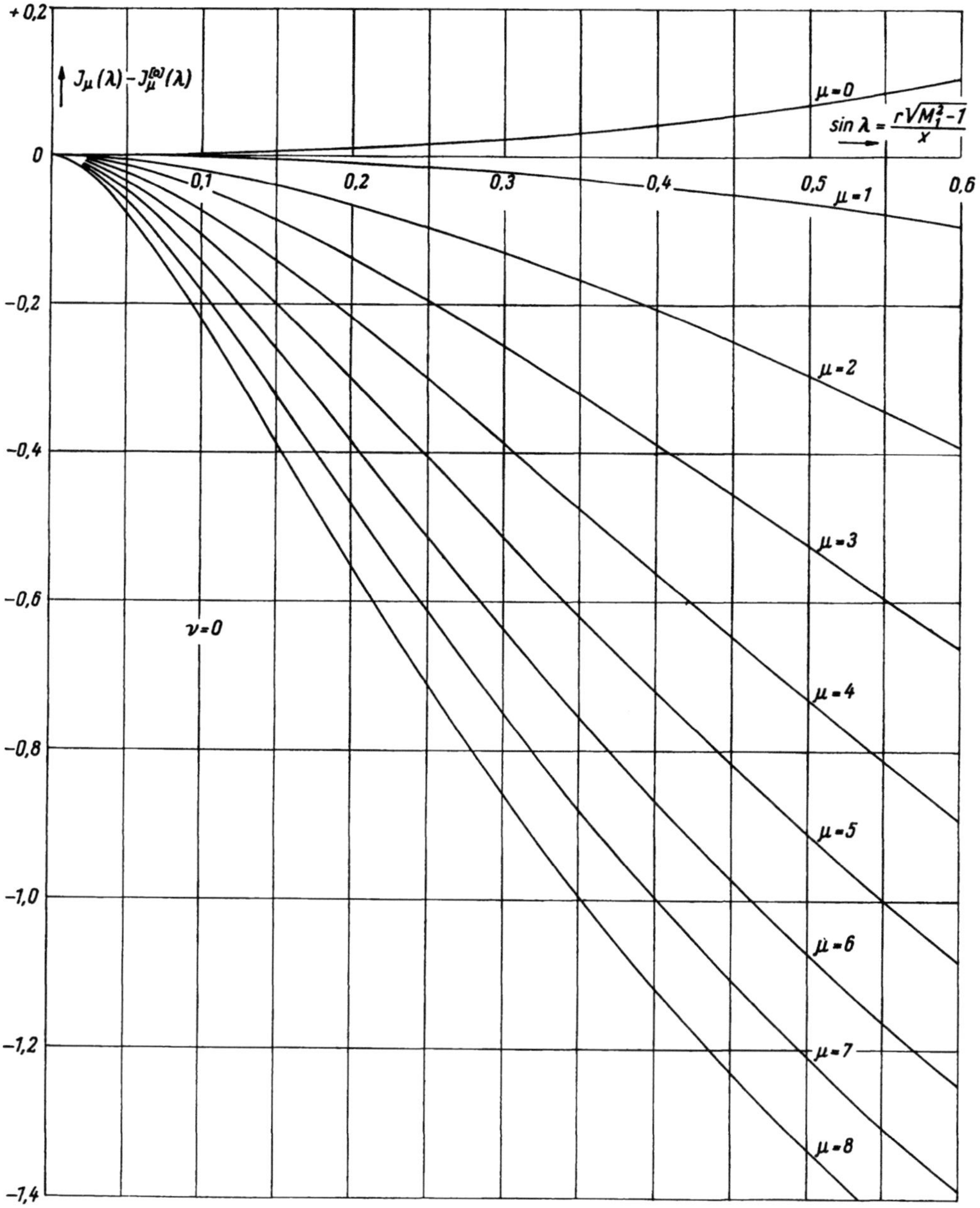

Abb. 5. Unterschiede zwischen exakter Funktion $J_\mu(\lambda)$ der Abklingeigenschaften der Axialkomponente der Störströmung der Quellverteilung und ihrer ersten Näherung, aufgetragen über $\sin\lambda = \frac{r\sqrt{M_1^2 - 1}}{x}$

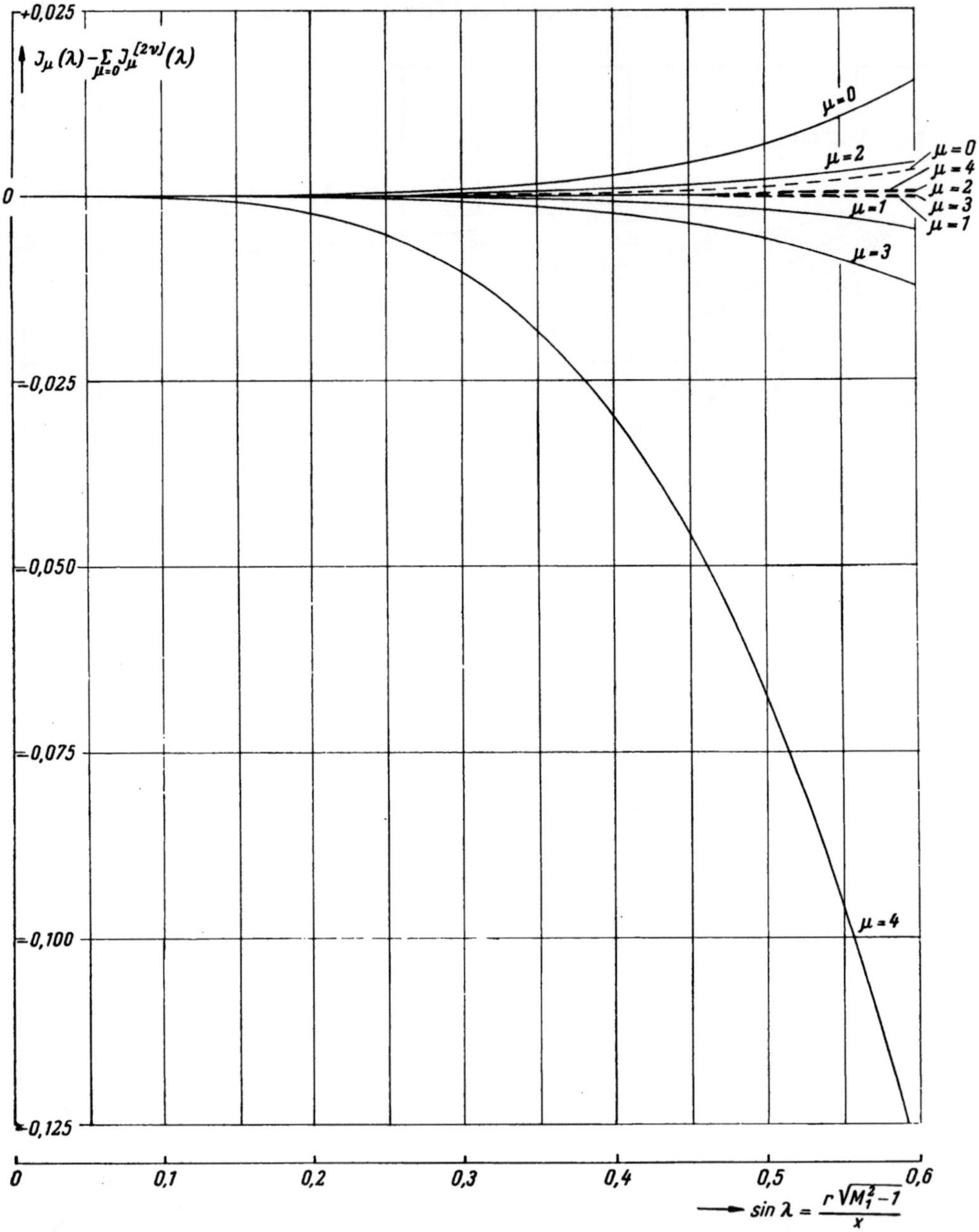

Abb. 6. Unterschiede zwischen exakter Funktion $J_\mu(\lambda)$ der Abklingeigenschaften der Axialkomponente der Störströmung der Quellverteilung und der Summe ihrer ersten beiden (ausgezogene Kurven) und ihrer ersten drei Näherungen (gestrichelte Kurven) für die Funktionen $\mu = 0$ bis $\mu = 4$ in zehnfach vergrößertem Maßstab gegenüber Abb. 5 und 7, aufgetragen über $\sin\lambda = \frac{r\sqrt{M_1^2 - 1}}{x}$

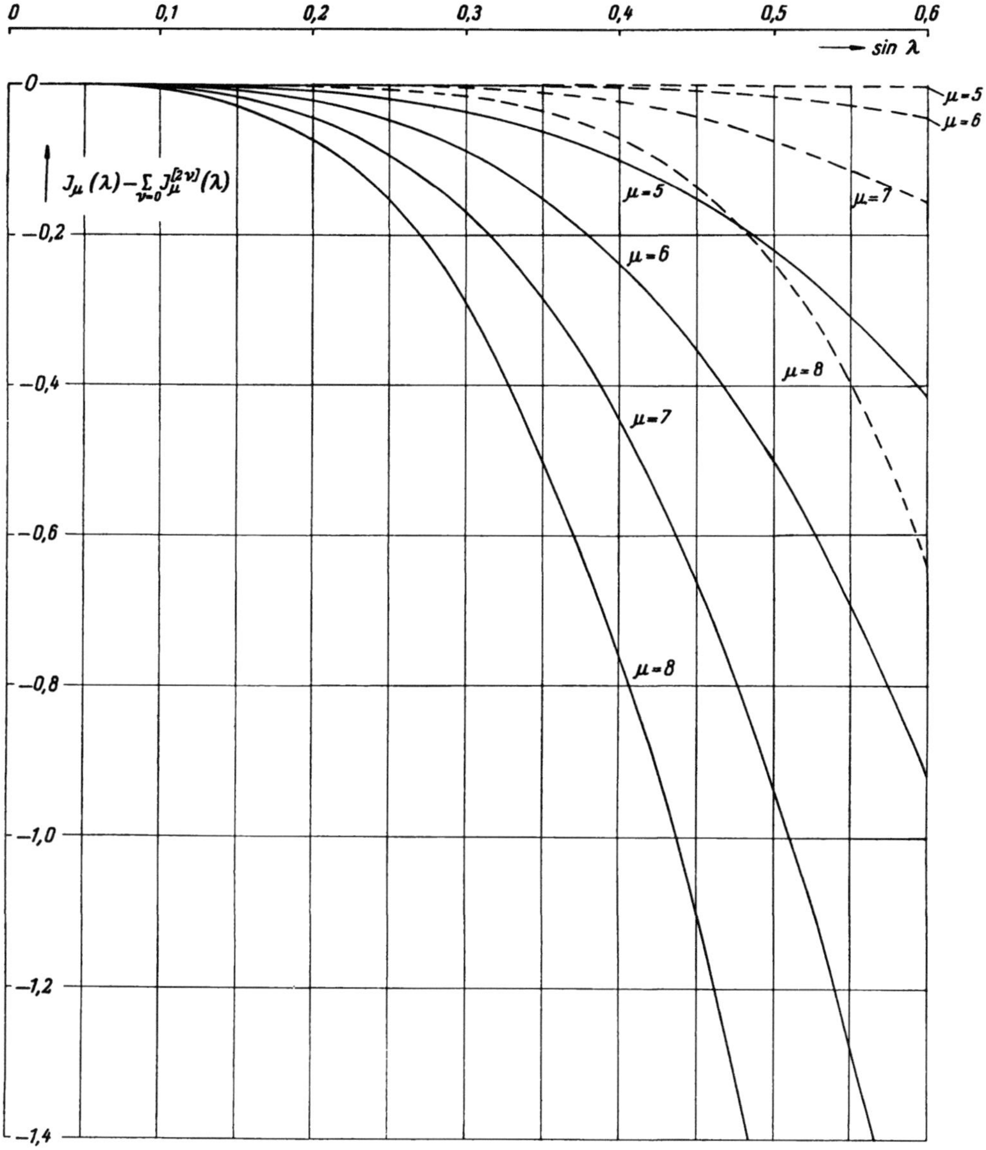

Abb. 7. Die gleichen Unterschiede der Abklingeigenschaften wie in Abb. 6, hier für die Funktionen $\mu = 5$ bis $\mu = 8$. Vergleich bis einschließlich zweiter Näherung (ausgezogene Kurve) und dritter Näherung (gestrichelte Kurve), aufgetragen über $\sin \lambda = \frac{r\sqrt{M_1^2 - 1}}{x}$

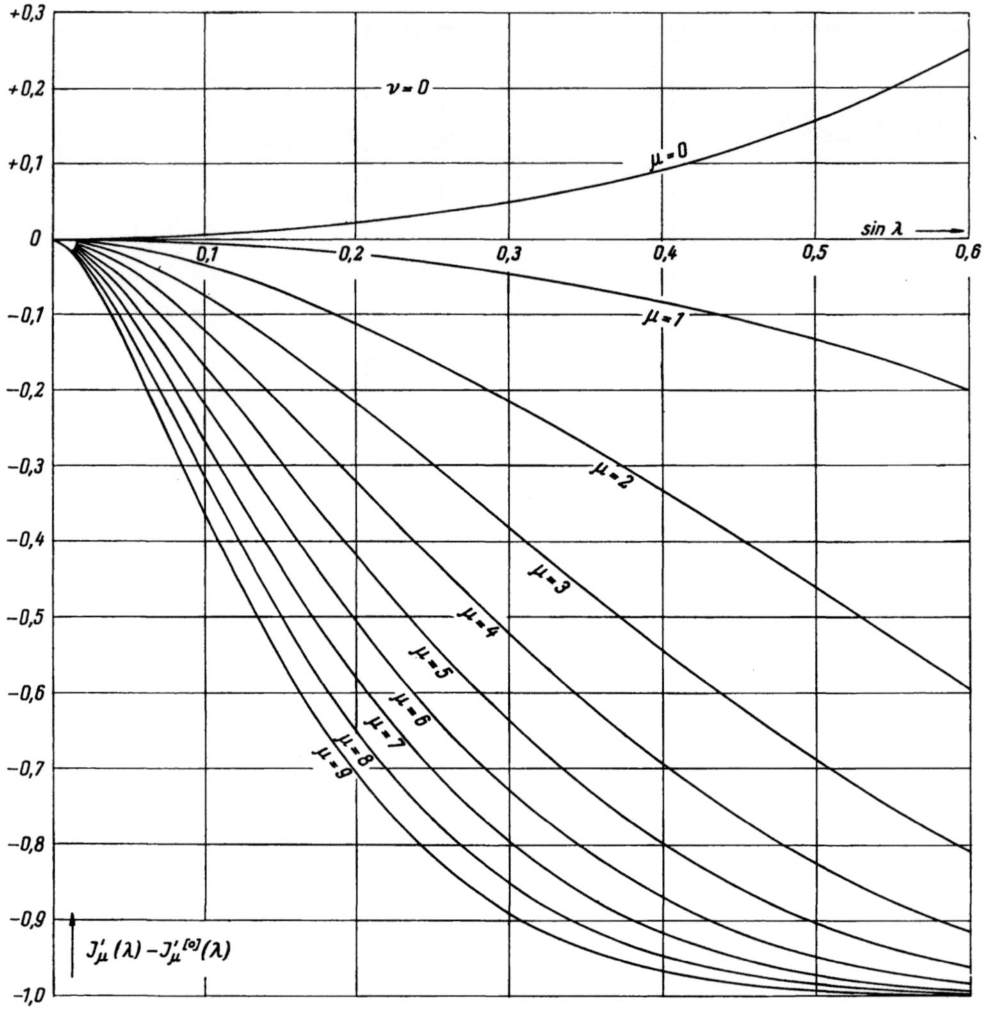

Abb. 8. Unterschiede zwischen exakter Funktion $J'_\mu(\lambda)$ der Abklingeigenschaften der Radialkomponente der Störströmung der Quellverteilung und ihrer ersten Näherung, aufgetragen über $\sin \lambda = \frac{r\sqrt{M_1^2 - 1}}{x}$

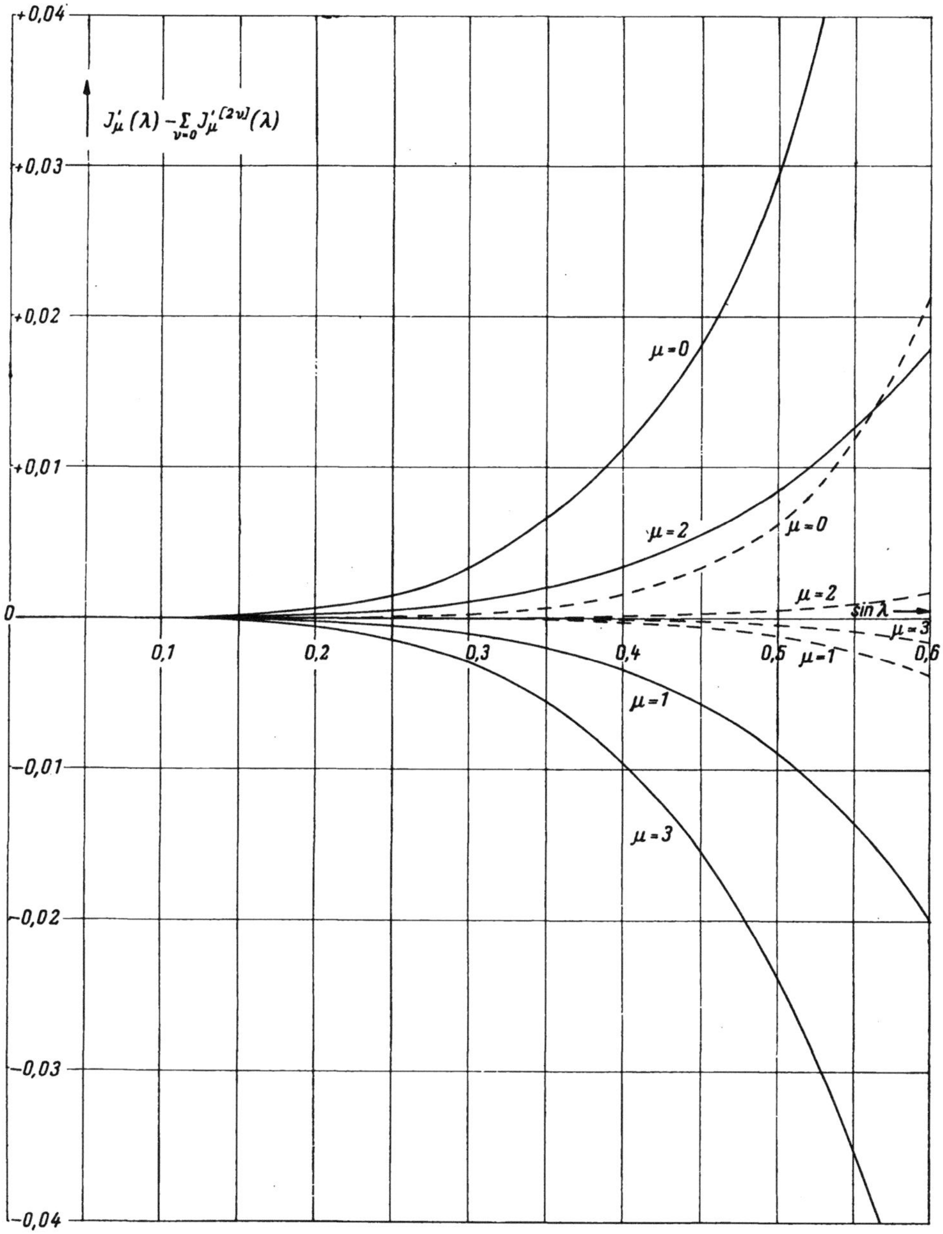

Abb. 9. Unterschiede zwischen exakter Funktion $J'_\mu(\lambda)$ der Abklingeigenschaften der Radialkomponente der Störströmung der Quellverteilung und der Summe ihrer ersten beiden (ausgezogene Kurven) und ihrer ersten drei Näherungen (gestrichelte Kurven) für die Funktionen $\mu = 0$ bis $\mu = 3$ in zwanzigfach vergrößertem Maßstab gegenüber Abb. 8 und 10, aufgetragen über $\sin\lambda = \frac{r\sqrt{M_1^2 - 1}}{x}$

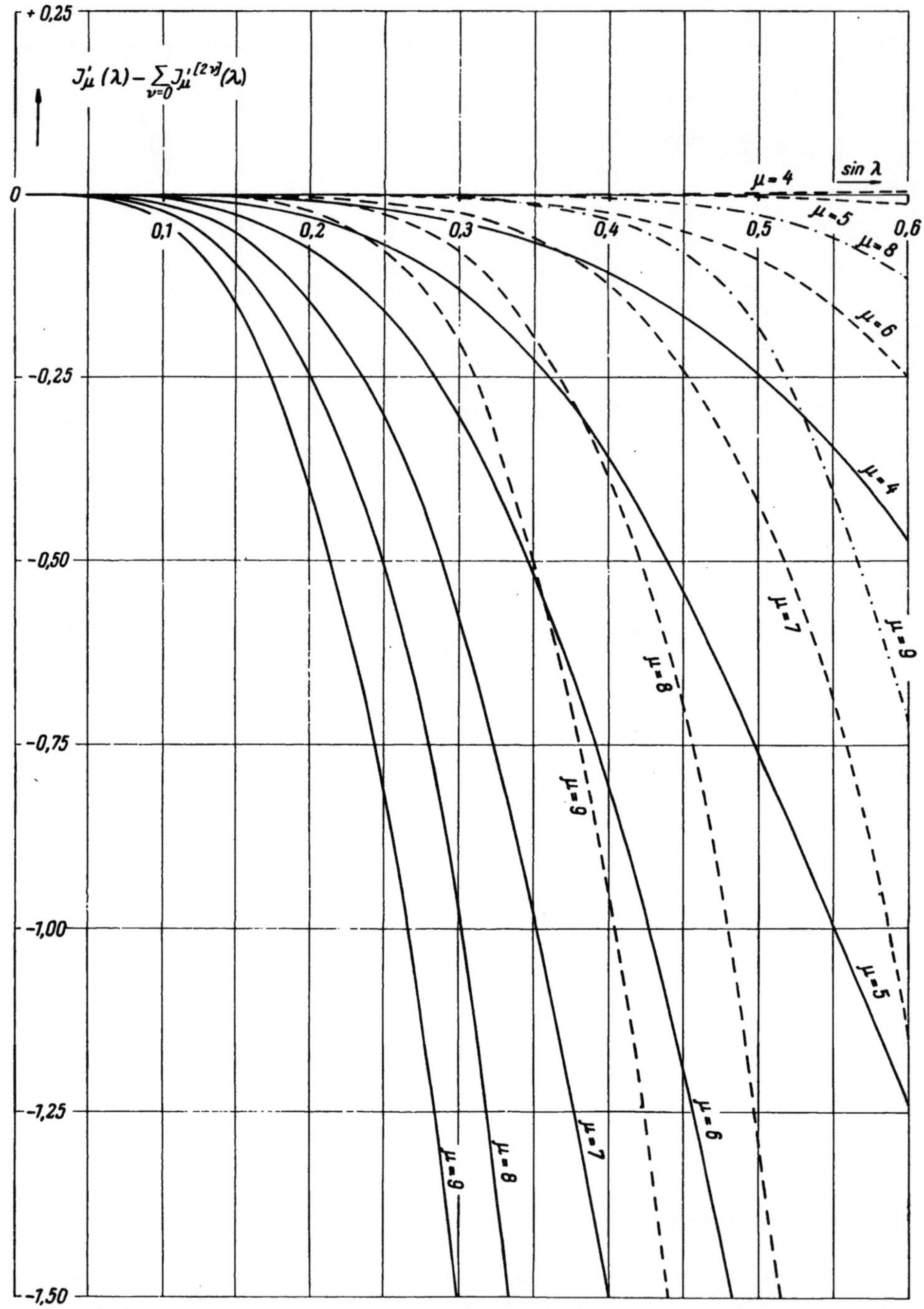

Abb. 10. Die gleichen Unterschiede der Abklingeigenschaften wie in Abb. 9, hier für die Funktionen $\mu = 4$ bis $\mu = 9$. Vergleich bis einschließlich zweiter Näherung (ausgezogene Kurven), dritter Näherung (gestrichelte Kurven) und für $\mu = 8$ und $\mu = 9$ bis zur vierten Näherung (strichpunktierte Kurven), aufgetragen über $\sin \lambda = \dfrac{r\sqrt{M_1^2 - 1}}{x}$

größerem $\sin\lambda$ durch die Kleinheit der zugehörigen Faktoren x^μ in den Geschwindigkeitskomponenten (69) stark reduziert.

Alle Integralformen verschwinden für $\sin\lambda = 1$ und zwar um so stärker, je größer μ ist. So stellen sich die Geschwindigkeitskomponenten nahe des von der Bugspitze ausgehenden MACHkegels, also nahe $\sin\lambda = 1$ oder $\cos\lambda$ nahe Null, in der folgenden neuartigen Form dar:

$1 - \sin^2\lambda \ll 1$:

$$\left.\begin{aligned} 2\pi \frac{\partial\Phi(x;\,\sin\lambda)}{U_\infty\,\partial x} &= -Q_{xx}(0)\left[\cos\lambda + \frac{1}{3}\cos^3\lambda + \frac{1}{5}\cos^5\lambda + \cdots\right] \\ &\quad - x\,Q^{(3)}(0)\left[\frac{1}{3}\cos^3\lambda + \frac{1}{5}\cos^5\lambda + \cdots\right] \\ &\quad - \frac{1}{2}x^2 Q^{(4)}(0)\left[\frac{2}{15}\cos^5\lambda + \cdots\right] + \cdots, \\ 2\pi \frac{r}{L}\frac{\partial\Phi(x;\,\sin\lambda)}{U_\infty\,\partial r} &= \frac{x}{L}\left\{Q_{xx}(0)\left[\cos\lambda + 2\cos^3\lambda + 2\cos^5\lambda + \cdots\right]\right. \\ &\quad + \frac{1}{2}\,x\,Q^{(3)}(0)\left[\frac{2}{3}\cos^3\lambda + \frac{22}{15}\cos^5\lambda + \cdots\right] \\ &\quad \left. + \frac{1}{6}x^2 Q^{(4)}(0)\left[\frac{2}{5}\cos^5\lambda + \cdots\right] + \cdots\right\}. \end{aligned}\right\} \tag{76}$$

Nahe des von der Bugspitze ausgehenden MACHkegels werden mit wachsendem Index μ die Integralformen $J_\mu(\lambda) \sim (\cos\lambda)^{2\mu+1}$ und $J'_\mu(\lambda) \sim (\cos\lambda)^{2\mu-1}$ immer stärker zu Null, während sie alle nahe der Achse des Rotationskörpers endliche Werte annehmen. Nur $J_0(\lambda)$ wird auf der Achse logarithmisch unendlich. Damit wird verständlich, daß Integralformen mit größerem Index μ an gleichen Stellen $\sin\lambda$ nicht durch eine ebenso geringe Zahl von Gliedern der Näherungsentwicklung $\sum J_\mu^{[2\nu]}(\lambda)$ für $\sin\lambda \ll 1$ dargestellt werden können wie diejenigen mit niedrigem Index μ, weil die Abklingeigenschaften dieser Integralformen wesentlich andere Krümmungsänderungen haben als die ersten Glieder der Näherungsentwicklung.

Deshalb wird die Güte einer bestimmten Näherung der Näherungstheorie für vorgegebenen Maximalradius $R_{\max}$ oder für den Öffnungswinkel ϑ_0 bei vorgeschriebener MACHzahl nicht generell nur von der Größe des Produktes $R_{\max}\sqrt{M_1^2 - 1}$ oder $\sqrt{M_1^2 - 1}\,\operatorname{tg}\vartheta_0$ abhängen, sondern auch wesentlich von der Formgebung des Rotationskörpers. Außerdem wird die Genauigkeit sowohl der Quellverteilung als auch der Geschwindigkeitsverteilung nicht an allen Stellen der Körpertiefe für eine bestimmte Näherung dieselbe sein.

Gesichert ist aber die Konvergenz der Näherungstheorie, weil die Differenzen zwischen den Integralformen und der Summe ihrer Näherungen bei einer genügend großen Zahl von Gliedern für alle $\sin\lambda < 1$ verschwinden. Die größte zulässige MACHzahl hängt vom vorgegebenen Öffnungswinkel ϑ_0 ab

$$\sqrt{M_{1\,\max}^{\,2} - 1} = \frac{1}{\operatorname{tg}\vartheta_0} = \left(\frac{1}{\dfrac{dR(x)}{dx}}\right)_{x=0}, \tag{77}$$

der kleiner oder als Grenzwert höchstens gleich dem Öffnungswinkel α_1 des von der Bugspitze ausgehenden MACHkegels sein muß. Der in den Abb. 5 bis 10 aufgetragene Bereich von $\sin\lambda_0 \leqq 0{,}6$ in Punkten der Körperoberfläche $r = R(x_i)$ nach Gl. (65)

$$\sin\lambda_0 = \frac{R(x)\sqrt{M_1^2 - 1}}{x}$$

dürfte deshalb für vorgegebene Körperformen und ausgewählte zulässige MACHzahlen für die meisten Punkte der Oberfläche des Rotationskörpers ausreichen und höchstens in der Nachbarschaft der Bugspitze überschritten werden. Die Integralgleichung (20) zur Bestimmung der Quellverteilung geht mit dem Ansatz (63) für die Quellverteilung und den Geschwindigkeitskomponenten (69) in ein lineares Gleichungssystem mit $(m - 1)$ Gleichungen für die $(m - 1)$ Unbekannten $Q_{xx}(0)$; $Q^{(3)}(0)$ bis $Q^{(m)}(0)$ für $(m - 1)$ Punkte x_i über:

$$\left[x\,J_1'(\lambda_0) - \frac{F_x(x)}{2\pi}\,J_0(\lambda_0)\right] Q_{xx}(0) + \frac{1}{2}\,x\left[x\,J_2'(\lambda_0) - 2\,\frac{F_x(x)}{2\pi}\,J_1(\lambda_0)\right] Q_3^{(0)}$$
$$+ \frac{1}{6}\,x^2\left[x\,J_3'(\lambda_0) - 3\,\frac{F_x(x)}{2\pi}\,J_2(\lambda_0)\right] Q^{(4)}(0) + \cdots$$
$$+ \frac{1}{(m-1)!}\,x^{m-2}\left[x\,J_{m-1}'(\lambda_0) - (m-1)\,\frac{F_x(x)}{2\pi}\,J_{m-2}(\lambda_0)\right] Q^{(m)}(0) - F_x(x) = 0\,. \quad (78)$$

Auch die Funktionen $J_\mu(\lambda_0)$ und $J_\mu'(\lambda_0)$ sind von der Wahl der Abszissen $x = x_i$ abhängig.

Diese Bestimmungsgleichungen können mit dem Maximalquerschnitt $F_{\max} = \pi\,R_{\max}^2$ des Rotationskörpers dimensionslos gemacht werden. Im Gegensatz zu den einzelnen Näherungen der Quellverteilungen nach der Näherungstheorie ist hier der MACHzahleinfluß nicht durch einfache Umrechnungen zu gewinnen. Das Gleichungssystem ist sowohl für jede MACHzahl als auch für jedes Dickenverhältnis des Körpers neu zu lösen.

Jedoch läßt sich auch hier die Randbedingung unter der Voraussetzung kleiner Werte von $\sin\lambda_0$

$$\sin\lambda_0 \ll 1\,, \quad (79)$$

die der Voraussetzung (22) entspricht, durch eine iterative Darstellung lösen mit der Quellverteilung (47) der ersten Näherung. Die Radialkomponente der Störgeschwindigkeiten (69) enthält nämlich exakt die Funktion $Q_x(x)$, wie sie in Gl. (40) auftritt, wenn anstelle der Integralformen $J_\mu'(\lambda)$ gesetzt wird

$$H_\mu(\lambda) = J_\mu'(\lambda) - \cos\lambda\,; \quad H_\mu(\lambda) \sim \sin^2\lambda\,. \quad (80)$$

Diese Funktionen sind alle proportional $\sin^2\lambda$. Dann ist

$$2\pi r\,\frac{\partial\Phi(x;r)}{U_\infty\,\partial r} = Q_x(x) - Q_x(x)\,\frac{\sin^2\lambda}{1 + \sqrt{1 - \sin^2\lambda}} + \frac{1}{2}\,x^2\,Q^{(3)}(0)\;H_2(\lambda)$$
$$+ \frac{1}{6}\,x^3\,Q^{(4)}(0)\;H_3(\lambda) + \cdots + \frac{1}{(m-1)!}\,x^{m-1}\,Q^{(m)}(0)\;H_{m-1}(\lambda)\,. \quad (81)$$

In ähnlicher Weise enthält auch die Axialkomponente von (69) die Ausdrücke der entsprechenden Geschwindigkeitskomponente von (44), wenn anstelle der Integralformen $J_\mu(\lambda)$

$$G_\mu(\lambda) = J_\mu(\lambda) - J_0(\lambda) - \frac{1}{2} \varkappa_{2\mu} \cos\lambda\,, \qquad G_\mu(\lambda) \sim \sin^2\lambda \tag{82}$$

eingeführt wird. Diese Funktionen $G_\mu(\lambda)$ sind alle proportional $\sin^2\lambda$. Mit Gl. (41) wird dann die Axialkomponente der Störgeschwindigkeit

$$\begin{aligned} 2\pi \frac{\partial\Phi(x;r)}{U_\infty\, \partial x} &= Q_{xx}(x) \ln \frac{\sin\lambda}{1+\sqrt{1-\sin^2\lambda}} + g_x(x) \\ &\quad - g_x(x) \frac{\sin^2\lambda}{1+\sqrt{1-\sin^2\lambda}} + \frac{1}{2} x^2\, Q^{(4)}(0)\, G_2(\lambda) \\ &\quad + \frac{1}{6} x^3\, Q^{(5)}(0)\, G_3(\lambda) + \cdots + \frac{1}{(m-2)!} x^{m-2}\, Q^{(m)}(0)\, G_{m-2}(\lambda)\,. \end{aligned} \tag{83}$$

In der Radialkomponente (81) ist das erste Glied und in der Axialkomponente (83) sind die beiden ersten Glieder der Gleichung proportional der Größenordnung der Quellverteilung, während alle anderen unter der Voraussetzung (79) und (80) oder (82) für $\sin^2\lambda \sim R^2_{\max}$ um den Faktor $R^2_{\max}$ kleiner, also von kleinerer Größenordnung sind. Deshalb ist auch hier wieder die Summendarstellung (62) für die Quellverteilung zulässig, wie sie im 4. Abschnitt dieser Arbeit erhalten wurde.

Diese iterative Darstellung zur Berechnung der Singularitätenverteilung unterscheidet sich von der im 4. Abschnitt gegebenen ganz wesentlich. Jetzt sind die tatsächlichen Abklingeigenschaften der Störströmung von der Achse bis zum Rand des von der Bugspitze ausgehenden MACHkegels vollständig berücksichtigt. Diesem Vorzug steht als großer Nachteil gegenüber, daß für jede MACHzahl und jede Änderung des maximalen Radius $R_{\max}$ bzw. des Maximalquerschnittes $F_{\max}$ einer gegebenen Körperform die numerische Berechnung der Glieder (62) der Quellverteilung nochmals vollständig durchgeführt werden muß, während nach dem im 4. Abschnitt gegebenen Verfahren nur einfache Umrechnungen notwendig werden.

Aber diese iterative Darstellung zur Berechnung der Singularitätenverteilung gibt im Bedarfsfall Aufklärung über die Güte der Konvergenz des Näherungsverfahrens zur Berechnung der Singularitätenverteilungen.

6. Die Abhängigkeit der Singularitätenverteilungen von der MACHzahl und dem Dickenverhältnis

Die Singularitätenverteilungen auf der Körperachse, welche einen vorgegebenen Rotationskörper in der Überschallströmung (oder auch in der Unterschallströmung) darstellen, werden in erster Linie von der Verteilung der Änderung der Querschnittsflächen über die Körpertiefe abhängen. Außerdem werden die MACHzahl M_1 der Anströmung und das gewählte Dickenverhältnis (Maximalradius/

Körpertiefe) $R_{max}/L = \bar{R}_{max}$ entscheidenden Einfluß auf die Größe der Quellstärke $Q_x(x)\, U_\infty$ und des Dipolmomentes $D(x)\, V_\infty$ an jeder Stelle der Körpertiefe haben. Nur die Singularität in der Bugspitze selbst bleibt für vorn spitze Körper stets Null.

Die Eigenschaften der Singularitätenverteilungen werden an einem Beispiel untersucht und die Ergebnisse in Kurven veranschaulicht. Gewählt wird ein Rotationskörper, dessen Dickenrücklage in 2/3 der Körpertiefe L liegt ($x/L = \bar{x} = 2/3$) und dessen Endquerschnitt 1/4 der Fläche des Maximalquerschnittes F_{max} hat: $F(L) = 1/4\, F_{max}$. Das Dickenverhältnis $\bar{R}_{max}$ oder die mit dem Quadrat der Körperlänge dimensionslos gemachte Fläche $\bar{F}_{max}$ des Maximalquerschnittes wird noch nicht festgelegt. Diese Forderungen für die Formgebung des vorn spitzen Rotationskörpers werden erfüllt durch die Radienverteilung

$$\frac{R(x)}{L\, \bar{R}_{max}} = \frac{3}{2}\,\frac{x}{L}\sqrt{3\left(1-\frac{x}{L}\right)+\frac{1}{9}\left(2-3\,\frac{x}{L}\right)^2}\,, \tag{84}$$

die zur Verteilung der Querschnittsflächen

$$\frac{F(x)}{L^2\, \bar{F}_{max}} = \frac{9}{4}\left(\frac{x}{L}\right)^2\left[3\left(1-\frac{x}{L}\right)+\frac{1}{9}\left(2-3\,\frac{x}{L}\right)^2\right] \tag{85}$$

führt. Diese ist identisch mit der ersten Näherung (48) der Dipolverteilung. Die Änderung der Verteilung der Querschnittsflächen

$$\frac{F_x(x)}{L\, \bar{F}_{max}} = \frac{1}{4}\,\frac{x}{L}\left(2-3\,\frac{x}{L}\right)\left(31-12\,\frac{x}{L}\right) \tag{86}$$

ist zugleich die erste Näherung (47) der Quellverteilung des Körpers. Beide Singularitätenverteilungen sind durch die als Proportionalitätsfaktor auftretende Maximalfläche dividiert und dimensionslos gemacht. Sie sind dann nicht mehr von den Größenabmessungen des Körpers sondern nur von der Verteilung seiner Querschnittsflächen abhängig.

Erst bei der Berechnung der Störgeschwindigkeit in Achsenrichtung tritt in der ersten Näherung ($n = 1$) ein MACHzahleinfluß auf. So ist nach Gl. (44) diese Geschwindigkeitskomponente in Punkten der Körperoberfläche

$$\left(\frac{1}{\bar{F}_{max}}\,\frac{\partial \Phi_1^{[0]}(x;r)}{U_\infty\, \partial x}\right)_{r=R(x)} = \frac{F_{xx}(x)}{2\pi\, \bar{F}_{max}}\ln\frac{R(x)\sqrt{M_1^2-1}}{2x} + \frac{g_{1x}(x)}{\bar{F}_{max}} \tag{87}$$

sowohl von der Verteilung der Querschnittsflächen abhängig als auch vom Produkt

$$\bar{R}_{max}\sqrt{|M_1^2-1|} = \bar{\mathfrak{R}}_{max}\,, \qquad \bar{F}_{max}\,|M_1^2-1| = \bar{\mathfrak{F}}_{max}\,, \tag{88}$$

so daß zunächst nur eine Entscheidung über die Größe des Produktes von MACHzahleinfluß und Dickenverhältnis notwendig ist. Damit geht die Geschwindigkeitskomponente (87) über in

$$\left(\frac{1}{\bar{F}_{max}}\,\frac{\partial \Phi_1^{[0]}(x;r)}{U_\infty\, \partial x}\right)_{r=R(x)} = \frac{F_{xx}(x)}{2\pi\, \bar{F}_{max}}\ln \bar{\mathfrak{R}}_{max}$$

$$+\frac{F_{xx}(x)}{2\pi\, \bar{F}_{max}}\ln\frac{R(x)}{2x\, \bar{R}_{max}} + \frac{g_{1x}(x)}{\bar{F}_{max}}\,. \tag{89}$$

Nur das erste der drei Glieder dieser durch den Maximalquerschnitt $\bar{F}_{\max}$ dividierten Geschwindigkeitskomponente ist eine Funktion des Produktes (88).

Eine ähnliche Trennung derjenigen Glieder, welche von der Wahl des Maximalquerschnittes und der MACHzahl unabhängig sind von den Gliedern, welche sich mit diesen Größen ändern, ist für jede der Singularitätenverteilungen durchführbar. Sie wird hier für ihre zweite Näherung mitgeteilt. Zunächst ergibt sich mit Gl. (50) und Gl. (89) die Quellverteilung

$$\begin{aligned}\frac{Q_{2x}(x)}{L\,\bar{F}_{\max}} &= \bar{F}_{\max}\left[\frac{1}{4\pi}\,\frac{F_x(x)\,F_{xx}(x)}{L\,\bar{F}^2_{\max}}\ln\frac{F(x)}{x^2\,\bar{F}_{\max}} \,(\mp)\, \frac{F_x(x)\,g_{1x}(x)}{L\,\bar{F}^2_{\max}}\right] \\ &\quad (\mp)\,\bar{F}_{\max}\,\frac{1}{4\pi}\,\frac{F_x(x)\,F_{xx}(x)}{L\,\bar{F}^2_{\max}}\ln\frac{\bar{\mathfrak{F}}_{\max}}{2} \,(\mp)\, \bar{\mathfrak{F}}_{\max}\,\frac{1}{4\pi}\,\frac{F(x)\,F^{(3)}(x)}{L\,\bar{F}^2_{\max}}\ln\frac{\bar{\mathfrak{F}}_{\max}}{2} \\ &\quad (\mp)\,\bar{\mathfrak{F}}_{\max}\left[\frac{1}{4\pi}\,\frac{F(x)\,F^{(3)}(x)}{L\,\bar{F}^2_{\max}}\left(\ln\frac{F(x)}{x^2\,\bar{F}_{\max}} - 1\right) + \frac{F(x)\,g_{1xx}(x)}{L\,\bar{F}^2_{\max}}\right]. \end{aligned} \tag{90}$$

Die positiven Vorzeichen vor den beiden Faktoren $\bar{\mathfrak{F}}_{\max}$ gelten für Unterschallströmung. Die beiden in eckigen Klammern stehenden Funktionen und die beiden Faktoren

$$\frac{1}{4\pi}\,\frac{F_x(x)\,F_{xx}(x)}{L\,\bar{F}^2_{\max}} \quad \text{und} \quad \frac{1}{4\pi}\,\frac{F(x)\,F^{(3)}(x)}{L\,\bar{F}^2_{\max}}$$

sind unabhängig vom Dickenverhältnis allein durch die Verteilung der Änderungen der Querschnittsflächen bestimmt. Die letzten beiden Glieder von Gl. (90) lassen sich dann durch Festlegung einer Anzahl von Produkten $\bar{\mathfrak{F}}_{\max}$ zusammenfassen. Erst vor der Addition aller vier Glieder ist eine Aussage über das ausgewählte Flächenverhältnis $\bar{F}_{\max}$ notwendig, mit dem dann auch über (88) die zu jedem $\bar{\mathfrak{F}}_{\max}$ gehörende MACHzahl bzw.

$$\operatorname{ctg}\alpha_1 = \frac{\bar{\mathfrak{F}}_{\max}}{\bar{F}_{\max}} \tag{91}$$

bestimmt ist.

Die gleichen Betrachtungen führen für die zweite Näherung der Dipolverteilung mit Gl. (54) zu

$$\begin{aligned}\frac{D_2(x)}{L^2\,\bar{F}_{\max}} &= -\bar{F}_{\max}\,\frac{1}{2\pi}\,\frac{F_x^2(x)}{L^2\,\bar{F}^2_{\max}} \pm \bar{\mathfrak{F}}_{\max}\,\frac{1}{4\pi}\,\frac{F(x)\,F_{xx}(x)}{L^2\,\bar{F}^2_{\max}}\ln\frac{\bar{\mathfrak{F}}_{\max}}{2} \\ &\quad \pm \bar{\mathfrak{F}}_{\max}\left[\frac{1}{4\pi}\,\frac{F(x)\,F_{xx}(x)}{L^2\,\bar{F}^2_{\max}}\left(\ln\frac{F(x)}{x^2\,\bar{F}_{\max}} + 1\right) + \frac{F(x)\,g_{1x}(x)}{L^2\,\bar{F}^2_{\max}}\right], \end{aligned} \tag{92}$$

wenn die beiden negativen Vorzeichen vor den Faktoren $\bar{\mathfrak{F}}_{\max}$ für Unterschallströmung gelten.

In der Theorie für schlanke Rotationskörper würde die Komponente (89) der Störströmung bei Schallgeschwindigkeit logarithmisch unendlich, wenn die „linearisierte Theorie“ gültig wäre. Für die Singularitätenverteilungen der zweiten Näherung sind unter dem gleichen Vorbehalt charakteristische Eigen-

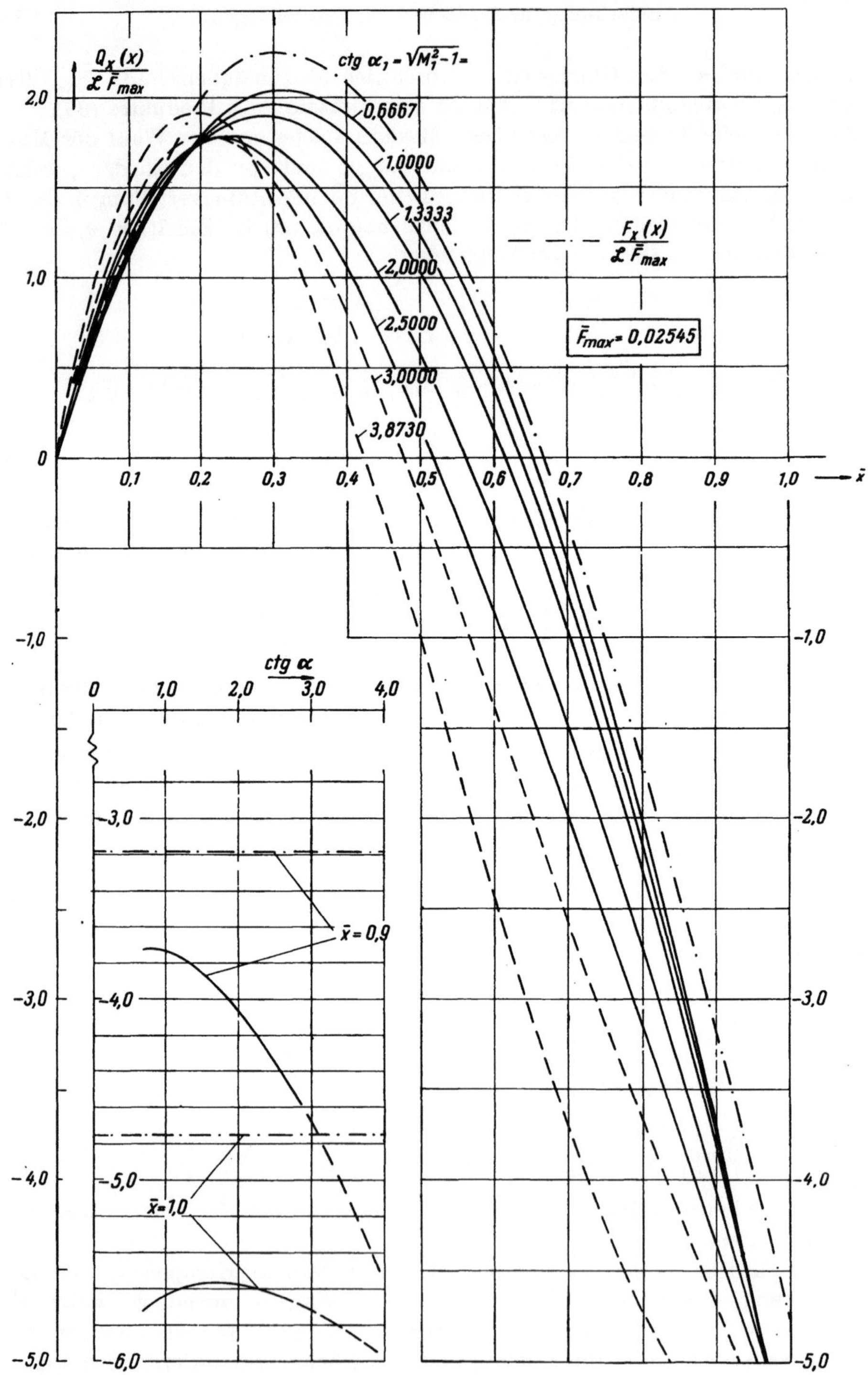

$\frac{Q_x(x)}{\mathcal{L}\bar{F}_{max}}$
$ctg\,\alpha_1 = \sqrt{M_1^2-1} =$
0,6667
1,0000
1,3333
2,0000
2,5000
3,0000
3,8730
$\frac{F_x(x)}{\mathcal{L}\bar{F}_{max}}$
$\bar{F}_{max} = 0,02545$
2,0
1,0
0
−1,0
−2,0
−3,0
−4,0
−5,0
0,1
0,2
0,3
0,4
0,5
0,6
0,7
0,8
0,9
1,0
$\bar{x}$
ctg α
0
1,0
2,0
3,0
4,0
3,0
4,0
5,0
6,0
$\bar{x} = 0,9$
$\bar{x} = 1,0$

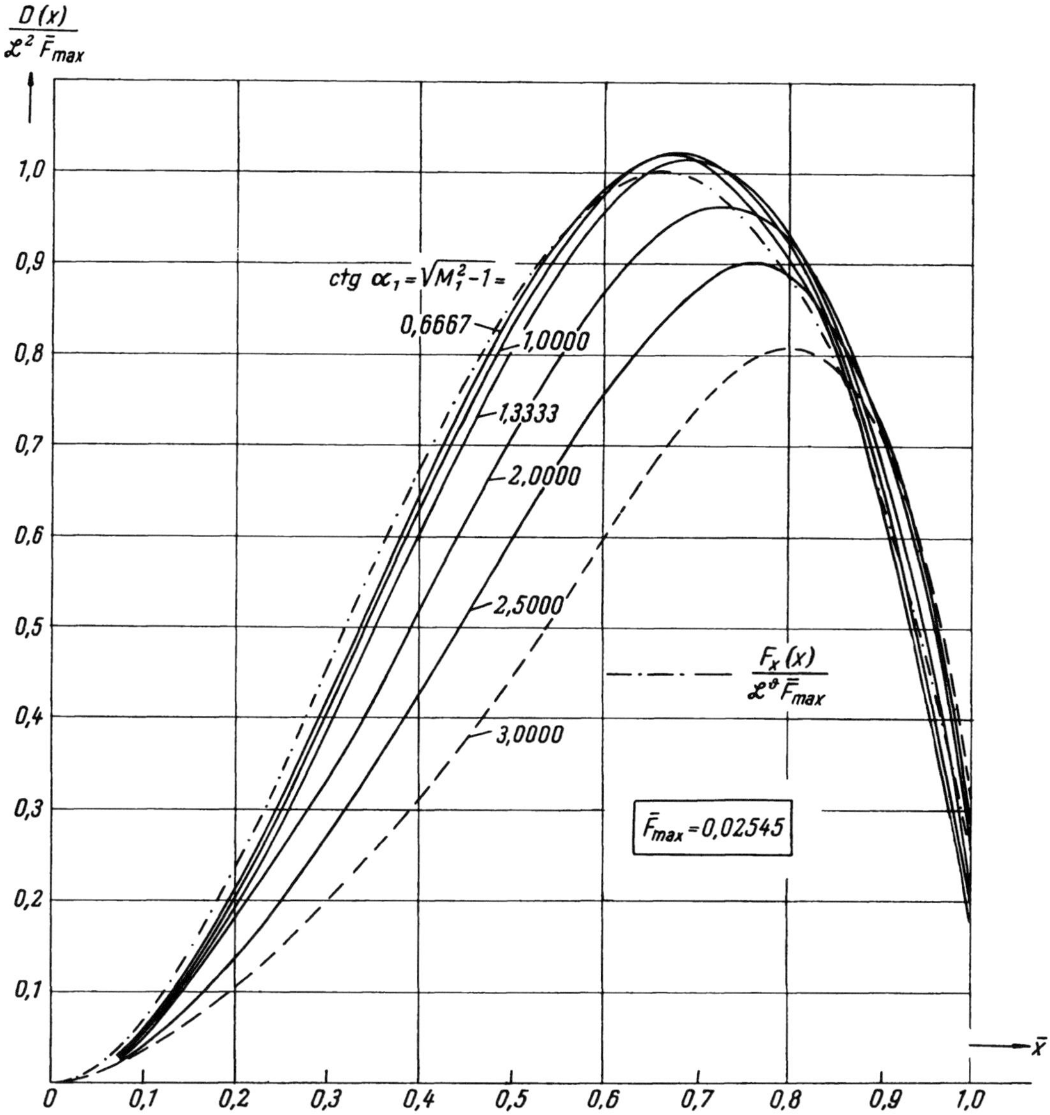

Abb. 12. Die mit dem Maximalquerschnitt $L^2\,\bar{F}_{\max}$ dimensionslos gemachte Dipolverteilung des vorgegebenen Körpers bis einschließlich der zweiten Näherung, aufgetragen über $\bar{x}$ in Abhängigkeit von der MACHzahl. Die Verteilung der Querschnittsflächen $F(x)/L^2\,\bar{F}_{\max}$ des Körpers als erste Näherung der Dipolverteilung ist zum Vergleich strichpunktiert eingezeichnet. $\bar{F}_{\max} = 0.02545$

◀ Abb. 11. Die Quellverteilung bis zur zweiten Näherung eines vorgegebenen Rotationskörpers in Überschallströmung für eine Reihe ausgewählter MACHzahlen, aufgetragen über dem mit der Körperlänge dimensionslos gemachten Abstand $\bar{x}$ von der Bugspitze. Die Quellverteilung ist mit der Länge $L\,\bar{F}_{\max} = \pi\,\bar{R}^2_{\max}\,L$ ($\bar{R}_{\max}$ ist das Dickenverhältnis) dimensionslos gemacht. Die bekannte erste Näherung ist zum Vergleich als strichpunktierte Kurve eingetragen. Für $\bar{x} = 0.9$ und $\bar{x} = 1.0$ sind die Ergebnisse über ctg α_1 gesondert angegeben. Gewählt wurde der Maximalquerschnitt $\bar{F}_{\max} = 0.02545$ des Körpers

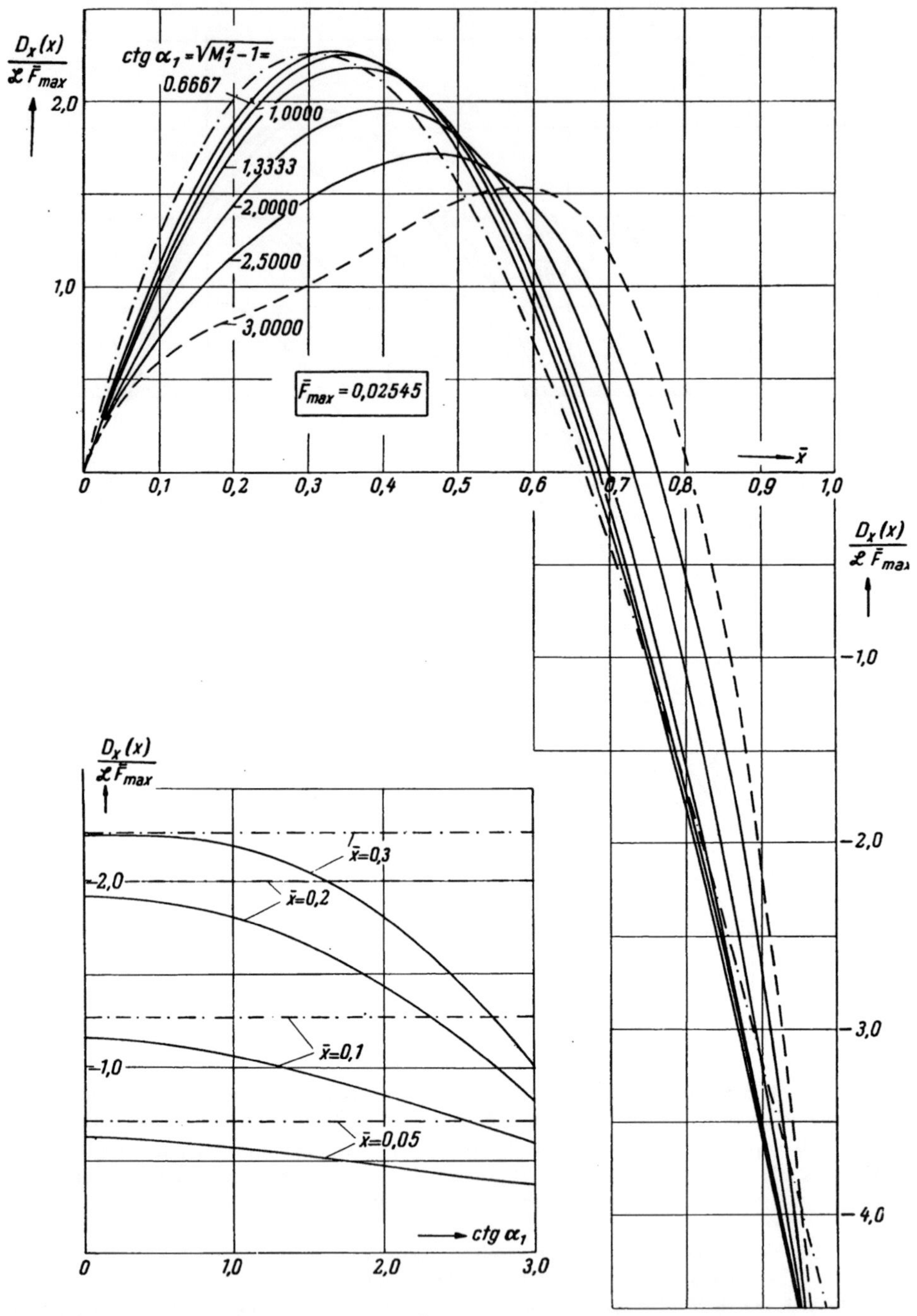

Abb. 13. Die Änderung der Dipolverteilung von Abb.12 in Achsenrichtung zum Vergleich mit der Quellverteilung in Abb. 11 für den gleichen Körper. Für einige der Stellen $\bar{x}$ im vorderen Teil des Körpers sind die Werte über ctg α_1 aufgetragen. $\bar{F}_{max} = 0.02545$

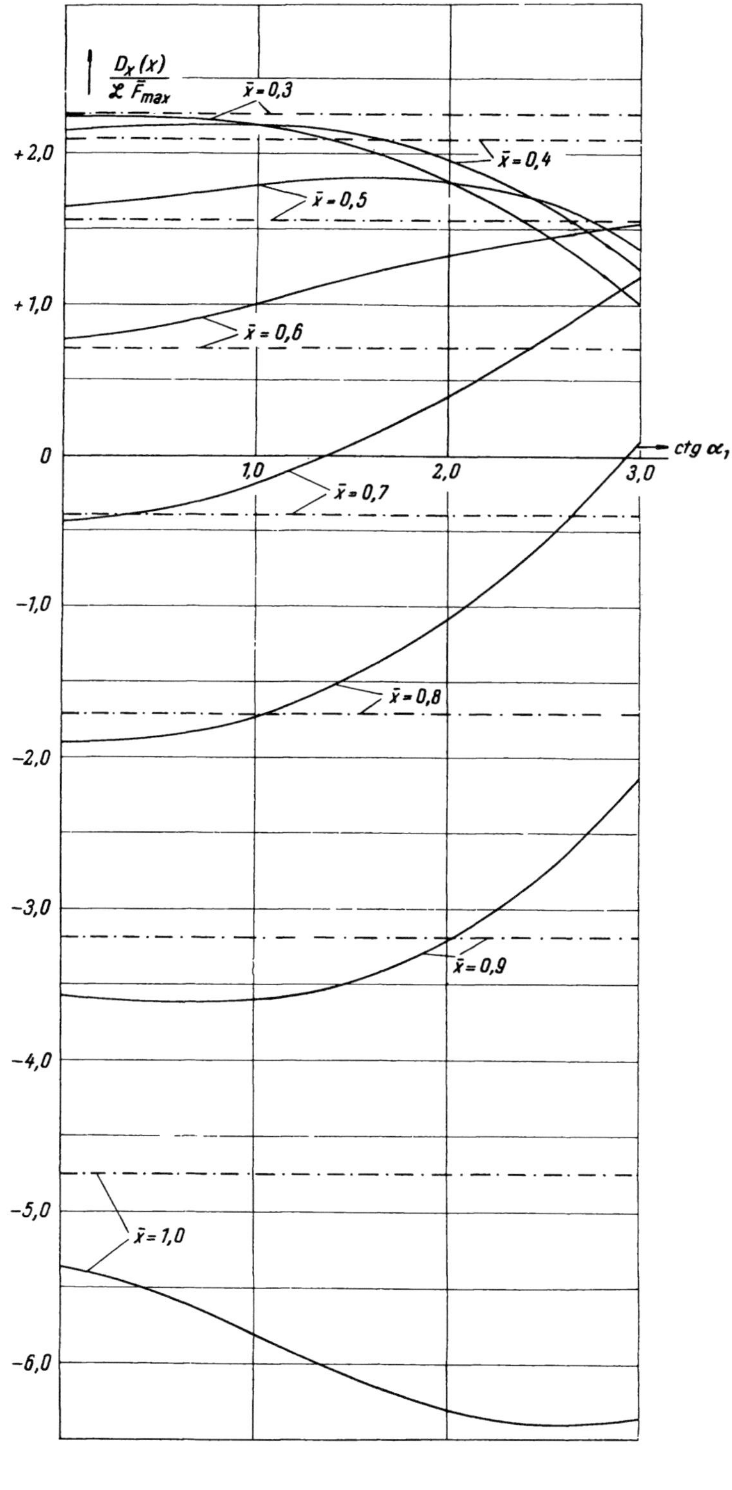

Abb. 14. Die Änderung der Dipolverteilung von Abb. 13 für Stellen $\bar{x}$ der Körpertiefe, aufgetragen über ctg α_1. Die Zunahme der Ungenauigkeit der ersten Näherung (strichpunktierte Parallelen zur Abszissenachse) in Abhängigkeit von der MACH-zahl zeigt sich besonders deutlich.

$\bar{F}_{max} = 0.02554$

schaften festzustellen. Und zwar erreicht die Dipolverteilung (92) für jede Stelle x der Körpertiefe bei Schallanströmung ($\bar{\mathfrak{F}}_{max} = 0$) einen endlichen Wert, während die Quellverteilung (90) logarithmisch unendlich wird. Die Dipolverteilung erreicht diese endlichen Werte mit senkrechter Tangente

$$(M_1 - 1) \ln |M_1 - 1| .$$

Die beiden mit dem Faktor $\bar{\mathfrak{F}}_{max}$ versehenen Glieder beider Singularitätenverteilungen gehen für sich allein bei $M_1 = 1$ mit senkrechter Tangente durch Null und ändern dabei ihr Vorzeichen, während der Betrag der Summe dieser Glieder für gleiche Werte $0 \leqq |M_1^2 - 1| \leqq 1$ für Unter- und Überschallströmung unverändert bleibt.

Im Beispiel des Rotationskörpers (84) mit abgeschnittenem Heck wird hier nur die Überschallströmung betrachtet. Gewählt wird nur ein Dickenverhältnis $\bar{R}_{max}$ bzw. Querschnittsverhältnis $\bar{F}_{max}$:

$$\bar{R}_{max} = 0.09 \, ; \; \bar{F}_{max} = \pi \, \bar{R}^2_{max} = 0.02545 \, .$$

Die Singularitätenverteilungen bis zur zweiten Näherung sind dann

$$\frac{Q_x(x)}{L \, \bar{F}_{max}} = \frac{F_x(x)}{L \, \bar{F}_{max}} + \frac{Q_{2x}(x)}{L \, \bar{F}_{max}} , \qquad \frac{D(x)}{L^2 \, \bar{F}_{max}} = \frac{F(x)}{L^2 \, \bar{F}_{max}} + \frac{D_2(x)}{L^2 \, \bar{F}_{max}} . \tag{93}$$

Für die Quellverteilung sind die Ergebnisse in Abb. 11 und für die Dipolverteilung in Abb. 12 über der Körperlänge für verschiedene MACHzahlen der Überschallströmung aufgetragen. An Stelle der MACHzahlen M_1 selbst wurde als Parameter der Kurven der PRANDTL-Faktor $\sqrt{M_1^2 - 1}$, das heißt der Cotangens des MACHwinkels gewählt, weil in den Ergebnissen nur dieser Parameter erscheint. Damit die Singularitätenverteilungen in gleichen Dimensionen beurteilt werden können, ist in Abb. 13 die Änderung der Dipolverteilung in der gleichen Auftragung angegeben. Die erste Näherung der Singularitätenverteilungen ist in allen drei Abbildungen zum Vergleich (strichpunktierte Linie) herangezogen. Die Abhängigkeit der Ergebnisse von der MACHzahl bleibt wohl nur für MACHzahlen $M_1 < \sqrt{2}$ ($\operatorname{ctg} \alpha_1 < 1$) für das gewählte Dickenverhältnis $\bar{R}_{max} = 0.09$ klein und wird bei wachsender MACHzahl von entscheidender Bedeutung.

Dieser Einfluß der MACHzahl auf die Singularitätenverteilungen an bestimmten Stellen $\bar{x}$ der Körpertiefe wird besonders anschaulich, wenn die Ergebnisse über $\operatorname{ctg} \alpha_1$ aufgetragen werden. Die erste Näherung ist dann nur eine Parallele zur Abszisse in den Abb. 14 und 15 (strichpunktierte Gerade). Für die Änderung der

▶

Abb. 15. Vergleich der bis zur zweiten Näherung gerechneten Quellverteilung nach dem Summierungsverfahren der Näherungstheorie (ausgezogene Kurven) mit der iterativen Darstellung des Verfahrens, das die tatsächlichen Abklingeigenschaften der Störströmung berücksichtigt (gestrichelte Kurven). Die Ergebnisse der mit F_{max}/L dimensionslos gemachten Quellverteilung des Beispieles eines Rotationskörpers mit $\bar{F}_{max} = 0.02545$ sind über $\operatorname{ctg} \alpha_1$ aufgetragen

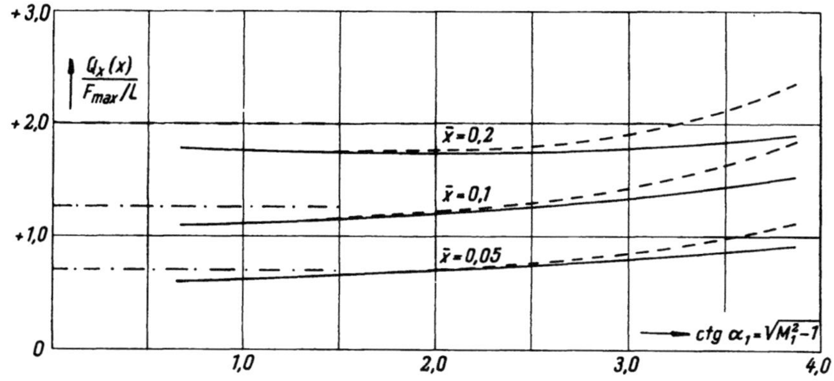

+3,0
+2,0
+1,0
0
$\frac{Q_x(x)}{F_{max}/L}$
$\bar{x} = 0,2$
$\bar{x} = 0,1$
$\bar{x} = 0,05$
ctg $\alpha_1 = \sqrt{M_1^2-1}$
1,0
2,0
3,0
4,0

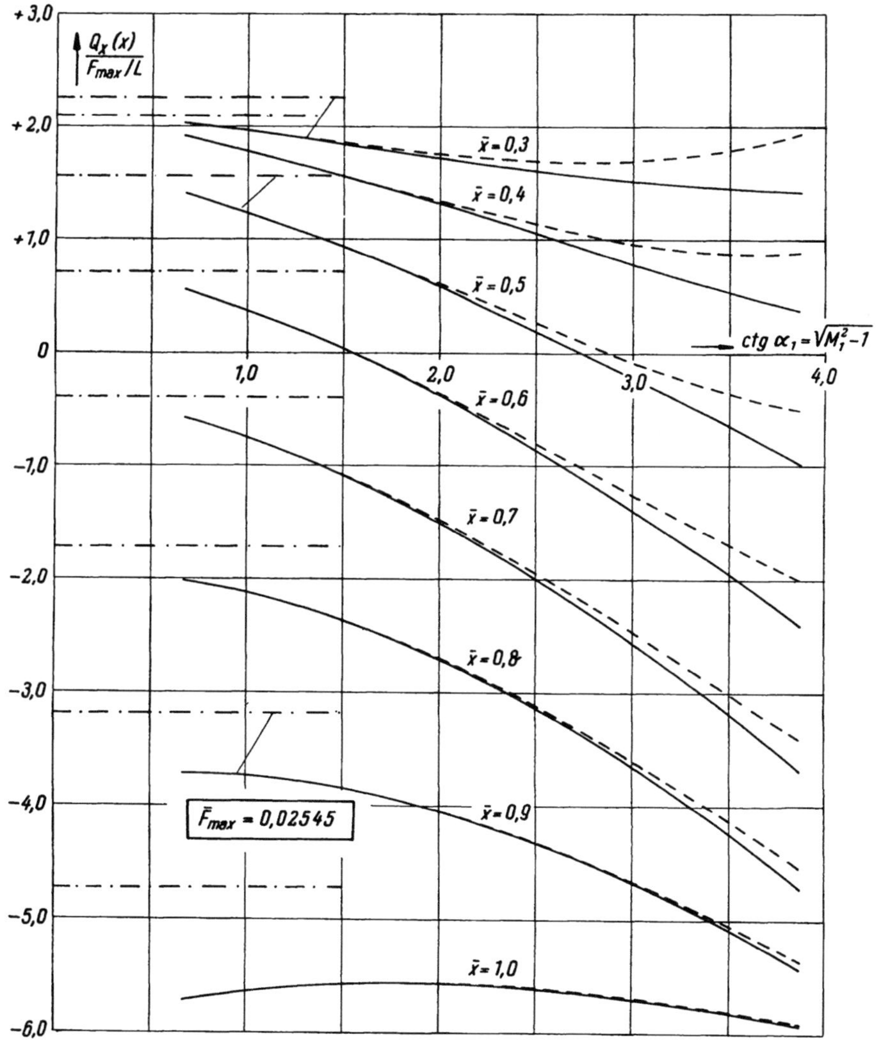

+3,0
+2,0
+1,0
0
−1,0
−2,0
−3,0
−4,0
−5,0
−6,0
$\frac{Q_x(x)}{F_{max}/L}$
$\bar{x} = 0,3$
$\bar{x} = 0,4$
$\bar{x} = 0,5$
$\bar{x} = 0,6$
$\bar{x} = 0,7$
$\bar{x} = 0,8$
$\bar{x} = 0,9$
$\bar{x} = 1,0$
ctg $\alpha_1 = \sqrt{M_1^2-1}$
1,0
2,0
3,0
4,0
$\bar{F}_{max} = 0,02545$

Dipolverteilung bis zur zweiten Näherung ist diese Auftragung für Stellen $\bar{x}$ zwischen $\bar{x} = 0.05$ bis $\bar{x} = 0.3$ noch in Abb. 13 und für $\bar{x} = 0.3$ bis $\bar{x} = 1.0$ in Abb. 14 gewählt.

Für die Quellverteilung ist diese gleiche Auftragung für $\bar{x} = 0.9$ und $\bar{x} = 1.0$ zunächst in Abb. 11 enthalten, weil die andere Auftragung dieser Abbildung in der Umgebung des Hecks unübersichtlich ist. Für alle berechneten Stellen $\bar{x}$ über die Körpertiefe ist in Abb. 15 die Quellverteilung über $\operatorname{ctg} \alpha_1$ aufgetragen. Die ausgezogenen Kurven geben die nach dem Summierungsverfahren des 4. Abschnittes dieser Arbeit errechneten Quellverteilungen der zweiten Näherung, die gleichen Werte, wie sie in Abb. 11 enthalten sind. Außerdem wurde die Quellverteilung mit den im 5. Abschnitt gegebenen Komponenten (69) der Störströmung berechnet, welche die exakten Abklingeigenschaften der Strömung mit dem Radialabstand vom Körper enthalten. Und zwar wurde auch hier die Berechnung bis zur zweiten Näherung durch eine iterative Darstellung der Randbedingung (20) gewonnen, wie sie im 5. Abschnitt ab Gl. (79) beschrieben ist. Sie enthält die vollständigen Abklingeigenschaften der Störströmung. Die Ergebnisse sind in Abb. 15 mit den gestrichelten Kurven wiedergegeben. Die Übereinstimmung beider Ergebnisse ist bis etwa $\operatorname{ctg} \alpha_1 = 2.5$ als ausreichend, unter $\operatorname{ctg} \alpha_1 = 2$ — also bis $M_1 = \sqrt{5}$ — in diesem Beispiel als ausgezeichnet anzusehen. Für höhere MACHzahlen, im Beispiel für $\operatorname{ctg} \alpha_1 > 2.5$, kann die Berechnung der zweiten Näherung nicht mehr als ausreichend angesehen werden. Deshalb sind in den Abb. 11 und 13 die Ergebnisse für $\operatorname{ctg} \alpha_1 > 2.5$ nur gestrichelt eingezeichnet. Für diese MACHzahlen muß bei der gewählten Dicke des Körpers mindestens noch die dritte Näherung der Singularitätenverteilung berechnet werden.

7. Zusammenfassung

Für die Berechnung der Strömung am Rotationskörper mit stetiger Dickenverteilung werden zunächst die allgemeinen Formeln angegeben, wobei nichtlineare Kompressibilitätseinflüsse unberücksichtigt bleiben. Für angestellte und nicht angestellte Körper, deren Dicke klein gegenüber der Körpertiefe ist, läßt sich die gasdynamische Gleichung in eine Summe von Näherungen zerlegen, deren jede nur Glieder gleicher Größenordnung enthält. Für n aufeinander folgende Näherungen ist die linearisierte gasdynamische Gleichung der dreidimensionalen Strömung bis zur $(n - 1)$-ten Näherung erfüllt, während nur die n-te Näherung durch eine rein zweidimensionale „Querschnittsströmung“ beschrieben wird. Die Lösungen sind eine Summe von Potentialfunktionen mit unbekannten Singularitätenverteilungen. Da die Glieder jeder der Gleichungen um zwei Größenordnungen kleiner als in der vorhergehenden vorausgesetzt werden können, werden auch die Glieder der Summe von Singularitätenverteilungen von gleicher abnehmender Größenordnung. So gelingt die Berechnung der Quell- und Dipolverteilung für vorgegebene Körperformen aus den Randbedingungen am Körper mit von Näherung zu Näherung steigender Genauigkeit. Die Einflüsse von MACHzahl und Dickenverhältnis erscheinen als Faktoren der Glieder der Singularitätenverteilungen. Ihre Abhängigkeit von MACHzahl und Dickenverhältnis ist deshalb bei sinnvoller Aufspaltung der Ergebnisse mit geringem Rechenaufwand gegeben. Eine andere Art der Wiedergabe der Potentialfunktion dient hier nur zur Untersuchung der Konvergenz des Summierungsverfahrens, weil dieses letztere Verfahren jeweils nur für eine MACHzahl und ein Dickenverhältnis berechnet werden kann. Diese Konvergenz hängt wesentlich von der genügend genauen Wiedergabe der Abklingeigenschaften der Strömung ab, die durch die exakte Potentialfunktion der linearisierten Theorie gegeben ist. Der Unterschied der Änderung der Geschwindigkeitskomponenten bei axialer Anströmung gegenüber den Ergenissen der ersten bis dritten Näherung bzw. vierten Näherung des Summierungsverfahrens für gleiche Quellverteilungen ist in Diagrammen dargestellt (Abb. 5 bis 10). Sie geben einen guten Überblick über die Abhängigkeit der Genauigkeit der Summendarstellung von der geometrischen Körperform, der MACHzahl und dem Dickenverhältnis. Bis zur zweiten Näherung von Quell- und Dipolverteilung wird das allgemeine Summierungsverfahren an einem Beispiel erörtert, das besonders die starken Einflüsse der MACHzahl auf die Singularitätenverteilungen und die Unterschiede zu den gebräuchlichen ersten Näherungen vermittelt. Die zweite Näherung der Dipolverteilung für die Komponente der Querströmung ergibt sich in einfacher Weise aus der ersten Näherung der Strömung bei axialer Anströmung.

LITERATUR

[1] F. KEUNE: Low aspect ratio wings with small thickness at zero lift in subsonic and supersonic flow. KTH-Aero TN 21, Aeronautics Division, Royal Institute of Technology, Stockholm 1952. — Und in deutscher Übersetzung: Bericht Nr. 50 der Deutschen Versuchsanstalt für Luftfahrt, Westdeutscher Verlag Köln und Opladen 1958.

[2] F. KEUNE und K. OSWATITSCH: Nicht angestellte Körper kleiner Spannweite in Unter- und Überschallströmung. Zeitschr. für Flugwissenschaften **1** (1953) 137—145.

[3] F. KEUNE: Grundsätzliche Betrachtungen zur Unter- und Überschallströmung um Körper nicht mehr kleiner Streckung. Zeitschr. für Flugwissenschaften **5** (1957) 121—125.

[4] F. KEUNE: Singularitätentheorie für lineare Unter- und Überschallströmung um Körper nicht mehr kleiner Streckung ohne Auftrieb. Zeitschr. f. Angew. Math. u. Mech. **37** (1957), Heft 7/8.

[5] F. KEUNE: Reihenentwicklung des Geschwindigkeitspotentials der linearen Unter- und Überschallströmung für Körper nicht mehr kleiner Streckung. Zeitschr. für Flugwissenschaften **5** (1957) 243—247.

[6] F. KEUNE: Strömung an Körpern nicht mehr kleiner Streckung in auftriebsloser linearer Unter- und Überschallströmung. Jahrbuch 1957 der Wiss. Gesellschaft f. Luftfahrt, S. 67—82.

[7] G. N. WARD: Supersonic flow past slender bodies. The Quart. Journ. of Mech. and Appl. Math. **7** (1949) 75.

[8] H. FÖTTINGER und F. WEINIG: Zeitschr. techn. Physik **9** (1928) 39—43.

[9] G. ALTMANN und F. KEUNE: Zur Berechnung des rotationssymmetrischen Strömungsfeldes vorn spitzer Rotationskörper nach der linearisierten Überschall- und Unterschalltheorie. Bericht Nr. 183 der Deutschen Versuchsanstalt für Luftfahrt. Vereinigte Universitäts- u. Fachbuchhandlungen, Köln 10.

Some features of stability of laminar flows and of transition to turbulence

By A. M. KUETHE

(University of Michigan, Ann Arbor; Department of Aeronautical and Astronautica Engineering)

Measurements of the phase of disturbances in POISEUILLE flow in a tube and in the stable boundary layer on a sphere indicate the existence of many stable modes. Measurements of the critical REYNOLDS number in the presence of disturbances of various heights in POISEUILLE flow show the decrease in the threshold disturbance for transition with increasing REYNOLDS number. Measurements of shearing stress at the wall and of fluctuations and REYNOLDS stresses throughout the cross-section within the transition region in POISEUILLE flow are given. The high wall and REYNOLDS stresses are interpreted as the cause of high temperature recovery factors in the transition region of high speed boundary layers.

1. Introduction

TOLLMIEN's classical solution [1] of the unsteady linearized two-dimensional equations of motion has inspired many theoretical and experimental attempts to determine the details of the instability of laminar flows and the subsequent development of transition to turbulent flow [2]. His predictions regarding the instability of the laminar layer on a flat plate were quantitatively verified by SCHUBAUER and SKRAMSTAD [3], but further progress toward an understanding of the much more complicated proscess of transition to turbulent flow has, until quite recently, relied almost entirely on empirical observations.

The actual transition process in which the two-dimensional disturbances, under the action of non-linear processes, break down into random three-dimensional turbulent fluctuations appears in most applications to have an explosive character. The first stage of the transition in tube flow may be an appreciable distortion of the initially sinusoidal disturbances [4, 5], followed by a seemingly spontaneous, often intermittent, appearance of the turbulent fluctuation, similar to that occuring in the boundary layer on a flat plate [2]. The experiments of SCHUBAUER, KLEBANOFF and TIDSTORM [6], showed that the first break-up generally occured where the streamlines were convex and that the break-up involved strong longitudinal components of vorticity. These observations are supported by the analysis of BENNY and LIN [7], which includes effects of the non-linear terms in the equations of motion.

This paper discusses some experiments on the character of small disturbances in POISEUILLE flow and in a stable boundary layer and on the transition process in the tube flow. Both flows are stable to small disturbances. The measurements in a boundary layer were part of investigations in which the author collaborated with W. W. WILLMARTH and G. H. CROCKER [8] and those in a tube were made with K. R. RAMAN [9]. The investigations were carried out with the financial assistance of the U. S. Air Force Office of Scientific Research under contracts AF 49(638)—336 and AF 18(603)—34, respectively.

2. Experimental arrangements

The investigation was conducted in the same tube as was used in a previous investigation [5]. It is 1.25″ in diameter and 70′ long. Air is supplied by a storage reservoir and passes through a flow meter and settling chamber containing many screens. The tube was carefully aligned by means of a theodolite but, as in the previous investigations, it was possible to abtain approximately axially-symmetric laminar flow only after heating slightly the upper half of the settling chamber.[1])

Hot-wire measurements were made in the transition region downstream of the two kinds of fixed disturbance generators shown in Fig. 1. The ring disturbances were of .04″ wire suspended at $0.45a$ and $0.75a$ from the center of the tube. The step disturbances were of various heights from $0.1a$ to $0.36a$.

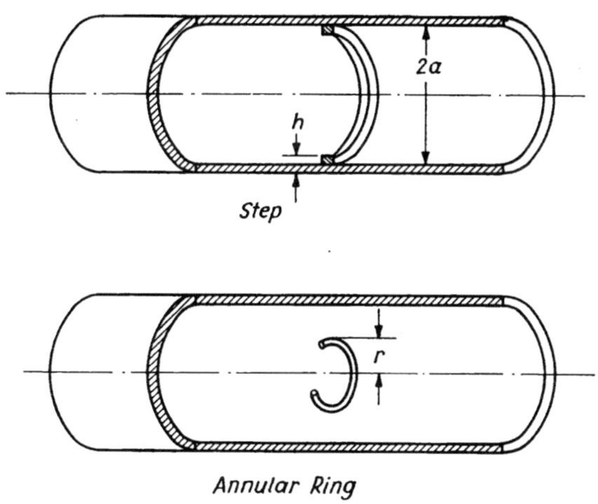

Fig. 1. Two types of disturbance generators used [9]

The hot-wire measurements included tranverses of u' and v', the root-mean-square values of the axial and radial components of the fluctuations, respectively, of $\overline{uv}$, the REYNOLDS stress per unit density, and of the mean velocity profiles.

[1]) RESHOTKO [10] has shown that by taking extraordinary precautions in the alignment of a tube he could obtain very nearly axially symmetric velocity distributions.

The boundary layer measurements were made on the spherical nose of a body of revolution. The body was 20 in. in diameter with a fineness ratio of 4.5 and was mounted in the 5×7 ft. low turbulence tunnel at the University of Michigan. A sinusoidal disturbance was created in the boundary layer by a vibrating wire 0.001 in. in diameter and 6 in. long stretched between two supports normal to the flow. The wire, in the field of a permanent magnet inside the body, was caused to vibrate by passing an alternating current through it.

3. Results and discussion

3.1. Steady Flow in a Tube

The utilization of fully developed tube flow for the experimental study of transition seemingly has two attractive features. First, it is apparently easy to produce the flow and, second, the traversing of the flow by means of probes is relatively easy because the cross-section can be made quite large. However, when one attempts to study the details of the amplification of disturbances, one immediately encounters, at least in air, formidable difficulties both in generating axially symmetric fully developed laminar flow and in superimposing axially symmetric disturbances [5], [10]. The experiments indicate that one must take extraordinary precautions to align the tube and to provide a constant temperature environment. In our experiments all attempts to correct departures from axial symmetry (by suction or curvature) once they had developed were unsuccessful; it was necessary to introduce corrective measures in the settling chamber upstream of the tube or by removing curvature, leakages, of irregularities throughout the length.

The difficulty in obtaining and maintaining an axially symmetric mean flow in the tube was exceeded only by the difficulty in generating axially symmetric disturbances in the flow. If the disturbances were within the range of validity of small disturbance theory the departures from axial symmetry decayed along with the fluctuations. When this linear range was exceeded, however, so that the disturbances amplified, departures from axial symmetry became more pronounced. Thus the study of the steps in the transition process in tube flow would require simultaneous measurements at several points in a cross-section.

The behavior of the mean flow in the tube differs from that of the laminar boundary layer. If such a layer is distorted by a steady disturbance the velocity profile will tend to return to the shape characteristic of the pressure gradient [11]. Thus, for practical purposes the laminar boundary layer solution is unique.

The difficulty in obtaining axially symmetric mean flow in the tube may indicate either that there are non-axially symmetric solutions of the equations satisfying the boundary conditions at the wall, or, that the flow is simply extremely sensitive to small convection currents and tube curvature.

3.2. Stable Flows

Theoretical [12, 13] and experimental [5] studies of Poiseuille flow in a tube have shown that the flow is stable to small axially symmetric disturbances. The experiments show further that considerable departures of the disturbances from axial symmetry do not affect the agreement with theory.

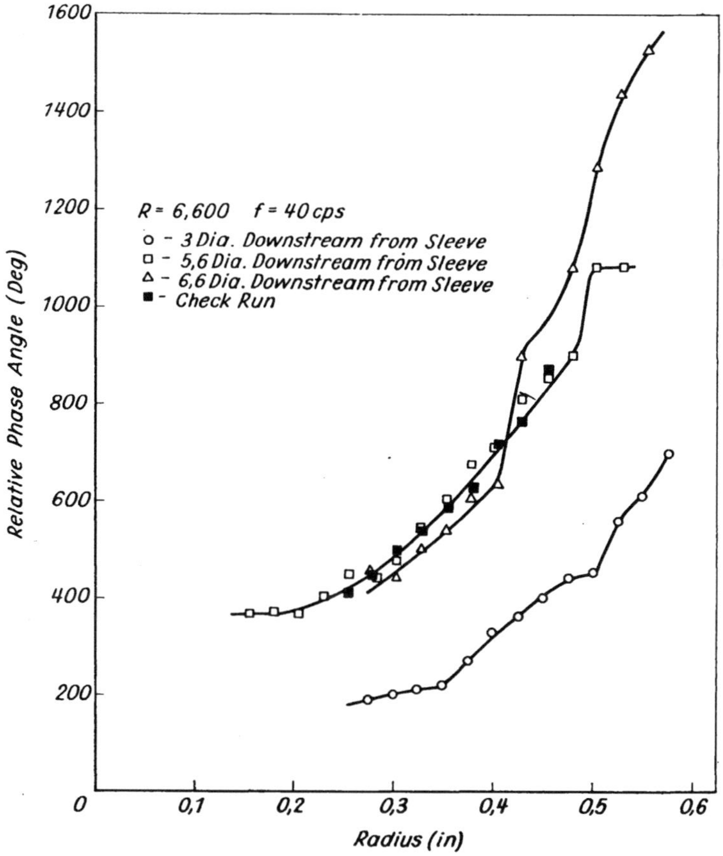

Fig. 2. Radial distributions of phase angles of disturbances generated by oscillating sleeve. After Leite [5]

Theory and experiment indicate the existence of many modes, all of them stable. This feature is evidenced by the fact that the phase of the disturbance, shown in Fig. 2, changes continuously throughout the cross-section of the tube.

Some measurements made recently at the University of Michigan indicate that there also are many stable modes in boundary layer flow. The boundary layer on the spherical nose of a body was perturbed by a vibrating wire and measurements of the phase of the disturbances were made at various downstream stations. The boundary layer was stable as is indicated by comparison of the boundary layer REYNOLDS number of 370 with the theoretical [14] minimum critical value of 4200. The disturbances decayed so rapidly that they could no longer be distinguished 7° downstream of the generator. The phase traverses given in Fig. 3 show continuously varying phase but there appears to be a do-

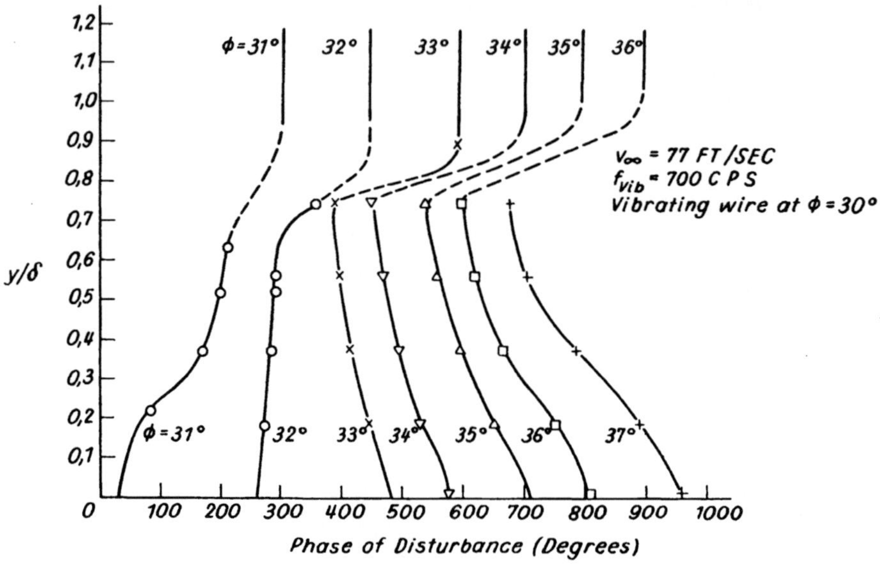

Fig. 3. Phase traverses through boundary layer on a sphere [8]

minant mode characterized by the rapid change in phase at $0.7 < y/\delta < 0.9$. The ratio of the phase velocity of the disturbance c to the velocity at the edge of the boundary layer, U_e, varies as follows across the layer

y/δ	c/U_c
.1	.54
.3	.62
.5	.73
.7	.79
9.1	.56

The unstable boundary layer on a flat plate [3] shows a single mode centered at about $\frac{2}{3}\delta$ with a wave velocity of 0.42 U_e. The dominant mode for the stable layer on the sphere, shown in Fig. 3, may well be that mode which becomes unstable when the critical REYNOLDS number is exceeded.

3.3. Threshold Disturbance for Transition

In a laminar flow which is stable to small disturbances, transition can occur only if the disturbance amplitude exceeds some threshold value. The author [4] reported measurements in tube flow in which the disturbance in the fully devoloped flow was amplified, leading to transition, if the initial amplitude exceeded a threshold value. If the initial amplitude was less than the threshold value the disturbance was damped.

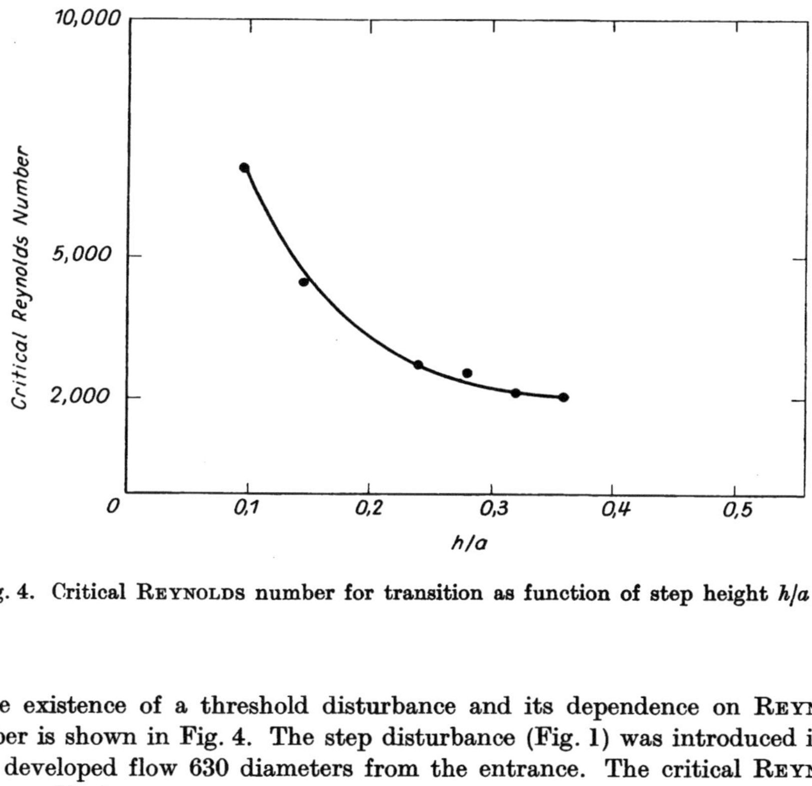

Fig. 4. Critical REYNOLDS number for transition as function of step height h/a [9]

The existence of a threshold disturbance and its dependence on REYNOLDS number is shown in Fig. 4. The step disturbance (Fig. 1) was introduced in the fully developed flow 630 diameters from the entrance. The critical REYNOLDS number, $\frac{U_m d}{\nu}$, where U_m is the mean speed, was taken as that value for which the flow was continuously turbulent at 50 diameters downstream of the step. At the measurement station the intervals between the turbulent bursts generated at the step decreased with increasing REYNOLDS number, approaching zero at the critical value. Since for a given value of h/a at a given REYNOLDS number the velocity disturbances, u', would have the same magnitude relative to the mean speed, Fig. 4 shows that the threshold magnitude of u/U_m required to cause transition decreases with incresasing REYNOLDS number.

3.4. Shearing Stress at Wall

One aspect of the transition process is the shearing stress at the wall as a function of distance downstream. The friction velocity, $U_\tau = \sqrt{\tau_w/\varrho}$, was determined by hot-wire traverses in the immediate vicinity of the wall for four disturbance configurations of the step and annular ring type at a Reynolds number of 6000. The measurements were corrected for the effect of the wall on the wire temperature [9].

The measurements are shown in Fig. 5. The friction velocity found by Nikuradse is 0.60 ft/sec whereas our measurements show values of .48 to .53 ft/sec at about 15 diameters downstream of the disturbance. The reason for the discrepancy is not apparent but it is probably attributable to errors in the interpretation of the hot-wire readings near the wall.

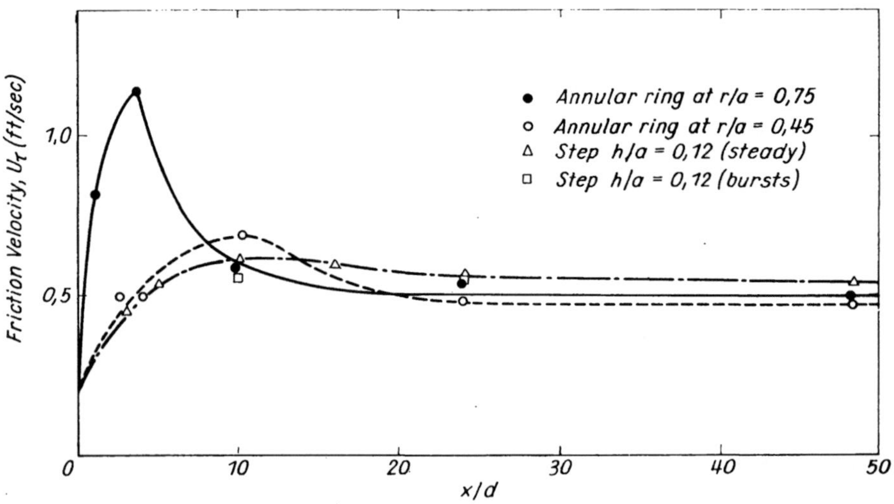

Fig. 5. Measurements of friction velocity in transition region behind ring and step disturbances [9]

For the annular ring disturbances the friction velocity reaches a peak dependent on the position of the ring. For the step disturbance, if precautions ware taken to obtain an axially-symmetric laminar flow, transition occured in turbulent bursts with high fluctuations. At $x/d < 10$ the bursts were so irregular that we were unable to obtain reliable measurements either of the fluctuations in the main stream or of the friction velocity at the wall. At $x/d > 10$ the bursts had grown in the stream direction to the extent that measurements were possible. Two points at $x/d = 10$ and 24 are shown. At $x/d = 10$ the bursts still existed, but the measured $U_\tau = 0.61$ was higher than that in the fully developed flow. No measurements of the intermittency factor were made for the reason that their interpretation would be quite difficult considering the fact that between bursts the profile is probably quite different from the undisturbed laminar distribution. In measurements in tubes [15, 16], and in boundary layers [17] in which the bursts or turbulent spots are not caused by surface irregularities, it is assumed that the laminar distribution obtains between bursts. Consequently, under those circumstances, some conclusions can be drawn regarding the velocity distributions during the bursts from the measured intermittency factor and the measured mean velocity profile in the transition region.

When no precautions were taken to obtain an axially-symmetric laminar flow the transition was relatively steady, and measurements of the friction velocity could be made at all values of χ/d. The curve shown in Fig. 5 reaches a peak of about 0.65 ft/sec at about 11 diameters.

3.5. Radial Distributions

Figures 6 through 9 show measurements of $u'/U_{\tau\infty}$, $v'/U_{\tau\infty}$, $\tau/\tau_{w\infty}$, and U/U_{mean}, respectively, for the annular ring at $r/a = 0.75$ and $Re = 6000$. In Fig. 8 $\tau = \varrho\,\overline{uv} + u\,\partial U/\partial y$ is the total shearing stress and τ_w is the measured shearing stress at the wall.[1]) The values of $U_{\tau\infty}$ used were those measured at the wall in the fully developed turbulent flow. In Fig. 9 the parabolic laminar profile is shown for comparison.

In general the turbulent wake builds up behind the disturbance and spreads as we proceed downstream until it fills the tube and gradually establishes the distribution characteristic of the fully developed turbulent flow. The fluctuations reach high values at $\chi/d = 10$ but in the range $10 < \chi/d < 24$ they decay to values in the vicinity of those measured by LAUFER [19] in fully developed turbulent flow at a REYNOLDS number of 50,000.

In Fig. 8 the distribution of $\tau/\tau_{w\infty}$, where $\tau_{w\infty} = \varrho\, U_{\tau\infty}^2$ is extended to the wall by means of the measured values of U_τ shown in Fig. 5. In Fig. 8 at $\chi/d = 24$ the shearing stress distribution on one side is nearly that required by theory but on the other side it is low over most of the traverse. The low values of the measured shearing stresses is attributable at least in part to the fact that the hot-wire used for the measurements averages over a radial distance of about 0.1 inches or about 1/6 of the radius. The effect of the finite scale of the turbulence will be to cause the measured values of the REYNOLDS stress $\overline{uv}$ to decrease as the dimensions of the measuring instrument increase.

One can form a qualitative picture of the build-up of the flow that accounts for the high values of U_τ at the wall. The high stresses in the wake behind the disturbance elements tend to flatten the velocity profiles of Fig. 9. The flattening must result in an increase in the velocity gradient at the wall and hence in the

[1]) Throughout the flow, except in the immediate vicinity of the wall, $\mu\,\partial U/\partial y$ is not greater than 0.1 $(-\varrho\,\overline{u\,v})$. Therefore distributions of the REYNOLDS stresses $(-\varrho\,\overline{u\,v})$ are not far different from those of the total shearing stress.

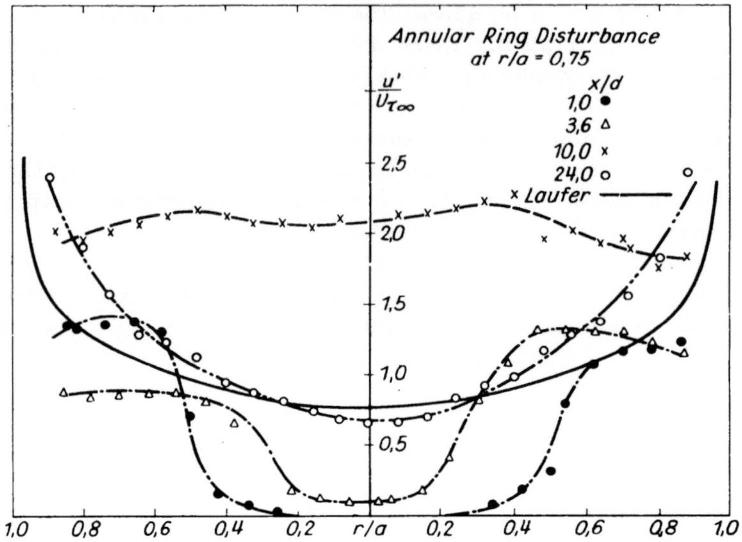

Fig. 6. Traverses of r. m. s. x component of fluctuations in the transition region behind ring at 0.75 a at $Re = 6000$. Comparison with Laufer [18] at $Re = 50{,}000$

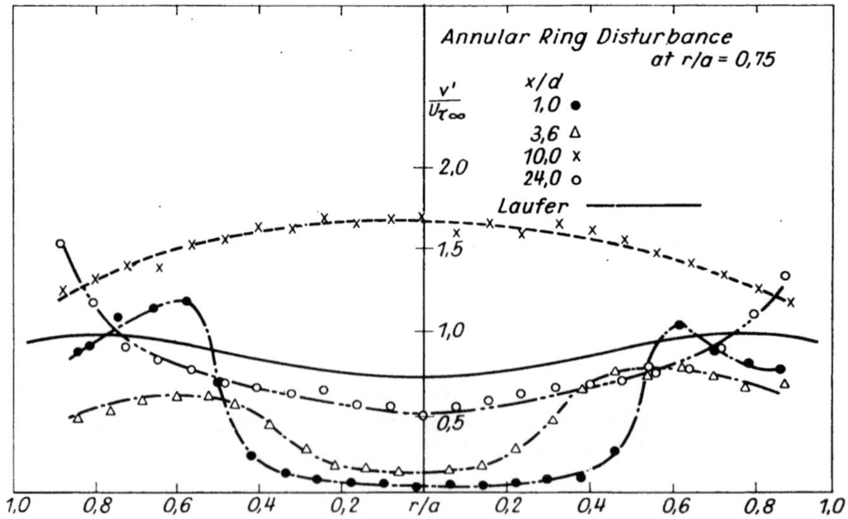

Fig. 7. Traverses of r. m. s. radial component of fluctuations in the transition region behind annular ring at 0.75 a at $Re = 6000$. Comparison with Laufer [18] at $Re = 50{,}000$

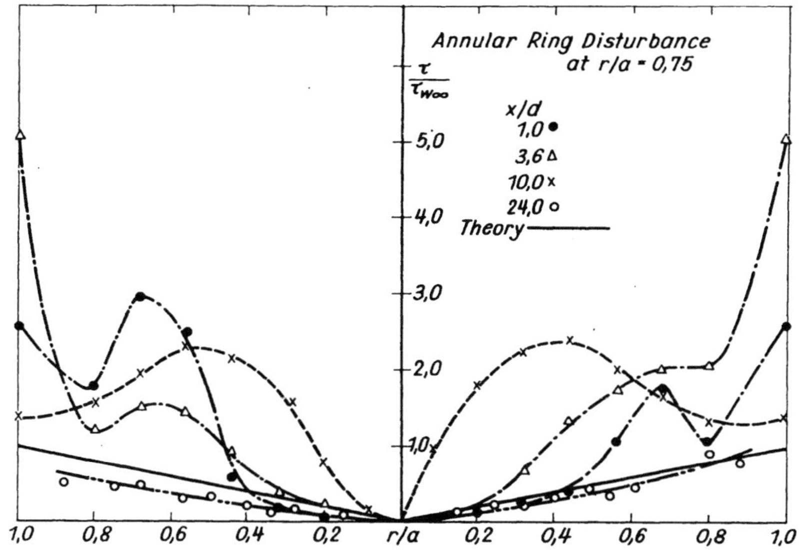

Fig. 8. Traverses of total shearing stress in the transition region behind annular ring at 0.75 a at $Re = 6000$

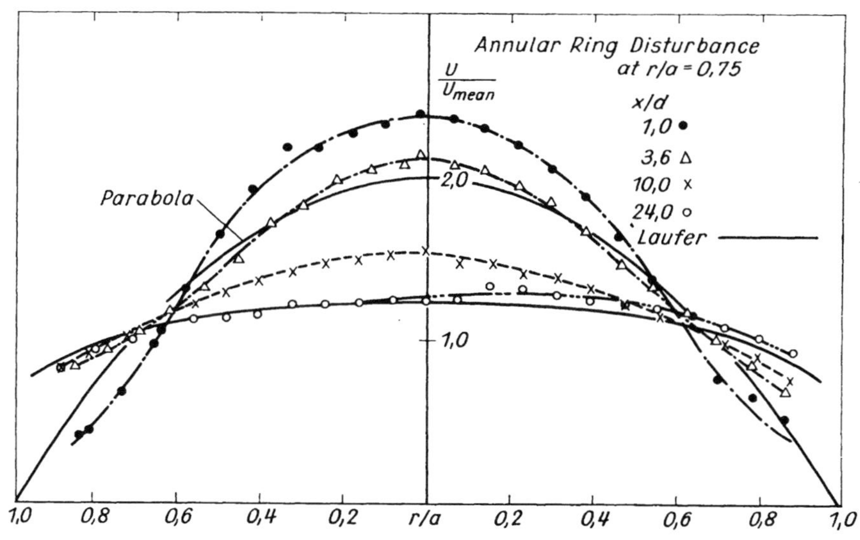

Fig. 9. Traverses of mean velocity in the transition region behind annular ring at 0.75 a at $Re = 6000$. Comparison with LAUFER [18] at $Re = 50{,}000$

wall shearing stress. When the disturbance is placed at 0.75 a instead of at 0.45 a the region of high Reynolds stress occurs nearer the wall and the resulting flattening of the velocity profile would cause a relatively higher shearing stress at the wall. This behavior is demonstrated in Fig. 5. Apparently this process does not continue indefinitely because for the step disturbance, the peak in U_τ is much lower than it is for the other two disturbances shown in Fig. 5.

3.6. Implications of High Stresses During Transition

Whether high wall stresses and high Reynolds stresses, such as are reported here for transition in a tube, occur during transition in boundary layers can only be inferred from other measurements.

For instance, many investigations of high speed flow over bodies have reported higher temperatur recovery factors [19] in the transition region than in either the laminar or turbulent boundary layer regions. This behavior may be rationalized if high Reynolds stresses exist in the transition region. These high Reynolds stresses indicate that the transport of air from outside the boundary layer to the vicinity of the wall will be a relatively efficient process in the sense that the reduction in stagnation temperature through the turbulent portion of the transition layer will tend to be less than for the lower Reynolds stresses in the developed turbulent layer. Consequently, the recovery temperature, that is, the stagnation temperature at the insulated wall, will be nearer the stagnation temperature of the outside stream than it is in the developed turbulent layer.

High values of the wall shearing stress, such as were observed here for transition in a tube, could lead to high rates of heat transfer in the transition region of a boundary layer. The fact that the peak wall shearing stress depends upon the manner in which transition in the tube is excited (Fig. 5) indicates the possibility that the rate of heat transfer also depends on the character of the disturbance causing transition.

4. Conclusions

1. The threshold disturbance for transition in fully developed Poiseuille flow in a tube decreases with increasing Reynolds number.

2. In fully developed Poiseuille flow in a tube and in a stable boundary layer there exist many stable disturbance modes.

3. The details of the transition process are strongly dependent on the nature of the disturbance generated.

4. When the disturbance generator is placed in the laminar flow away from the wall high shearing stresses at the wall are measured. The maximum value of these stresses depends on the radial distance from the disturbance generator to the wall.

5. The measurements provide some clues to the cause of the high rate of heat transfer and high recovery factor occuring in the transition region in high speed flow.

REFERENCES

[1] W. Tollmien: Nachr. Ges. Wiss. Göttingen, Math.-Phys. Klasse (1929) 21—44.
[2] C. C. Lin: Hydrodynamic Stability. Camb. Univ. Press 1955.
[3] G. B. Schubauer and H. K. Skramstad: NACA Rep. 909 (1948).
[4] A. M. Kuethe: J. Aero Sci. **23** (1956) 444—506.
[5] R. J. Leite: J. Fluid Mech. **5** (1959) 81.
[6] G. B. Schubauer: Boundary Layer Symposium, Freiburg 1957; P. S. Klebanoff and K. D. Tidstrom: Nat. Bur. Stds. Rept. 5741 (1958).
[7] D. J. Benny and C. C. Lin: Phys. Fluids **3** (1960) 656—7.
[8] A. M. Kuethe, W. W. Willmarth, and Gage H. Crocker: AGARD Boundary Layer Symposium (London) 1960.
[9] A. M. Kuethe and K. R. Raman: US AFOSR Rept. (1959) 59—84.
[10] Eli Reshotko: Jet Prop. Lab,. C. I. T. Rept. (1958) 20—364.
[11] Francis H. Clauser: Advances in Applied Mechanics. Academic Press IV (1956).
[12] G. M. Corcos and J. R. Sellars: J. Fluid Mech. **5** (1959) 97.
[13] I. V. Shensted: Univ. of Michigan PhD Thesis, 1960.
[14] J. Pretsch: NACA TM 1017 (1942).
[15] E. R. Lindgren: Archiv f. Fysik **12** (1957) 1—169. E. Faxin, ibid **13** (1958) 235—6.
[16] J. Rotta: Ing. Archiv **24** (1956) 258.
[17] S. Dhawan and Narasimha: J. Fluid Mech. **3** (1958) 418—436.
[18] J. Laufer: NACA Rept. 1174 (1954).
[19] J. R. Jack and B. Moskowitz: NACA TN 3256 (1954).

Decay of a nonisotropic turbulent field

By John Laufer
(Jet Propulsion Laboratory, California Institute of Technology, Pasadena, Cal.)

Summary

Decaying turbulent pipe flow at a subcritical Reynolds number ($R = 1380$) is examined. The preliminary work reported here reveals certain unique features of this flow, which might throw some light on the general problem of turbulence. Especially interesting results are the similarity existing between the u' spectral distributions along the pipe center, the exponential shape of these spectra, and the fact that the decay law of the u' fluctuations, both near the pipe center and the wall, is exponential in the region of decay under examination.

1. Introduction

In the past, various methods have been used to attack the difficult problem of turbulence. One such approach was the investigation of the onset of turbulence. It was hoped that by studying how the laminar flow develops into a turbulent flow, one might obtain an insight into the structure of the turbulent field itself. Professor W. Tollmien performed the pioneering work in this field, and his success is well known (Ref. [1]). While these studies contributed significantly to the unterstanding of the laminar flow stability problem, the question of the turbulence mechanism itself remained unanswered. Another well-known approach is exemplified in the so-called phenomenological theories of turbulence (Ref. [2]). While these theories were extremely useful in predicting some features of turbulent shear flows necessary for some engineering applications they proved to be inadequate for the detailed description of the turbulent structure itself. A more fruitful method of attack was the study of a decaying isotropic turbulence proposed by Taylor (Ref. [3]). It was expected that with such a simple type of turbulent flow field, in which the turbulent energy production is completely absent, the problem would be more amenable to solution. Even this simple case presented difficulties, however, and further assumptions were necessary in order to be able to predict, for instance, the rate of the turbulent energy decay or the form of the energy spectrum.

The present paper describes an approach which is similar to Taylor's but is of a more general nature. The problem to be considered here is the decay of the nonisotropic turbulence occurring in a pipe flow. Specifically, the following question is posed: suppose one decreases the REYNOLDS number of a fully developed turbulent pipe flow below its subcritical value; how, if at all, does the flow become laminar? Could one, by studying the mean and fluctuating flow fields during the decay process, gain some insight into the turbulence mechanism?

The present work is only preliminary and is by no means complete. The main purpose is to show the possibilities of such an approach. It is seen that in the case of a decaying turbulent pipe flow the problem possesses some unexpectedly simple aspects and promises to lend itself to a successful analytical treatment.

It is interesting to note that while the problem of transition from laminar to turbulent flows is extensively discussed in the literature, very little attention is paid to the reverse problem. STERNBERG (Ref. [4]) discussed a supersonic expansion over a corner where a quasi-transition takes place from a turbulent boundary layer ahead of the corner to a laminar one downstream, a problem quite different from the present one. Secondly, some preliminary measurements on a different aspect of the present problem have been reported by SIBULKIN (Ref. [5]). The main result of SIBULKIN's work was to show that laminar pipe flow was approached more rapidly at lower subcritical REYNOLDS numbers. Finally, SERGIENKO and GRETSOV observed a reverse transition on the wall of a supersonic nozzle (Ref. [6]).

The work was carried out at the Technical Institute of Torino while the author was the recipient of a Guggenheim and a Fulbright fellowship. He is especially grateful to Professor CARLO FERRARI, the Director of the Aeronautics Laboratory of the Institute, for providing him with the facilities necessary to carry out this investigation. He is also thankful to Mr. MATTIOLI for assistance in some of the measurements. Further acknowledgment is due the Jet Propulsion Laboratory of the California Institute of Technology, where the preparation of this paper took place.

2. Symbols

a	pipe radius (1.0 cm)
d	pipe diameter
f	frequency (cycles/sec)
F	normalized spectrum function $\int_0^\infty F(f)\,df = 1$
L	integral scale of turbulence
p	pressure at pipe center
p'	pressure fluctuation
r	radial distance from pipe center
$R = \frac{U_m d}{\nu}$	REYNOLDS number
u, v	mean velocity in the axial and radial directions
U_c	mean velocity at pipe center
U_m	average velocity across pipe cross section
u', v', w'	velocity fluctuations in the three principal directions
$\tilde{u}$	root-mean-square value of u'
x	axial direction ($x = 0$ exit of diffuser)
ϱ	air density
ν	air viscosity
λ	microscale

3. Experimental Setup

A small compressor furnished air through a throttling valve to a brass pipe 100 cm. long with 0.8 cm. inside diameter. This was connected to a 1 degree half-angle diffuser, which then was joined to a 120-cm-long, 2.0-cm-diameter tube. The tube was composed of six 20-cm-long sections. Such an arrangement permitted one to take measurements at the exit of each 20-cm section. Most of the measurements were carried out at an average velocity (in the 2-cm-pipe) of 106 cm/sec; this corresponded to a REYNOLDS number of 1380.

The mean velocities were measured by means of a pitot tube connected to a STATHAM pressure transducer. Since the pressure differences were very small, a conventional micromanometer was not sensitive enough for accurate determination of the velocities. The transducer was calibrated by means of a micromanometer at higher pressure differences.

Measurements of the velocity fluctuations were carried out using 0.0001-in.-diameter, 90% pt-10% Rh wires with a DATWYLER hot-wire set. For the spectrum measurements of the fluctuations, a General Radio wave analyzer, Model 736A, was used.

4. Experimental Results

As described in the Introduction, one wishes to observe the behavior of a fully developed pipe flow as its REYNOLDS number is being diminished along the pipe to a subcritical value. The REYNOLDS number change can be easily accomplished by means of a conical diffuser, remembering that for a given mass flow an increase in pipe diameter results in a decrease in REYNOLDS number. Thus, with the arrangement described in the previous section, a REYNOLDS number of, say, 3500 in the small pipe decreased to 1400 in the larger one. It was not too difficult to establish that under this condition the flow, which was still turbulent at the exit of the diffuser, became completely laminar beyond a certain distance downstream. The transition length, however, could be readily decreased or increased by changing the REYNOLDS number in accordance with SIBULKIN's result (Ref. [5]).

The present measurements concentrate on one REYNOLDS number only, $R = 1380$, for which the fully laminar state is reached in 150 to 200 radii. See, for instance, the pressure distribution shown in Fig. 1. The pressure drop approaches that of the laminar flow shown by a dashed line. The development of the mean velocity distribution from a turbulent to a laminar state is indicated in Fig. 2. The parabolic laminar profile is drawn by a dashed line. It is seen that at $x/a = 120$, while near the wall, the velocity distribution is almost parabolic; near the center it is noticeably different.

Regarding the fluctuation field, only the fluctuations in the direction of the flow, u', were examined. Fig. 3 shows their distribution at various downstream stations. The values were normalized with respect to the level in the pipe center at $x/a = 20$; the level here was approximately 4% of the center velocity. The decay curves at three radial positions are shown in Fig. 4. It was found that near the center and in the outer quarter of a radius, the decay is exponential within the experimental accuracy.

Finally, the energy content of the u' fluctuations at various frequencies was also examined along the center of the pipe. These spectra are shown in Fig. 5.

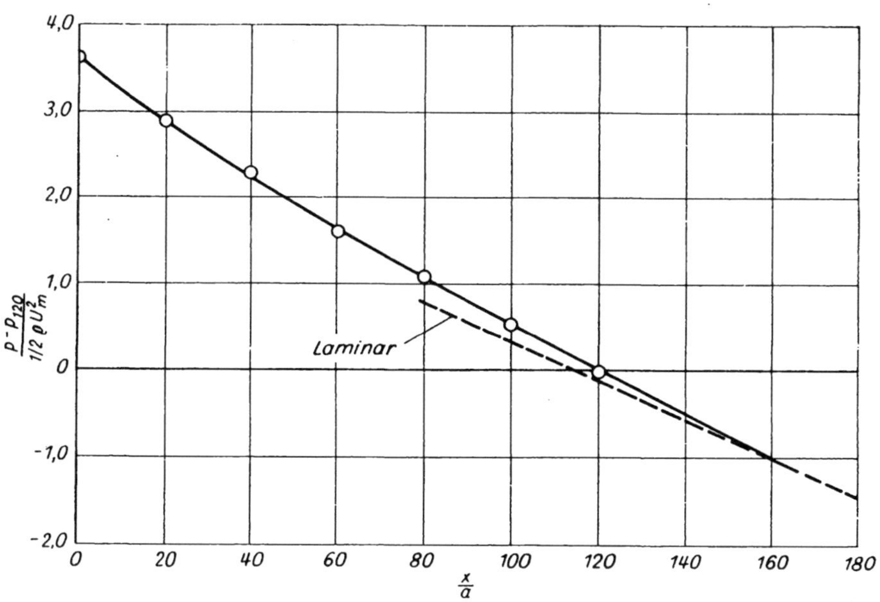

Fig. 1. Axial pressure distribution at pipe center

5. Discussion

The present investigation studies the structure of the turbulent field in a pipe in various stages of decay at a fixed subcritical REYNOLDS number. It is not concerned with the question of the critical REYNOLDS number itself. First of all, one would like to obtain from the measurements an indication of whether or not any similarity exists in the decaying process. That is to say, can one find a length scale that is characteristic of the decay process?

In examining the spectral distributions shown in Fig. 5, a certain similarity in the distributions indeed can be noticed. It was not too difficult to ascertain that by contracting the frequency coordinate, the distributions superimpose.

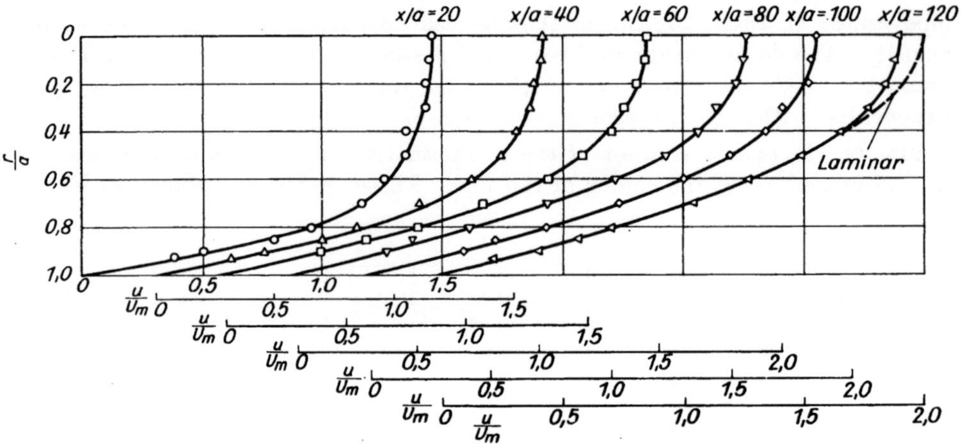

Fig. 2. Mean velocity distributions at various axial locations

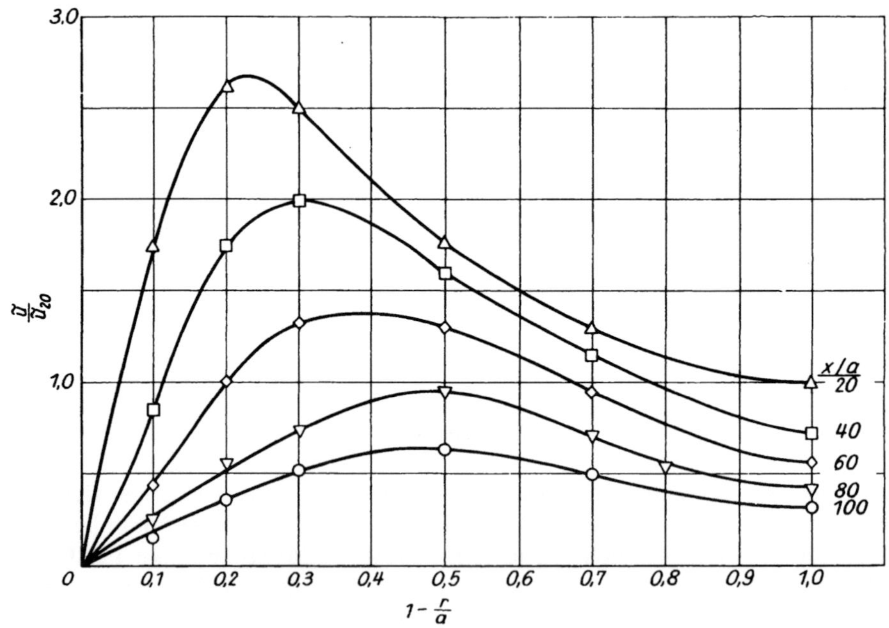

Fig. 3. u' fluctuation distributions across the pipe at various axial locations

This was accomplished by defining a length scale, L, such that

$$\frac{\overline{u^2}}{\overline{u_0^2}} \frac{L}{d} = \text{const}\,.$$

The constant was chosen so that the length corresponded to the integral scale, which is related to the spectrum in the well-known form (Ref. [7])

$$\frac{F(0)\,U_c}{L} = 4\,.$$

At station $x = 20$ this results in $L = 0.34\,d$. With this definition and within the experimental scatter, the spectra obtained at various stations indeed show similarity, as seen in Fig. 6. (It should be mentioned, however, that this general conclusion is somewhat limited by the fact, that at the furthest downstream stations the low frequency portion of the spectra could not be measured because of the performance characteristics of the instrument used.) This is a rather surprising result, since even in the simple isotropic grid turbulence case, no complete similarity exists in the whole wave number range of the spectrum. The energy-carrying wave numbers usually scale to the integral length L, while the large wave number portion of the spectrum scales according to the so-called KOLMOGOROFF length.

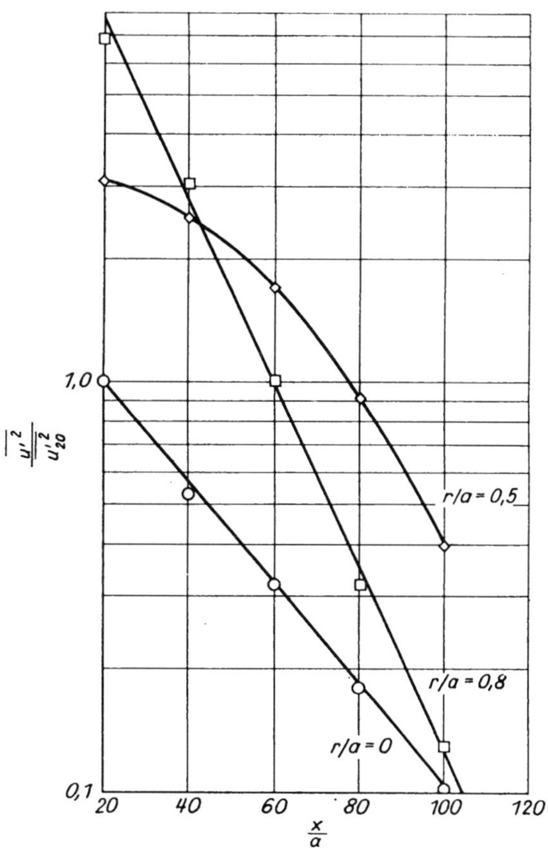

Fig. 4. Decay of $\overline{u'^2}$ energy at various distances from pipe center

Another unusual feature of these spectra is the fact that in the measured wave number range they have an exponential shape of the type, $F \sim e^{-af}$, and not a GAUSSian form, $F \sim e^{-af^2}$. This indicates that the equation describing this period of decay of the spectrum function is not of a viscous diffusion type, but that the nonlinear terms corresponding to the FOURIER transforms of the triplevelocity correlations are important.

Instead of the spectrum equations, let us consider now the turbulent energy balance (Ref. [8]).
At the center line, where all the spectra measurements were taken, the turbulent production term is zero. Furthermore, we may assume isotropy here; thus $\overline{u'^2} = \overline{v'^2} = \overline{w'^2}$, and the dissipation term may be put in the form

$$15\,\nu\,\frac{\overline{u'^2}}{\lambda^2}\,,$$

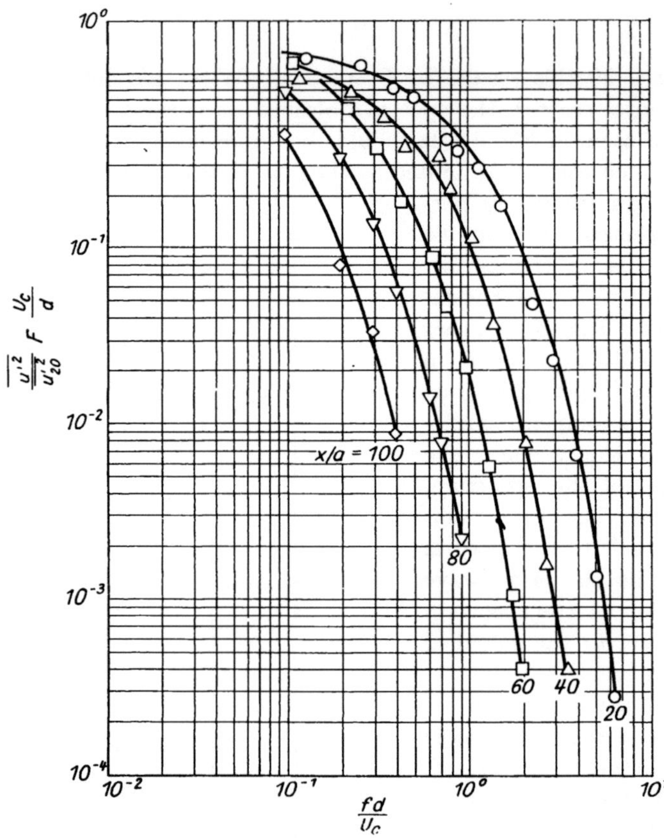

Fig. 5. Spectrum distributions at pipe center

where λ is the microscale. With these assumptions, the energy equation simplifies to the following form:

$$-u\,\frac{\partial}{\partial x}\,\frac{3}{2}\,\overline{u'^2} = \frac{1}{r}\,\frac{\partial}{\partial r}\,r\left(\frac{3}{2}\,\overline{v'\,u'^2} + \frac{\overline{v'\,p'}}{\varrho}\right) + 15\,\nu\,\frac{\overline{u'^2}}{\lambda^2}\,.$$

Using this equation we may examine the consequences of the experimental results that $\overline{u'^2}$ decays exponentially and that $\overline{u'^2}\,L \sim \overline{u'^2}\,\lambda$ is constant during the decay. In a fully turbulent pipe flow, the left-hand side is zero, and here the local turbulent energy dissipation is balanced by the diffusion term describing turbulent energy transport towards the center (the first term on the right side of the above equation). In the decaying field, however, this picture changes.

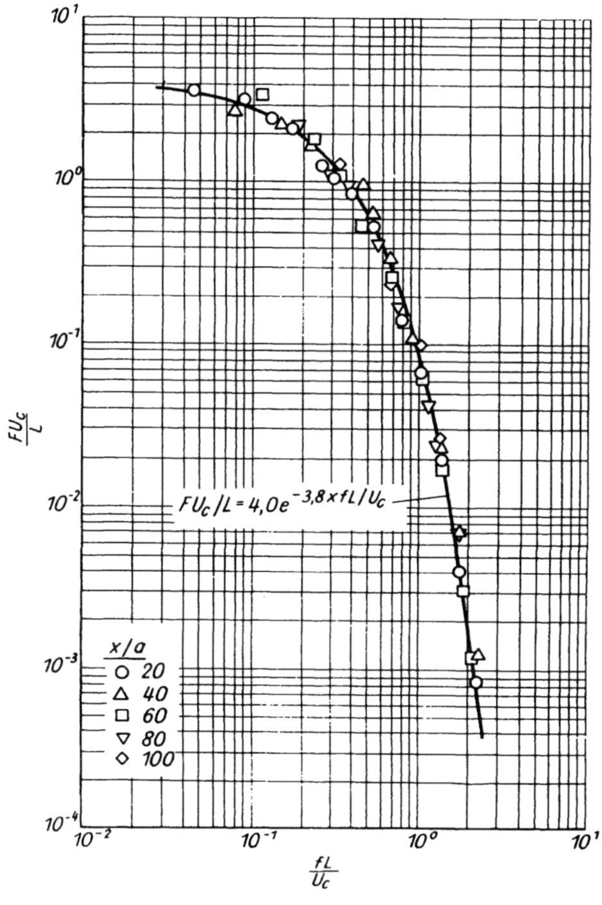

Fig. 6. Similarity of the spectra

Near the center, the turbulent energy decays exponentially with x; therefore the left-hand side of the equation is simply proportional to $\overline{u'^2}$, while the dissipation term changes as $\overline{(u'^2)^3}$, since $\lambda^2 \sim \frac{1}{\overline{(u'^2)^2}}$. Thus, in the process of decay the dissipation term plays less and less a role, and the energy loss at the center must be caused by a transport away from the center towards the wall.

Close to the wall there is not enough information available to estimate the dissipation term, but since here again the decay is exponential, it is expected that the dissipation term will decrease faster than the decay term (since λ increases with x). Thus, the region in the wall vicinity, which initially in the decay process is the laminar sublayer, is expected to grow in thickness since turbulent energy is transported away from it. In order to complete this qualitative picture of energy balance, one visualizes a region in the pipe where energy is received from both the pipe center and the wall and where this excess energy will be dissipated, or — if the dissipation is not strong enough — where the energy is transferred into the mean flow, an unlikely but not impossible situation. This possibility was first suggested by Professor D. COLES. Further measurements to clarify this rather qualitative picture would be most valuable.

6. Conclusion

Some preliminary experiments indicate that the initial period of decay of a turbulent pipe flow manifests certain simple features suggesting that a detailed study of the problem would be fruitful. The main result of this investigation is to show that complete similarity exists in the turbulent energy spectra near the center of the pipe and that these spectral functions are exponential in the wave number. Furthermore, it is found that near the center line and near the wall region, the turbulent energy, $\overline{u'^2}$, decays exponentially with the distance downstream. A qualitative picture is also given concerning the energy balance in the decay process; however this should be considered only a conjecture that would have to be justified by further experiments.

REFERENCES

[1] W. TOLLMIEN: Über die Entstehung der Turbulenz. Nachr. Wiss. Göttingen, Math.-Phys. Klasse (1929) 21—44.

[2] J. O. HINZE: Turbulence. McGraw-Hill Book Co. Inc., New York 1959, pp. 277—293.

[3] G. I. TAYLOR: Statistical Theory of Turbulence. Proc. Roy. Soc. (London), Ser. A, **151**, No. 873 (1935).

[4] J. STERNBERG: The Transition from a Turbulent to a Laminar Boundary Layer. U.S. Army Bal. Res. Lab. Report 906, May 1954.

[5] M. SIBULKIN: Experiment on Transition from Turbulent to Laminar Pipe Flow, Bull. Amer. Phys. Soc., Series II, **4** (1959) 198.

[6] A. A. SERGIENKO and K. V. GRETSOV: Transition from a Turbulent into a Laminar Boundary Layer. Doklady Akad. Naul SSSR **125** (1959) No. 4, 746—747; also English translation by Amer. Inst. of Phys.: Soviet Physics-Doklady **4**, No. 2, pp. 275—276.

[7] J. O. HINZE: Turbulence. McGraw-Hill Book Co. Inc., New York 1959, p. 59.

[8] John LAUFER: The Structure of Turbulence in Fully Developed Pipe Flow. NACA Report 1174 (1954).

Concept, construction and preliminary use of a facility for experimental studies in magneto-fluid dynamics

By H. W. LIEPMANN, D. P. HOULT and H. G. AHLSTROM

(Guggenheim Aeronautical Laboratory, California Institute of Technology, Pasadena, California)

1. Introduction

Magneto fluid dynamics has been the subject of very intensive research in recent years. This sudden increase in interest in the motion of conducting fluids arose when it was realized that magneto fluid dynamic effects were essential in the motion of cosmical gas clouds and stellar atmospheres. The fact that every contemplated approach toward controlled fusion is based upon magnetic control of conducting gases accelerated the pace in magneto fluid dynamic research even further. Finally magneto fluid dynamics appears to have applications to high speed missile control and space propulsion devices. The working fluid in astrophysics, in fusion research, and in space applications is a highly ionized gas at extreme temperatures and low pressure. The thermodynamics and statistical mechanics of such a plasma are not trivial and a large part of the research in the field is still directed toward a systematic derivation and understanding of adequate equations of motion. Whatever the final system of fluid motion equations of a plasma will turn out to be it will have at least qualitative similarity with the equations of motion of a conducting fluid obtained from the NAVIER-STOKES equation by adding the appropriate terms due to conductivity of the fluid and the presence of electromagnetic fields. The equations of motion are thus coupled with the system of MAXWELL's equations and it becomes immediately clear that the variety of possible solutions is much increased together with the difficulty of obtaining any rigorous solution.

Consequently hand in hand with the development of Plasma physics went an intensification of research into the fluid dynamics of conducting fluids of known properties. The simplest of these are conducting liquids i. e. fluids for which compressibility effects can be neglected over a wide range of parameters and for which the transport parameters like viscosity, heat conductivity and electric conductivity are known constants. Magneto fluid dynamic flows for even relatively simple fluids are by no means fully understood and it is for example impossible today to predict the influence of a magnetic field on the forces on a body moving in a conducting fluid, except in special simple cases. In some regions of interest one is even incapable to predict theoretically the sign of the expected effect e. g. whether the drag will increase or decrease if a field is applied. There exist fluid mechanic regimes in which large overall changes in the flow field can be triggered by small effects in restricted zones e. g. boundary layer transition and separation, vortex shedding. It is not impossible that even small magneto fluid dynamic effects, as in a fluid with relatively low conductivity, can then have comparatively large effects upon the flow field. The flow regimes in which one may expect such effects are precisely the ones which even in the absence of a magnetic field have not been solved theoretically and these regimes have to be studied experimentally. The flow of a conducting fluid past a body is a wide open field in which very little is known and in which little theoretical progress can be expected in the near future.

Magneto fluid mechanic research, stimulated by the general trend in fluid mechanics, was begun at GALCIT some years ago. At that time it was tried at first to find simple, non-trivial problems amenable to an adequate theoretical analysis for physical conditions which one could expect to meet in experiments on a laboratory scale. The Stokes sphere problem, one of the classical cases of incompressible fluid theory, i. e. slow flow of a conducting fluid past a sphere in the presence of a magnetic field aligned with the motion seemed to have the required properties: The symmetry of the problem is such that the induced currents are closed loops around the axis and do not have to penetrate through a containing wall, the equations of motion can be linearized and thus this Stokes sphere problem appeared to be one which could both be theoretically solved and experimentally realized. This proved to be a correct conclusion, however both theory and experiment turned out to be much more subtle and difficult than anticipated. Chester (Ref. [1]) who did the theory, found that the flow is a singular perturbation type problem and that therefore the effect of a magnetic field upon the drag is proportional to the absolute magnitude of the field strength B and not as expected proportional to B^2.

Chester's work, which has been confirmed since then and extended by a number of people (e. g. Refs. [2, 3, 4]) showed that considerable magnetic interaction effects could be expected in sphere experiments in mercury. It turned out however that significant experiments were not nearly as straight-forward as expected and after some unsuccessful attempts to set up simple Stokes flow experiments in mercury, it was decided to re-examine the experimental situation for magneto fluid dynamic flow past bodies.

Now clearly an experimental confirmation of Chester's solution would represent a rather nice piece of work but one of very limited importance since there is little doubt that theory is correct and that its assumptions can be reasonably well met experimentally. The same cannot be said for any flow regime at substantially higher Reynolds numbers. Outside the Stokes and Oseen regions it is impossible so far to formulate a rational theory for the drag of a sphere and thus for a Reynolds number in excess of, say, five all information on sphere drag is empirical or at least semi-empirical. At these higher Reynolds numbers one can often not even estimate the influence of the magnetic field qualitatively. The same conclusion holds a fortiori for other body shapes. Only for flow past slender bodies at very large Reynolds number has a linearized theory been worked out (Ref. [6, 12]). Not a single experiment on magneto fluid dynamic flow past bodies has apparently been made so far.

Thus the construction of a facility capable of investigating magneto fluid dynamic flow over an extended range of REYNOLDS numbers appeared quite appealing. This facility should preserve the essential symmetry of the STOKES flow problem and should use the theoretical results to estimate the required field strength and conductivities but be capable of extending the experiments to REYNOLDS numbers much larger than the STOKES-OSEEN regime.

There is comparatively little difficulty in deciding on mercury as working fluid since it has the least objectionable handling characteristics of the liquid conductors with comparatively high conductivity. Low conductivity fluids like e. g. dilute acids require a scale of the experiment too large for laboratory consideration. Details on the fluids considered and the scaling laws are given later. (Section 2 and Appendix I.)

The considerations sketched out above led to the design and construction of a "magneto fluid dynamic tow tank" i. e. a facility which consists in essence of a mercury filled pipe inside a solenoid. Sting supported models can be propelled through the stationary mercury. Thus the facility shares with the wind tunnel the closed test section and the inconvenient sting balance, with the towing tank and the ballistic range the essential characteristics of a stationary fluid and a moving object. Detailed reasons for this choice are given later on. The size and range of operation are dictated by the power and space available at GALCIT and by the required quantity of mercury which for larger sizes soom becomes excessive. The working region of the present device is a 5.5″ diameter, 40″ long cylindrical section. The maximum magnetic field strength is approximately 10^4 gauss. Nearly 1000 lb. of mercury are required. A 1″ diameter sphere, which is a practical size model, can be investigated in a REYNOLDS number range up to about $6 \cdot 10^5$. One characteristic magnetic parameter, the so-called HARTMANN number $M = B\,D\left(\frac{\sigma}{\varrho\,\nu}\right)^{1/2}$ (B, D, field strength and characteristic length, σ conductivity, ϱ density, ν kinematic viscosity) can be varied from 0 to about 800.

The report describes the design and construction of the facility and the results of some preliminary measurements and observations on sphere drag and on the problem of the so-called magnetic wake.

The work was done with the support of the Office of Naval Research, Contract No. N-onr-220(36).

2. Characteristic parameters

The contemplated experiments are in a range of velocities such that the fluid can be considered incompressible; the heat flux is negligible since no heating or cooling of boundaries is anticipated.

For dimensional reasoning one can thus suppose that the variables of the problem in the absence of the field are the force F on a body of characteristic length l, a characteristic velocity U of the fluid and two parameters characterizing the fluid itself; namely the density ϱ and the kinematic viscosity ν. Hence there are five variables and three units and according to the π theorem one can thus form two dimensionless products. In this case one usually writes

$$\frac{F}{\varrho u^2 l^2} = f\left(\frac{\varrho u l}{\nu}\right)$$

i. e. one expresses a force coefficient as a function of REYNOLDS number Re. In the simplest corresponding magneto fluid dynamic problem which is of interest here, the field strength B has to be added, which like U characterizes the flow situation. The permeability μ and the conductivity σ, are similar to ϱ and ν and characterizes the fluid. Consequently there are now eight variables and in the MKSQ system used here four units and thus four independent dimensionless products can be formed i. e. two characteristic magnetic numbers have to be added to the force coefficient and REYNOLDS number. The choice is obviously not unique and the most useful combination depends on the flow problem. Note that $\frac{B^2}{\mu}$ is a characteristic pressure and consequently $\sqrt{\frac{B^2}{\mu \varrho}}$ a characteristic velocity (the ALFÉN velocity). The commonly employed dimensionless parameters can now be listed easily:[1])

$$\frac{F \mu}{B^2 l^2}; \quad \frac{B^2}{\mu \varrho U^2}; \quad U l \mu \sigma; \quad \frac{B^2 l^2 \sigma}{\varrho \nu}; \quad (\mu \sigma \nu).$$

Each of these can of course be considered the ratio of two energies, pressures, velocities or lentghs. Thus e. g. $\frac{B^2}{\mu \varrho U^2} = \alpha^2$ is the ratio of the magnetic to dynamic pressure or the square of the ratio of the ALFÉN speed to the fluid velocity. $\mu \sigma \nu$ differs from the others since it characterizes the working fluid regardless of its dynamical state; $\sqrt{\mu \sigma \nu}$ can be interpreted as the ratio of two diffusion lengths characteristic for the fluid, it therefore resembles the PRANDTL number of ordinary fluids. Once the working fluid is chosen $\mu \sigma \nu$ has a given value and can be eliminated from further consideration. For Hg at room temperatures $\mu \sigma \nu = 10^{-6}$. If it is kept in mind that for fluids of infinite conductivity, i. e. zero current dissipation, $\mu \sigma \nu = \infty$, it is clear that fluid motion in mercury is not a good model for fluid motion in an ideally conducting fluid. This fact is quite important for the choice of a facility in which the fluid is at rest in the laboratory system and will be discussed a little more later on.

The two magnetic numbers usually chosen are $U l \mu \sigma = R_m$, the so-called magnetic REYNOLDS number and $\frac{B^2 l^2 \sigma}{\varrho} = M$, the so-called HARTMANN number;

---

[1]) For the comparatively slow speeds and slow time variations considered here, it is not necessary to introduce the velocity of light or the dielectric parameter.

Fig. 1. The magneto-fluid dynamic tow tank

the speed ratio α may replace one or the other. In particular there do exist cases where the flow can be expected to be qualitatively different depending whether α is less or greater than unity. In this case α plays a role much like the MACH number in inviscid compressible fluid flow and its use and interpretation as a velocity ratio is the natural choice. Like the MACH number, α is independent of the transport properties of the fluids and depends only on the static properties of the fluid and the operating condition. Since the permeability for all materials but the ferromagnetics is nearly equal to the vacuum permeability $\mu_0 = 4\,\pi \times 10^{-7}$ MKSQ, α depends controllably only on the fluid density ϱ and the choice of magnetic field and velocity. For the facility discussed here α could be varied from zero through unity to about one hundred. In the analogy with MACH number this is a very great variation indeed, however it must be kept in mind that the transport parameters of Hg are such that one works always in a region far removed from zero dissipation. Thus in a crude comparison with the behavior of a compressible fluid flow one deals here always with highly viscous flow. Consequently one cannot expect a very sharp change in the flow conditions at $\alpha = 1$. The passage through $\alpha = 1$ is important for certain observations and will be discussed again later.

In Appendix I a short table of conducting fluids and representative characteristic parameters is given for comparison and scaling with the mercury employed here.

3. General design characteristics of the facility

Experiments on fluid flow past solid bodies are usually conducted in windtunnels, i. e. in a facility where the body is held stationary and the fluid moves. To obtain a uniform stream in a windtunnel-like facility, the influence of the stationary walls must be restricted to a zone small compared to the test section dimensions i. e. the REYNOLDS number based on the test section dimensions must be large. In the application to magneto fluid dynamics both the REYNOLDS number R_e and the magnetic REYNOLDS number R_m based on the test section dimensions must be large. For mercury the ratio of $R_m/R_e \equiv \mu\,\nu\,\sigma \sim 10^{-6}$ hence it is very difficult or impossible to make $R_m > 1$.

Since the present experiments were aimed at the REYNOLDS number range $R_e \leqq 10^6$, $R_m \leqq 1$, dissipation is mainly controlled by ohmic losses, and the magnetic boundary layers are thick.

This consideration together with the difficulties in the entrance region of the magnetic field in the test section ruled out the use of a windtunnel-like facility.

If the solid body moves through a fluid at rest contained between stationary walls the influence of the tunnel walls is of course not eliminated but only reduced. However here the wall influence can be handled as a correction which can be obtained empirically or theoretically in some cases. The difficulty with fluid flow into and out of a magnetic field are eliminated. The facility which was finally designed and built shares with the towing tank the mechanism for driving the model through the fluid and with the ballistic range the absence of a free surface. The test section of the facility consists of a stainless steel tube of 5.5″ inner diameter and 42″ length. This tube is surrounded by a solenoid made up of a stack of 51 pie-shaped sections with 6″ inner and 16″ outer diameters; the solenoid is designed to produce a nearly uniform field of up to 10,000 gauss. Tube and solenoid are vertical and mounted on a plattform supported on 7′ columns above the floor.

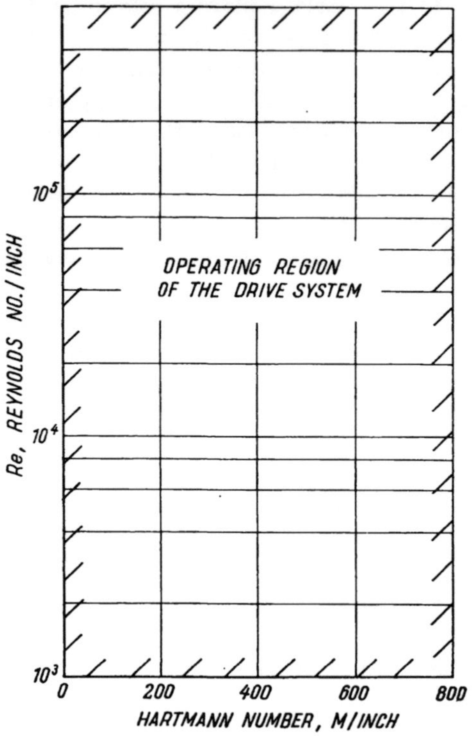

Fig. 2. Reynolds number and Hartmann number range

The vertical orientation has obvious structural advantages; it also permits investigation on free falling or rising bodies like spheres. The height above the floor is necessary for the driving section: A 1″ diameter stainless steel shaft passes through a bearing in the bottom of the test section. A cable system driven by a variable speed electric motor through a magnetic clutch allows the shaft to be propelled through the test section at speeds up to 10 ft/sec. The model and a sting balance for sphere measurements can be mounted on the end of the drive shaft. (Details of the design are given the appendices.)

Size was dictated almost entirely by practical considerations: (i) The maximum available DC power at GALCIT (250 KW), determines the maximum test section volume for a given field strength of about 10,000 gauss. (ii) The amount of mercury necessary to operate this tow tank, nearly 1000 pounds in the present facility, cannot be increased indefinitely. In particular the problem of cleaning the mercury at regular intervals becomes increasingly cumbersome. (iii) Finally the height of the ceiling in the laboratory limits the height of the apparatus.

The resulting range of flow parameters and pictures of the facility are shown in Fig. 1, 2, 3, 4.

4. Preliminary experiments

4.1. Observations on freely rising spheres

One of the original intentions which led to the construction of the facility was the investigation of sphere drag in the presence of a magnetic field aligned with the sphere motion.

Fig. 4. The drive system

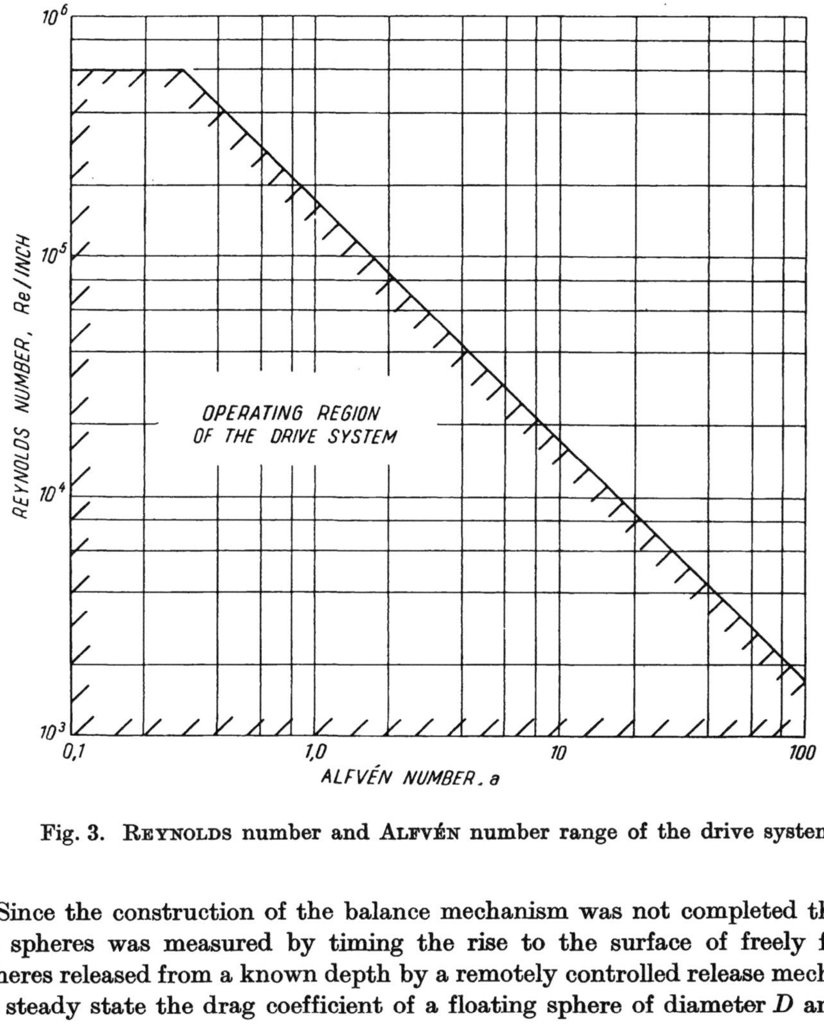

Fig. 3. Reynolds number and Alfvén number range of the drive system

Since the construction of the balance mechanism was not completed the drag on spheres was measured by timing the rise to the surface of freely floating spheres released from a known depth by a remotely controlled release mechanism. In steady state the drag coefficient of a floating sphere of diameter D and density ϱ_s is given by

$$C_D = \frac{4}{3}\left(1 - \frac{\varrho_s}{\varrho}\right)\frac{g\,D}{U^2}$$

where g is gravitational acceleration, ϱ the fluid density and U the velocity of the sphere. Consequently for any given sphere the product $U^2\,C_D$ is fixed and an investigation of $C_D = C_D(Re)$ requires a set of different spheres. An investigation of $C_D = C_D(Re, M)$ i. e. of the magnetic effect becomes very tedious in particular because of the necessity of eliminating the non stationary part of the trajectory. The direct measurement gives (see Fig. 5)

$$l = \int_0^{t_0} U(t)\,dt$$

and hence $u = \dfrac{dl}{dt_0}$. Thus to obtain the drag $l = l(t_0)$ has to be measured and the velocity U obtained as the slope of the linear portion of the $l(t_0)$ curve. Fig. 6.) To define such a curve the rise time t_0 for nine values of l was determined. For good accuracy t_0 at each value of l had to be measured at least four times. Consequently a single C_D value required approximately 36 separate runs and took about three hours time.

In the presence of the magnetic field with strength B

$$l = \int_0^{t_0} U(t, B(l))\, dt\,,$$

$B = B(l)$ because of the inhomogeneity of the field. In this case the direct application of the procedure outlined above is only approximately correct. However it turned out that the error introduced by neglecting the field variation with l was small and in view of the other difficulties so far negligible. (See Fig. 7.)

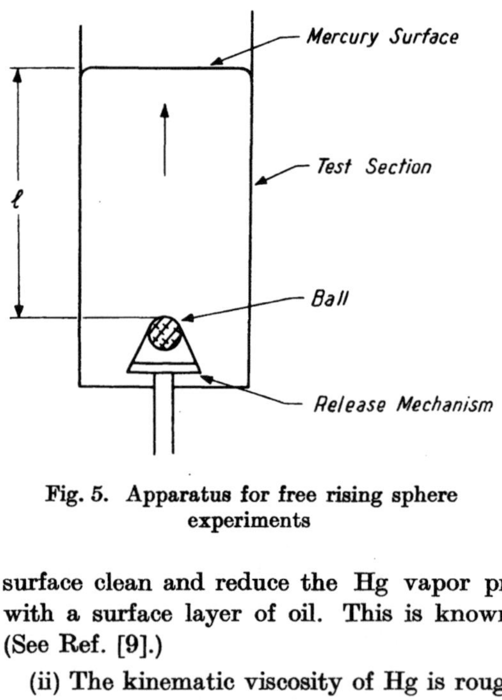

Fig. 5. Apparatus for free rising sphere experiments

The drag measurements on the freely rising spheres were unsatisfactory. It was found impossible to obtain an accurate check on the accepted standard sphere drags for zero field strength (e. g. Ref. [7, 8, 9, 10]) and consequently the observed effect of the magnetic field on the drag cannot be considered reliable. The suspected reasons for the difficulty are:

(i) The first experiments were performed with an oil layer on the surface of the mercury to keep the surface clean and reduce the Hg vapor pressure. The spheres became coated with a surface layer of oil. This is known to have an influence on the drag. (See Ref. [9].)

(ii) The kinematic viscosity of Hg is roughly one tenth of the value for water, consequently damping of any motion within the mercury is ten times slower than in water. The characteristic damping time $\tau = D^2/\nu$ is here of the order of hours. Consequently it was found impossible to assure that the mercury was motionless. In particular the top-heavy structure was found to pick up the unavoidable building vibrations readily. The obvious method to dampen the motion in this facility is to apply a magnetic field as an eddy current brake. This was impossible because the minimum magnetic field obtainable with the avaible controls was too large to be negligible in the drag measurements. To dampen the motion first and then switch off the field is not possible since the rate of change of the field strength causes induced motion in the mercury.

To date no accurate measurements of sphere drag and its dependence on the applied magnetic field have been made. Attempts to measure the sphere drag were begun in early summer 1960 but were interrupted when a serious accident occurred in July: A combination of switch failure and operator error led to an overpressurization of the facility with the result that approximately 300 lb. of mercury were blown out from the top of the facility. Cleaning required a partial disassembly of the facility and the possibility of the accident clearly indicated the need for the addition of more safety switches. Thus it was decided to carry

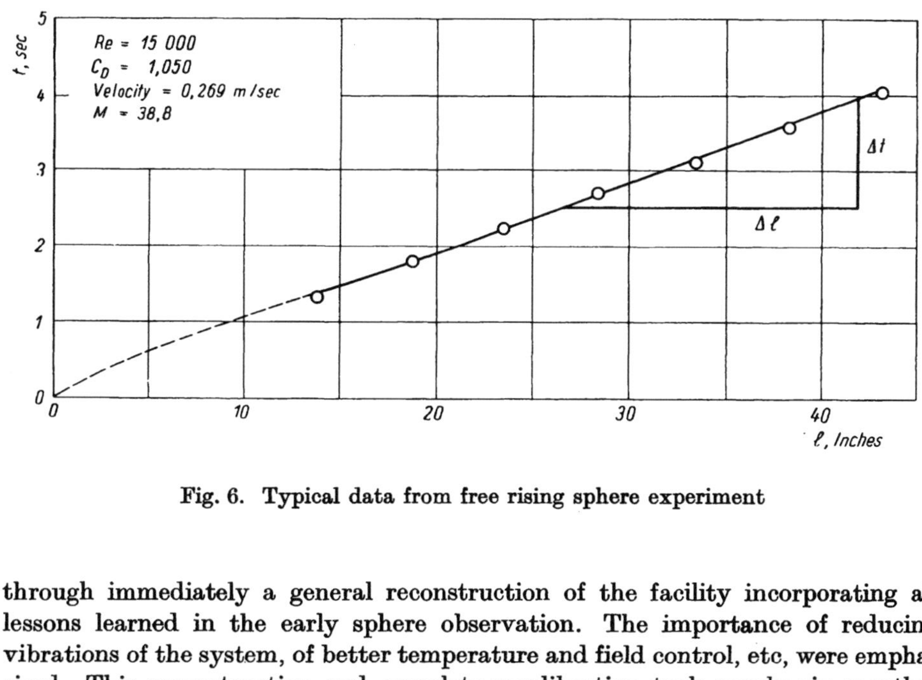

Fig. 6. Typical data from free rising sphere experiment

through immediately a general reconstruction of the facility incorporating all lessons learned in the early sphere observation. The importance of reducing vibrations of the system, of better temperature and field control, etc, were emphasized. This reconstruction and complete recalibration took nearly six months; the reconstructed facility was operative late in December 1960.

4.2. Magnetic wakes

Probably the most strikingly new phenomenon in magneto fluid dynamics is the existence of ALFÉN waves: If one considers small perturbations of both the velocity field and the magnetic field of an incompressible, conducting fluid one can easily reduce the momentum and induction equation into a system of equations for the perturbation vorticity $\vec{\xi}$ and the induced current density $\vec{j}$.

In particular if one perturbs a fluid at rest in a constant magnetic field of strength B_0, chosen parallel to the x axis, one finds

$$\mu \frac{\partial \vec{j}}{\partial t} - B_0 \frac{\partial \vec{\xi}}{\partial x} = \frac{1}{\sigma} \nabla^2 \vec{j}\,, \qquad \varrho \frac{\partial \vec{\xi}}{\partial t} - B_0 \frac{\partial \vec{j}}{\partial x} = \nu \varrho \nabla^2 \xi\,.$$

Thus $\vec{j}$ and $\vec{\xi}$ are closely coupled and satisfy formally identical diffusion-wave equations

$$\vec{j}_{tt} - b^2 \vec{j}_{xx} = \frac{\varrho}{\mu \sigma} \nabla^2 \vec{j}_t - \frac{B_0 \nu \varrho}{\mu} \nabla^2 \vec{\xi}_x\,,$$

$$\vec{\xi}_{tt} - b^2 \vec{\xi}_{xx} = \frac{B_0}{\mu \sigma \varrho} \nabla^2 \vec{j}_x + \nu \varrho \nabla^2 \vec{\xi}_t\,.$$

$b = \frac{B_0}{\sqrt{\mu \varrho}}$ is the ALFÉN velocity. The ratio of the diffusion-like damping terms due to ohmic and viscous dissipation is of order $\frac{b\,l}{\nu}$ i. e. proportional to a REYNOLDS number formed with the ALFÉN speed. The wave-like behavior of the vorticity in the presence of a magnetic field is most interesting and leads directly to the concept of the *upstream wake* discussed recently in a number of theoretical papers (e. g. Refs. [5, 6, 11, 12]).

For the application to the experiments on a body moving with uniform velocity U one transforms the equations to rest by $t \to \frac{x}{U}$ and obtains e. g. for the vorticity the equation

$$U\left[1 - \left(\frac{b}{U}\right)^2\right] \frac{\partial \vec{\xi}}{\partial x} = \frac{B_0}{\varrho \mu \sigma U} \nabla^2 \vec{j} + \nu \nabla^2 \vec{\xi}\,,$$

i. e. ξ satisfies a diffusion equation which for $\frac{b}{U} \equiv \alpha < 1$ is qualitatively similar to the usual, linearized vorticity diffusion equation

$$U \frac{\partial \vec{\xi}}{\partial x} = \nu \nabla^2 \vec{\xi}$$

which yields the parabolic (OSEEN) vorticity wake downstrean of an obstacle.

If $\alpha > 1$ however $\vec{\xi}$ obeys a diffusion equation for $x \to -x$ i. e. one obtains a (parabolic) *upstream* wake for $\vec{\xi}$ and also $\vec{j}$. (For a detailed analysis of these wakes see e. g. Refs. [5, 11, 12].) Since these wakes are parabolic the perturbation along the axis decays inversely proportional to the distance from the body.

Experimentally one should thus be able to observe for $\alpha > 1$ a perturbation ahead of the moving body qualitatively and quanitatively different from the usual upstream disturbance in subsonic flow.

The simplest method to observe such an effect in the present facility is a comparison of the shape and time history of the disturbance caused by a moving body when it approaches the Hg surface from below. Unfortunately the control equipment did permit only a comparison between $\alpha = 0$ and $\alpha > 1$ and the experiments are thus very preliminary. However there is no doubt that the effect is qualitatively as expected and has been observed both with freely rising spheres and in front of a semi-infinite blunt body mounted on the sting.

Fig. 8 and 9 show sketches of the observed surface deformations for a freely rising sphere for $\alpha = 0$ and $\alpha = 15$. The behavior for the semi-infinite body is similar. In both cases the observed surface deformation for $\alpha > 1$ is larger in diameter and extends further upstream than the corresponding deformation for $\alpha = 0$.

Detailed exploration of this upstream wake was interrupted by the accident and will be resumed in the near future. During these experiments a peculiar oscillating or spiraling motion of the rising spheres was found to occur at relatively high field strengths. It is not inconceivable that this motion is due to an interactive effect with the magnetic field e. g. due to the drag and wake-geometry dependence on the angle between U and B. The experiments do not yet permit a conclusion and are to be continued.

5. Conclusion

A facility for performing magneto fluid mechanical experiments in the REYNOLDS number and HARTMANN number ranges $1 < R_e \leqq 6 \times 10^5$, $0 < M < 800$, using mercury as the working fluid, has been constructed. Preliminary experiments on sphere drag have been performed.

From the observation of surface deformations as a sphere or semi-infinite body approaches the surface, the existence of forward running wakes has been demonstrated. Some aspects of their geometry qualitively agree with present theory.

Further experiments on sphere drag and further wake studies are under way.

Appendix I

Properties of Fluids in MKSQ Units

Fluid	Conductivity	Density $p \times 10^{-3}$	Kinematic Viscosity $\nu \times 10^6$	Magnetic PRANDTL No. $\sqrt{\mu \nu \sigma} \times 10^4$	ALFVÉN speed at 10^4 gauss $\frac{B}{\sqrt{\varrho \mu}}$
Na, 150 °C	$8.8 \cdot 10^{-6}$	.915	.592	25.6	22.9
Hg, 20 °C	$1.06 \cdot 10^6$	13.54	.114	3.9	7.7
Plasma 10,000 °K 1 atmos	3.75	$4.8 \cdot 10^{-5}$	6000	53	4080
Conc. HNO_3	76.5	1.20	1.06	.101	25.6
Conc. H_2SO_4	73.5	1.23	1.6	.120	25.4
Sea Water	4.75	1.02	1.0	.0244	28.2

Appendix II

Magnet

The solenoid is constructed in standard double pie fashion with hollow 3/8″ square extruted copper wire. Each pie is individually wrapped with epoxy impregnated cotton cambric tape. The pies are stacked one on top of the other with the center tube, the test section, as a guide. 51 pies make a solenoid 40″ long. The total amount of copper in the solenoid is 1500 lbs. Extensive computations showed that heavy iron shielding at the ends of the solenoid would produce a more uniform axial field, in the center part of the solenoid than would spacing the pies to have a higher current density at the ends of the solenoid.

A flip coil was built to calibrate the solenoid. The calibration accurately checked the predicted magnetic field strengths. In the middle 25″ of the solenoid, the magnetic field is uniform axially to 5 per cent and uniform radially to 2 per cent. The field is symmetric about the geometric axis of the solenoid to less than 1 per cent. (See Fig. 7.)

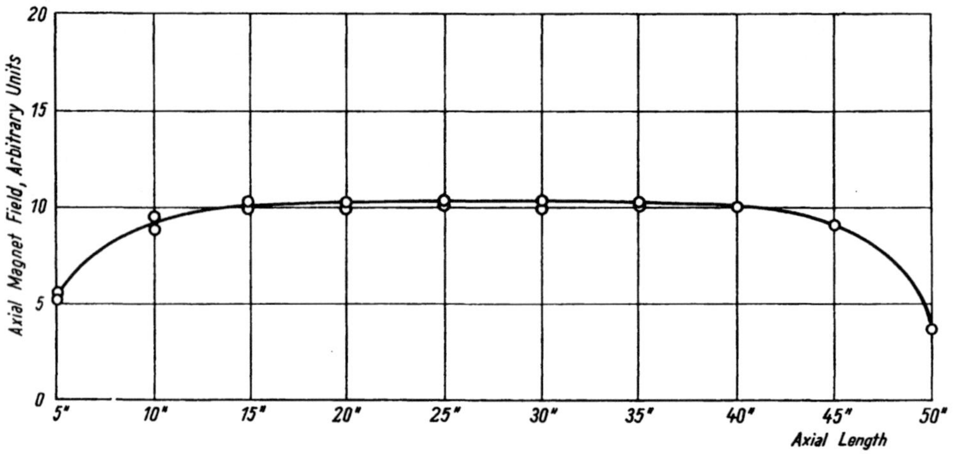

Fig. 7. Variation of the magnetic field strength along the axis of the solenoid

Drive System

The drive system consists of a 67″ long × 1″ OD × 1/2 ID No. 316 stainless steel shaft running through graphitar bearings with teflon mounted 'O' ring seals. The shaft is driven into the 5½″ ID × 55″ long tube, which, surrounded by the magnet, forms the working section of the tunnel. On the end of the shaft entering the mercury are mounted appropriate models and transducers, which transmit information via a coaxial cable running through the center of the shaft, to a recor-

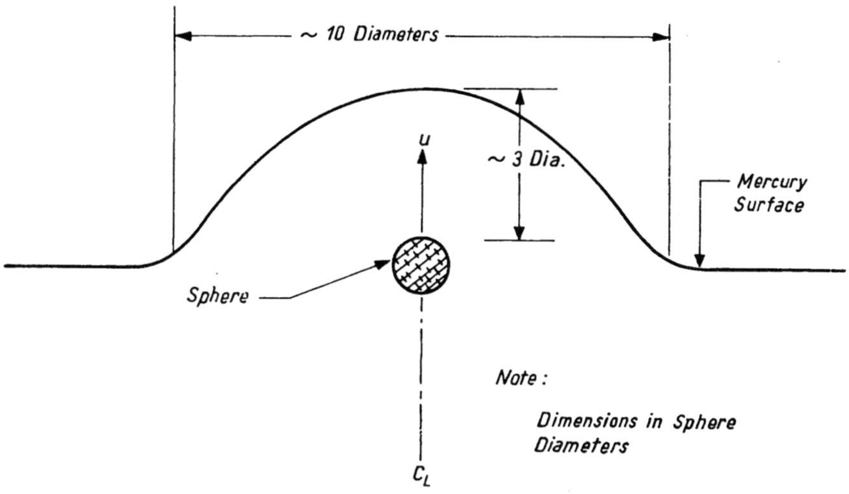

Fig. 8. Surface deformation with magnetic field strength approximately 4000 gauss

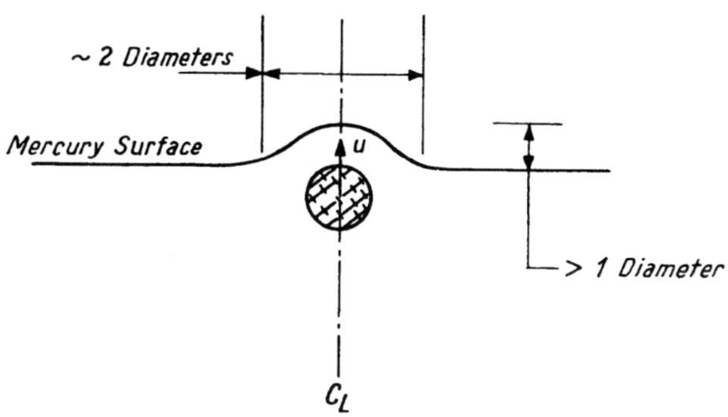

Fig. 9. Surface deformation with no magnetic field

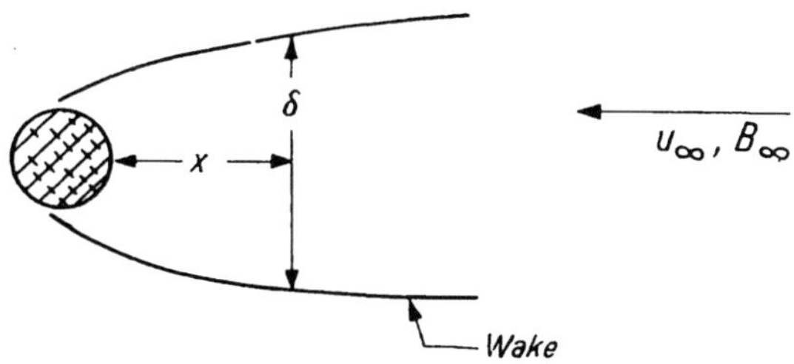

Fig. 10. Sphere with forward running wake

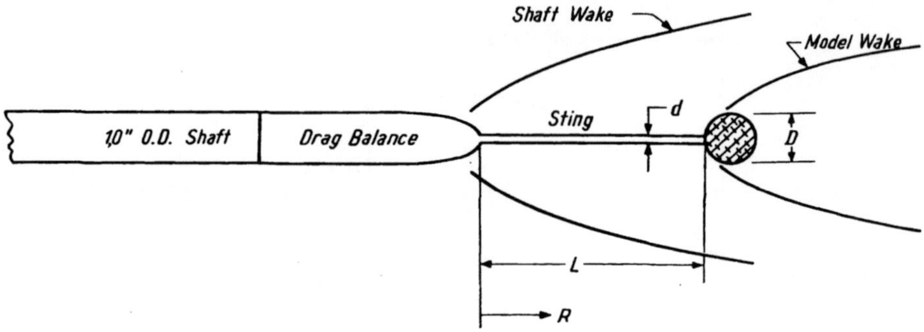

Fig. 11. Configuration of the model support system

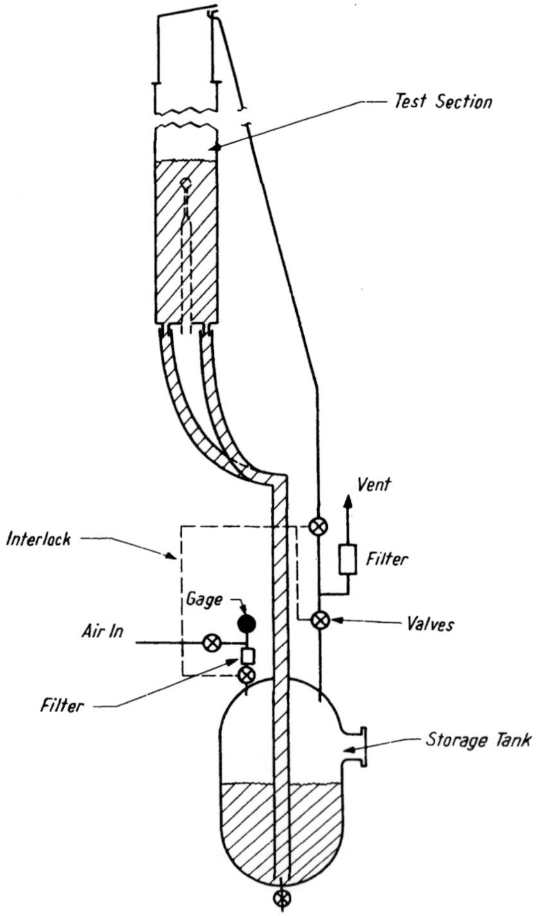

Fig. 12. Mercury system

ding oscillograph. The shaft is attached by a cross piece to cables. The cables wind on a rotating drum. Torque on the drum pulls the cables, and hence raises (or lowers) the shaft. (See Fig. 4.) The drum is connected, through a magnetic clutch and brake, to a variable speed transmission driven by a $1\frac{1}{2}$ horsepower electric motor. The maximum speed of this system is 10 ft./sec, the minimum is approximately 1 ft./min, giving $10{,}000 \gtreqless Re \gtreqless 600{,}000$. Only minor modification is required to reach speeds of 1/10 ft./min.

Mercury System

The mercury system is designed to control the flow, storage, and height of the 700 pounds of mercury required to fill the test section and piping. Its members are a $5^1/_2''$ ID × 55″ long No. 316 stainless steel tube of 1/16″ wall thickness, wound with flattened 1/4″ diameter copper tubing on the outside to cool the mercury, and covered with epoxy as a heat shield from the magnet. There is a cylindrical storage tank connected by four hoses to the test section. The mercury is lifted into the test section by air pressure.

A serious accident occurred when nearly 300 lbs. of mercury blew out the top of the test section. To prevent the reoccurrence of such an accident, a special cover has been built over the top of the machine. A system of automatic solenoid valves and electrical interlocks make it impossible to raise the mercury without the top of the test section closed in a fail-safe manner. (See Fig. 12.)

REFERENCES

[1] W. Chester: J. Fluid Mech. **3**, part 3, December (1957) 304—308.
[2] K. Gotoh: Phys. Soc. Japan J. **15** (1960) 1; Jan., pp. 189—196.
[3] I. Imai: Rev. of Mod. Phys. **32** (1960) 992.
[4] I-dee Chang: J. F. M. **9** (1960) 473.
[5] W. R. Sears: ARS Northern Gas Dynamics Symposium, Aug. 24—26 (1956).
[6] Lary: Cornell University Ph. D. Thesis, February 1960.
[7] Bacon and Reid: NACA, Rep. 185 (1924).
[8] Lunnon: Proc. Roy. Soc. London (A) **118** (1928) 680.
[9] H. S. Allen: Phil. Mag. (5) **50** (1900) 323 and 519.
[10] Arnold: Phil. Mag. (6) **22** (1911) 762.
[11] H. Hasimoto: Rev. of Mod. Phys. **32** (1960) 860.
[12] M. C. Gourdine: California Institute of Technology Ph. D. Thesis, 1960.

Über das Auffinden von Ähnlichkeitslösungen partieller Differentialgleichungssysteme unter Benutzung von Transformationsgruppen, mit Anwendungen auf Probleme der Strömungsphysik

Von Ernst-August Müller und Klaus Matschat
(Max-Planck-Institut für Strömungsforschung, Göttingen)

Einleitung

Partielle Differentialgleichungssysteme, die bei der Behandlung strömungsphysikalischer Probleme auftreten, lassen sich oft durch Ansätze auf Gleichungssysteme zurückführen, die eine unabhängige Variable weniger enthalten als das ursprüngliche System und daher leichter zu integrieren sind. Ein bekanntes Beispiel bildet die stationäre Grenzschicht an der ebenen Platte bei verschwindendem Druckgradienten: Bezeichnet man die Koordinate in Anströmrichtung mit x, die Koordinate senkrecht zur Wand mit y, so erhält man die Lösung der Grenzschichtgleichungen, indem man gewisse Kombinationen der abhängigen und unabhängigen Variablen als Funktionen von $y/\sqrt{x}$ ansetzt, wodurch sich die Grenzschichtgleichungen auf gewöhnliche Differentialgleichungen reduzieren. Denkt man sich die neuen abhängigen Variablen als Kurven über y aufgetragen (mit x als Parameter), so sind diese Kurven einander geometrisch ähnlich. Daher nennt man den betrachteten Ansatz auch „Ähnlichkeitsansatz" und die Lösung „Ähnlichkeitslösung". Allgemein sprechen wir von einem Ähnlichkeitsansatz, wenn überhaupt in neuen unabhängigen und abhängigen Variablen, die irgendwelche Funktionen der alten Variablen sind, ein Ansatz möglich ist, bei dem die abhängigen Veränderlichen von einer unabhängigen Veränderlichen weniger abhängen als das betrachtete Differentialgleichungssystem enthält. Die aus dem Ansatz sich ergebende Lösung, die im allgemeinen von willkürlichen Funktionen oder Konstanten abhängt, bezeichnen wir als Ähnlichkeitslösung.

Die Methode, Ähnlichkeitsansätze aufzusuchen, ist nicht — wie viele andere Methoden zur Behandlung partieller Differentialgleichungen — auf lineare Gleichungen beschränkt. Man wendet sie daher häufig gerade bei nichtlinearen Problemen an. So sind z. B. auf dem Gebiet der Gasdynamik in den letzten drei Jahrzehnten eine Reihe von Ähnlichkeitslösungen entdeckt worden. Genannt sei die Arbeit von W. Tollmien [1] aus dem Jahre 1937, in der neue Ähnlichkeitslösungen der gasdynamischen Gleichungen gefunden wurden, bei denen der Geschwindigkeitsbetrag sowie der Winkel zwischen Geschwindigkeitsvektor und Ortsvektor längs Spiralen im Ortsraum konstant sind; an Hand dieser Lösungen stieß W. Tollmien erstmals auf das Phänomen der Grenzlinien. Weiter seien die Arbeiten von G. I. Taylor [2, 3], G. Guderley [4] und K. Bechert [5] erwähnt. Außerdem finden sich mehrere Beispiele in den Büchern von R. Courant und K. O. Friedrichs [6] und von L. I. Sedov [7].

Auch auf dem Gebiet der Grenzschichttheorie ist eine Anzahl von Ähnlichkeitslösungen bekannt. Die einfachste haben wir oben schon kurz gekennzeichnet. Für gewisse Spezialfälle kennt man sogar schon *alle* Ähnlichkeitslösungen. So hat W. MANGLER bewiesen, daß es außer den von ihm in [8] behandelten Lösungen keine weiteren Ähnlichkeitslösungen der Gleichungen der laminaren inkompressiblen Plattengrenzschicht geben kann; dabei ist allerdings der Begriff der Ähnlichkeitslösung in engerem Sinne benutzt als in der vorliegenden Arbeit. A. G. HANSEN [9] hat Ähnlichkeitsansätze für die dreidimensionale laminare Grenzschicht angegeben. Weitere Untersuchungen über dreidimensionale ähnliche Grenzschichten hat TH. GEIS [10, 11] angestellt. Schließlich sei noch auf die Arbeiten von C. B. COHEN und E. RESHOTKO [12] sowie von T.-Y. LI und H. T. NAGAMATSU [13] über Ähnlichkeitslösungen der kompressiblen ebenen Grenzschichtgleichungen hingewiesen.

Ein großer Teil der bisher bekannten Ähnlichkeitslösungen ist durch physikalische Überlegungen (z. B. Symmetrie- oder Dimensionsbetrachtungen) oder auch durch einfaches Probieren gefunden worden. Es erhebt sich nun die Frage, wie man *systematisch* vorgehen kann, um die möglichen Ähnlichkeitslösungen eines partiellen Differentialgleichungssystems zu finden. Erste Schritte zur Beantwortung dieser Frage sind von K. BECHERT [14] und G. BIRKHOFF [15] unternommen worden. G. BIRKHOFF geht von bestimmten Transformationsgruppen aus, die das betrachtete partielle Differentialgleichungssystem invariant lassen und sucht nach Lösungen, die ihrerseits gegen diese Transformationsgruppen invariant sind; diese Lösungen erweisen sich dann als Ähnlichkeitslösungen. Daß eine Transformationsgruppe, die ein Differentialgleichungssystem invariant läßt, zu Ähnlichkeitsansätzen führt, hat schon S. LIE [16] im letzten Jahrhundert erkannt. A. J. A. MORGAN [17] betrachtet unter allgemeinen Gesichtspunkten gewisse Gruppen, die jede einzelne Gleichung eines partiellen Differentialgleichungssystems invariant lassen, und gibt die daraus entstehenden Ähnlichkeitsansätze an. A. D. MICHAL [18] behandelt gewisse mehrparametrige Gruppen, beschränkt sich jedoch ebenfalls auf den Fall, daß jede einzelne Gleichung eines Gleichungssystems für sich invariant ist.

Das Problem, wie man *alle* Gruppen, die ein vorgelegtes partielles Differentialgleichungssystem erster Ordnung invariant lassen, auffinden kann, hat wohl zuerst K. U. v. HAGENOW [19] in Angriff genommen. Allerdings hat er bei den von ihm betrachteten quasilinearen Differentialgleichungen die zugelassenen Gruppen erheblich eingeschränkt, indem er nur solche Transformationen betrachtet, bei denen sich die unabhängigen und die abhängigen Variablen jeweils unter sich transformieren. Als Anwendungen behandelte K. U. v. HAGENOW die instationäre eindimensionale Gasdynamik und die Gleichungen der Magnetohydrodynamik, wobei er alle aus seinen Gruppen entspringenden Ähnlichkeitsansätze angibt. Mit diesen Ansätzen kann er u. a. Stoßwellen in einem Plasma beschreiben, in dem die Dichte nach einem Potenzgesetz mit dem Ort variiert.

Die vorliegende Arbeit hat zum Ziel, alle Transformationsgruppen, die ein vorgelegtes partielles Differentialgleichungssystem erster Ordnung invariant lassen, und die daraus sich ergebenden Ähnlichkeitsansätze anzugeben. An die Gruppen stellen wir dabei keine einschränkenden Bedingungen. Im Teil I der Arbeit wird zunächst an einem einführenden Beispiel der Zusammenhang zwischen Invarianzverhalten und Ähnlichkeitslösung klargelegt und physikalisch interpretiert. Danach wird das zu verwendende Verfahren entwickelt und auf quasilineare partielle Differentialgleichungssysteme erster Ordnung angewandt.

Teil II ist physikalischen Anwendungen gewidmet. Zuerst werden quasilineare Systeme betrachtet, die ebene stationäre Vektor- und Skalarfelder beschreiben. Für den Fall zweier abhängiger Variabler werden alle Gruppen angegeben. Zur Illustrierung des Verfahrens werden drei an sich bekannte Ähnlichkeitslösungen abgeleitet, nämlich die TOLLMIENsche Lösung [1], die TSCHAPLIGIN-RINGLEBschen Schaufelströmungen [20] und die sogenannten einfachen Wellen. Weiter werden für die Gleichungen, welche instationäre eindimensionale Gasströmungen mit konstanter Entropie beschreiben, alle Gruppen aufgesucht. Als Beispiel wird eine Ähnlichkeitslösung abgeleitet, die eine Gasströmung zwischen zwei in bestimmter Weise bewegten Kolben darstellt.

Zur Frage, ob jede Ähnlichkeitslösung eines Differentialgleichungssystems sich aus einer Transformationsgruppe gewinnen läßt, sei hier nur soviel gesagt, daß es jedenfalls quasilineare Differentialgleichungssysteme gibt, die Ähnlichkeitslösungen besitzen, welche nicht aus einer einparametrigen Transformationsgruppe, die das Gleichungssystem invariant läßt, ableitbar sind. Derartige Lösungen lassen sich jedoch ebenfalls auf systematischem Wege gewinnen, wenn man die Invarianzbedingung in geeigneter Weise abschwächt; hierüber soll in einer späteren Arbeit berichtet werden.

TEIL I. DARSTELLUNG DES VERFAHRENS

1. Einführendes Beispiel

Der Begriff der Invarianz gegen Transformationsgruppen und der Zusammenhang der Invarianzeigenschaften eines Differentialgleichungssystems mit den Ähnlichkeitslösungen sei zunächst an einem Beispiel veranschaulicht. Wir betrachten die Gleichungen der ebenen, stationären Strömung eines nichtzähen Mediums konstanter Dichte

$$u\,u_x + v\,u_y + \frac{1}{\varrho}\,p_x = 0\,, \qquad u\,v_x + v\,v_y + \frac{1}{\varrho}\,p_y = 0\,, \qquad u_x + v_y = 0\,. \quad (1)$$

Dabei bedeuten x und y cartesische Ortskoordinaten, u und v die Komponenten des Geschwindigkeitsvektors in x- bzw. y-Richtung, p den Druck, ϱ die Dichte. Die Indizes x und y bezeichnen partielle Ableitungen nach x und y.

Aus der skalaren bzw. vektoriellen Natur der in (1) vorkommenden Variablen kann man auf bestimmte Transformationen schließen, gegen die das Gleichungssystem (1) *invariant* sein muß. Um den Invarianzbegriff zu verdeutlichen, wollen wir jetzt eine solche Transformation, nämlich die Drehung des Koordinatensystems, genauer studieren.

$u(x, y)$, $v(x, y)$, $p(x, y)$ sei eine Lösung von (1). Sie stellt ein bestimmtes Strömungsfeld in der x, y-Ebene dar. Wir können *dasselbe* Strömungsfeld auch in einem Koordinatensystem beschreiben, das gegen das ursprüngliche um den Winkel τ gedreht ist. Die Koordinaten x', y' eines Punktes, der im alten System die Koordinaten x, y hatte, lauten dann

$$x' = x\cos\tau + y\sin\tau\,, \qquad y' = -x\sin\tau + y\cos\tau\,. \quad (2)$$

Den im Punkt x, y angebrachten Geschwindigkeitsvektor $u(x, y)$, $v(x, y)$ zerlegen wir in die Komponenten u' und v' nach den Achsrichtungen x', y'. Der Zusammenhang zwischen den neuen und alten Komponenten ist der gleiche wie beim Ortsvektor:

$$u' = u\cos\tau + v\sin\tau\,, \qquad v' = -u\sin\tau + v\cos\tau\,. \quad (3)$$

Den Druck, aufgefaßt als Funktion der neuen Variablen x' und y', bezeichnen wir mit p'. Da der Druck eine skalare Größe ist, gilt

$$p' = p\,. \quad (4)$$

Vermittels der Transformation (2), (3), (4) können wir die in den Variablen x, y, u, v, p gegebene Lösung in den neuen Variablen x', y', u', v', p' ausdrücken, wobei wir z. B. für u' aus (3) erhalten

$$u'(x', y') = u[x(x', y'), y(x', y')]\cdot\cos\tau + v\,[x(x', y'), y(x', y')]\cdot\sin\tau\,.$$

$x(x', y')$ und $y(x', y')$ erhält man aus der Umkehrung von (2).

Nun war bei der Aufstellung des Gleichungssystems (1) keine Vorschrift gemacht worden, welches der vielen möglichen gegeneinander gedrehten Koordinatensysteme zu wählen sei. Man kann daher in (1) unter x, y, u, v, p auch genau so gut x', y', u', v', p' verstehen. Das heißt aber, daß die eben gewonnenen Funktionen $u'(x', y')$, $v'(x', y')$, $p'(x', y')$ selbst Lösung des (mit gestrichenen Größen geschriebenen) Gleichungssystems (1) sein müssen. Bezeichnen wir die linken Seiten von (1) mit G_i $(i = 1, 2, 3)$, so kann man diesen Sachverhalt formelmäßig so ausdrücken:

Genügen $u(x, y)$, $v(x, y)$, $p(x, y)$ den Gleichungen

$$G_i(u, v, p, u_x, u_y, v_x, v_y, p_x, p_y) = 0 \qquad (i = 1, 2, 3)\,,$$

so genügen die durch die Transformation (2), (3), (4) gewonnenen Funktionen $u'(x', y')$, $v'(x', y')$, $p'(x', y')$ den Gleichungen

$$G_i(u', v', p', u'_{x'}, u'_{y'}, v'_{x'}, v'_{y'}, p'_{x'}, p'_{y'}) = 0 \qquad (i = 1, 2, 3)\,.$$

Diese Eigenschaft des Differentialgleichungssystems $G_i = 0$ bezeichnet man als *Invarianz* gegen die Transformation (2), (3), (4). Physikalisch drückt sich in der Invarianzbedingung der Sachverhalt aus, daß ein gegebenes Strömungsfeld, das als ganzes starr um eine Achse gedreht wird, wieder ein mögliches Strömungsfeld darstellt.

Es sei noch bemerkt, daß aus der Invarianz eines Gleichungssystems gegen eine Transformation nicht etwa folgt, daß auch jede einzelne Gleichung des Systems gegen diese Transformation invariant ist. Beispielsweise gilt im Fall des Gleichungssystems (1) und der Transformation (2), (3), (4)

$$\begin{aligned} G_1(u', v', u'_{x'}, u'_{y'}, p'_{x'}) = {} & \cos\tau \cdot G_1(u, v, u_x, u_y, p_x) \\ & + \sin\tau \cdot G_2(u, v, v_x, v_y, p_y)\,. \end{aligned}$$

Wenn also $G_1 = 0$ in den ungestrichenen Größen gilt, so braucht dasselbe nicht in den gestrichenen Größen zu gelten. G_1 ist also für sich nicht invariant. Das gleiche gilt für G_2. Lediglich G_3 ist für sich allein gegen die betrachtete Transformation invariant. Dies rührt daher, daß G_3 (als Divergenz des Geschwindigkeitsvektors) ein Skalar ist, während G_1 und G_2 Vektorkomponenten darstellen.

Lassen wir in den Transformationsgleichungen (2), (3), (4) den Parameter τ alle Werte von 0 bis 2π durchlaufen, so erhalten wir eine Schar von Transformationen. Wie aus der analytischen Geometrie bekannt ist, bildet diese Schar eine Gruppe, wobei die Gruppenmultiplikation als Hintereinanderausführung zweier Transformationen erklärt ist. Das Differentialgleichungssystem (1) ist gegen jede Transformation dieser Gruppe invariant; wir sagen abgekürzt: Das Differentialgleichungssystem ist gegen die Transformationsgruppe invariant.

Wie man diese Invarianzeigenschaften ausnützen kann, um zu einem Ähnlichkeitsansatz zu gelangen, wird klar, wenn wir zu neuen unabhängigen und abhängigen Variablen übergehen, in denen sich die Transformationsgruppe (2), (3), (4) besonders einfach darstellt. Als neue unabhängige Variable benutzen wir ebene Polarkoordinaten

$$r = \sqrt{x^2 + y^2}\,, \qquad \varphi = \operatorname{arc\,tg} \frac{y}{x}\,,$$

als neue abhängige Variable den Geschwindigkeitsbetrag

$$w = \sqrt{u^2 + v^2},$$

den Winkel zwischen Geschwindigkeitsvektor und Ortsvektor

$$\psi = \operatorname{arc\,tg} \frac{v}{u} - \varphi$$

und den Druck p. Alle neuen Variablen außer φ sind unabhängig von der Lage der Achsrichtungen des cartesischen Koordinatensystems definiert (vgl. Abb. 1). Die Transformationsgruppe (2), (3), (4) nimmt daher in den neuen Variablen die folgende einfache Gestalt an

$$r' = r, \quad \varphi' = \varphi - \tau; \quad w' = w, \quad p' = p, \quad \psi' = \psi. \tag{5}$$

Sie beschreibt für jedes τ eine Translation in φ. Die Tatsache, daß alle gegeneinander gedrehten Koordinatensysteme einander gleichwertig sind, bedeutet in den neuen Variablen, daß keine Achsrichtung, von der aus der Polarwinkel φ gezählt wird, vor einer anderen ausgezeichnet ist. Transformiert man die Strömungsgleichungen (1) auf die neuen Variablen, so kann man daher wieder r, φ, w, ψ, p durch die nach (5) gegebenen Variablen $r', \varphi', w', \psi', p'$ ersetzen, d. h. das transformierte Gleichungssystem ist gegen die Gruppe (5) invariant. Bezeichnet man das transformierte System mit $H_i = 0$ $(i = 1, 2, 3)$, so gilt also: Jede Lösung $w(r, \varphi)$, $\psi(r, \varphi)$, $p(r, \varphi)$ des Systems

$$H_i(r, \varphi, w, \psi, p, w_r, w_\varphi, \psi_r, \psi_\varphi, p_r, p_\varphi) = 0 \quad (i = 1, 2, 3) \tag{6}$$

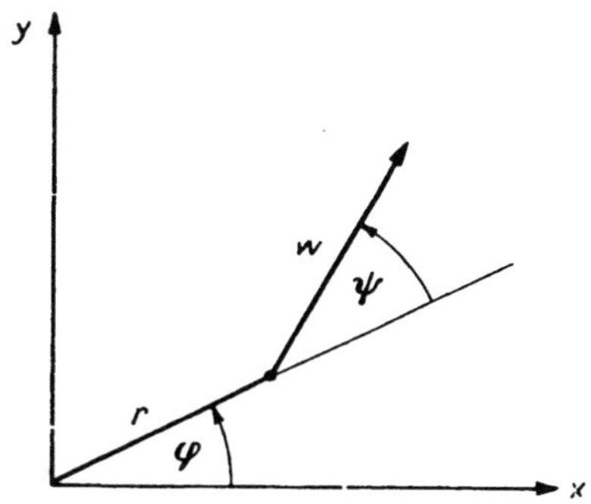

Abb. 1. Zur Definition der neuen Variablen

erfüllt auch die Gleichungen

$$H_i(r, \varphi - \tau, w, \psi, p, w_r, w_\varphi, \psi_r, \psi_\varphi, p_r, p_\varphi) = 0 \quad (i = 1, 2, 3).$$

Dann ist aber der Ähnlichkeitsansatz

$$w = w(r), \quad \psi = \psi(r), \quad p = p(r) \tag{7}$$

möglich, denn die für diesen Ansatz notwendige Voraussetzung, daß eine aus ihm entspringende Lösung das gegebene Gleichungssystem nicht nur für *einen* Wert von φ, sondern für *alle* Werte befriedigt, ist erfüllt.

Wir wollen die aus dem Ansatz (7) entspringende Ähnlichkeitslösung noch explizit angeben. Die Herleitung des transformierten Gleichungssystems $H_i = 0$ kann man sich ersparen, wenn man den Ansatz (7) in den alten abhängigen Variablen schreibt

$$u = w(r) \cdot \cos[\psi(r) + \varphi],$$
$$v = w(r) \cdot \sin[\psi(r) + \varphi],$$
$$p = p(r).$$

Diesen Ansatz können wir unmittelbar in das ursprüngliche Gleichungssystem (1) einsetzen. Dabei drücken wir die auftretenden Ableitungen von r und φ nach x und y wieder durch r und φ aus und setzen dann in allen Gleichungen $\varphi = 0$. Auf diese Weise gelangen wir zu den folgenden gewöhnlichen Differentialgleichungen (Ableitungen nach r werden durch Striche bezeichnet)

$$w\,w'\cos^2\psi - w^2\psi'\sin\psi\cos\psi - \frac{w^2}{r}\sin^2\psi + \frac{p'}{\varrho} = 0\,,$$

$$w\cos\psi\left(w'\sin\psi + w\,\psi'\cos\psi + \frac{w}{r}\sin\psi\right) = 0\,,$$

$$w'\cos\psi - w\,\psi'\sin\psi + \frac{w}{r}\cos\psi = 0\,.$$

Man erhält zwei verschiedene Lösungen, je nachdem, ob $\cos\psi \neq 0$ oder $= 0$ ist:

$$\left.\begin{array}{llll} \text{a)} & w = \dfrac{c}{r}\,, & \text{b)} & w(r)\ \text{beliebig}, \\ & \psi = \psi_0\,, & & \psi = \pm\dfrac{\pi}{2}\,, \\ & p = p_0 - \dfrac{\varrho}{2}\dfrac{c^2}{r^2}\,, & & p = \varrho\displaystyle\int\frac{w^2}{r}\,dr\,. \end{array}\right\} \tag{8}$$

(c, ψ_0, p_0 beliebige Konstanten). Man überzeugt sich leicht durch Einsetzen, daß diese Lösungen das Gleichungssystem (1) für alle Werte von φ erfüllen, nicht nur für $\varphi = 0$.

Wegen $\psi = \text{const}$ sind die Stromlinien der durch (8) dargestellten Strömungen logarithmische Spiralen, die für $\psi_0 = 0$ in ein Geradenbüschel durch den Nullpunkt des Koordinatensystems, für $\psi_0 = \dfrac{\pi}{2}$ in konzentrische Kreise entarten.

Die Ähnlichkeitslösungen (8a, b) haben die Besonderheit, ihrerseits gegen die Transformationsgruppe (5) invariant zu sein. Darunter wird verstanden, daß sie, in den gestrichenen Variablen ausgedrückt, ebenso lauten wie in den ungestrichenen. Dies heißt anschaulich, daß ein durch (8) dargestelltes Strömungsfeld bei einer Drehung in sich übergeht. Abb. 2 macht dies für die Stromlinie S_1 deutlich, die nach einer Drehung um den Winkel $\pi/4$ in die Position rückt, in der sich vorher die Stromlinie S_2 befand. Dadurch wird auch die folgende Auffassung der Ähnlichkeitslösung möglich. Man kann sie sich dadurch erzeugt denken, daß die längs eines Strahls $\varphi = \text{const}$ über r gegebene Verteilung $w(r), \psi(r), p(r)$ durch Drehung dieses Strahls über die ganze Ebene ausgebreitet wird (Abb. 3 zeigt

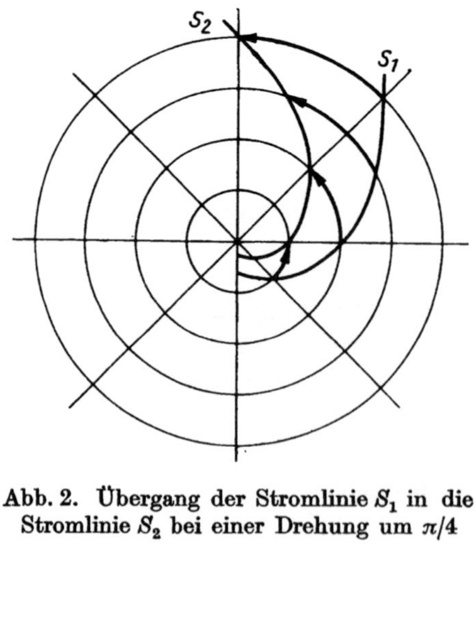

Abb. 2. Übergang der Stromlinie S_1 in die Stromlinie S_2 bei einer Drehung um $\pi/4$

diesen Vorgang schematisch). Die Transformationsgruppe entfaltet also gewissermaßen die zunächst nur längs einer Kurve gegebene Lösung.

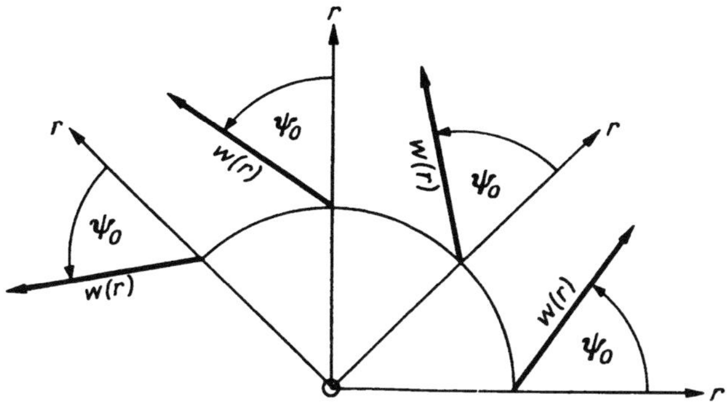

Abb. 3. Entfaltung der Lösung (8) durch Drehung eines Fahrstrahls mit gegebener Verteilung der Strömungsgrößen

Bei dem in diesem Abschnitt betrachteten Beispiel konnten wir aus der skalaren bzw. vektoriellen Natur der Variablen auf eine Transformationsgruppe schließen, die das vorgelegte Differentialgleichungssystem invariant läßt. Man hätte auf einfache Weise auch noch andere Gruppen finden können; aus der Tatsache, daß das quasilineare System (1) x und y nicht explizit enthält und daß kein Glied ohne Differentialquotienten vorkommt, folgt z. B., daß die Gruppe

$$x' = x\,e^{\tau}\,; \quad u' = u\,; \quad p' = p$$
$$y' = y\,e^{\tau}\,; \quad v' = v$$

(mit τ als Gruppenparameter) die Gleichungen invariant läßt. Jede solche Transformationsgruppe führt, wie wir später allgemein zeigen werden, zu einem Ähnlichkeitsansatz.

Man wird jedoch im allgemeinen durch einfache Schlüsse oder durch Raten nicht alle derartigen Gruppen finden können. In den nächsten beiden Abschnitten werden wir uns daher der Frage zuwenden, wie man systematisch vorgehen kann, um alle Transformationsgruppen aufzufinden, die ein gegebenes partielles Differentialgleichungssystem erster Ordnung invariant lassen, und wie man die zugehörigen Ähnlichkeitsansätze bestimmt.

2. Berührungstransformationen und Gruppen von Berührungstransformationen

2.1. Endliche Berührungstransformationen

Im folgenden beschäftigen wir uns mit Transformationen, die auf die Variablen eines partiellen Differentialgleichungssystems erster Ordnung angewandt werden. Wir bezeichnen dabei die abhängigen Variablen mit w_ν ($\nu = 1, 2, \ldots, n$), die unabhängigen Variablen mit x_μ ($\mu = 1,2,\ldots, m$) und schreiben für die partiellen Ableitungen $\partial w_\nu/\partial x_\mu = p_{\nu\mu}$. Die im vorigen Abschnitt betrachtete Transformation (2), (3), (4) wirkte allein auf die Variablen w_ν und x_μ, eine solche Transformation nennt man auch *Punkttransformation*. Beim Anwenden dieser Transformation auf das Gleichungssystem (1) rechneten wir die Ableitungen $p_{\nu\mu}$ nach der Kettenregel um. Jetzt wollen wir die $p_{\nu\mu}$ als gleichberechtigte Variable auffassen und allgemeiner Transformationen der Form

$$w_i' = w_i'(w_\nu, x_\mu, p_{\nu\mu}) , \qquad x_k' = x_k'(w_\nu, x_\mu, p_{\nu\mu}) , \qquad p_{ik}' = p_{ik}'(w_\nu, x_\mu, p_{\nu\mu}) \tag{9}$$

betrachten. Dabei sollen die gestrichenen Größen stetig differenzierbar von den ungestrichenen abhängen und eindeutig nach diesen aufgelöst werden können. Weiter verlangen wir, daß jede Kurve $w_i(s)$, $x_k(s)$, $p_{ik}(s)$, für die

$$\frac{dw_i}{ds} - p_{ik}\frac{dx_k}{ds} = 0\,^{1)} \tag{10}$$

ist, in eine Kurve transformiert wird, für die

$$\frac{dw_i'}{ds} - p_{ik}'\frac{dx_k'}{ds} = 0 \tag{11}$$

ist. Eine Transformation, für die diese Bedingung erfüllt ist, heißt *Berührungstransformation*. Sie hat die Eigenschaft, daß sie Lösungen von Systemen partieller Differentialgleichungen erster Ordnung wieder in Lösungen überführt (siehe Abschnitt 3.1).

Für die linke Seite von (11) ergibt sich mit (9)

$$\frac{dw_i'}{ds} - p_{ik}'\frac{dx_k'}{ds} = \left(\frac{\partial w_i'}{\partial w_\nu} - p_{ik}'\frac{\partial x_k'}{\partial w_\nu}\right)\frac{dw_\nu}{ds} + \left(\frac{\partial w_i'}{\partial x_\mu} - p_{ik}'\frac{\partial x_k'}{\partial x_\mu}\right)\frac{dx_\mu}{ds}$$
$$+ \left(\frac{\partial w_i'}{\partial p_{\nu\mu}} - p_{ik}'\frac{\partial x_k'}{\partial p_{\nu\mu}}\right)\frac{dp_{\nu\mu}}{ds} . \tag{12}$$

Betrachtet man nur solche Kurven $w_\nu(s)$, $x_\mu(s)$, $p_{\nu\mu}(s)$, für die (10) gilt, so kann man dw_ν/ds durch $p_{\nu\mu}\cdot dx_\mu/ds$ ersetzen. Die rechte Seite von (12) muß dann für beliebige dx_μ/ds und beliebige $dp_{\nu\mu}/ds$ verschwinden. Daraus ergeben sich die folgenden notwendigen Bedingungen für Berührungstransformationen

$$\frac{\partial w'}{\partial p_{\nu\mu}} - p_{ik}'\frac{\partial x_k'}{\partial p_{\nu\mu}} = 0 , \tag{13a}$$

$$p_{\nu\mu}\left(\frac{\partial w_i'}{\partial w_\nu} - p_{ik}'\frac{\partial x_k'}{\partial w_\nu}\right) + \frac{\partial w_i'}{\partial x_\mu} - p_{ik}'\frac{\partial x_k'}{\partial x_\mu} = 0 . \tag{13b}$$

Gl. (12) läßt sich dann in der Form schreiben

$$\frac{dw_i'}{ds} - p_{ik}'\frac{dx_k'}{ds} = A_{i\nu}\left(\frac{dw_\nu}{ds} - p_{\nu\mu}\frac{dx_\mu}{ds}\right) \tag{14}$$

[1]) Über in einem Produkt doppelt vorkommende Indizes ist zu summieren.

mit

$$A_{i\nu} = \frac{\partial w_i'}{\partial w_\nu} - p_{ik}' \frac{\partial x_k'}{\partial w_\nu},$$

aus der man sieht, daß die Bedingungen (13) auch hinreichend sind. In mehr symmetrischer Schreibweise kann man die Bedingungen, denen die Transformation (9) genügen muß, um Berührungstransformation zu sein, auch so formulieren:

$$\frac{\partial w_i'}{\partial w_\nu} - p_{ik}' \frac{\partial x_k'}{\partial w_\nu} = A_{i\nu}, \tag{15a}$$

$$\frac{\partial w_i'}{\partial x_\mu} - p_{ik}' \frac{\partial x_k'}{\partial x_\mu} = - A_{i\nu} p_{\nu\mu}, \tag{15b}$$

$$\frac{\partial w_i'}{\partial p_{\nu\mu}} - p_{ik}' \frac{\partial x_k'}{\partial p_{\nu\mu}} = 0. \tag{15c}$$

Gewöhnliche Punkttransformationen $w_i' = w_i'(w_\nu, x_\mu)$, $x_k' = x_k'(w_\nu, x_\mu)$ lassen sich immer zu Berührungstransformationen ergänzen. Bedingung (13a) ist von selbst erfüllt. (13b) liefert $n \cdot m$ lineare Gleichungen zur Bestimmung der $n \cdot m$ Größen $p_{ik}'(w_\nu, x_\mu, p_{\nu\mu})$. Für $n > 1$ sind die Punkttransformationen die einzigen (umkehrbaren) Berührungstransformationen, die es gibt. Um dies einzusehen, betrachte man die aus $n \cdot m$ Spalten bestehende Matrix der Ableitungen von w_i', x_k', p_{ik}' nach den $p_{\nu\mu}$. Gl. (13a) zeigt, daß die n Zeilen $\frac{\partial w_i'}{\partial p_{\nu\mu}}$ $(i = 1, 2, \ldots, n)$ Linearkombinationen der m Zeilen $\frac{\partial x_k'}{\partial p_{\nu\mu}}$ $(k = 1, 2, \ldots, m)$ sind. Weiter folgt aus (13a) als Integrabilitätsbedingung

$$\frac{\partial p_{ik}'}{\partial p_{\sigma\tau}} \frac{\partial x_k'}{\partial p_{\nu\mu}} - \frac{\partial x_k'}{\partial p_{\sigma\tau}} \frac{\partial p_{ik}'}{\partial p_{\nu\mu}} = 0. \tag{15d}$$

Ist r der Rang der aus den m Zeilen $\frac{\partial x_k'}{\partial p_{\nu\mu}}$ gebildeten Teilmatrix, so schreibe man (15d) für diejenigen Indizeskombinationen σ, τ an, die die r linear unabhängigen Spalten $\frac{\partial x_k'}{\partial p_{\sigma\tau}}$ dieser Teilmatrix bezeichnen. Die so gewonnenen r Gleichungen kann man bei festen i, ν, μ nach r (der insgesamt m) Größen $\frac{\partial p_{ik}'}{\partial p_{\nu\mu}}$ auflösen; für jedes i sind damit r Zeilen $\frac{\partial p_{ik}'}{\partial p_{\nu\mu}}$ als Linearkombinationen der übrigen $m - r$ Zeilen $\frac{\partial p_{ik}'}{\partial p_{\nu\mu}}$ und der Zeilen $\frac{\partial x_k'}{\partial p_{\nu\mu}}$ dargestellt. Insgesamt gibt es in der betrachteten Matrix also höchstens $r + n\,(m - r)$ linear unabhängige Zeilen. Diese Anzahl darf den Wert $n \cdot m$ nicht unterschreiten, andernfalls wären die betrachteten $n \cdot m$ Spalten aus der Funktionaldeterminante der Transformation (9) linear abhängig und damit wäre die Transformation nicht umkehrbar. Daraus folgt

$$r\,(1 - n) \geq 0,$$

d. h., für $n > 1$ muß $r = 0$ sein, was bedeutet, daß x_k' und w_i' von $p_{\nu\mu}$ nicht abhängen.

2.2. Infinitesimale Berührungstransformationen

Wir gehen nun zur Betrachtung infinitesimaler Berührungstransformationen über, die wir später als infinitesimale Elemente von Berührungstransformationsgruppen auffassen werden. Sei

$$\left.\begin{aligned} w_i' &= w_i + m_i(w_\nu, x_\mu, p_{\nu\mu})\,d\tau\,, \\ x_k' &= x_k + \alpha_k(w_\nu, x_\mu, p_{\nu\mu})\,d\tau\,, \\ p_{ik}' &= p_{ik} + a_{ik}(w_\nu, x_\mu, p_{\nu\mu})\,d\tau \end{aligned}\right\} \tag{16}$$

eine solche infinitesimale Transformation. Mit

$$A_{i\nu} = \delta_{i\nu} + R_{i\nu}\,d\tau$$

($\delta_{i\nu}$ ist das Kroneckersymbol) erhält man aus (15), indem man die in $d\tau$ linearen Glieder berücksichtigt

$$\frac{\partial}{\partial w_\nu}(m_i - p_{ik}\alpha_k) = R_{i\nu}\,, \tag{17a}$$

$$\frac{\partial}{\partial x_\mu}(m_i - p_{ik}\alpha_k) = -R_{i\nu}\,p_{\nu\mu} + a_{i\mu}\,, \tag{17b}$$

$$\frac{\partial}{\partial p_{\nu\mu}}(m_i - p_{ik}\alpha_k) = -\delta_{i\nu}\,\alpha_\mu\,. \tag{17c}$$

Jede infinitesimale Berührungstransformation läßt sich aus den *erzeugenden Funktionen*

$$F_i(w_\nu, x_\mu, p_{\nu\mu}) = p_{ik}\alpha_k - m_i \qquad (i = 1, 2, \ldots, n)$$

gewinnen. Aus (17a) und (17b) erhält man nämlich

$$a_{i\mu} = -\frac{\partial F_i}{\partial w_\nu}\,p_{\nu\mu} - \frac{\partial F_i}{\partial x_\mu}\,, \tag{18a}$$

$$\delta_{i\nu}\,\alpha_\mu = \frac{\partial F_i}{\partial p_{\nu\mu}}\,, \tag{18b}$$

und aus (17c) folgt durch Multiplikation mit $p_{\nu\mu}$

$$\frac{\partial F_i}{\partial p_{\nu\mu}}\,p_{\nu\mu} = p_{i\mu}\,\alpha_\mu = F_i + m_i\,, \tag{18c}$$

womit auch m_i auf F_i zurückgeführt ist. Für $n = 1$ (eine abhängige Variable) führt umgekehrt *jede* Funktion $F_1(w_1, x_\mu, p_{1\mu})$ zu einer infinitesimalen Berührungstransformation. Die Ansätze (18a, b, c) erfüllen dann nämlich (17a, b, c) identisch in $w_1, x_\mu, p_{1\mu}$. Für $n > 1$ ergeben sich dagegen aus (17c) wesentliche Einschränkungen für F_i. Differentiation von (17c) nach $p_{\varrho\sigma}$ und anschließende Vertauschung von ϱ, σ mit ν, μ ergibt

$$\frac{\partial^2}{\partial p_{\nu\mu}\,\partial p_{\varrho\sigma}}(m_i - p_{ik}\alpha_k) = -\delta_{i\nu}\frac{\partial \alpha_\mu}{\partial p_{\varrho\sigma}} = -\delta_{i\varrho}\frac{\partial x_\sigma}{\partial p_{\nu\mu}}\,.$$

Setzt man in der rechten Gleichung $i = \nu \neq \varrho$, so findet man $\frac{\partial \alpha_\mu}{\partial p_{\varrho\sigma}} = 0$; die α_μ hängen also von den $p_{\varrho\sigma}$ gar nicht ab. Man sieht dann sofort aus der nach $\frac{\partial m_i}{\partial p_{\nu\mu}}$

aufgelösten Gleichung (17c), daß auch m_i nicht von $p_{\nu\mu}$ abhängt. Im Fall $n > 1$ gibt es also nur infinitesimale *Punkttransformationen*

$$w_i' = w_i + m_i(w_\nu, x_\mu)\, d\tau ,$$
$$x_k' = x_k + \alpha_k(w_\nu, x_\mu)\, d\tau ,$$

die sich durch Bestimmung von $a_{ik}(w_\nu, x_\mu, p_{\nu\mu})$ nach Gl. (17b) oder (18a) zu Berührungstransformationen ergänzen lassen.

2.3. Berührungstransformationsgruppen

Sei durch m_i, α_k, a_{ik} eine infinitesimale Berührungstransformation gegeben. Wir betrachten die gewöhnlichen Differentialgleichungen

$$\frac{dw_i'}{d\tau} = m_i(w_\nu', x_\mu', p_{\nu\mu}') , \quad \frac{dx_k'}{d\tau} = \alpha_k(w_\nu', x_\mu', p_{\nu\mu}') , \quad \frac{dp_{ik}'}{d\tau} = a_{ik}(w_\nu', x_\mu', p_{\nu\mu}') , \qquad (19)$$

wobei wir noch voraussetzen, daß m_i, α_k, a_{ik} und ihre ersten Ableitungen stetig seien[1]). Die allgemeine Lösung

$$\left.\begin{aligned} w_i' &= w_i'(\tau, w_\nu, x_\mu, p_{\nu\mu}) , \\ x_k' &= x_k'(\tau, w_\nu, x_\mu, p_{\nu\mu}) , \\ p_{ik}' &= p_{ik}'(\tau, w_\nu, x_\mu, p_{\nu\mu}) \end{aligned}\right\} \qquad (20)$$

mit

$$w_i'(0, w_\nu, x_\mu, p_{\nu\mu}) = w_i ,$$
$$x_k'(0, w_\nu, x_\mu, p_{\nu\mu}) = x_k ,$$
$$p_{ik}'(0, w_\nu, x_\mu, p_{\nu\mu}) = p_{ik}$$

definiert eine kontinuierliche Schar von Transformationen des $w_\nu, x_\mu, p_{\nu\mu}$-Raums in sich. Denkt man sich den Parameter τ stetig verändert, so bewegen sich die Punkte w_i', x_k', p_{ik}' längs der durch (20) gegebenen Kurven, die man auch *Bahnkurven* der Transformationsschar nennt.

Wir zeigen nun, daß die Transformationsschar (20) eine Gruppe von Berührungstransformationen bildet. Da m_i, α_k und a_{ik} nicht explizit von τ abhängen, gilt

$$\begin{aligned} &w_i' \big(\tau - \tau_1, w_\nu' (\tau_1, w_\varrho, x_\sigma, p_{\varrho\sigma}) , \quad x_\mu'(\tau_1, w_\varrho, x_\sigma, p_{\varrho\sigma}) , \quad p_{\nu\mu}' \, (\tau_1, w_\varrho, x_\sigma, p_{\varrho\sigma})\big) \\ &\qquad = w_i'(\tau, w_\nu, x_\mu, p_{\nu\mu}) ; \end{aligned} \qquad (21)$$

zwei entsprechende Gleichungen gelten für x_k' und p_{ik}'. Führt man zwei zu den Parametern τ_1 und τ_2 gehörende Transformationen hintereinander aus

$$w_{i1}' = w_i'(\tau_1, w_\nu, x_\mu, p_{\nu\mu}) ; \qquad w_{i2}' = w_i'(\tau_2, w_{\nu 1}', x_{\mu 1}', p_{\nu\mu 1}') ,$$

so folgt aus (21), wenn man $\tau = \tau_1 + \tau_2$ setzt,

$$w_{i2}' = w_i' (\tau_1 + \tau_2, w_\nu, x_\mu, p_{\nu\mu}) .$$

Entsprechende Gleichungen gelten für x_i' und p_{ik}'. Die aus den beiden Transformationen zusammengesetzte Transformation ist also wieder eine Transfor-

---

[1]) Wie oben gezeigt wurde, können m_i und α_k nur für $n = 1$ von $p_{\nu\mu}'$ abhängen.

mation der Schar (20). Zu jeder Transformation erhält man die inverse Transformation, indem man $\tau_2 = -\tau_1$ setzt.

Daß es sich um eine Gruppe von *Berührungs*transformationen handelt, sieht man folgendermaßen: Sei $w_\nu(\sigma)$, $x_\mu(\sigma)$, $p_{\nu\mu}(\sigma)$ eine Kurve, für die

$$\frac{dw_\nu}{d\sigma} - p_{\nu\mu}\frac{dx_\mu}{d\sigma} = 0 \tag{22}$$

ist. Aus (20) erhalten wir die transformierte Kurve $w_i'(\sigma,\tau)$, $x_k'(\sigma,\tau)$, $p_{ik}'(\sigma,\tau)$, von der wir zu zeigen haben, daß

$$\frac{\partial w_i'}{\partial\sigma} - p_{ik}'\frac{\partial x_k'}{\partial\sigma} = 0 \tag{23}$$

ist für alle τ. Differentiation der linken Seite nach τ (bei festgehaltenem σ) ergibt

$$\begin{aligned}\frac{\partial}{\partial\tau}\left(\frac{\partial w_i'}{\partial\sigma} - p_{ik}'\frac{\partial x_k'}{\partial\sigma}\right) &= \frac{\partial m_i}{\partial\sigma} - a_{ik}\frac{\partial x_k'}{\partial\sigma} - p_{ik}'\frac{\partial\alpha_k}{\partial\sigma}\\
&= \frac{\partial m_i}{\partial w_\nu'}\frac{\partial w_\nu'}{\partial\sigma} + \frac{\partial m_i}{\partial x_\mu'}\frac{\partial x_\mu'}{\partial\sigma} + \frac{\partial m_i}{\partial p_{\nu\mu}'}\frac{\partial p_{\nu\mu}'}{\partial\sigma} - a_{ik}\frac{\partial x_k'}{\partial\sigma}\\
&\quad - p_{ik}'\left(\frac{\partial\alpha_k}{\partial w_\nu'}\frac{\partial w_\nu'}{\partial\sigma} + \frac{\partial\alpha_k}{\partial x_\mu'}\frac{\partial x_\mu'}{\partial\sigma} + \frac{\partial\alpha_k}{\partial p_{\nu\mu}'}\frac{\partial p_{\nu\mu}'}{\partial\sigma}\right)\\
&= \left(\frac{\partial m_i}{\partial w_\nu'} - p_{ik}'\frac{\partial\alpha_k}{\partial w_\nu'}\right)\frac{\partial w_\nu'}{\partial\sigma} + \left(\frac{\partial m_i}{\partial x_\mu'} - p_{ik}'\frac{\partial\alpha_k}{\partial x_\mu'} - a_{i\mu}\right)\frac{\partial x_\mu'}{\partial\sigma}\\
&\quad + \left(\frac{\partial m_i}{\partial p_{\nu\mu}'} - p_{ik}'\frac{\partial\alpha_k}{\partial p_{\nu\mu}'}\right)\frac{\partial p_{\nu\mu}'}{\partial\sigma}.\end{aligned}$$

Mit Hilfe von Gl. (17a, b, c) erhält man hieraus

$$\frac{\partial}{\partial\tau}\left(\frac{\partial w_i'}{\partial\sigma} - p_{ik}'\frac{\partial x_k'}{\partial\sigma}\right) = R_{i\nu}\left(\frac{\partial w_\nu'}{\partial\sigma} - p_{\nu\mu}'\frac{\partial x_\mu'}{\partial\sigma}\right).$$

Bei festgehaltenem σ stellt dies ein gewöhnliches lineares homogenes Differentialgleichungssystem für die linke Seite von (23) dar, das wegen (22) für $\tau = 0$ verschwindende Anfangswerte hat. Die Lösung verschwindet dann identisch in τ, d. h., (23) ist erfüllt.

Eine zu dem Parameterwert τ_0 gehörige Transformation läßt sich durch N-malige Hintereinanderausführung der zu $\Delta\tau = \tau_0/N$ gehörigen Transformation ersetzen. Diese nähert sich für $\Delta\tau \to 0$ immer mehr der infinitesimalen Transformation (16) an, die man daher als *infinitesimales Element* der Gruppe bezeichnen kann.

Als Beispiel sei noch das infinitesimale Element der im ersten Abschnitt betrachteten Gruppe (2), (3), (4) angegeben. Wenn wir u, v, p, x, y mit w_1, w_2, w_3, x_1, x_2 bezeichnen, so lauten m_i, α_k und a_{ik}

$$\begin{array}{llll}
m_1 = w_2, & \alpha_1 = x_2, & a_{11} = p_{12} + p_{21}, & a_{12} = p_{22} - p_{11},\\
m_2 = -w_1, & \alpha_2 = -x_1, & a_{21} = p_{22} - p_{11}, & a_{22} = -p_{12} - p_{21},\\
m_3 = 0, & & a_{31} = p_{32}, & a_{32} = -p_{31}.
\end{array}$$

2.4. Umrechnung einer Berührungstransformationsgruppe in neue (durch endliche Berührungstransformation erhaltene) Variable

Im w_i, x_k, p_{ik}-Raum sei eine Berührungstransformationsgruppe durch die erzeugenden Funktionen $F_i = p_{ik}\alpha_k - m_i$ gegeben. Wir bilden den w_i, x_k, p_{ik}-Raum durch die endliche umkehrbare Berührungstransformation

$$\overline{w_i} = \overline{w_i}(w_\nu, x_\mu, p_{\nu\mu}), \quad \overline{x_k} = \overline{x_k}(w_\nu, x_\mu, p_{\nu\mu}), \quad \overline{p_{ik}} = \overline{p_{ik}}(w_\nu, x_\mu, p_{\nu\mu}) \tag{24}$$

in den $\overline{w_i}, \overline{x_k}, \overline{p_{ik}}$-Raum ab. Setzt man die gegebene Gruppe $w_\nu'(\tau, w_\varrho, x_\sigma, p_{\varrho\sigma})$, $x_\mu'(\tau, w_\varrho, x_\sigma, p_{\varrho\sigma})$, $p_{\nu\mu}'(\tau, w_\varrho, x_\sigma, p_{\varrho\sigma})$ in (24) auf der rechten Seite für $w_\nu, x_\mu, p_{\nu\mu}$ ein, so erhält man eine Berührungstransformationsgruppe $\overline{w_i'}(\tau, \overline{w_\nu}, \overline{x_\mu}, \overline{p_{\nu\mu}})$, $\overline{x_k}'(\tau, \overline{w_\nu}, \overline{x_\mu}, \overline{p_{\nu\mu}})$, $\overline{p_{ik}}'(\tau, \overline{w_\nu}, \overline{x_\mu}, \overline{p_{\nu\mu}})$, die für einen bestimmten Wert von τ diejenigen Punkte des Bildraums ineinander überführt, deren Urbilder für denselben Wert von τ durch die ursprüngliche Gruppe ineinander übergeführt wurden. Durch Differentiation von $\overline{w_i'}, \overline{x_k'}, \overline{p_{ik}'}$ nach τ erhält man das infinitesimale Element $\overline{m_i}, \overline{\alpha_k}, \overline{a_{ik}}$ der Gruppe im Bildraum

$$\left.\begin{aligned}
\overline{m_i} &= \frac{\partial \overline{w_i}}{\partial w_\nu} m_\nu + \frac{\partial \overline{w_i}}{\partial x_\mu}\alpha_\mu + \frac{\partial \overline{w_i}}{\partial p_{\nu\mu}} a_{\nu\mu}, \\
\overline{\alpha_k} &= \frac{\partial \overline{x_k}}{\partial w_\nu} m_\nu + \frac{\partial \overline{x_k}}{\partial x_\mu}\alpha_\mu + \frac{\partial \overline{x_k}}{\partial p_{\nu\mu}} a_{\nu\mu}, \\
\overline{a_{ik}} &= \frac{\partial \overline{p_{ik}}}{\partial w_\nu} m_\nu + \frac{\partial \overline{p_{ik}}}{\partial x_\mu}\alpha_\mu + \frac{\partial \overline{p_{ik}}}{\partial p_{\nu\mu}} a_{\nu\mu}.
\end{aligned}\right\} \tag{25}$$

Die rechten Seiten, die zunächst als Funktionen von $w_\nu, x_\mu, p_{\nu\mu}$ gegeben sind, muß man sich mit Hilfe der Umkehrtransformation von (24) durch $\overline{w_i}, \overline{x_k}, \overline{p_{ik}}$ ausgedrückt denken, um $\overline{m_i}, \overline{\alpha_k}$ und $\overline{a_{ik}}$ in den richtigen Variablen zu haben. Für die erzeugenden Funktionen $\overline{F_i} = \overline{p_{ik}}\,\overline{\alpha_k} - \overline{m_i}$ erhält man aus (25) unter Benutzung von (15)

$$\overline{F_i} = A_{i\nu} F_\nu \tag{26}$$

mit

$$A_{i\nu} = \frac{\partial \overline{w_i}}{\partial w_\nu} - \overline{p_{ik}} \frac{\partial \overline{x_k}}{\partial w_\nu}.$$

Diese Transformationsformel für F_i stellt nichts anderes dar als die Anwendung der für Berührungstransformationen gültigen Gleichung (14) auf die Bahnkurven der durch F_i erzeugten Gruppe.

3. Gruppen, die partielle Differentialgleichungssysteme invariant lassen, und Ähnlichkeitsansätze

3.1. Das Verhalten der Lösungen von partiellen Differentialgleichungen bei Berührungstransformationen

In diesem Abschnitt wenden wir uns unserer eigentlichen Aufgabe zu, die Ähnlichkeitslösungen partieller Differentialgleichungssysteme aufzusuchen. Wir beschränken uns dabei auf Systeme erster Ordnung

$$G_i(w_\nu, x_\mu, p_{\nu\mu}) = 0 \qquad (i, \nu = 1, 2, \ldots, n, \quad \mu = 1, 2, \ldots, m) \tag{27}$$

mit n abhängigen Variablen w_ν und m unabhängigen Variablen x_μ. Systeme höherer Ordnung können immer auf diese Form gebracht werden. Den Begriff der *Lösung* eines solchen Systems verwenden wir in der verallgemeinerten Form, die von S. LIE herrührt. S. LIE bezeichnet die N-parametrige Schar $w_\nu(\tau_j)$, $x_\mu(\tau_j)$ $p_{\nu\mu}(\tau_j)$, in der die w_ν, x_μ, $p_{\nu\mu}$ stetig differenzierbar von den N Parametern τ_j abhängen, als *Elementenverein*, wenn identisch in den τ_j

$$\frac{\partial w_\nu}{\partial \tau_j} - p_{\nu\mu}\frac{\partial x_\mu}{\partial \tau_j} = 0 \qquad (\nu = 1, 2, \ldots, n,\ j = 1, 2, \ldots, N) \tag{28}$$

gilt. Als Lösung des Systems (27) gilt jeder m-parametrige Elementenverein, der $G_i = 0$ identisch in den τ_j erfüllt. (Wählt man die x_μ als Parameter, so lautet (28): $\partial w_\nu/\partial x_j = p_{\nu j}$.)

Durch die umkehrbare Berührungstransformation $\overline{w_i}(w_\nu, x_\mu, p_{\nu\mu})$, $\overline{x_k}(w_\nu, x_\mu, p_{\nu\mu})$, $\overline{p_{ik}}(w_\nu, x_\mu, p_{\nu\mu})$ transformiert sich (27) auf das Gleichungssystem

$$\overline{G_i}(\overline{w_\nu}, \overline{x_\mu}, \overline{p_{\nu\mu}}) = G_i\big(w_\nu(\overline{w_\varrho}, \overline{x_\sigma}, \overline{p_{\varrho\sigma}}),\ x_\mu(\overline{w_\varrho}, \overline{x_\sigma}, \overline{p_{\varrho\sigma}}),\ p_{\nu\mu}(\overline{w_\varrho}, \overline{x_\sigma}, \overline{p_{\varrho\sigma}})\big) = 0\,. \tag{29}$$

Eine Lösung $w_\nu(\tau_j)$, $x_\mu(\tau_j)$, $p_{\nu\mu}(\tau_j)$ transformiert sich in die Schar

$$\begin{aligned}\overline{w_i}(\tau_j) &= \overline{w_i}\big(w_\nu(\tau_j), x_\mu(\tau_j), p_{\nu\mu}(\tau_j)\big)\,,\\ \overline{x_k}(\tau_j) &= \overline{x_k}\big(w_\nu(\tau_j), x_\mu(\tau_j), p_{\nu\mu}(\tau_j)\big)\,,\\ \overline{p_{ik}}(\tau_j) &= \overline{p_{ik}}\big(w_\nu(\tau_j), x_\mu(\tau_j), p_{\nu\mu}(\tau_j)\big)\,.\end{aligned}$$

Diese Schar ist Lösung von $\overline{G_i} = 0$, denn erstens erfüllt sie $\overline{G_i} = 0$ identisch in τ_j, und zweitens bildet sie wieder einen Elementenverein, weil die betrachtete Transformation eine Berührungstransformation ist. Die Lösungen eines partiellen Differentialgleichungssystems erster Ordnung gehen also bei einer Berührungstransformation in Lösungen des transformierten Gleichungssystems über.

3.2. Ähnlichkeitsansätze für invariante Differentialgleichungssysteme

Das Differentialgleichungssystem (27) nennen wir invariant gegen die durch $F_i = p_{ik}\alpha_k - m_i$ erzeugte Transformationsgruppe, wenn die Punktmannigfaltigkeit im w_ν, x_μ, $p_{\nu\mu}$-Raum, die sämtliche Gleichungen $G_i = 0$ erfüllt, durch die Gruppe in sich übergeführt wird[1]). Das heißt also, wenn wir eine bestimmte Bahnkurve $w_\nu(\tau)$, $x_\mu(\tau)$, $p_{\nu\mu}(\tau)$ in G_i eintragen, so sollen die Gleichungen

$$G_i\big(w_\nu(\tau), x_\mu(\tau), p_{\nu\mu}(\tau)\big) = 0 \qquad (i = 1, 2, \ldots, n)$$

für alle Werte von τ gelten, wenn sie für einen Wert gelten. Durch Differentiation nach τ erhalten wir die Invarianzbedingung: Es muß

$$\frac{\partial G}{\partial w_\nu} m_\nu + \frac{\partial G_i}{\partial x_\mu}\alpha_\mu + \frac{\partial G_i}{\partial p_{\nu\mu}} a_{\nu\mu} = 0 \qquad (i = 1, 2, \ldots, n) \tag{30}$$

[1]) Der Begriff der Invarianz ist hier etwas anders definiert als bei dem Beispiel im 1. Abschnitt, nämlich ohne Bezugnahme auf Lösungen $w_\nu(x_\mu)$ des Differentialgleichungssystems.

sein für alle Punkte w_ν, x_μ, $p_{\nu\mu}$, für die

$$G_i(w_\nu, x_\mu, p_{\nu\mu}) = 0 \qquad (i = 1, 2, \ldots, n) \tag{31}$$

ist.

Die Invarianzeigenschaft bleibt erhalten, wenn wir durch eine Berührungstransformation neue Variable $\overline{w_i}$, $\overline{x_k}$, $\overline{p_{ik}}$ einführen und G_i nach Gl. (29), F_i nach Gl. (26) transformieren. Die transformierte Gruppe führt dann gerade die Punktmannigfaltigkeit, die $\overline{G_i} = 0$ erfüllt, in sich über.

Sei nun $G_i = 0$ gegen die durch F_i erzeugte Gruppe invariant. Wir denken uns eine Berührungstransformation $\overline{w_i} = \overline{w_i}(w_\nu, x_\mu, p_{\nu\mu})$, $\overline{x_k} = \overline{x_k}(w_\nu, x_\mu, p_{\nu\mu})$, $\overline{p_{ik}} = \overline{p_{ik}}(w_\nu, x_\mu, p_{\nu\mu})$ bestimmt, die wie bei dem im 1. Abschnitt betrachteten Beispiel die gegebene Gruppe auf die einfache Form einer Translationsgruppe bringt. Sei die $\overline{x_1}$-Richtung die Richtung der Translation, so muß die erzeugende Funktion der Gruppe in den überstrichenen Variablen die Form

$$\overline{F_i} = \overline{p_{i1}} \tag{32}$$

haben. Die Gruppe lautet dann

$$\overline{w_i'} = \overline{w_i}\,, \quad \overline{x_1'} = \overline{x_1} + \tau\,, \quad \overline{x_k'} = \overline{x_k} \text{ für } k > 1\,, \quad \overline{p_{ik}'} = \overline{p_{ik}}\,. \tag{32a}$$

Nun können wir ähnlich wie im 1. Abschnitt schließen: Das auf die neuen Variablen transformierte Gleichungssystem (27) ist gegen die Transformationsgruppe (32a) invariant, d. h. die Gleichungen

$$\overline{G_i}(\overline{w_\nu}, \overline{x_1} + \tau, \overline{x_2}, \ldots, \overline{x_m}, \overline{p_{\nu\mu}}) = 0 \qquad (i = 1, 2, \ldots, n) \tag{33}$$

gelten für alle τ, wenn sie für ein τ gelten. Dann ist aber der Ähnlichkeitsansatz

$$\overline{w_\nu} = \overline{w_\nu}(\overline{x_2}, \ldots, \overline{x_m}) \qquad (\nu = 1, 2, \ldots, n)$$

möglich, der, in $\overline{G_i} = 0$ für einen festen Wert von $\overline{x_1}$ eingesetzt, ein Differentialgleichungssystem ergibt, das nur noch $m - 1$ unabhängige Variable enthält. Jede Lösung dieses reduzierten Gleichungssystems ist auch Lösung des ursprünglichen Gleichungssystems $\overline{G_i} = 0$, denn sie erfüllt $\overline{G_i} = 0$ wegen der Invarianzeigenschaft (33) nicht nur für den gewählten festen Wert von $\overline{x_1}$, sondern für alle Werte.

3.3. Bestimmung der Ähnlichkeitsvariablen

Wir müssen nun noch angeben, wie man praktisch die neuen Variablen $\overline{w_\nu}$, $\overline{x_\mu}$ findet, in denen die gegebene Gruppe F_i die Gestalt (32) annimmt. Der Einfachheit halber beschränken wir uns dabei auf den Fall, daß m_i und α_k nur von w_ν und x_μ abhängen (dies ist nur für $n = 1$ eine Einschränkung). Aus (25) folgt, wenn man die überstrichenen Größen mit den nicht überstrichenen vertauscht und, um (32) zu erfüllen, $\overline{m_\nu} = \overline{\alpha_\mu} = 0$ (für $\mu > 1$) sowie $\overline{\alpha_1} = 1$ setzt,

$$m_i(w_\nu, x_\mu) = \frac{\partial w_i}{\partial \overline{x_1}}\,, \qquad \alpha_k(w_\nu, x_\mu) = \frac{\partial x_k}{\partial \overline{x_1}}\,. \tag{34}$$

Als gewöhnliche Differentialgleichungen aufgefaßt, sind dies gerade die Differentialgleichungen der Projektionen der Transformationsbahnkurven in den Unterraum der Variablen w_ν, x_μ; ihre allgemeine Lösung mit den Anfangswerten $w_{\nu 0}$, $x_{\mu 0}$ hat die Form:

$$w_i = w_i(\overline{x}_1, w_{\nu 0}, x_{\mu 0}) , \qquad x_k = x_k(\overline{x}_1, w_{\nu 0}, x_{\mu 0}) . \tag{35}$$

Setzt man hierin einen geeigneten Anfangswert (oder eine geeignete Funktion der Anfangswerte) Null und interpretiert man die restlichen $n + m - 1$ Anfangswerte (oder $n + m - 1$ voneinander unabhängige Funktionen der Anfangswerte) als $\overline{w}_\nu, \overline{x}_2, \ldots, \overline{x}_m$, so stellt (35) die gesuchte Punkttransformation dar, denn (34) ist dann identisch in $\overline{w}_\nu, \overline{x}_\mu$ erfüllt. Als Kombinationen der Anfangswerte sind die *Ähnlichkeitsvariablen* $\overline{w}_\nu, \overline{x}_2, \ldots, \overline{x}_m$ also auf den Bahnkurven der gegebenen Transformationsgruppe konstant; in der Theorie gewöhnlicher Differentialgleichungen werden sie als ein System voneinander unabhängiger *Integrale* des gewöhnlichen Differentialgleichungssystems (34) bezeichnet. Da die Bahnkurven im $\overline{w}_\nu$, $\overline{x}_\mu$, $\overline{p}_{\nu\mu}$-Raum parallele Geraden in $\overline{x}_1$-Richtung sein sollen, ist es auch anschaulich unmittelbar klar, daß $\overline{w}_\nu, \overline{x}_2, \ldots, \overline{x}_m$ auf den Bahnkurven konstant sind.

Als Beispiel für die Bestimmung der Ähnlichkeitsvariablen nach dem eben beschriebenen Verfahren verweisen wir auf die in Abschnitt 1 behandelte Drehgruppe, deren infinitesimales Element in 2.3 angegeben ist.

Zu der in der Einleitung angeschnittenen Frage der Auffindung a l l e r Ähnlichkeitslösungen von $G_i = 0$ sei hier erwähnt, daß man diese Lösungen gewinnen kann, indem man die Invarianzbedingung (30), (31) durch die zusätzliche Nebenbedingung $F_i = 0$ abschwächt.

Zusammenfassung des Abschnitts 3

Das Verfahren zur Auffindung von Ähnlichkeitsansätzen kann nach dem Vorangehenden in der folgenden Weise kurz beschrieben werden: Man bestimme alle Transformationsgruppen, die das vorgelegte Differentialgleichungssystem invariant lassen (Bedingung (30), (31)). Für jede solche Gruppe bestimme man $n + m - 1$ voneinander unabhängige Funktionen von w_ν und x_μ, die auf den Bahnkurven dieser Gruppe konstant sind (Gl. (34)). Diese Funktionen (oder Kombinationen derselben) sind die aus der Gruppe entspringenden Ähnlichkeitsvariablen.

4. Anwendung auf quasilineare Differentialgleichungssysteme in zwei unabhängigen Variablen

In diesem Abschnitt wollen wir den in physikalischen Anwendungen häufig vorkommenden Fall eines quasilinearen Differentialgleichungssystems in zwei unabhängigen Variablen behandeln. Wir benutzen hierbei zum Zwecke der Vereinfachung an Stelle der bisherigen Schreibweise die folgende:

$$x_1 = x; \qquad p_{i1} = p_i; \qquad \alpha_1 = \alpha; \qquad a_{i1} = P_i;$$
$$x_2 = y; \qquad p_{i2} = q_i; \qquad \alpha_2 = \beta; \qquad a_{i2} = Q_i.$$

Wir nehmen an, daß sich das Gleichungssystem auf die Normalform

$$G_i(x, y, w_\nu, p_\varrho, q_\sigma) = b_{ik}(x, y, w_\nu) \cdot p_k + q_i - c_i(x, y, w_\nu) = 0 \tag{36}$$

bringen läßt, wobei alle Indizes von 1 bis n $(n > 1)$ laufen. Die n Eigenwerte der Matrix b_{ik} bezeichnen wir mit $\lambda^{(\nu)}$. Wir setzen weiter voraus, daß es n linear unabhängige *Eigenspalten* r_{ik} gibt mit der Eigenschaft

$$b_{ik}\, r_{k\nu} = \lambda^{(\nu)}\, r_{i\nu}\,. \text{[1]} \tag{37}$$

Diese Annahme ist immer erfüllt, wenn die Eigenwerte voneinander verschieden sind, sie braucht nicht erfüllt zu sein, wenn es gleiche Eigenwerte gibt. Die zu $r_{k\nu}$ reziproke Matrix s_{ik} bezeichnen wir als Matrix der *Eigenzeilen*. Für sie gilt

$$s_{\nu i}\, b_{ik} = \lambda^{(\nu)}\, s_{\nu k}\,. \tag{38}$$

Welchen Bedingungen muß nun eine durch

$$F_k = \alpha\, p_k + \beta\, q_k - m_k \tag{39}$$

gegebene Transformationsgruppe genügen, wenn sie (36) invariant lassen soll? Da wir Systeme aus mindestens zwei Gleichungen betrachten wollen, folgt zunächst aus 2.2, daß α, β und m_i nur von x, y, w_ν abhängen können. Das Invarianzkriterium aus 3.2 lautet in unserem Fall

$$\left(\frac{\partial b_{i\sigma}}{\partial x} p_\sigma - \frac{\partial c_i}{\partial x}\right)\alpha + \left(\frac{\partial b_{i\sigma}}{\partial y} p_\sigma - \frac{\partial c_i}{\partial y}\right)\beta + \left(\frac{\partial b_{i\sigma}}{\partial w_k} p_\sigma - \frac{\partial c_i}{\partial w_k}\right) m_k$$
$$+ b_{ik}\, P_k + Q_i = 0\,, \tag{40}$$

wenn $G_i = 0$. Dabei ist nach Gl. (18a)

$$P_k = -\frac{\partial F_k}{\partial w_j} p_j - \frac{\partial F_k}{\partial x}\,; \qquad Q_k = -\frac{\partial F_k}{\partial w_j} q_j - \frac{\partial F_k}{\partial y}\,.$$

P_k und Q_k kann man mit Hilfe von (39) durch Ableitungen von α, β, m_k ausdrücken und in (40) einsetzen. Die unabhängigen Variablen q_k lassen sich unter Benutzung der Nebenbedingung $G_i = 0$ eliminieren. Die verbleibende, von Nebenbedingungen freie Gleichung ist quadratisch in p_k. Sie muß identisch in den unabhängigen Veränderlichen x, y, w_ν, p_ν erfüllt sein. Da b_{ik}, c_i, α, β, m_i nicht von p_ν abhängen, müssen in dieser Gleichung das Glied ohne p_σ, der bei p_σ stehende

[1]) Über ν wird nicht summiert.

Faktor und die Summe der Faktoren von $p_\sigma p_\tau$ und $p_\tau p_\sigma$ verschwinden. Dies führt auf die folgenden linearen partiellen Differentialgleichungen für α, β, m_i:

$$\left(b_{ik}\frac{\partial\beta}{\partial w_j}-\delta_{ik}\frac{\partial\alpha}{\partial w_j}\right)(b_{k\sigma}\delta_{j\tau}-\delta_{k\sigma}b_{j\tau}+b_{k\tau}\delta_{j\sigma}-\delta_{k\tau}b_{j\sigma})=0\,, \tag{41a}$$

$$\frac{\partial b_{i\sigma}}{\partial x}\alpha+\frac{\partial b_{i\sigma}}{\partial y}\beta+\frac{\partial b_{i\sigma}}{\partial w_k}m_k+\left(\frac{\partial m_k}{\partial w_j}-c_k\frac{\partial\beta}{\partial w_j}\right)(b_{ik}\delta_{j\sigma}-\delta_{ik}b_{j\sigma})$$
$$+c_j\left(b_{i\sigma}\frac{\partial\beta}{\partial w_j}-\delta_{i\sigma}\frac{\partial\alpha}{\partial w_j}\right)-\delta_{i\sigma}\frac{\partial\alpha}{\partial y}+b_{i\sigma}\left(\frac{\partial\beta}{\partial y}-\frac{\partial\alpha}{\partial x}\right)+b_{ik}b_{k\sigma}\frac{\partial\beta}{\partial x}=0\,, \tag{41b}$$

$$\frac{\partial c_i}{\partial x}\alpha+\frac{\partial c_i}{\partial y}\beta+\frac{\partial c_i}{\partial w_k}m_k-c_j\left(\frac{\partial m_i}{\partial w_j}-c_i\frac{\partial\beta}{\partial w_j}\right)$$
$$+b_{ik}\left(c_k\frac{\partial\beta}{\partial x}-\frac{\partial m_k}{\partial x}\right)+\delta_{ik}\left(c_k\frac{\partial\beta}{\partial y}-\frac{\partial m_k}{\partial y}\right)=0\,. \tag{41c}$$

Diese Gleichungen lassen sich vereinfachen, indem man von der vorausgesetzten Existenz linear unabhängiger Eigenspalten und Eigenzeilen Gebrauch macht. Durch Multiplikation von (41a) mit $s_{\varrho i}\,r_{\sigma\nu}\,r_{\tau\mu}$ ergibt sich unter Benutzung von (37) und (38)

$$\left(\lambda^{(\varrho)}\frac{\partial\beta}{\partial w_j}-\frac{\partial\alpha}{\partial w_j}\right)(\delta_{\varrho\nu}\,r_{j\mu}-\delta_{\varrho\mu}\,r_{j\nu})\,(\lambda^{(\nu)}-\lambda^{(\mu)})=0\,.$$

Hieraus erhält man nun für $\varrho=\nu\neq\mu$ und $\varrho=\mu\neq\nu$ Bedingungen, und zwar ergibt sich in beiden Fällen die weiter unten angegebene Gl. (42a). Entsprechende Vereinfachungen erhält man durch Multiplikation von (41b) mit $s_{\nu i}\,r_{\sigma\mu}$ und von (41c) mit $s_{\nu i}$. Gl. (41b) zerfällt dabei in zwei Teile, von denen der eine den Faktor $\lambda^{(\nu)}-\lambda^{(\mu)}$, der andere den Faktor $\delta_{\nu\mu}$ enthält. Beide Teile müssen für sich verschwinden, dies führt zu den Gleichungen (42b) und (42c). Insgesamt lauten die Bedingungen (41) in der verkürzten Form

$$\left(\lambda^{(\nu)}\frac{\partial\beta}{\partial w_j}-\frac{\partial\alpha}{\partial w_j}\right)r_{j\mu}=0\,,\qquad\text{wenn}\qquad\lambda^{(\nu)}\neq\lambda^{(\mu)}\,, \tag{42a}$$

$$\left[\frac{\partial s_{\nu j}}{\partial x}\alpha+\frac{\partial s_{\nu j}}{\partial y}\beta+\frac{\partial s_{\nu j}}{\partial w_k}m_k+s_{\nu k}\left(\frac{\partial m_k}{\partial w_j}-c_k\frac{\partial\beta}{\partial w_j}\right)\right]r_{j\mu}=0\,,\ \text{wenn}\ \lambda^{(\nu)}\neq\lambda^{(\mu)}\,, \tag{42b}$$

$$\frac{\partial\lambda^{(\nu)}}{\partial x}\alpha+\frac{\partial\lambda^{(\nu)}}{\partial y}\beta+\frac{\partial\lambda^{(\nu)}}{\partial w_k}m_k+c_j\left(\lambda^{(\nu)}\frac{\partial\beta}{\partial w_j}-\frac{\partial\alpha}{\partial w_j}\right)$$
$$-\frac{\partial\alpha}{\partial y}+\lambda^{(\nu)}\left(\frac{\partial\beta}{\partial y}-\frac{\partial\alpha}{\partial x}\right)+(\lambda^{(\nu)})^2\frac{\partial\beta}{\partial x}=0\,, \tag{42c}$$

$$s_{\nu k}\left[\frac{\partial c_k}{\partial x}\alpha+\frac{\partial c_k}{\partial y}\beta+\frac{\partial c_k}{\partial w_j}m_j-c_j\left(\frac{\partial m_k}{\partial w_j}-c_k\frac{\partial\beta}{\partial w_j}\right)\right.$$
$$\left.+\lambda^{(\nu)}\left(c_k\frac{\partial\beta}{\partial x}-\frac{\partial m_k}{\partial x}\right)+c_k\frac{\partial\beta}{\partial y}-\frac{\partial m_k}{\partial y}\right]=0\,. \tag{42d}$$

Dieses neue Gleichungssystem ist dem ursprünglichen System (41) äquivalent, denn wegen des Nichtverschwindens der Determinanten von r_{ik} und s_{ik} kann man alle Schritte, die zu (42) führten, auch in umgekehrter Richtung machen. Für den Fall $b_{ik}=b_{ik}(w_\nu)$ und $c_i=0$ finden sich die Gleichungen (42) schon bei

K. U. v. HAGENOW [19]. Allerdings fehlt Gl. (42a), da v. HAGENOW sich auf Transformationsgruppen beschränkt, bei denen α, β nur von x, y abhängen. Es wird sich später zeigen, daß im Fall $n = 2$ gerade die Transformationsgruppen, bei denen α und β von w_ν abhängen, zu wichtigen Ähnlichkeitslösungen führen. Für den Fall, daß es drei oder mehr abhängige Variable und mindestens drei voneinander verschiedene Eigenwerte der Matrix b_{ik} gibt, kann man jedoch allgemein zeigen, daß α und β nicht von w_ν abhängen können. Schreibt man nämlich Gl. (42a) einmal für $\nu = \sigma$ und einmal für $\nu = \tau$ an, wobei $\lambda^{(\sigma)}, \lambda^{(\tau)}, \lambda^{(\mu)}$ voneinander verschieden seien, so folgt durch Subtraktion und Wegstreichen des Faktors $\lambda^{(\sigma)} - \lambda^{(\tau)}$

$$\frac{\partial \beta}{\partial w_j} r_{j\mu} = 0 . \tag{43}$$

Hier kann man μ alle Werte von 1 bis n durchlaufen lassen, denn nach Voraussetzung findet man zu jedem $\lambda^{(\mu)}$ zwei Eigenwerte, die unter sich und von $\lambda^{(\mu)}$ verschieden sind. Damit bildet (43) ein homogenes lineares Gleichungssystem für $\frac{\partial \beta}{\partial w_j}$ mit nichtverschwindender Determinante, das nur die Lösung $\frac{\partial \beta}{\partial w_j} = 0$ besitzt. Aus (42a), geschrieben für alle μ bei geeignetem ν, folgt dann auch $\frac{\partial \alpha}{\partial w_j} = 0$.

Weitere Aussagen über die Lösungen von (42) lassen sich ohne genauere Kenntnis der Matrix b_{ik} und der rechten Seiten c_i des Differentialgleichungssystems nicht machen. Im Teil II dieser Arbeit werden wir den Fall betrachten, daß die abhängigen Veränderlichen teils Vektorkomponenten, teils Skalare sind. Aus den Transformationseigenschaften, die das System dann haben muß, können wir auf Eigenschaften der Matrix b_{ik} schließen und sind so in die Lage gesetzt, (42) weitgehend lösen zu können, ohne die Bedeutung der Vektorkomponenten und Skalare zu spezialisieren. Wir ziehen hier also so viel wie möglich Nutzen aus der Tatsache, daß die Lösung des mathematisch formulierten Problems (36) einen *physikalischen* Sachverhalt beschreiben soll.

Damit sind die Mittel bereitgestellt, um für eine ganze Reihe von partiellen Differentialgleichungssystemen, die bei physikalischen Fragestellungen auftreten, alle aus Gruppen abzuleitenden Ähnlichkeitsansätze anzugeben.

TEIL II. ANWENDUNGEN

5. Ebene Vektor- und Skalarenfelder

5.1. Transformation der Eigenzeilen und Eigenspalten bei Einführung neuer abhängiger Veränderlicher

In diesem Abschnitt wollen wir Spezialfälle des im 4. Abschnitt (Teil I) behandelten quasilinearen Gleichungssystems

$$b_{ik} p_k + q_i + c_i = 0 \tag{44}$$

untersuchen. Es wird sich dabei an manchen Stellen als vorteilhaft erweisen, neue abhängige Variable durch eine umkehrbare Transformation

$$\overline{w_i} = \overline{w_i}(w_\nu)$$

einzuführen. Durch Multiplikation von (44) mit $\frac{\partial \overline{w_i}}{\partial w_\nu}$ entsteht in den neuen Variablen das quasilineare System

$$\overline{b_{ik}}\, \overline{p_k} + \overline{q_i} + \overline{c_i} = 0\,,$$

wobei

$$\overline{b_{ik}} = \frac{\partial \overline{w_i}}{\partial w_\nu} b_{\nu\mu} \frac{\partial w_\mu}{\partial \overline{w_k}}$$

ist. Die Eigenwerte von $\overline{b_{ik}}$ sind dieselben wie die von b_{ik}. Ein System linear unabhängiger Eigenspalten $\overline{r_{k\nu}}$ zur Matrix $\overline{b_{ik}}$ erhält man aus den Eigenspalten $r_{j\nu}$ der Matrix b_{ik} durch die folgende Formel:

$$\overline{r_{k\nu}} = \frac{\partial \overline{w_k}}{\partial w_j} r_{j\nu}\,; \tag{45a}$$

man bestätigt dies leicht durch Einsetzen in (37). Die zu $\overline{r_{k\nu}}$ reziproke Matrix der Eigenzeilen lautet

$$\overline{s_{\nu i}} = s_{\nu j} \frac{\partial w_j}{\partial \overline{w_i}}\,. \tag{45b}$$

5.2. Quasilineare Differentialgleichungssysteme, die ebene Vektor- und Skalarenfelder beschreiben

Bei der Behandlung des quasilinearen Systems (44) beschränken wir uns jetzt auf den Fall $c_i = 0$. x und y seien cartesische Ortskoordinaten. Durch die abhängigen Veränderlichen w_1, w_2 werde ein ebenes Vektorfeld mit den Komponenten $u(x, y)$ in x-Richtung, $v(x, y)$ in y-Richtung beschrieben; wir wollen zur

Darstellung jedoch nicht die Komponenten, sondern den Vektorbetrag w und den Winkel gegen die x-Achse ϑ wählen:

$$w_1 = \vartheta = \operatorname{arc\,tg} \frac{v}{u} ;$$

$$w_2 = w = \sqrt{u^2 + v^2}\,^{1)} .$$

Die übrigen w_ν sollen skalare Größen bedeuten.

Wir wollen zunächst feststellen, welche Konsequenzen sich aus unseren Annahmen für die Matrix b_{ik} und ihre Eigenwerte, Eigenspalten und -zeilen ziehen lassen. Da alle cartesischen Koordinatensysteme gleichberechtigt sind, muß (44) gegen alle starren Bewegungen des Raumes und gegen Gruppen solcher Bewegungen invariant sein. Wir betrachten zuerst die Translationsgruppe

$$\alpha = k_1 , \qquad \beta = k_2 , \qquad m_i = 0 ,$$

wobei k_1, k_2 beliebige Konstanten sind. Durch Einsetzen in (41b) ergibt sich sofort, daß b_{ik} nicht von x und y abhängen kann. Unser untersuchtes quasilineares System hat also die spezielle Form

$$b_{ik}(w_\nu) \cdot p_k + q_i = 0 . \tag{46}$$

Dieses System muß weiter gegen die Drehgruppe

$$\alpha = -y , \qquad \beta = x , \qquad m_1 = 1 , \qquad m_i = 0 \quad \text{für} \quad i > 1$$

invariant sein (vgl. Teil I, Abschnitt 1). Aus (42b, c) ergibt sich damit

$$\frac{\partial \lambda^{(\nu)}}{\partial \vartheta} + 1 + \lambda^{(\nu)} = 0 , \tag{47a}$$

$$\frac{\partial s_{\nu j}}{\partial \vartheta} r_{j\mu} = 0 \qquad \text{für} \qquad \lambda^{(\nu)} \neq \lambda^{(\mu)} . \tag{47b}$$

Aus (47a) folgt, daß entweder

$$\lambda^{(\nu)} = \pm i$$

oder

$$\lambda^{(\nu)} = \operatorname{ctg} [\vartheta + \varepsilon_\nu(w_2, w_3, \ldots , w_n)]$$

ist. Der erstere Fall tritt z. B. bei den EULERschen Gleichungen für die Strömung einer inkompressiblen Flüssigkeit auf, der letztere bei den gasdynamischen Gleichungen (ε_ν bedeutet dann bei Strömung mit Überschallgeschwindigkeit den Winkel zwischen Stromlinie und Charakteristik). Aus (47b) kann man schließen, daß die Eigenzeilen und Eigenspalten immer so gewählt werden können, daß sie nicht von ϑ abhängen. Um dies einzusehen, betrachten wir die r nach Voraussetzung (siehe Teil I, Abschnitt 4) linear unabhängigen Eigenzeilen, welche zu einem Eigenwert der Vielfachheit r gehören ($1 \leq r \leq n$). Die Numerierung denken wir uns so vorgenommen, daß $\lambda^{(1)} = \lambda^{(2)} = \cdots = \lambda^{(r)}$ ist, während die

[1]) Im folgenden werden wir die Bezeichnungen w_1, w_2 und ϑ, w nebeneinander verwenden.

übrigen Eigenwerte von $\lambda^{(1)}$ verschieden sind. Wegen der linearen Unabhängigkeit aller Eigenzeilen s_{kj} können wir $\partial s_{\nu j}/\partial\vartheta$ nach den Eigenzeilen entwickeln:

$$\frac{\partial s_{\nu j}}{\partial\vartheta} = c_{k\nu}\, s_{kj} \qquad (\nu = 1, 2, \ldots, r;\ k, j = 1, 2, \ldots, n)\,.$$

Wegen (47b) verschwindet $c_{\nu k}$ für $k > r$. Ist $u_{\nu\varrho}$ $(\varrho = 1, 2, \ldots, r)$ ein Fundamentalsystem von Lösungen des gewöhnlichen Differentialgleichungssystems

$$\frac{du_\nu}{d\vartheta} = c_{\nu k}\, u_k \qquad (\nu, k = 1, 2, \ldots, r)\,,$$

$(w_2, \ldots, w_n$ als Parameter aufgefaßt), so kann man $s_{\nu j}$ als Linearkombination dieses Systems darstellen:

$$s_{\nu j} = S_{kj}\, u_{\nu k} \qquad (\nu, k = 1, 2, \ldots, r;\ j = 1, 2, \ldots, n)\,.$$

Dabei hängen die S_{kj} von ϑ nicht ab. Da die Determinante $\|u_{\nu k}\|$ des Fundamentalsystems nicht verschwindet, kann man die r Zeilen S_{kj} als linear unabhängige Linearkombinationen der r betrachteten Eigenzeilen $s_{\nu j}$ darstellen. Jede solche Linearkombination ist aber selbst Eigenzeile zu $\lambda^{(1)}$, wie aus (38) unmittelbar hervorgeht. Also kann man $S_{\nu j}$ an Stelle von $s_{\nu j}$ als Eigenzeilen zu den Eigenwerten $\lambda^{(1)}$ bis $\lambda^{(r)}$ wählen. Verfährt man mit den Eigenzeilen, die zu den übrigen Eigenwerten gehören, entsprechend, so gewinnt man ein linear unabhängiges System von Eigenzeilen, die nur von $w_2, w_3, \ldots, w_n$ abhängen. Die Matrix der Eigenspalten läßt sich als reziproke Matrix der Eigenzeilen dann natürlich ebenfalls unabhängig von ϑ wählen. Damit ist die obige Behauptung bewiesen.

Es sei noch angemerkt, daß sich die bisherigen Folgerungen auch ziehen lassen, wenn die abhängigen Variablen nicht einen Vektor und Skalare, sondern mehrere Vektoren und Skalare beschreiben (wie z. B. bei den Gleichungen der Magnetohydrodynamik). Wählt man nämlich als abhängige Veränderliche, die die zusätzlichen Vektoren kennzeichnen sollen, die Vektorbeträge und die Winkel gegen den ersten Vektor, so lauten Translations- und Drehgruppe genauso, wie oben für den Fall eines einzigen Vektors angegeben.

Eine weitere Aussage über Eigenwerte und Eigenspalten läßt sich noch machen, wenn man sich das betrachtete ebene Vektor- und Skalarenfeld in den dreidimensionalen Ortsraum eingebettet denkt. (46) muß dann gegen eine Raumdrehung um die x-Achse um den Winkel π invariant sein. Diese Drehung wird durch die endliche Berührungstransformation

$$\left.\begin{aligned} x' &= x\,, & y' &= -y\,, \\ \vartheta' &= -\vartheta\,, & w_i' &= w_i\,, \\ p_1' &= -p_1\,, & p_i' &= p_i\,, \\ q_1' &= q_1\,, & q_i' &= -q_i \end{aligned}\right\}\text{für}\quad i \geqq 2 \tag{48}$$

repräsentiert. Dabei bedeuten wieder $w_1' = \vartheta' = \operatorname{arc\,tg} v'/u'$, $w_2' = \sqrt{u'^2 + v'^2}$, wenn u' und v' die Vektorkomponenten in x'- bzw. y'-Richtung sind. Die Invarianzforderung besagt, daß

$$b_{ik}(\vartheta', w_\nu') \cdot p_k' + q_i' = 0 \tag{49}$$

sein soll, wenn

$$b_{ik}(\vartheta, w_\nu) \cdot p_k + q_i = 0 \tag{50}$$

ist. Drückt man in (49) die gestrichenen Größen mit Hilfe von (48) durch die ungestrichenen aus und eliminiert man q_i mit Hilfe der Nebenbedingung (50), so bleibt eine in p_k lineare Beziehung übrig; da diese für alle Werte von p_k erfüllt sein muß, müssen die Faktoren der p_k einzeln verschwinden. Daraus folgt, daß b_{ik} eine gerade Funktion von ϑ ist, wenn genau einer der beiden Indizes i und k den Wert 1 hat, in allen übrigen Fällen eine ungerade Funktion. Ersetzt man nun in (38) in den Argumenten von b_{ik} und $\lambda^{(\nu)}$ die Variable ϑ durch $-\vartheta$ ($s_{\nu i}$ sei unabhängig von ϑ gewählt) und wendet man die eben abgeleitete Gerade-Ungerade-Regel für b_{ik} an, so erhält man die folgenden Gleichungen (die Variablen $w_2, \ldots, w_n$ in den Argumenten von $s_{\nu i}$, b_{ik} und $\lambda^{(\nu)}$ sind der Kürze halber weggelassen):

$$-s_{\nu 1} b_{11}(\vartheta) + s_{\nu i} b_{i1}(\vartheta) = -\lambda^{(\nu)}(-\vartheta) \cdot (-s_{\nu 1}),$$
$$-s_{\nu 1} b_{1k}(\vartheta) + s_{\nu i} b_{ik}(\vartheta) = -\lambda^{(\nu)}(-\vartheta) \cdot s_{\nu k} \qquad \text{für} \quad k \geqq 2;$$

der Summationsindex i läuft von 2 bis n. Diese Gleichungen zeigen, daß die Matrix b_{ik} mit dem Eigenwert $\lambda^{(\nu)}(\vartheta, w_2, \ldots, w_n)$ und der zugehörigen Eigenzeile $s_{\nu i}$ auch den Eigenwert $-\lambda^{(\nu)}(-\vartheta, w_2, \ldots, w_n)$ mit einer zugehörigen Eigenzeile $-s_{\nu 1}, s_{\nu 2}, \ldots s_{\nu n}$ besitzen muß. Daraus folgt, daß b_{ik} nur die folgenden Eigenwerte besitzen kann:

$$\left.\begin{array}{l}\lambda^{(1)} = i\\ \lambda^{(2)} = -i\end{array}\right\} \text{ oder } \left\{\begin{array}{l}\lambda^{(1)} = \operatorname{ctg}[\vartheta + \varepsilon(w_2, w_3, \ldots, w_n)],\\ \lambda^{(2)} = \operatorname{ctg}[\vartheta - \varepsilon(w_2, w_3, \ldots, w_n)]\end{array}\right.$$
$$\lambda^{(3)} = \lambda^{(4)} = \cdots = \lambda^{(n)} = \operatorname{ctg}\vartheta;$$

dabei kann auch $\varepsilon \equiv 0$ sein. Bei jeder anderen Wahl der Eigenwerte werden die Eigenzeilen notwendig linear abhängig, wie man sieht, wenn man die möglichen Fälle der Reihe nach untersucht und von den bisher in diesem Abschnitt gewonnenen Ergebnissen Gebrauch macht. Die zu $\lambda^{(1)}$ und $\lambda^{(2)}$ gehörigen Eigenzeilen können in der Form

$$s_{11}, s_{12}, s_{13}, \ldots, s_{1n},$$
$$-s_{11}, s_{12}, s_{13}, \ldots, s_{1n}$$

geschrieben werden, wobei $s_{11} \neq 0$ sein muß. Weitere Zeilenpaare dieses Typs dürfen nicht vorkommen, denn 4 solche Zeilen zusammengenommen sind linear abhängig. Also haben alle weiteren Eigenzeilen verschwindende erste Komponente. Da in jeder Zeile ein Faktor frei ist, kann man $s_{11} = 1$ wählen und erhält damit folgende Gestalt der Matrix der Eigenzeilen:

$$\begin{pmatrix} 1 & s_{12} & s_{13} & \cdots & s_{1n} \\ -1 & s_{12} & s_{13} & \cdots & s_{1n} \\ 0 & s_{32} & s_{33} & \cdots & s_{3n} \\ \vdots & & & & \vdots \\ 0 & s_{n2} & s_{n3} & \cdots & s_{nn} \end{pmatrix}. \tag{51}$$

5.3. Transformationsgruppen im Fall $n = 2$

In diesem Abschnitt wollen wir die möglichen Transformationsgruppen für den Fall aufsuchen, daß es zwei abhängige Veränderliche gibt und daß die Eigenwerte die Form $\operatorname{ctg}(\vartheta \pm \varepsilon)$ haben, wo $\varepsilon(w)$ eine nichtkonstante Funktion ist. Mit diesem Fall hat man es z. B. in der Gasdynamik bei der Behandlung isoenergetischer isentroper Strömungen zu tun. Die Matrix der Eigenzeilen lautet nach (51)

$$\begin{pmatrix} 1 & s(w) \\ 1 & -s(w) \end{pmatrix}. \tag{52}$$

Im genannten gasdynamischen Fall ist

$$\varepsilon = \arcsin \frac{1}{M}, \qquad s = -\frac{\operatorname{ctg} \varepsilon}{w},$$

wobei mit M die (allein von w abhängige) Machzahl bezeichnet ist. Wir führen neue abhängige Veränderliche $\overline{w_1}, \overline{w_2}$ ein, die durch

$$\frac{\partial \overline{w_\nu}}{\partial w_i} = s_{\nu i} \tag{53}$$

definiert sind. Nach (52) wird

$$\overline{w_1} = \vartheta + \int s(w)\, dw,$$
$$\overline{w_2} = \vartheta - \int s(w)\, dw,$$

wobei wir die Integrationskonstanten nicht besonders festlegen. Die auf $\overline{w_\nu}$ bezüglichen Eigenzeilen und Eigenspalten sind nach (45a, b) und (53)

$$\overline{r_{ik}} = \overline{s_{ik}} = \delta_{ik}. \tag{53a}$$

Das betrachtete quasilineare Gleichungssystem (46) lautet daher in den neuen Variablen

$$\lambda^{(\nu)} \frac{\partial \overline{w_\nu}}{\partial x} + \frac{\partial \overline{w_\nu}}{\partial y} = 0. \tag{54}$$

Da $\lambda^{(\nu)}$ den Anstieg dx/dy der Charakteristiken von (46) angibt (siehe [21], S. 303), stellen $\overline{w_\nu}$ die auf den Charakteristiken konstanten Funktionen dar. In dem Spezialfall, daß $\lambda^{(1)}$ nur von $\overline{w_1}$, $\lambda^{(2)}$ nur von $\overline{w_2}$ abhängt, wäre dieses System entkoppelt. Diesen Fall wollen wir außer Betracht lassen, setzen also

$$\frac{d\varepsilon}{dw} \neq s(w) \tag{55}$$

voraus.

Die Bedingungsgleichungen (42) für die Transformationsgruppen, welche (54) invariant lassen, verkürzen sich wegen (53a) auf die folgenden Gleichungen:

$$\lambda^{(\nu)} \frac{\partial \beta}{\partial \overline{w_\mu}} - \frac{\partial \alpha}{\partial \overline{w_\mu}} = 0 \qquad \text{für} \quad \nu \neq \mu, \tag{56a}$$

$$\frac{\partial \overline{m_\nu}}{\partial \overline{w_\mu}} = 0 \qquad \text{für} \quad \nu \neq \mu, \tag{56b}$$

$$\frac{\partial \lambda^{(\nu)}}{\partial \overline{w_k}} \overline{m_k} - \frac{\partial \alpha}{\partial y} + \lambda^{(\nu)} \left(\frac{\partial \beta}{\partial y} - \frac{\partial \alpha}{\partial x} \right) + (\lambda^{(\nu)})^2 \frac{\partial \beta}{\partial x} = 0, \tag{56c}$$

$$\lambda^{(\nu)} \frac{\partial \overline{m_\nu}}{\partial x} + \frac{\partial \overline{m_\nu}}{\partial y} = 0. \tag{56d}$$

Differenziert man (56d) nach $\overline{w_\mu}$ für $\nu \neq \mu$, so folgt nach (56b):

$$\frac{\partial \lambda^{(\nu)}}{\partial \overline{w_\mu}} \frac{\partial \overline{m_\nu}}{\partial x} = 0 .$$

Da wegen (55) $\partial \lambda^{(\nu)}/\partial \overline{w_\mu}$ nicht verschwinden kann, folgt, daß $\overline{m_\nu}$ nicht von x abhängt. Wegen (56d) kann $\overline{m_\nu}$ dann auch nicht von y abhängen. Beachtet man noch (56b), so folgt, daß $\overline{m_1}$ eine Funktion von $\overline{w_1}$ allein, $\overline{m_2}$ eine Funktion von $\overline{w_2}$ allein ist.

Führt man in (56c) unter Berücksichtigung von

$$\frac{\partial w}{\partial \overline{w_1}} = -\frac{\partial w}{\partial \overline{w_2}} = \frac{1}{2\,s}\,; \qquad \frac{\partial \vartheta}{\partial \overline{w_1}} = \frac{\partial \vartheta}{\partial \overline{w_2}} = \frac{1}{2}$$

die Differentiationen von $\lambda^{(\nu)}$ aus, und multipliziert man die entstehende Gleichung mit $\sin^2(\vartheta + \varepsilon)$ für $\nu = 1$ und mit $\sin^2(\vartheta - \varepsilon)$ für $\nu = 2$, so erhält man die Gleichungen

$$\left(1 + \frac{\varepsilon'}{s}\right)\overline{m_1} + \left(1 - \frac{\varepsilon'}{s}\right)\overline{m_2} = B \sin 2\,(\vartheta + \varepsilon) + D \cos 2\,(\vartheta + \varepsilon) + E\,, \tag{57a}$$

$$\left(1 - \frac{\varepsilon'}{s}\right)\overline{m_1} + \left(1 + \frac{\varepsilon'}{s}\right)\overline{m_2} = B \sin 2\,(\vartheta - \varepsilon) + D \cos 2\,(\vartheta - \varepsilon) + E\,. \tag{57b}$$

Dabei bezeichnet der senkrechte Strich die Ableitung nach w, und es bedeuten

$$B = \frac{\partial \beta}{\partial y} - \frac{\partial \alpha}{\partial x}\,, \qquad D = \frac{\partial \beta}{\partial x} + \frac{\partial \alpha}{\partial y}\,, \qquad E = \frac{\partial \beta}{\partial x} - \frac{\partial \alpha}{\partial y}\,.$$

Aus (56a) folgt durch Multiplikation mit $\sin(\vartheta \pm \varepsilon)$ und Anwendung der Operation $\cos(\vartheta \pm \varepsilon) \cdot \frac{\partial}{\partial x} + \sin(\vartheta \pm \varepsilon) \cdot \frac{\partial}{\partial y}$

$$\left.\begin{aligned} \frac{\partial B}{\partial \overline{w_2}} \sin 2\,(\vartheta + \varepsilon) + \frac{\partial D}{\partial \overline{w_2}} \cos 2\,(\vartheta + \varepsilon) + \frac{\partial E}{\partial \overline{w_2}} &= 0\,, \\ \frac{\partial B}{\partial \overline{w_1}} \sin 2\,(\vartheta - \varepsilon) + \frac{\partial D}{\partial \overline{w_1}} \cos 2\,(\vartheta - \varepsilon) + \frac{\partial E}{\partial \overline{w_1}} &= 0\,. \end{aligned}\right\} \tag{58}$$

Differentiation von (57a) nach $\overline{w_2}$ und von (57b) nach $\overline{w_1}$ ergibt unter Berücksichtigung von (58)

$$\frac{d\overline{m_2}}{d\overline{w_2}} + \frac{\frac{1}{2\,s}\left(\frac{\varepsilon'}{s}\right)'}{1 - \frac{\varepsilon'}{s}}\,(\overline{m_2} - \overline{m_1}) = B \cos 2\,(\vartheta + \varepsilon) - D \sin 2\,(\vartheta + \varepsilon)\,, \tag{59a}$$

$$\frac{d\overline{m_1}}{d\overline{w_1}} + \frac{\frac{1}{2\,s}\left(\frac{\varepsilon'}{s}\right)'}{1 - \frac{\varepsilon'}{s}}\,(\overline{m_2} - \overline{m_1}) = B \cos 2\,(\vartheta - \varepsilon) - D \sin 2\,(\vartheta - \varepsilon)\,. \tag{59b}$$

Bildet man die Differenz von (57a) und (57b), die Summe von (59a) und (59b), so kann man ϑ eliminieren und erhält die Gleichung

$$\frac{d\overline{m_1}}{d\overline{w_1}} + \frac{d\overline{m_2}}{d\overline{w_2}} = (\overline{m_1} - \overline{m_2}) \cdot H(w) \tag{60}$$

mit

$$H(w) = \frac{\frac{1}{s}\left(\frac{\varepsilon'}{s}\right)'}{1 - \frac{\varepsilon'}{s}} + 2\,\frac{\varepsilon'}{s}\,\mathrm{ctg}\,2\,\varepsilon\,.$$

Bildet man von (60) die Ableitung $\partial^2/\partial\overline{w_1}\,\partial\overline{w_2}$, so folgt schließlich

$$(\overline{m_1} - \overline{m_2}) \cdot \left[H\,H' + \left(\frac{H'}{2\,s}\right)'\right] = 0\,.$$

Den Sonderfall, daß die gegebenen Funktionen $\varepsilon(w)$, $s(w)$ der Bedingung

$$H^2 + \frac{H'}{s} = \mathrm{const}$$

genügen, wollen wir hier nicht weiter verfolgen. Liegt er vor, so ist eine gesonderte Untersuchung notwendig. In allen anderen Fällen muß

$$\overline{m_1} = \overline{m_2} = \mathrm{const}$$

sein. Da ε als nichtkonstante Funktion vorausgesetzt war, folgt dann sofort aus (59) und (57)

$$B = D = 0; \qquad E = \overline{m_1} + \overline{m_2}\,. \tag{61}$$

α und β sind also linear in x und y. Die Faktoren von x und y müssen konstant sein, wie aus (61) und (56a) folgt.

Die allgemeinste Transformationsgruppe, welche (54) unter den gemachten Voraussetzungen invariant läßt, lautet also, ausgedrückt in den Variablen x, y, ϑ, w,

$$\frac{dx}{d\tau} = \alpha_0(w, \vartheta) + a\,x - b\,y\,, \tag{62a}$$

$$\frac{dy}{d\tau} = \beta_0(w, \vartheta) + b\,x + a\,y\,, \tag{62b}$$

$$\frac{d\vartheta}{d\tau} = b\,, \tag{62c}$$

$$\frac{dw}{d\tau} = 0\,. \tag{62d}$$

a und b sind beliebige Konstanten. α_0 und β_0 müssen wegen (56a) den linearen Differentialgleichungen

$$\mathrm{ctg}\,(\vartheta + \varepsilon)\,\frac{\partial\beta_0}{\partial\overline{w_2}} - \frac{\partial\alpha_0}{\partial\overline{w_2}} = 0\,, \qquad \mathrm{ctg}\,(\vartheta - \varepsilon)\,\frac{\partial\beta_0}{\partial\overline{w_1}} - \frac{\partial\alpha_0}{\partial\overline{w_1}} = 0 \tag{63}$$

genügen.

Zur Auffindung spezieller Lösungen von (63) kann man sich die Tatsache zunutze machen, daß (63) aus (54) dadurch hervorgeht, daß man x, y als abhängige, $\overline{w_1}$, $\overline{w_2}$ als unabhängige Variable wählt, und x mit α_0, y mit β_0 bezeichnet. Hat man also eine Lösung $\overline{w_1}(x, y)$, $\overline{w_2}(x, y)$ von (54), und läßt diese sich nach x und y auflösen, so bilden $\alpha_0 = x(\overline{w_1}, \overline{w_2})$, $\beta_0 = y(\overline{w_1}, \overline{w_2})$ eine Lösung von (63). (Bei drehungsfreien Vektorfeldern, z. B. in der isoenergetischen isentropen Gasdynamik kann man sich zur Auflösung von (63) auch des LEGENDREpotentials bedienen.)

5.4. Beispiele von Ähnlichkeitslösungen im Fall $n = 2$

Aus (62d) folgt, daß der Vektorbetrag w immer als Ähnlichkeitsvariable gewählt werden kann. Im übrigen hängen die Ähnlichkeitsansätze stark davon ab, welche Lösungen von (63) für α_0 und β_0 gewählt werden. Drei einfache Fälle, die zu bekannten Lösungen führen, seien hier kurz angegeben.

1. $\alpha_0 = \beta_0 = 0$. In diesem Fall drückt man die infinitesimale Transformation (62) zweckmäßigerweise in Polarkoordinaten $r = \sqrt{x^2 + y^2}$, $\varphi = \operatorname{arc\,tg} \frac{y}{x}$ aus:

$$\frac{d \ln r}{d\tau} = a\,; \quad \frac{d\vartheta}{d\tau} = b\,; \quad \frac{d\varphi}{d\tau} = b\,; \quad \frac{dw}{d\tau} = 0\,.$$

Ähnlichkeitsvariable sind

$$w, \vartheta - \varphi\,, \quad b \ln r - a\,\varphi\,.$$

Hier sind also der Vektorbetrag w und der Winkel zwischen Vektor und Ortsvektor längs logarithmischer Spiralen konstant. Da bei einer logarithmischen Spirale die Tangente immer den gleichen Winkel mit dem Radiusvektor einschließt, kann man auch sagen, daß Normal- und Tangentialkomponente des Vektors auf der Spirale konstant sind. In der Gasdynamik wurde diese Lösung von W. TOLLMIEN [1] aufgestellt.

2. $b = 0$. In diesem Fall können w und ϑ oder $\overline{w_1}$ und $\overline{w_2}$ als abhängige Ähnlichkeitsvariable gewählt werden; eine mögliche unabhängige Variable ist

$$\bar{x} = \frac{a\,x + \alpha_0}{a\,y + \beta_0}\,.$$

Die Kurven $\bar{x} = \text{const}$ bilden in der x, y-Ebene eine Schar von Geraden. $\overline{w_1}$ und $\overline{w_2}$, als Funktionen von $\bar{x}$ angesetzt, sind auf jeder Geraden dieser Schar konstant. Sollen $\overline{w_1}$ und $\overline{w_2}$ nicht beide im ganzen Strömungsfeld konstant sein, so muß also die Geradenschar mit einer der beiden Charakteristikenscharen zusammenfallen, z. B. mit der zu $\lambda^{(1)}$ gehörigen. Die zugehörige Variable $\overline{w_1}$ kann sich von Gerade zu Gerade beliebig ändern, wie man durch Einsetzen des Ähnlichkeitsansatzes in (54) sieht. Die zweite Variable $\overline{w_2}$ dagegen, die sowohl auf jeder Charakteristik der zweiten Charakteristikenschar, als auch auf jeder Geraden der Geradenschar konstant sein muß, ist überall konstant. In der Gasdynamik bezeichnet man Lösungen mit diesen Eigenschaften als *einfache Wellen*. Sie treten beispielsweise bei der Umströmung einer Ecke auf (PRANDTL-MEYER-Expansion).

3. In den bisher betrachteten Fällen war w auf Geraden bzw. auf logarithmischen Spiralen (mit den Grenzfällen konzentrischer Kreise und den Geraden eines Geradenbüschels) konstant. In der Gasdynamik kennt man Lösungen, bei denen w auf nichtkonzentrischen Kreisen konstant ist. Es handelt sich um die von F. Ringleb [20] mit Hilfe der Tschaplygintransformation gefundenen Schaufelströmungen. Man kann sie alle aus Transformationsgruppen erhalten. Die in [20], S. 192 angegebene Lösung z. B. erhält man aus der Gruppe

$$\frac{dx}{d\tau} = \frac{\sin 2\vartheta}{\varrho w^2} - y , \qquad \frac{d\vartheta}{d\tau} = 1 ,$$

$$\frac{dy}{d\tau} = f(w) - \frac{\cos 2\vartheta}{\varrho w^2} + x , \qquad \frac{dw}{d\tau} = 0$$

mit

$$f(w) = w \int \frac{dw}{\varrho w^3} .$$

Dabei bedeutet ϱ die Dichte, welche bei Isentropie und Isoenergie allein von w abhängt.

6. Instationäre eindimensionale Gasströmungen konstanter Entropie

6.1. Transformationsgruppen

Allgemeine Überlegungen über die Form, die Eigenzeilen und Eigenwerte im Fall eines quasilinearen Systems (46) haben müssen, wenn durch die Variablen w_ν ein eindimensionales instationäres Vektor- und Skalarenfeld dargestellt werden soll, hat schon K. U. v. Hagenow [19] angestellt. Wir können uns daher hier kurz fassen und wollen lediglich für den Fall der gasdynamischen Gleichungen die von v. Hagenow angegebenen Gruppen dahingehend erweitern, daß α, β auch von w_ν abhängen können. Die Ausgangsgleichungen lauten, wenn konstante Entropie vorausgesetzt wird,

$$u_t + u\, u_x + \frac{2}{\varkappa - 1} a\, a_x = 0 , \qquad a_t + \frac{\varkappa - 1}{2} a\, u_x + u\, a_x = 0 , \tag{64}$$

wobei u die Strömungsgeschwindigkeit, a die Schallgeschwindigkeit, x die Ortskoordinate und t die Zeit bedeuten. $\varkappa = c_p/c_v$ ist das Verhältnis der spezifischen Wärmen des Gases. Die unabhängige Variable t steht hier anstelle der früher benutzten Variablen y. Für die allgemeinste Gruppe, die (64) invariant läßt, ergibt sich aus (42)

$$\left.\begin{aligned} \frac{dx}{d\tau} &= \alpha_0(u, a) + c_0 t + c_2 x , \\ \frac{dt}{d\tau} &= \beta_0(u, a) + (c_2 - c_1) t , \\ \frac{du}{d\tau} &= c_0 + c_1 u , \\ \frac{da}{d\tau} &= c_1 a . \end{aligned}\right\} \tag{65}$$

c_0, c_1, c_2 sind willkürliche Konstanten. α_0 und β_0 müssen den Differentialgleichungen

$$u \frac{\partial \beta_0}{\partial a} - \frac{2}{\varkappa - 1} a \frac{\partial \beta_0}{\partial u} - \frac{\partial \alpha_0}{\partial a} = 0 , \tag{66a}$$

$$\frac{\varkappa - 1}{2} a \frac{\partial \beta_0}{\partial a} - u \frac{\partial \beta_0}{\partial u} + \frac{\partial \alpha_0}{\partial u} = 0 \tag{66b}$$

genügen. Diese Gleichungen gehen, wie im Fall stationärer zweidimensionaler Felder, dadurch aus den Ausgangsgleichungen (64) hervor, daß man abhängige und unabhängige Variable vertauscht und x mit α_0, t mit β_0 identifiziert. Man kann β_0 und α_0 aus einem Potential $\Phi(u, a)$ durch den Ansatz gewinnen

$$\beta_0 = \frac{1}{2a} \frac{\partial \Phi}{\partial a} , \qquad \alpha_0 = \frac{u}{2a} \frac{\partial \Phi}{\partial a} - \frac{1}{\varkappa - 1} \frac{\partial \Phi}{\partial u} .$$

(66a) ist dann von selbst erfüllt; aus (66b) ergibt sich die Bestimmungsgleichung

$$\frac{1}{\varkappa - 1} \frac{\partial^2 \Phi}{\partial u^2} - \frac{\varkappa - 1}{4} \frac{\partial^2 \Phi}{\partial a^2} + \frac{\varkappa - 3}{4a} \frac{\partial \Phi}{\partial a} = 0 . \tag{67}$$

6.2. Beispiel einer Ähnlichkeitslösung

Als Beispiel wollen wir eine Ähnlichkeitslösung berechnen, die aus einer Gruppe mit nichtverschwindenden α_0, β_0 entspringt und daher bei v. HAGENOW [19] nicht vorkommt. Zunächst setzen wir in (65) $c_1 = c_2 = 0$. Als Ähnlichkeitsvariable kann man dann die folgenden wählen:

$$\overline{w}_1 = t - \frac{1}{2 c_0 a} \int^u \frac{\partial \Phi}{\partial a} du , \qquad \overline{w}_2 = x - u t + \frac{\Phi}{c_0 (\varkappa - 1)} , \qquad \overline{x} = a . \tag{68}$$

Mit dem Produktansatz

$$\Phi = f(u) \cdot g(a)$$

erhält man als spezielle Lösung von (67)

$$\Phi = i^{-\nu} \cosh \left(\sqrt{\varkappa - 1}\, \lambda u\right) \cdot a^{-\nu} J_\nu \left(\frac{2 i \lambda}{\sqrt{\varkappa - 1}} a\right); \qquad \nu = \frac{2 - \varkappa}{\varkappa - 1} . \tag{69}$$

λ ist eine beliebige Konstante; J_ν bedeutet die BESSELfunktion ν-ter Ordnung. Die gewöhnlichen Differentialgleichungen, welche man für $\overline{w}_1(\overline{x})$, $\overline{w}_2(\overline{x})$ durch Einsetzen des Ähnlichkeitsansatzes (68) in (64) erhält, lassen u. a. die Lösung $\overline{w}_1 \equiv \overline{w}_2 \equiv 0$ zu; mit dieser Lösung und (69) ergibt sich als Lösung der gasdynamischen Gleichungen (64)

$$\left.\begin{aligned} a t &= - \frac{i^{-(\nu+1)}}{c_0 (\varkappa - 1)} \sinh \left(\sqrt{\varkappa - 1}\, \lambda u\right) \cdot a^{-\nu} J_{\nu+1} \left(\frac{2 i \lambda}{\sqrt{\varkappa - 1}} a\right) , \\ x - u t &= - \frac{i^{-\nu}}{c_0 (\varkappa - 1)} \cosh \left(\sqrt{\varkappa - 1}\, \lambda u\right) \cdot a^{-\nu} J_\nu \left(\frac{2 i \lambda}{\sqrt{\varkappa - 1}} a\right) . \end{aligned}\right\} \tag{70}$$

(70) läßt sich eindeutig nach $u(x, t)$, $a(x, t)$ auflösen, denn die Funktionaldeterminante

$$\begin{vmatrix} t_u & t_a \\ x_u & x_a \end{vmatrix} = 2\lambda^2 a^{-2\nu-1}\left[\cosh^2\left(\sqrt{\varkappa - 1}\,\lambda u\right) J_{\nu+1}^2 + \sinh^2\left(\sqrt{\varkappa - 1}\,\lambda u\right) J_{\nu+2}^2\right]$$

kann wegen $|J_{\nu+2}| < |J_{\nu+1}|$ für $\nu + 1 > 0$ (siehe [22], S. 225), d. h. $\varkappa > 1$ nicht verschwinden.[1])

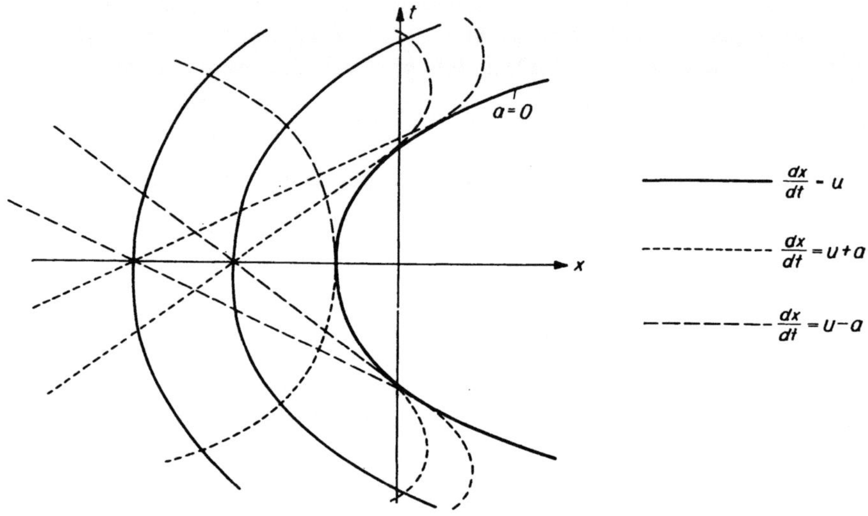

Abb. 4. Instationäre, eindimensionale Strömung nach (70), schematisch dargestellt in der x, t-Ebene

Die Diskussion der Lösung ergibt folgendes Bild (siehe Abb. 4). In der x, t-Ebene wird das Lösungsgebiet durch die Kurve $a = 0$ nach rechts begrenzt. Die Teilchen bewegen sich für $t < 0$ nach links, erreichen für $t = 0$ die Geschwindigkeit Null und bewegen sich für $t > 0$ nach rechts (siehe die *Lebenslinien* $\frac{dx}{dt} = u$ in Abb. 4). Die beiden Scharen von Charakteristiken $\frac{dx}{dt} = u + a$ und $\frac{dx}{dt} = u - a$ gehen durch Spiegelung an der x-Achse auseinander hervor. Man kann sich die durch Abb. 4 charakterisierte Strömung dadurch erzeugt denken, daß sich in einem Zylinder zwei Kolben nach Zeitgesetzen bewegen, die durch zwei Lebenslinien gegeben sind.

---

[1]) Man kann die Lösung (70) auch ohne Ähnlichkeitsansatz erhalten, wenn man in (64) abhängige und unabhängige Variable vertauscht und das entstehende transformierte Differentialgleichungssystem mit Hilfe des oben eingeführten Potentials löst. (Vgl. die RINGLEBsche Lösung in 5.4.)

Ausblick

Im Teil II dieser Arbeit haben wir aus den aufgefundenen Gruppen nur einige wenige Ähnlichkeitslösungen abgeleitet, die besonders geeignet schienen, die Anwendungsmöglichkeiten des Verfahrens zu demonstrieren. Eine große Zahl weiterer Lösungen ist in den angegebenen Gruppen (Abschnitt 5.3 und 6.1) noch enthalten.

Im Fall $n > 2$, dessen Behandlung hier aus Platzgründen unterblieben ist, lassen sich ebenfalls leicht alle Gruppen angeben, die das betreffende quasilineare Differentialgleichungssystem invariant lassen. Die daraus entspringenden Ähnlichkeitslösungen beschreiben im Fall der Gasdynamik u. a. nichtisentrope, nichtisoenergetische Strömungen.

Weitere bisher von den Verfassern behandelte Probleme sind die inkompressible laminare Plattengrenzschicht und die Wärmeleitung in einer Scherströmung. Bei der Grenzschicht liefert das Verfahren unmittelbar alle früher von verschiedenen Autoren gefundenen Ähnlichkeitslösungen. Im Fall der Wärmeleitungsgleichung mit Konvektivglied erhält man eine Anzahl physikalisch interessanter Lösungen, u. a. solche, mit deren Hilfe sich die allgemeine Anfangswertaufgabe in quellenmäßiger Darstellung lösen läßt.

Über einige der hier genannten Anwendungen soll in einer späteren Arbeit berichtet werden.

LITERATUR

[1] W. Tollmien: Zum Übergang von Unterschall- in Überschallströmungen. ZAMM **17** (1937) 117—136.

[2] G. I. Taylor: Strömung um einen Körper in einer kompressiblen Flüssigkeit. ZAMM **10** (1930) 334—345. (Englische Originalfassung: Journ. London Math. Soc. **5** (1930) 224.)

[3] G. I. Taylor: The formation of a blast wave by a very intense explosion, I — Theoretical discussion, II — The atomic explosion of 1945. Proc. Roy. Soc. **201** (1950) 159—186.

[4] G. Guderley: Starke kugelige und zylindrische Verdichtungsstöße in der Nähe des Kugelmittelpunkts bzw. der Zylinderachse. Luftfahrtforschung **19** (1942) 302—312.

[5] K. Bechert: Über die Ausbreitung von Zylinder- und Kugelwellen in reibungsfreien Gasen und Flüssigkeiten. Ann. Phys. (5) **39** (1941) 169—202.

[6] R. Courant und K. O. Friedrichs: Supersonic Flow and Shock Waves. New York 1948.

[7] L. I. Sedov: Similarity and Dimensional Methods in Mechanics. Infosearch Ltd. London 1959 (Translation).

[8] W. Mangler: Die „ähnlichen" Lösungen der Prandtlschen Grenzschichtgleichungen. ZAMM **23** (1943) 241—251.

[9] A. G. Hansen: Possible Similarity Solutions of the Laminar, Incompressible Boundary-Layer Equations. Transactions of the ASME **80** (1958) 1553—1559 (mit Diskussionsbemerkung von A. J. A. Morgan, pp. 1559—1562.)

[10] Th. Geis: Ähnliche Grenzschichten an Rotationskörpern. 50 Jahre Grenzschichtforschung, Braunschweig 1955, S. 294—303.

[11] TH. GEIS: „Ähnliche“ dreidimensionale Grenzschichten. Journ. of Rat. Mech. and Analysis **5** (1956) 643—686.

[12] C. B. COHEN and E. RESHOTKO: Similar Solutions for the Compressible Laminar Boundary Layer with Heat Transfer and Pressure Gradient. NACA TN 3325, Washington, Febr. 1955.

[13] T.-Y. LI and H. T. NAGAMATSU: Similar Solutions of Compressible Boundary-Layer Equations. Journ. Aeron. Sci. **22** (1955) 607—616.

[14] K. BECHERT: Über die Differentialgleichungen der Wellenausbreitung in Gasen. Ann. Phys. (5) **39** (1941) 357—372.

[15] G. BIRKHOFF: Hydrodynamics. Princeton University Press 1950.

[16] S. LIE: Gesammelte Abhandlungen Bd. IV, S. 358ff.

[17] A. J. A. MORGAN: The Reduction by One of the Number of Independent Variables in Some Systems of Partial Differential Equations. Quart. Journ. Math., Oxford 2nd Ser., **3** (1952) 250—259.

[18] A. D. MICHAL: Differential Invariants and Invariant Partial Differential Equations under Continuous Transformation Groups in Normed Linear Spaces. Proc. of the Nat. Acad. of Sciences of the USA **37** (1951) 623—627.

[19] K. U. v. HAGENOW: Über invariante Lösungen partieller Differentialgleichungssysteme, speziell der Gleichungen der ebenen Gasdynamik und Hydromagnetik. Göttinger Dissertation 1956.

[20] F. RINGLEB: Exakte Lösungen der Differentialgleichungen einer adiabatischen Gasströmung. ZAMM **20** (1940) 185—198.

[21] R. COURANT und D. HILBERT: Methoden der mathematischen Physik. Band II. Berlin 1937.

[22] E. JAHNKE und F. EMDE: Funktionentafeln mit Formeln und Kurven. 3. Aufl. Leipzig/Berlin 1938.

Über die Darstellung von Strömungen in der Umgebung ausgezeichneter Punkte

Von KLAUS OSWATITSCH

(Deutsche Versuchsanstalt für Luftfahrt, Aachen; Institut für theoretische Gasdynamik)

1. Einleitung

In vielen Fällen wird einer Strömung durch spezielle Randbedingungen ein besonderes Verhalten aufgeprägt, etwa durch Knicke oder Krümmungssprünge der Wand, durch Körperspitzen, durch Plattenvorderkanten in reibender oder nicht reibender Strömung und ähnliches. Auch die Randbedingungen im Unendlichen, beispielweise die Forderung des Übergangs in eine Parallelströmung, kann zu verwandten Problemen führen und schließlich auch das Durchkreuzen von Verdichtungsstößen und das Aufsetzen von Stößen auf Wände. Die Stoßgleichungen stellen ja im mathematischen Sinne ebenfalls nur eine Randbedingung zwischen den Eigenschaften auf beiden Seiten der Stoßfront dar.

Solche Sprungstellen an Rändern oder Stoßfronten seien als *ausgezeichnete Punkte* bezeichnet. Dazu kann auch noch der unendlich ferne Punkt einer Strömung gezählt werden. Die Berechnung der Strömung in der Umgebung solcher ausgezeichneten Punkte sei Gegenstand der folgenden Ausführungen.

Zunächst hat es den Anschein, als ob Knicke der Stromlinien oder Stoßfronten bei Überschallströmung keine neuen Aufgaben an die Theorie stellen würden, da ja die Lösungen an Kegeln oder Keilspitzen, an konvexen Ecken und gegabelten Stößen bekannt sind. Diese Lösungen reichen jedoch nur bei geraden Konturen aus, bei Krümmung der Ränder oder der Stoßfronten kann die Lösung Schwierigkeiten bereiten. Beispielsweise war der Zusammenhang von Wand- und Stoßfrontkrümmung an der scharfen Vorderkante eines mit Überschallgeschwindigkeit angestellten Profils Gegenstand mehrerer Arbeiten und die entsprechende Lösung am Kegel ließ längere Zeit auf sich warten.

2. Form und Eigenschaften der Strömungsgleichungen

Obwohl entsprechende Ansätze auch bei Systemen von Differentialgleichungen angewendet werden können, soll im folgenden nur von einzelnen Differentialgleichungen für die Stromfunktion oder das Geschwindigkeitspotential gesprochen werden. Beispielsweise hat die gasdynamische Gleichung in der üblichen Bezeichnungsweise mit c_0 als Ruheschallgeschwindigkeit folgende bekannte Form für das Geschwindigkeitspotential Φ

$$\left[c_0^2 - \frac{\varkappa+1}{2}\Phi_x^2 - \frac{\varkappa-1}{2}\Phi_y^2\right]\Phi_{xx} - 2\,\Phi_x\,\Phi_y\,\Phi_{xy} + \left[c_0^2 - \frac{\varkappa-1}{2}\Phi_x^2 - \frac{\varkappa+1}{2}\Phi_y^2\right]\Phi_{yy} = 0\,. \tag{1}$$

Für schallnahe Unterschallströmung findet man für ein reduziertes Störpotential φ und reduzierte Koordinaten x, y die Form

$$(1-\varphi_x)\,\varphi_{xx} + \varphi_{yy} + \{\varphi_y/y\} = 0\,, \tag{2}$$

wobei der eingeklammerte letzte Summand für achsensymmetrische Strömung gilt und bei ebener Strömung wegzulassen ist.

Schließlich erhält man bei stationärer dichtebeständiger ebener reibender Strömung für die Stromfunktion Ψ die Gleichung

$$\Psi_y\,\Delta\Psi_x - \Psi_x\,\Delta\Psi_y = \nu\,\Delta\Delta\Psi\,, \tag{3}$$

wobei Δ der LAPLACEoperator und ν die kinematische Zähigkeit darstellen.

Der Großteil der hydrodynamischen Gleichungen, für die Gl. (1) bis (3) nur charakteristische Beispiele repräsentieren, weisen die bekannte Schwierigkeit auf, nicht linear sondern nur quasilinear zu sein. Die Gleichungen haben jedoch die Annehmlichkeit, daß die Koordinaten nur in ganz bestimmten Graden auftreten: Beispielsweise in Gl. (1) nur in den Graden —2 und —4, in Gl. (2) in den Graden —2 und —3 und in Gl. (3) nur im Grad —4.

Es liegt daher nahe, Polarkoordinaten einzuführen

$$x = r\cos\beta\,, \qquad y = r\sin\beta \tag{4}$$

und die Funktionen Φ, φ, Ψ in der Umgebung des ausgezeichneten Punktes nach r zu entwickeln. Für die Gleichungen (1), (2) und (3) erhält man in Polarkoordinaten nun die Formen

$$\begin{aligned} c_0^2\left[r\,\Phi_{rr} + \frac{1}{r}\Phi_{\beta\beta} + \Phi_r\right] &= \left[\frac{\varkappa+1}{2}\Phi_r^2 + \frac{\varkappa-1}{2}\left(\frac{1}{r}\Phi_\beta\right)^2\right] r\,\Phi_{rr} \\ &+ 2\,\Phi_r\left(\frac{1}{r}\Phi_\beta\right)\Phi_{r\beta} + \left[\frac{\varkappa-1}{2}\Phi_r^2 + \frac{\varkappa+1}{2}\left(\frac{1}{r}\Phi_\beta\right)^2\right]\frac{1}{r}\Phi_{\beta\beta} \\ &+ \left[\frac{\varkappa-1}{2}\Phi_r^2 + \frac{\varkappa-3}{2}\left(\frac{1}{r}\Phi_\beta\right)^2\right]\Phi_r \end{aligned} \tag{5}$$

für die gasdynamische Gleichung des Potentials,

$$\begin{aligned} r\,\varphi_{rr} + \frac{1}{r}\varphi_{\beta\beta} + \varphi_r + \left\{r\,\varphi_r + \cot\beta\,\frac{1}{r}\varphi_\beta\right\} \\ = \left[\cos\beta\,\varphi_r - \sin\beta\,\frac{1}{r}\varphi_\beta\right] \\ \times\left[\cos^2\beta\,r\,\varphi_{rr} - \sin 2\beta\,\varphi_{r\beta} + \sin^2\beta\,\frac{1}{r}\varphi_{\beta\beta} + \sin^2\beta\,\varphi_r + \sin 2\beta\,\frac{1}{r}\varphi_\beta\right] \end{aligned} \tag{6}$$

für die gasdynamische Gleichung bei schallnaher Unterschallströmung mit dem Klammerausdruck auf der linken Seite für achsensymmetrische Strömung und

$$r\,\Psi_r \cdot r^2\,\Delta\Psi_\beta - \Psi_\beta\, r^3\,\Delta\Psi_r + \Psi_\beta\,[r\,\Psi_r + 2\,\Psi_{\beta\beta}] = \nu\, r^4\,\Delta\Delta\Psi \tag{7}$$

für die Stromfunktion bei inkompressibler Reibungsströmung, wobei der LAPLACE-operator in der Form für Polarkoordinaten zu verstehen ist

$$\Delta = \frac{\partial^2}{\partial r^2} + \frac{1}{r^2}\frac{\partial^2}{\partial \beta^2} + \frac{1}{r}\frac{\partial}{\partial r}. \tag{8}$$

Die vereinfachte gasdynamische Gleichung (2) verliert in Polarkoordinaten ihre einfache Gestalt, da diese Gleichung nicht drehungsinvariant ist. Noch verwickelter wird der Ausdruck für die Überschallform der vereinfachten gasdynamischen Gleichung, da bei dieser auf der linken Seite anstelle des LAPLACE-operators der Operator der Wellengleichung steht, der für sich ebenfalls nicht drehungsinvariant ist. Dieser letztoren Schwierigkeit kann man allerdings begegnen, in dem man anstelle von Polarkoordinaten (4) hyperbolische Koordinaten einführt. Die Möglichkeiten, welche sich unter Umständen daraus erschließen könnten, sollen hier jedoch nicht untersucht werden. Zunächst kommt es nämlich gar nicht darauf an, welche β-Koeffizienten in den Gl. (5) bis (7) auftreten, sondern nur darauf, daß die einzelnen Summanden nur eine beschränkte Anzahl von Graden in r aufweisen und damit Entwicklungen in dieser Koordinate zulassen.

Auch andere Transformationen sind denkbar. So wäre es beispielsweise möglich, in (1) zunächst eine PRANDTL-GLAUERT Affintransformation vorzunehmen, wie sie letzten Endes bereits in (2) enthalten ist, und danach erst Polarkoordinaten einzuführen. Ein solches Vorgehen wäre für das Studium des Abklingvorganges in Unterschallströmung angebracht, wo sich die PRANDTL-GLAUERT Analogie um so richtiger erweist, je größer die Entfernung vom Störzentrum ist. Auch die Gleichungen für instationäre Strömungen weisen verwandte Eigenschaften wie jene der stationären Strömung auf, indem die — etwa mit einer bestimmten Schallgeschwindigkeit multipliziert — Zeit an Stelle einer Koordinate tritt. Ähnliche Entwicklungen wären also auch hier denkbar.

Im übrigen ist es gar nicht erforderlich, daß der für die Entwicklung verwendete Parameter r die Dimension der Koordinaten hat. Die Differentialgleichung für Schallnähe in der Form

$$-\varphi_x \cdot \varphi_{xx} + \varphi_{yy} = 0 \tag{9}$$

legt einen Ansatz der Form

$$x = r^{2/3}\cos^{2/3}\beta\,, \qquad y = r\sin\beta \tag{10}$$

nahe. Man gelangt auf diese Weise zu einer Gleichung für $\varphi(r, \beta)$, welche sich von Gl. (6) nur in den β-Funktionen unterscheidet. Damit ist aber derselbe Ansatz möglich wie er im nächsten Abschnitt für φ von Gl. (6) wiedergegeben wird.

3. Reihenansätze

Wie aus Gl. (5) bis (7) hervorgeht, spielen solche r-Funktionen eine wichtige Rolle, welche ihre Eigenschaften bei einer Differentiation nach r in gleicher Weise ändern wie bei einer Division durch r. Dies ist bei der Funktion F von Gl. (11) der Fall

$$F_{m,n}(r,\beta) = r^m \sum_{i=0}^{n} f_i(\beta) \ln^i r\,. \tag{11}$$

Für alle Werte von m und alle positiven ganzzahligen Werte von n gilt nämlich

$$\left.\begin{aligned} \frac{1}{r} F_{m,n}(r,\beta) &= r^{m-1} \sum_{i=0}^{n} f_i(\beta) \ln^i r\,; \\ \frac{\partial}{\partial r} F_{m,n}(r,\beta) &= r^{m-1} \left\{ \sum_{i=0}^{n-1} [f_i + (i+1) f_{i+1}] \ln^i r + f_n \ln^n r \right\}. \end{aligned}\right\} \tag{12}$$

Für negative Werte von n ist die geforderte Eigenschaft hingegen nicht erfüllt, indem nach der Differentiation eine Potenz von $\ln r$ auftritt, welche ursprünglich nicht da war.

Die gesuchten Funktionen Φ, φ, Ψ sollen nun als Reihen aus Funktionen $F_{m,n}$ aufgebaut werden. In den Gl. (5), (6) und (7) sind dabei die Ausdrücke bereits so zusammengefaßt, daß immer wieder Reihenglieder vom selben Typus auftreten. Beispielsweise in Gl. (5)

$$r\,\Phi_{rr} \sim \Phi_r \sim \frac{1}{r}\Phi_\beta \sim \Phi_{r\beta} \sim \frac{1}{r}\Phi_{\beta\beta} \tag{13}$$

und in Gl. (7)

$$r\,\Psi_r \sim r^2 \Delta\Psi_\beta \sim \Psi_\beta \sim r^3 \Delta\Psi_r \sim r^4 \Delta\Delta\Psi \tag{14}$$

usw.

Werden also die Funktionen $\frac{1}{r}\Phi$ in Gl. (5), $\frac{1}{r}\varphi$ in Gl. (6) oder Ψ in Gl. (7) als Reihen der Funktionen (11) dargestellt, so ist nur noch dafür Sorge zu tragen, daß die Produktbildungen auf der rechten Seite von (5) und (6) oder auf der linken Seite von Gl. (7) nur wieder Reihenglieder ergeben. Aus dieser Bedingung folgen schließlich die Ansätze

$$\frac{1}{c_0}\Phi = r^{1+m} \sum_{i=0}^{n} f_{m,i} \ln^i r + r^{1+3m} \sum_{i=0}^{3n} f_{3m,i} \ln^i r + r^{1+5m} \sum_{i=0}^{5n} f_{5m,i} \ln^i r + \cdots; \tag{15}$$

$$\varphi = r^{1+m} \sum_{i=0}^{n} f_{m,i} \ln^i r + r^{1+2m} \sum_{i=0}^{2n} f_{2m,i} \ln^i r + r^{1+3m} \sum_{i=0}^{3n} f_{3m,i} \ln^i r + \cdots; \tag{16}$$

$$\Psi = f_0 + r^m \sum_{i=0}^{n} f_{m,i} \ln^i r + r^{2m} \sum_{i=0}^{2n} f_{2m,i} \ln^i r + r^{3m} \sum_{i=0}^{3n} f_{3m,i} \ln^i r + \cdots. \tag{17}$$

Es ist kennzeichnend für diese Ansätze, daß sowohl die Zahl m in der Potenz von r als auch die Zahl n, welche die jeweils höchste Potenz des Logarithmus bestimmt, in den einzelnen Summanden stets mit derselben ganzen Zahl multipliziert ist. Da nun aber vorausgesetzt wurde, daß nur positive Potenzen von $\ln r$ auftreten sollen, können beispielsweise in Gl. (17) entweder nur positive Potenzen oder nur negative Potenzen von r vorkommen. Sollen beide nebeneinander erscheinen, dann müssen die Logarithmenterme weggelassen werden und es bietet sich folgender Ansatz an

$$\Psi = f_{km}\, r^{km} + f_{(k-1)m}\, r^{(k-1)m} + f_{(k-2)m}\, r^{(k-2)m} + \cdots \tag{18}$$

für beliebiges positives oder negatives ganzzahliges k. Bei $k > 0$ treten nun sowohl positive als auch negative Potenzen von r auf.

Ansätze der skizzierten Art sind nicht neu. Beispielsweise sind sie für das Abklingen einer Störung in einer Parallelströmung zu finden bei H. Glauert [1], H. Bateman [2], W. Gröbner [3] und I. Imai [4], für die Strömung an einer mit Überschallgeschwindigkeit und anliegendem Stoß angeströmten Geschoßspitze bei Cabannes [5]. Doch scheinen die Möglichkeiten, die solche Ansätze bieten, so wenig ausgeschöpft, daß eine intensivere Beschäftigung mit ihnen lohnt.

Die Frage nach der Konvergenz solcher Reihen, die vom Mathematiker zuerst gestellt werden dürfte, wird von Fall zu Fall untersucht werden müssen und sich nicht immer leicht exakt entscheiden lassen. Man ist damit nur einmal mehr vor die bekannte Situation gestellt, daß man für die Anschauung und die Praxis willkommene Lösungen besitzt, deren mathematisch exakte Abgrenzung hinterher hinkt.

4. Randbedingungen

Nach Einführen der Ansätze in die Differentialgleichungen erhält man ein System gewöhnlicher Differentialgleichungen für die f-Funktionen, dessen Ordnung allerdings niedriger sein kann als jene der partiellen Ausgangsdifferentialgleichungen. Ein Beispiel dafür bietet die Prandtl-Meyer-Expansion, wo die gewöhnliche Differentialgleichung in ein Produkt zweier Differentialgleichungen zerfällt, deren eine von niedriger Ordnung die gesuchte Lösung enthält.

Die frei verfügbaren Konstanten der Resultate aus diesen gewöhnlichen Differentialgleichungen dienen zur Erfüllung der Randbedingungen. Dabei können zwei Gruppen von Aufgaben unterschieden werden: 1. die Strömung in großer Entfernung eines Störkörpers, also der Übergang für $r \to 0$, und 2. die Strömung in der Umgebung eines ausgezeichneten Punktes, also das Strömungsfeld in der Nähe von $r = 0$.

Im ersten Fall müssen die Randbedingungen für unendlich ferne Punkte bereits vom ersten Glied der Reihe erfüllt werden. Die weiteren Glieder liefern nur noch ein stärkeres Abklingen mit $r \to 0$, erfüllen somit ohne weiteres die Randbedingung im unendlich fernen Punkt. Die verfügbaren Konstanten sind in diesem Fall zur Darstellung der Störströmung bei kleinem r noch frei.

Zum Erfüllen der Randbedingung in der Umgebung eines ausgezeichneten Punktes des Strömungsfeldes, $r \to 0$, sind diese zunächst in Polarkoordinaten darzustellen. Das tangentiale Strömen entlang einer Kontur $\beta = g(r)$ bei reibungsloser Strömung führt beispielsweise zu den Bedingungen für

$$\beta = g(r): \qquad r^2 \Phi_r \frac{d\beta}{dr} = \Phi_\beta \qquad \text{oder} \qquad \Psi_\beta \frac{d\beta}{dr} = -\Psi_r . \tag{19}$$

Bei Reibungsströmung wäre anstatt dessen die Haftbedingung, nämlich $\Psi_\beta = \Psi_r = 0$ auf der Kontur zu setzen.

Um die Randbedingungen auch erfüllen zu können, muß die Funktion $g(r)$ ganz analog zur Potential- oder Stromfunktion dargestellt werden, für den Ansatz (15) also etwa

$$\beta = c_0 + r^{2m} \sum_{i=0}^{2n} c_{2m,i} \ln^i r + r^{4m} \sum_{i=0}^{4n} c_{4m,i} \ln^i r + \cdots \tag{20}$$

mit $c_{k,i}$ als Konstante, welche die Form des Randes festlegen. Daraus ist zu erkennen, daß die Zahlen m und n in den Ansätzen (15) bis (17) wesentlich durch die Randbedingungen mitbestimmt werden.

Zum Erfüllen der Randbedingungen (19) sind die Funktionen $f_{k,i}$ nach $(\beta - c_0)$ zu entwickeln. Der Koeffizientenvergleich gleicher r-Funktionen gibt dann den Zusammenhang zwischen den Konstanten der Randkurve der Gl. (20) und den frei verfügbaren Konstanten der gewöhnlichen Differentialgleichungen für $f_{k,i}$. Dabei könnte es vorkommen, daß entweder zuviele Bedingungsgleichungen auftreten, die Randform also nicht ganz frei gewählt werden kann, oder daß die Gleichungen zur Bestimmung der Integrationskonstanten nicht ausreichen. Im letzteren Fall ist zu bedenken, daß die Randbedingungen im Unendlichen bei der Behandlung in der Umgebung von $r = 0$, im Gegensatz zur exakten Behandlung des Randwertproblemes, nicht berücksichtigt werden. Es ist also leicht möglich, daß es an Bedingungen mangelt. Im allgemeinen werden die Randbedingungen (19) auf zwei verschiedenen von $r = 0$ ausgehenden Kurven zu stellen sein.

Eine besondere Art von Randbedingungen treten im Zusammenhang mit Verdichtungsstößen auf, indem der Ort der Stoßfront im allgemeinen nicht explicit gegeben ist, sondern nur implicit durch eine Bindung der Stoßfrontneigung an die Geschwindigkeitskomponenten hinter der Stoßfront. In diesem Falle sind die in der Reihenentwicklung des Randes, also etwa in (20) auftretenden Konstanten, unbestimmt. Dafür gibt es aber zwei Randbedingungen, nämlich eine, welche die Geschwindigkeitskompnenten hinter der Stoßfront aneinander koppelt, die sogenannte Stoßpolare, und eine zweite Randbedingung, welche die Stoßneigung an die Geschwindigkeitskomponenten hinter der Stoßfront knüpft. Aus diesen Doppelbedingungen werden beim Stoß sowohl die Integrationskonstenten der Funktionen $f_{k,i}$, als auch die Konstanten der Stoßkurve, also die Form der Stoßfront bestimmt. Im übrigen aber ändert sich nichts an der Form des Ansatzes für die Stoßfront.

5. Anwendungen

Als Erläuterungsbeispiel sei die kompressible Strömung in einer geradlinig begrenzten Ecke behandelt. Die entsprechende inkompressible Strömung wird im allgemeinen mit konformen Abbildungen berechnet. Bei einer konvexen Ecke ist $r = 0$ ein Staupunkt, dort wird also die inkompressible Strömung eine erste Näherung sein. Daher bietet sich für diesen speziellen Fall folgende Entwicklung an, die einen Spezialfall von (15) darstellt

$$\frac{1}{c_0}\Phi = r^{1+m} f_1(\beta) + r^{1+3m} f_3(\beta) + r^{1+5m} f_5(\beta) + \cdots . \tag{21}$$

Ist β_0 der Öffnungswinkel der konkaven Ecke, so sind die Randbedingungen gegeben durch

$$\Phi_\beta = 0 \quad \text{für} \quad \beta = 0 \quad \text{und} \quad \beta = \beta_0 . \tag{22}$$

Das Einsetzen in Differentialgleichung (5) ergibt nach Koeffizientenvergleich in r-Potenzen die gewöhnlichen Differentialgleichungen

$$\left.\begin{aligned} &f_1'' + (1+m)^2 f_1 = 0 ; \\ &f_3'' + (1+3m)^2 f_3 = m(1+m)^3 f_1^3 + m(1+m) f_1 f_1'^2 ; \\ &f_5'' + (1+5m)^2 f_5 = 5m(1+m)^2(1+3m) f_1^2 f_3 - m(1+3m) f_1'^2 f_3 \\ &\qquad + 6m(1+m) f_1 f_1' f_3' + \frac{\varkappa - 1}{2} m (1+m)^5 f^5 \\ &\qquad + \varkappa m (1+m)^3 f_1^3 f_1'^2 + \frac{\varkappa+1}{2} m (1+m) f_1 f_1'^4 \end{aligned}\right\} \tag{23}$$

mit den Randbedingungen

$$f_i' = 0 \quad \text{für} \quad \beta = 0 , \quad \beta = \beta_0 . \tag{24}$$

Die Randbedingungen liefern den Zusammenhang zwischen dem Öffnungswinkel β_0 und m, nämlich $(1 + m)\beta_0 = \pi$, und man erhält schließlich nach einiger Rechnung folgende ersten drei Glieder für das Potential, mit A als willkürlicher Konstante,

$$\left.\begin{aligned} f_1 &= A\cos(1+m)\beta = A\cos(\pi\beta/\beta_0) ; \\ f_3 &= \frac{A^3}{4}\frac{(1+m)^3}{1+2m}\cos(1+m)\beta ; \\ f_5 &= \frac{A^5}{32}(1+m)^5\cos(1+m)\beta\left[\frac{2(\varkappa-1)}{1+3m} + \frac{(2+5m)(3+5m)}{(1+2m)^2(1+3m)}\right. \\ &\qquad \left. + \frac{2m}{(1+2m)^2}\cos 2(1+m)\beta\right] . \end{aligned}\right\} \tag{25}$$

Die Berechnung der Funktion f_5 verdanke ich meinem Mitarbeiter D. Rues.

Der erste Summand stellt die bekannte inkompressible Eckenströmung dar, die sowohl für konvexe wie auch für konkave Ecken gilt. Man sieht jedoch, daß die weiteren Summanden für $\beta_0 > \pi$ $(m < 0)$ fallende r-Potenzen aufweisen, d. h. daß in diesem Falle die Reihe bei $r = 0$ nicht konvergiert. Das ist auch einleuchtend; bei $\beta_0 > \pi$ weist ja schon die inkompressible Strömung an der Ecke unendlicher Geschwindigkeit auf, was bei kompressibler Strömung nicht zulässig ist. Die Darstellung mag dann wohl in einem äußeren Gebiet gelten, nicht aber in der Nähe von $r = 0$, ganz analog zur Kantenumströmung von RINGLEB. In Wirklichkeit tritt an der Ecke ein lokales Überschallgebiet mit Stoß auf, das erste Glied der Entwicklung in der Ecke ist also bereits falsch. Bei konkaver Ecke findet man weiter draußen nach Hodographenrechnungen von R. SCHWARZENBERGER [6] (oder KRAFT und DIBBLE [7]), bedingt durch die Nähe des Schalldurchganges, eine Grenzlinie. Diese dürfte dem Konvergenzradius unserer vorliegenden Reihe entsprechen.

Es ist keineswegs erforderlich, daß das System der gewöhnlichen Differentialgleichungen für die β-Funktionen mit einer linearen Differentialgleichung beginnt, wie es im letzten Beispiel der Fall war, wo die Ausgangslösung der inkompressiblen Strömung entsprach. Das erste Glied der Reihe kann beispielsweise auch eine exakte Lösung der partiellen Differentialgleichung sein. Eine solche exakte Lösung liegt vor, wenn Φ in Gl. (5) oder φ ind Gl. (6) proportional zu r ist, das ist dann die PRANDTL-MEYERsche Eckenströmung oder die entsprechende Kegelströmung. Beginnt die Entwicklung mit einer solchen exakten Lösung der nicht linearen Gleichung, dann tritt die erste Funktion nicht nur als inhomogenes Glied auf der rechten Gleichungsseite der zweiten Funktion auf, wie es in Gl. (23) der Fall ist, sondern auch in den Koeffizienten der linken Gleichungsseite. Ein Beispiel dazu liefert die Berechnung der Strömung an gekrümmten Kegelspitzen mit anliegender Kopfwelle [5]. Rechnungen im schallnahen Bereich zu diesem Problem werden gegenwärtig in meinem Institut ausgeführt.

Die logarithmischen Ansätze in Gl. (16) werden benötigt, wenn Krümmungssprünge der Stromlinien auftreten. Das ist beim Problem des Aufsetzens eines senkrechten Stoßes auf eine gekrümmte Wand der Fall, wie in [8] gezeigt wird.

Die exakte Lösung der Wirbelgleichung (7) ist durch $\Psi = \Psi(\beta)$ gegeben, fällt also auch in den Rahmen der Ansätze und ist als Quell- oder Senkenströmung mit Reibung bekannt [9].

Die zähe Strömung gemäß Gl. (7) ist noch durch einen anderen Umstand erwähnenswert. Bei einem Lösungsansatz nach negativen Potenzen von r, wie er dem Abklingen der Strömung weit draußen entspricht, sieht man, daß sich die ersten Glieder auch bei großer Zähigkeit ν (also bei kleinen REYNOLDSzahlen) durch das Trägheitsglied bestimmen. Die Zähigkeitswirkung weit draußen tritt erst bei späteren Gliedern in Erscheinung. Das bedeutet, daß das Problem des Abklingens selbst bei großer Zähigkeit in ausreichender Entfernung vom Störzentrum ein Problem großer REYNOLDSzahl ist. Freilich darf weit draußen aber nicht von der reinen Potentialströmung ausgegangen werden, denn die Potentiallösung selbst ist bekanntlich eine Lösung von Gl. (7), und man kann daher leicht auf Reihen stoßen, welche exakt sind, sich jedoch nur aus Superpositionen von Potentialströmungen zusammensetzen.

Schon aus dieser kurzen Zusammenfassung ist zu ersehen, daß die skizzierten Entwicklungen ein weites Feld für das Studium von Strömungsformen eröffnen.

LITERATUR

[1] H. GLAUERT: Proc. Roy. Soc. London A **118** (1928) 113.
[2] H. BATEMAN: Proc. Nat. Acad. Sci. U.S.A. **24** (1938) 246.
[3] W. GRÖBNER: Luftfahrtforschung **20** (1943) 184.
[4] I. IMAI: Journ. Phys. Soc. Japan **8** (1953) 537.
[5] H. CABANNES: Rech. Aeronaut. **24** (1951) 17.
[6] R. SCHWARZENBERGER: Diplomarbeit, Göttingen 1944.
[7] H. KRAFT and C. G. DIBBLE: J. Aeron. Sci. **11** (1944) 283.
[8] K. OSWATITSCH und J. ZIEREP: ZAMM 1960, Sonderheft der GAMM-Tagung.
[9] G. HAMEL: Mechanik der Kontinua. Teubner, Leipzig 1956, S. 161.

Linearized theory of airfoils in fluids of low electrical conductivity[1])

By SHIH-I. PAI

(University of Maryland, College Park, Md.; Institute for Fluid Dynamics and Applied Mathematics, and General Electric Company; Space Sciences Laboratory, Missile and Space Vehicle Department)

Summary

A uniform steady flow of compressible fluid of low electrical conductivity past thin magnetized bodies has been studied. Because of the thinness of the body and the small electrical conductivity of the fluid, the fundamental equations of magnetogasdynamics may be linearized.

It was found that the flow is anisentropic and the perturbed velocity components $q'(u, v$ or $w)$ of the flow satisfy the following equation:

$$(1 - M^2)\frac{\partial^2 q'}{\partial x^2} + \frac{\partial^2 q'}{\partial y^2} + \frac{\partial^2 q'}{\partial z^2} = F_{q'}, \tag{A}$$

where M is the MACH number of the uniform stream and $F_{q'}$, are known functions of the externally applied electromagnetic fields.

The perturbed quantities (u, v, etc.) may be divided into two parts, i. e., $Q = Q_0 + Q_1$, where Q_0 is the corresponding solution of ordinary gasdynamics and Q_1 is a function of the externally applied electromagnetic fields. The function Q_1 is proportional to the magnetic parameter R_M.

$$R_M = \frac{\sigma\, L\, B_0^2}{\varrho_0\, U}\,.$$

The external electromagnetic fields are under the control of the designer of the aircraft and independent of the flying conditions. Hence we may use the electromagnetic fields as a control device for the aircraft flying in a fluid of low electrical conductivity. The effectiveness of this device is proportional to the magnetic parameter R_M.

1. Introduction

For aeronautical engineering problems, the magnetic REYNOLDS number is usually small [1] because of the low electrical conductivity of the fluid. In order to have sufficient magnetoggasdynamic effect on the flow field, a large *externally* applied magnetic field should be used. For practical purpose, such a magnetic

[1]) This analysis is based on work performed under the auspices of the U. S. Air Force Ballistic Missiles Division, Contract No. AF 04(467)—269.

field should have its origin inside the aircraft. In this paper we study a steady flow past thin magnetized bodies of compressible fluid of flow electrical conductivity. Because of the thinness of the body and the small electrical conductivity of the fluid, we may linearize the fundamental equations of our problem.

We consider a uniform flow of velocity U parallel to the x-axis past a thin magnetized body. The resultant velocity vector of the flow field is

$$\vec{q} = \vec{i}\, U + \vec{q}\,' = \vec{i}\,(U + u) + \vec{j}\, v + \vec{k}\, w \tag{1}$$

where $\vec{i}, \vec{j}$ and $\vec{k}$ are respectively the unit vectors in the direction of the x-, y- and z-axis, and $\vec{q}\,' = \vec{i}\, u + \vec{j}\, v + \vec{k}\, w$ is the perturbed velocity vector. We assume that $|\vec{q}\,'| \ll U$.

The magnetic field strength in the flow field is

$$\vec{H} = \vec{H}_0 + \vec{h} = \vec{i}\,(H_{0x} + h_x) + \vec{j}\,(H_{0y} + h_y) + \vec{k}\,(H_{0z} + h_z) \tag{2}$$

where $\vec{H}_0 = \vec{i}\, H_{0x} + \vec{j}\, H_{0y} + \vec{k}\, H_{0z}$ is the original magnetic field of the thin body when there is no flow and $\vec{h} = \vec{i}\, h_x + \vec{j}\, h_y + \vec{k}\, h_z$ is the perturbed magnetic field strength. Because of the low electrical conductivity of the fluid, we have $|\vec{h}| \ll |\vec{H}_0|$. We assume that originally there is negligible electrical current in the space outside the body. Hence in the flow field we may take

$$\nabla \times \vec{H}_0 = \vec{J}_0 = 0\,. \tag{3}$$

Because of the low electrical conductivity of the fluid, the current in the flow field is of the order of the perturbed quantity $\vec{h}$ or $\vec{q}\,'$. Hence we have the current density $\vec{J}$ as follows

$$\vec{J} = \nabla \times \vec{H} = \nabla \times \vec{h} + \sigma\,(\vec{E} + \vec{q} \times \vec{B}) = \sigma\,(\vec{E}_0 + U\,\vec{i} \times \vec{B}_0)\,\sigma\,\vec{G} \quad \text{(say)} \tag{4}$$

where $\vec{E}$ is the total electric field strength and $\vec{E}_0$ is the externally applied electric field which is assumed of the same order of magnitude as $U\,\vec{i} \times \vec{B}_0$. $\vec{B}_0 = \mu_e\, \vec{H}_0 = \vec{i}\, B_{0x} + \vec{j}\, B_{0y}\, \vec{k}\, B_{0z}$ and μ_e is the magnetic permeability. Here we assume that the electrical conductivity σ of the fluid is of the same order of magnitude as the perturbed quantities $\vec{h}$ and $\vec{q}\,'$. We assume that the excess electrical charge is negligible in the flow field so that the electrical field strength $\vec{E}_0$ satisfies the following equations

$$\nabla \times \vec{E}_0 = 0\,, \qquad \nabla \cdot \vec{E}_0 = 0\,. \tag{5}$$

In our problem, we assume that U, $\vec{E}_0$ and $\vec{H}_0$ are given.

The pressure p, density ϱ and entropy S of the fluid in the flow field are respectively

$$p = p_0 + p'; \quad \varrho = \varrho_0 + \varrho'; \quad S = S_0 + S' \tag{6}$$

where subscript o refers to the values of the uniform stream and prime refers to the perturbed quantities.

The unknowns in our problems are
(1) the perturbed velocity components u, v, w,
(2) the perturbed magnetic field strength components h_x, h_y, h_z,
(3) the perturbed density ϱ',
(4) the perturbed pressure p',
(5) the perturbed entropy S'.
We are going to derive nine fundamental equations for these nine perturbed quantities. We shall assume that the fluid is inviscid and non-heat-conducting. Thus we study only the flow field outside the viscous and thermal boundary layer of the magnetized body.

2. Fundamental equations

The perturbed magnetic field $\vec{h}$ is given by equation (4) which is a vector equations and which has three component equations. The other six equations are the gasdynamic equations with electromagnetic force terms. They are as follows:

(a) The equations of continuity is

$$\nabla \cdot (\varrho \vec{q}) = U \frac{\partial \varrho'}{\partial x} + \varrho_0 \left(\frac{\partial u}{\partial x} + \frac{\partial v}{\partial y} + \frac{\partial w}{\partial z} \right) = 0 . \tag{7}$$

(b) The energy equations is

$$\varrho\, T\, (\vec{q} \cdot \nabla)\, S = \vec{J} \cdot (\vec{E} + \vec{q} \times \vec{B}) \cong \varrho_0\, T_0\, U \frac{\partial S'}{\partial x} \cong \sigma\, (\vec{E}_0 + U \vec{i} \times \vec{B}_0)^2 = \sigma\, \vec{G}^2 . \tag{8}$$

Equation (8) shows that our flow field is not isentropic. Integration of equation (8) with respect to x gives

$$S' = \frac{\sigma}{\varrho_0\, T_0\, U} \int_{-\infty}^{x} \vec{G}^2\, dx . \tag{9}$$

It is understood that for any magnetized body, the given magnetic field $\vec{H}_0$ and the electric field $\vec{E}_0$ will be zero at infinity; hence the integral (9) exists. T is the absolute temperature of the fluid.

(c) The equations of state. For anisentropic flow, we have

$$p = K\, \varrho^{\gamma}\, e^{S/C_v} \tag{10}$$

where K is a constant, C_v is the specific heat at constant volume and γ is the ratio of specific heats C_p/C_v. For our linearized theory both C_v and γ may be assumed to be constant.

From equation (10), we have

$$\nabla p = \left(\frac{\partial p}{\partial S} \right)_{\varrho} \nabla S' + \left(\frac{\partial p}{\partial \varrho} \right)_{s} \nabla \varrho' \tag{11}$$

where ∇ is the gradient operator and

$$\left(\frac{\partial p}{\partial S}\right)_\varrho = \frac{p}{C_v} \cong \frac{p_0}{C_v}, \tag{12}$$

$$\left(\frac{\partial p}{\partial \varrho}\right)_S = \gamma \frac{p}{\varrho} = \gamma \frac{p_0}{\varrho_0} = a_0^2 \tag{13}$$

where a_0 is the sound speed of the uniform stream.

(d) The equations of motion are

$$\varrho\,(\vec{q}\cdot\nabla)\,\vec{q} = -\nabla p + \vec{J}\times\vec{B} \cong \varrho_0\,U\frac{\partial q'}{\partial x} \cong -\frac{p_0}{C_v}\nabla S' + a_0^2\nabla\varrho' + \sigma\,\vec{G}\times\vec{B}_0 \tag{14}$$

or in component form

$$\frac{\partial u}{\partial x} = -\frac{p_0}{C_v\,U\,\varrho_0}\frac{\partial S'}{\partial x} - \frac{a_0^2}{\varrho_0\,U}\frac{\partial \varrho'}{\partial x} + \frac{\sigma}{\varrho_0\,U}(G_y\,B_{0z} - G_z\,B_{0y}), \tag{14a}$$

$$\frac{\partial v}{\partial x} = -\frac{p_0}{C_v\,U\,\varrho_0}\frac{\partial S'}{\partial y} - \frac{a_0^2}{\varrho_0\,U}\frac{\partial p'}{\partial y} + \frac{\sigma}{\varrho_0 U}(G_z\,B_{0x} - G_x\,B_{0z}), \tag{14b}$$

$$\frac{\partial w}{\partial x} = -\frac{p_0}{C_v\,U\,\varrho_0}\frac{\partial S'}{\partial z} - \frac{a_0^2}{\varrho_0\,U}\frac{\partial p'}{\partial z} + \frac{\sigma}{\varrho_0\,U}(G_x\,B_{0y} - G_y\,B_{0x}). \tag{14c}$$

Since we may eliminate our unknowns $\vec{h}(\vec{J})$, S' and p' by means of equations (4), (9) and (11), we need to solve only the variables $\vec{q}'$ and ϱ' from equations (7) and (14).

3. Non-dimensional form of the fundamental equations

Now we introduce the following non-dimensional quantities:

$$\left.\begin{aligned} u^* &= \frac{u}{U}; \quad v^* = \frac{v}{U}; \quad w^* = \frac{w}{U}; \quad \vec{B}^* = \frac{\vec{B}}{B_0}; \quad \vec{G}^* = \frac{\vec{G}}{U\,B_0}; \\ S^* &= \frac{S}{U_v}; \quad \varrho^* = \frac{\varrho'}{\varrho_0}; \quad x^* = \frac{x}{L}; \quad y^* = \frac{y}{L}; \quad z^* = \frac{z}{L} \end{aligned}\right\} \tag{15}$$

where B_0 and L are respectively the reference values of the magnetic induction and length.

Our fundamental equations (7), (9), (14a), (14b) and (14c) in the non-dimensional form are respectively

$$\frac{\partial \varrho^*}{\partial x^*} + \frac{\partial u^*}{\partial x^*} + \frac{\partial v^*}{\partial y^*} + \frac{\partial w^*}{\partial z^*} = 0, \tag{16a}$$

$$S^* = \nu\,(\gamma - 1)\,R_\sigma\,R_H\,M^2 \int_{-\infty}^{x^*} \vec{G}^{*2}\,dx^*, \tag{16b}$$

$$\frac{\partial u^*}{\partial x^*} = -\frac{1}{\gamma\,M^2}\frac{\partial S^*}{\partial x^*} - \frac{1}{M^2}\frac{\partial \varrho^*}{\partial x^*} + R_\sigma\,R_H\,(G_y^*\,B_{0z}^* - G_z^*\,B_{0y}^*), \tag{16c}$$

$$\frac{\partial \varrho^*}{\partial x^*} = -\frac{1}{\gamma\,M^2}\frac{\partial S^*}{\partial y^*} - \frac{1}{M^2}\frac{\partial \varrho^*}{\partial y^*} + R_\sigma\,R_H\,(G_z^*\,B_{0x}^* - G_x^*\,B_{0z}^*), \tag{16d}$$

$$\frac{\partial w^*}{\partial x^*} = -\frac{1}{\gamma\,M^2}\frac{\partial S^*}{\partial z^*} - \frac{1}{M^2}\frac{\partial \varrho^*}{\partial z^*} + R_\sigma\,R_H\,(G_x^*\,B_{0y}^* - G_y^*\,B_{0x}^*) \tag{16e}$$

where the non-dimensional parameters R_σ, R_H and M have the following meanings:

$$\left.\begin{aligned} R_\sigma &= \mu_e\,\sigma\,L\,U = \text{magnetic Reynolds number},\\ R_H &= \frac{B_0^2}{\varrho_0 U^2 \mu_e} = \text{magnetic pressure number},\\ M &= \frac{U}{a_0} = \text{Mach number.}\end{aligned}\right\} \tag{17}$$

Here we assume that R_σ is a small quantity of the same order of magnitude as those of u^*, v^* etc. Both R_H and M are assumed to be of the order of unity. The non-dimensional electromagnetic fields, $\vec{B}^*$, $\vec{G}^*$ etc. are of the order of unity. For simplicity, we introduce the following abbreviations:

$$\vec{F}^* = \vec{i}\,F_x^* + \vec{j}\,F_y^* + \vec{k}\,F_z^* \tag{18}$$

where

$$F_x^* = G_y^*\,B_{0z}^* - G_z^*\,B_{0y}^* - (\gamma - 1)\frac{\partial N^*}{\partial x^*},$$

$$F_y^* = G_z^*\,B_{0x}^* - G_x^*\,B_{0z}^* - (\gamma - 1)\frac{\partial N^*}{\partial y^*},$$

$$F_z^* = G_x^*\,B_{0y}^* - G_y^*\,B_{0x}^* - (\gamma - 1)\frac{\partial N^*}{\partial z^*},$$

$$N^* = \int_{-\infty}^{x^*} G^{*2}\,dx^*$$

where F_x^*, F_y^*, F_z^* and N^* are known functions in our problem.

Eliminating u^*, v^* and w^* from equations (16), we have a linearized equation for the density variation ϱ^* as follows:

$$\nabla_M^2\,\varrho^* = \left[(1 - M^2)\frac{\partial^2}{\partial x^{*2}} + \frac{\partial^2}{\partial y^{*2}} + \frac{\partial^2}{\partial z^{*2}}\right]\varrho^* = M^2\,R_\sigma\,R_H\left(\nabla^*\cdot\vec{F}^*\right) = F_{\varrho^*} \tag{19}$$

where $\nabla^* = \vec{i}\,\frac{\partial}{\partial x^*} + \vec{j}\,\frac{\partial}{\partial y^*} + \vec{k}\,\frac{\partial}{\partial z^*}$ and F_{ϱ^*} is a known function for the equation of ϱ^*.

Similarly we may find the differential equations for u^*, v^* and w^* respectively as follows:

$$\nabla_M^2\,u^* = R_\sigma\,R_H\int_{-\infty}^{x^*}\left[-M^2\frac{\partial^2 F^*}{\partial x^{*2}} + \frac{\partial}{\partial y^*}\left(\frac{\partial F_x^*}{\partial y^*} - \frac{\partial F_y^*}{\partial x^*}\right) - \frac{\partial}{\partial z^*}\left(\frac{\partial F_z^*}{\partial x^*} - \frac{\partial F_x^*}{\partial z^*}\right)\right]dx^* = F_{u^*}, \tag{20}$$

$$\nabla_M^2\,v^* = R_\sigma\,R_H\int_{-\infty}^{x^*}\left[-M^2\frac{\partial^2 F_y^*}{\partial x^{*2}} + \frac{\partial}{\partial z^*}\left(\frac{\partial F_y^*}{\partial z^*} - \frac{\partial F_z^*}{\partial y^*}\right) - \frac{\partial}{\partial x^*}\left(\frac{\partial F_x^*}{\partial y^*} - \frac{\partial F_y^*}{\partial x^*}\right)\right]dx^* = F_{v^*}, \tag{21}$$

$$\nabla_M^2\,w^* = R_\sigma\,R_H\int_{-\infty}^{x^*}\left[-M^2\frac{\partial^2 F_z^*}{\partial x^{*2}} + \frac{\partial}{\partial x^*}\left(\frac{\partial F_z^*}{\partial x^*} - \frac{\partial F_x^*}{\partial z^*}\right) - \frac{\partial}{\partial y^*}\left(\frac{\partial F_y^*}{\partial z^*} - \frac{\partial F_z^*}{\partial y^*}\right)\right]dx^* = F_{w^*}. \tag{22}$$

If we use Q to represent any one of the variables u^*, v^*, w^* or ϱ^*, equations (19) to (22) may be written in the following general form

$$\nabla_M^2 Q = F_Q \,. \tag{23}$$

Equation (23) is the basic equations for the linearized theory of a steady flow past a thin magnetized body when the magnetic REYNOLDS number is small. The main difference of equation (23) from the corresponding equation of ordinary gasdynamics is the occurrence of the known functions F_Q which depend on the electromagnetic fields of the thin body. If the electromagnetic fields $\vec{E}_0$ and $\vec{B}_0$ of the body are zero, $F_Q = 0$ and then our problem is exactly the same as that of the ordinary gasdynamics. Furthermore, if the electromagnetic fields of the body is small such that they are of the order of the perturbed quantities $\vec{q}'$ etc., then the functions F_Q will be of the second order of the perturbed quantities because of the small magnetic REYNOLDS number. In this case, F_Q are negligible in the first order theory. Then in the first order theory we have again the same equations as those of ordinary gasdynamics. In order to have a first order effect on the flow, we must have strong electromagnetic fields $\vec{E}_0$ or $\vec{H}_0$ such that R_H is of the order of unity.

4. General solution of the problem

Let y^* be the direction in the thickness of the thin body (wing or control surface). The equation of the camber of the thin body is

$$y_{b\pm}^* = \delta \, Y_\pm (x^*, z^*) \tag{24}$$

where δ is the maximum thickness ratio of the body which is a small quantity. The plus sign refers to the upper surface of the body and the minus sign refers to the lower surface of the body. In general,

$$Y_+(x^*, z^*) \neq Y_-(x^*, z^*) \,. \tag{25}$$

The boundary condition on the surface of the body is then

$$v^*(x^*, \pm 0, z^*) = \delta \frac{\partial Y_\pm}{\partial x^*} (x^*, z^*) \,. \tag{26}$$

Another boundary condition is

$$v^*(x^*, \pm \infty, z^*) = v_\infty^* = \text{finite value} \tag{27}$$

For subsonic flow, $M < 1$, $v_\infty^* = 0$ while for supersonic flow, $M > 1$, v_∞^* may be zero or finite value depending on the value of x^* and z^*. It is understood that the thin body is situated in the plane $y^* = 0$.

We are going to solve v^* from equation (21) with the boundary conditions (26) and (27). It should be noticed that the given electromagnetic fields $\vec{E}_0$ and $\vec{B}_0$ of the thin body may have different values on the upper and the lower surfaces of the thin body. In general, we should assume that

$$\left.\begin{array}{l}\vec{E}_0(x^*, +0, z^*) \neq \vec{E}_0(x^*, -0, z^*) \\ \text{and} \\ \vec{B}_0(x^*, +0, z^*) \neq \vec{B}_0(x^*, -0, z^*)\end{array}\right\} \qquad (28)$$

The values of $\vec{E}_0$ and $\vec{B}_0$ on the surfaces of the thin body depend on how we design the aircraft, i. e., how we arrange the current coils inside the thin body.

In solving v^*, we may write

$$v^* = v_0^* + v_1^* = v_0^* + R_\sigma R_H v_{11}^* \qquad (29)$$

such that the solution v^* satisfies the homogeneous equation

$$\nabla_M^2 v_0^* = (1 - M^2)\frac{\partial^2 v_0^*}{\partial x^{*2}} + \frac{\partial^2 v_0^*}{\partial y^{*2}} + \frac{\partial^2 v_0^*}{\partial z^{*2}} = 0 \qquad (30)$$

with the boundary conditions

$$\left.\begin{array}{l} v_0^*(x^*, \pm 0, z^*) = \delta \dfrac{\partial Y_\pm}{\partial x^*}(x^*, z^*) \\ \text{on the body,} \\ v_0^*(x^*, \pm\infty, z^*) = v_\infty^*(x^*, z^*)\end{array}\right\} \qquad (31)$$

and the solution v_{11}^* satisfies the inhomogeneous equation

$$\nabla_M^2 v_{11}^* = \frac{F_v^*}{R_\sigma R_H} = F_{v1}^* \qquad (32)$$

with the boundary conditions

$$v_{11}^*(x^*, \pm 0, z^*) = 0 \quad \text{on the body,} \quad v_{11}^*(x^*, \pm\infty, z^*) = 0 \qquad (33)$$

where the function F_{v1}^* is independent of $R_M = R_\sigma R_H$. (See equation (21)).

The solution v_0^* is exactly the solution of the corresponding problem of ordinary gasdynamics while the solution of v_1^* is a new contribution due to the electromagnetic fields of the thin body. From equations (29) and (32) we see that the solution v_1^* is directly proportional to the magnetic parameter

$$R_M = R\, R_H = \frac{\sigma L B_0^2}{\varrho_0 U}. \qquad (34)$$

The particular solution v_{11}^* of the inhomogeneous equation (32) may be obtained by the standard method of GREEN theorem.

After the solution v^* is obtained, we may calculate the other variables by simple quadrature as follows:

From equation (16d), we have

$$\begin{aligned}\varrho^*(x^*, y^*, z^*) &= M^2 \int_{y^*}^{\infty} \left(\frac{\partial v^*}{\partial x^*} - R_M F_y^*\right) dy^* \\ &= M^2 \int_{y^*}^{\infty} \frac{\partial v_0^*}{\partial x^*}\, dy^* + M^2 R_M \int_{y^*}^{\infty} \left(\frac{\partial_{11}^*}{\partial x^*} - F_y^*\right) dy^* \\ &= \varrho_0^* + R_M \varrho_{11}^*. \end{aligned} \qquad (35)$$

From equation (16c), we have

$$u^*(x^*, y,^* z^*) = -\frac{\varrho^*}{M^2} + \int_{-\infty}^{x^*} F_x^* R_M dx^*$$

$$= -\frac{\varrho_0^*}{M^2} + R_M\left(-\frac{\varrho_{11}^*}{M^2} + \int_{-\infty}^{x^*} F_x^* dx^*\right) = u_0^* + R_M u_{11}^* . \quad (36)$$

Finally from equation (14), we have

$$p^*(x^*, y^*, z^*) = -u^* + R_M \int_{-\infty}^{x^*} (G_y^* B_{0z}^* - G_z^* B_{0y}^*) dx^*$$

$$= -u_0^* + R_M [-u_{11}^* + \int_{-\infty} (G_y^* B_{0z}^* - G_z^* B_{0y}^*) dx^*]$$

$$= p_0^* + R_M p_{11}^* . \quad (37)$$

In general, the perturbed quantities Q may be written as

$$Q = Q_0 + R_M Q_{11} \quad (38)$$

where Q_0 is the corresponding solution of ordinary gasdynamics and Q_{11} is a function of the distribution of the electromagnetic fields $\vec{E}_0^*$ and $\vec{B}_0^*$ of the thin body.

Since the distributions of the electromagnetic fields $\vec{E}_0^*$ and $\vec{B}_0^*$ of the thin body are under the control of the designer of the aircraft and independent of the flying conditions, it seems that we have a perfect control device by varying the electromagnetic field strengths of the thin body. The effectiveness of such a control device depends on the magnetic parameter R_M. In order to increase the effectiveness of this control device, we should increase R_M by the following methods:

(a) To increase the magnetic field strength and electric field strength which are represented by B_0. This is an effective method because R_M is proportional to the square of B_0.

(b) To increase the dimension of the thin body L.

(c) To increase the electrical conductivity σ which may be obtained by seeding.

(d) To decrease ϱ_0 by flying at high altitude, and

(e) to decrease U. This is not an effective method because there is an interdependence between U and σ such that σ increases with U.

5. An example

In order to show the influence of the magnetic field of the thin body on the flow field, we consider a very simple ideal case as follows:

A two dimensional flow of Mach number $M > 1$ is passing over a twodimensional surface with the following shape (Fig. 1)

$$y_{b+}^* = \delta Y(x^*) , \qquad -1 \leqq x^* \leqq 1 , \qquad y_{b+}^* = 0 , \qquad x^* < -1, x^* > +1 . \quad (39)$$

The external electric field $\overleftarrow{E}_0$ is zero while the external magnetic field $\overleftarrow{H}_0$ is a two dimensional magnetic field that

$$H_{0x}^* = H_1(x^*, y^*)\,, \qquad H_{0y}^* = H_2(x^*, y^*)\,, \qquad H_{0z}^* = 0\,. \tag{40}$$

Since we assume that the external magnetic field H_0 has its origin inside the body, the functions H_1 and H_2 decrease rapidly as the distance from the thin body increases so that at infinity, they are zero. For instance, if we assume that there is a two dimensional magnetic dipole situated at $x^* = 0$ and $y^* = -1$ (Fig. 1), we have

$$H_1(x^*, y^*) = -\frac{2\,x^*\,(y^*+1)}{[x^{*2}+(y^*+1)^2]^2}\,, \qquad H_2(x^*, y^*) = \frac{(y^*+1)^2 - x^{*2}}{[x^{*2}+(y^*+1)^2]^2}\,. \tag{41}$$

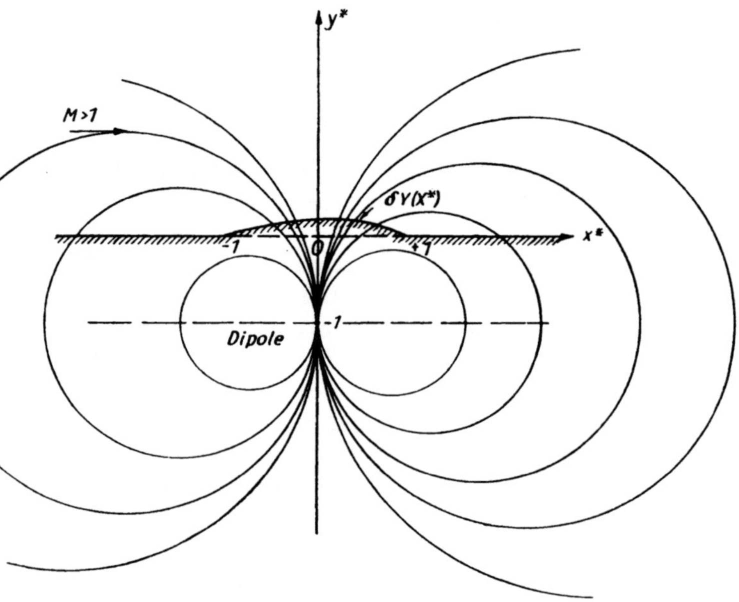

Fig. 1. Supersonic flow over a thin magnetized body

As $r = \sqrt{x^{*2}+y^{*2}}$ approaches to infinity, both H_1 and H_2 decrease as $1/r^2$.

If we use a complicated arrangement of dipoles, quadrupoles and what not, in the body, we may have arbitrary functions for H_1 and H_2.

We are going to investigate the flow over the upper half plane $y^* \geqq 0$. The boundary condition on the surface is:

$$\left.\begin{aligned} v^*(x^*, 0) &= \delta\frac{dY}{dx^*} = \delta Y'(x^*)\,, \qquad -1 \leqq x^* \leqq +1\,,\\ v^*(x^*, 0) &= 0\,, \qquad x^* < -1\,, \qquad x^* > +1 \end{aligned}\right\} \tag{42}$$

where $Y(x^*)$ is the shape of the body which is of the order unity and is the maximum thickness ratio of the body. We assume that there is no disturbance from infinity and hence the ordinary gasdynamic solution of v^* is

$$v^*(x^*, y^*) = \delta Y' (x^* - m y^*) \tag{43}$$

where $m = \sqrt{M^2 - 1}$.

For the contribution due to the external magnetic field, we first calculate the function F_{v1}^*. For two dimensional problem with $\partial/\partial z^* \equiv 0$, we have

$$F_{v1}^* = (1 - M^2) \frac{\partial F_y^*}{\partial x^*} - \frac{\partial F_x^*}{\partial y^*} \, . \tag{44}$$

When $\vec{E}_0^* = 0$ and $\vec{B}_{0z}^* = 0$, equation (44) becomes

$$F_{v1}^* = (1 - M^2) \frac{\partial}{\partial x^*} (B_{0x}^* B_{0y}^*) + [1 + M^2 (\gamma - 1)] \frac{\partial B_{0y}^{*2}}{\partial y^*} = (1 - M^2) f(x^*, y^*) \tag{45}$$

where $B_{0x}^* = \mu_e H_1$ and $B_{0y}^* = \mu_e H_2$.

Equation (32) becomes

$$\frac{\partial^2 v_{11}^*}{\partial x^{*2}} - \frac{\partial^2 v_{11}^*}{\partial y^{*2}} = f(x^*, y_1^*) \tag{46}$$

where $y_1^* = \sqrt{(M^2 - 1)}\, y^*$.

Now we introduce the following new variables:

$$z_1 = x^* - y_1^* \, , \qquad z_2 = x^* + x_1^* \, . \tag{47}$$

Equation (46) in terms of z_1 and z_2 becomes

$$4 \frac{\partial^2 v_{11}^*(z_1, z_2)}{\partial z_1 \, \partial z_2} = f(z_1, z_2) \, . \tag{48}$$

Integrating equation (48) first with respect to z_2 and then to z_1, we have

$$4 \, v_{11}^* = g(z_1, z_2) + g_1(z_1) + g_2(z_2) \tag{49}$$

$$\text{where } g(z_1, z_2) = \int^{z_1} \int^{z_2} f(z_1, z_2) \, dz_1 \, dz_2 = g(x^*, m \, y^*) \, . \tag{50}$$

The function $g(z_1, z_2)$ is a known function of H_1 and H_2 as shown by equation (45) and (50). The functions $g_1(z_1)$ and $g_2(z_2)$ are arbitrary functions determined by the boundary conditions. If we assume that there is no disturbance from infinity to the body other than due to the magnetic field, we may take

$$g_2(z_2) = 0 \, . \tag{51}$$

The condition that on the $y_1^* = 0$ (i. e., $z_1 = z_2$ line) $v_{11}^* = 0$ gives

$$g_1(z_1) = - g(z_1, z_1) = - g_0(x^*, m \, y^*) \, . \tag{52}$$

Finally we have

$$v_{11}^* = \frac{1}{4} [g(z_1, z_2) - g(z_1, z_1)] \, . \tag{53}$$

For a magnetic field behaves like a dipole, at large distance from the thin body, we have

$$H_1 \sim \frac{1}{r_1^2} \sim \frac{1}{R^2}, \qquad H_2 \sim \frac{1}{r_1^2} \sim \frac{1}{R^2} \tag{54}$$

where $r_1^2 = x^{*2} + y_1^{*2}$ and $R^2 = z_1^2 + z_2^2 = 2\, r_1^2$. Then the function $f(z_1, z_2)$ will be

$$f(z_1, z_2) \sim \frac{1}{r_1^5} \sim \frac{1}{R^3}\,. \tag{55}$$

Finally the integrated function will be

$$g(z_1, z_2) \sim \frac{1}{R^3} \to 0 \qquad \text{as} \qquad R \to \infty\,. \tag{56}$$

Hence the condition that as $y^* \to \infty$, i. e., $z_1 \to \infty$ and $z_2 \to \infty$, $v_{11}^* \to 0$ is satisfied.

The general solution of our problem is

$$\begin{aligned} v^* = v_0^* + R_M\, V_{11}^* &= \delta\, Y'(z_1) + \frac{R_M}{4}\,[g(z_1, z_2) - g(z_1, z_1)] \\ &= \delta\, Y'\,(x^* - m\, y^*) + \frac{R_M}{4}\,[g(x^*, m\, y^*) - g_0(x^*, m\, y^*)]\,. \end{aligned} \tag{57}$$

One interesting result is that the contribution $g(z_1, z_2)$ has the upper stream effect from the thin body because is magnetic field in front of the thin body. Hence the function $g(z_1, z_2)$ depends on both $z_1 = x^* - m\, y^*$ and $z_2 = x^* + m\, y^*$. The ordinary gasdynamic solution $Y'(z_1)$ depends on z_1 only because this part of the disturbance comes from the body (i. e., $y^* = 0$ line for first approximation) of the disturbance produced by the magnetic field H_1 and H_2; hence it propagates downstream from the $y^* = 0$ line and it must depend on $z_1 = x^* - m\, y^*$ only.

After v^* is obtained, we can calculate ρ^*, u^* and p^* by simple quadrature from equations (35) to (37). For our example, we have

$$\varrho^* = M^2 \frac{\delta}{m}\, Y'\,(x^* - m\, y^*) + M^2\, R_M\,(g\,\varrho_1 + g\,\varrho_2) \tag{58}$$

where

$$g_1 = \frac{1}{4} \int_{y^*}^{\infty} [g_x(x^*, y^*) - g_{x0}\,(x^*, y^*)]\, dy^*\,, \tag{59a}$$

$$g_2 = -\int_{y^*}^{\infty} B_{0x}^*\, B_{0y}^*\, dy^* + (\gamma - 1) \int_{-\infty}^{x^*} B_{0y}^{*2}\, dx^*\,, \tag{59b}$$

$$g_x = \frac{\partial g}{\partial x^*}\,.$$

The perturbed x-wise velocity component is

$$\begin{aligned} u^* &= -\frac{\delta}{m}\, Y'\,(x^* - m\, y^*) + R_M\,[g_{\varrho 1} + g_{\varrho 2} - \int_{-\infty}^{x^*} B_{0y}^{*2}\, dx^*] \\ &= -\frac{\delta}{m}\, Y'\,(x^* - m\, y^*) + R_M\, u_{11}^*\,. \end{aligned} \tag{60}$$

The pressure is

$$p^* = \frac{\delta}{m} Y' (x^* - m y^*) + R_M \left[- u_{11}^* - \int_{-\infty}^{x^*} B_{0y}^{*2} dx^* \right]$$

$$= \frac{\delta}{m} Y' (x^* - m y^*) + R_M p_{11}^* . \qquad (61$$

Acknowledgement

The author wishes to express his appreciation to Dr. H. G. LEW for his interest in this problem and his discussions during the course of investigation.

REFERENCES

[1] E. L. JR. RESLER and W. R. SEARS: The prospects of magnetoaerodynamics. Jour. Aero. Sci. **25** (1956) 235—246.
[2] S.I. PAI: Energy equation of magneto-gas dynamics. Phy. Rev. **105** (1957) 1424 to 1426.

Die Scheibe mit Linienpflaster[1])

Von **Alf Pflüger**

(Lehrstuhl für Statik, Technische Hochschule Hannover)

Die Spannungsstörungen, die in einer Scheibe mit homogenem Spannungszustand durch ein Loch hervorgerufen werden, sind in der Literatur schon sehr häufig für die verschiedensten Lochformen behandelt worden. Dagegen hat man nur selten den Fall betrachtet, daß eine Scheibe in einem relativ kleinen Bereich verstärkt ist, also gewissermaßen ein *Pflaster* trägt. Dieses Problem ist jedoch für eine Reihe technischer Aufgaben bedeutungsvoll. Z. B. erfahren die in letzter Zeit vielfach für relativ hohe Drücke gebauten kugelförmigen Gasbehälter durch die Anschlußbleche der tangential angeordneten Stützen eine für die Bemessung maßgebliche Störung des sonst gleichmäßigen Spannungszustandes, die angenähert durch die Störung wiedergegeben wird, die durch ein entsprechendes Pflaster in einer Scheibe erzeugt wird.

In der vorliegenden Arbeit wird eine allseitig unendlich ausgedehnte Scheibe konstanter Dicke betrachtet, die in ihrer Mittelfläche längs einer bestimmten Strecke mit einem stabförmigen Gebilde verbunden ist. Dieses *Linienpflaster* hat dabei einen beliebigen Verlauf der Dehnungssteifigkeit, wird aber vollkommen biegeweich vorausgesetzt. Der Spannungszustand der Scheibe ist in hinreichender Entfernung vom Pflaster homogen, sonst aber beliebig. Gesucht ist die durch das Pflaster verursachte Störung.

Zu ihrer Berechnung kann man zunächst die recht einfachen Gleichungen für den eindimensionalen Spannungs- und Verschiebungszustand des von der Scheibe abgeschnitten gedachten Pflasters anschreiben. Dabei tritt als unbekannte Pflasterbelastung die zwischen Scheibe und Pflaster wirkende Schubspannung auf. Diese Schubspannung erzeugt andererseits in der Scheibe einen Spannungszustand, der am besten quellenmäßig dargestellt wird und dann als Integral der genannten Schubspannungen über die Pflasterlänge erscheint. Verknüpft man die für Pflaster und Scheibe geltenden Gleichungen durch die Bedingung, daß die Dehnungen von Pflaster und Scheibe längs der Pflasterachse übereinstimmen müssen, so erhält man schließlich folgende Integro-Differentialgleichung

$$L = T\left[1 - \lambda \int_{-1}^{+1} \frac{dL(\eta')}{d\eta'} \frac{d\eta'}{\eta - \eta'}\right].$$

[1]) Auszug aus einem Widmungsaufsatz, erschienen in den Mitteilungen der Braunschweigischen Wissenschaftlichen Gesellschaft, 1961.

Dabei ist

- η dimensionslose Koordinate längs der Pflasterachse mit der Zwischenvariablen η'. $\eta = 0$ ist die Pflastermitte, die Integrationsgrenzen $+1$ und -1 sind die Pflasterenden,
- T die Pflasterbreite bezogen auf deren Wert bei $\eta = 0$,
- λ eine von den Abmessungen, den Steifigkeiten und der Belastung abhängige Konstante,
- L bis auf einen konstanten Faktor die Pflasterkraft.

Die so gewonnene Gleichung für die Pflasterkraft L ist eine in der Aerodynamik sehr bekannte und oft behandelte Gleichung. Sie stimmt nämlich formal mit der PRANDTLschen Gleichung der tragenden Linie überein. Die in der Aerodynamik entwickelten Methoden zur Lösung dieser Gleichung können daher übernommen werden, womit die Berechnung beliebiger Pflasterformen möglich wird. Besonders einfach wird analog zur Tragflügeltheorie die Lösung für das elliptische Pflaster. Hierfür ergibt sich entsprechend der konstanten induzierten Geschwindigkeit eine konstante Pflasterspannung. Im übrigen zeigen die Rechnungen als praktisch wichtigstes Ergebnis, daß die am Pflasterende in der Scheibe auftretenden Spannungen am gefährlichsten sind. Sie werden im allgemeinen — d. h. von speziellen Pflasterformen abgesehen — im Rahmen der hier entwickelten Theorie unendlich groß.

In der vorliegenden Arbeit wird schließlich noch auf Messungen an einer Scheibe mit schmalem elliptischen Pflaster eingegangen, aus denen die praktische Brauchbarkeit der Theorie hervorgeht.

Ermittlung schwacher Druckdifferenzen in Strömungen mit Kavitation

Von HANS REICHARDT und WOLFGANG SATTLER

(Max-Planck-Institut für Strömungsforschung, Göttingen)

1. Einleitung

Bewegt sich ein Körper so schnell in einem strömenden Medium, daß in den Bezirken des Unterdruckes der Dampfdruck des Mediums erreicht wird, so siedet hier die Flüssigkeit unter Bildung dampfgefüllter Hohlräume. Diese Erscheinung der Hohlraumbildung in strömenden Flüssigkeiten bezeichnet man als Kavitation. Durch das Auftreten der Kavitation wird das ursprüngliche Strömungsfeld wesentlich verändert.

Der Kavitationszustand wird durch die Kavitationszahl σ gekennzeichnet

$$\sigma = \frac{p - p_k}{q} . \tag{1}$$

Hier ist p der Druck der ungestörten Strömung, p_k der Druck im Kavitationsraum und q der Staudruck (p_k ist im allgemeinen gleich dem Dampfdruck p_d).

Die Definitionsgleichung (1) ergibt große Kavitationszahlen für geringe Staudrucke bzw. kleine Geschwindigkeiten und kleine Kavitationszahlen für große Staudrucke bzw. hohe Geschwindigkeiten. Die Hochgeschwindigkeitsprobleme der Wasserströmungen sind demnach durch niedrige Kavitationszahlen gekennzeichnet.

Für physikalische und technische Untersuchungen werden besondere Versuchsanlagen (Kavitationskanäle) benutzt. Da hohe Staudrucke eine starke Konstruktion sowie hohe Betriebskosten erfordern, ist es zweckmäßig und üblich, die kleinen Kavitationszahlen durch geringe Druckdifferenzen $p - p_k$ bei mäßigen Staudrucken zu erzielen. Die Verminderung des statischen Druckes p im Meßquerschnitt wird bei den gebräuchlichen Kavitationsanlagen mit geschlossenem Wasserkreislauf durch Evakuieren des Luftraumes über der freien Wasseroberfläche erreicht.

Da sich in einer geradlinigen Versuchsstrecke der statische Druck mit der Ortshöhe vermindert, so hängt die Kavitationszahl hier auch von der Ortshöhe ab. Diese Veränderlichkeit von σ mit der Höhe ist vor allem bei kleinen Kavitationszahlen und mäßigen Staudrucken beachtlich.

Um mit mäßigen Staudrucken extrem niedrige und von der Ortshöhe annähernd unabhängige Kavitationszahlen zu erreichen, hat H. REICHARDT [1] die Meßstrecke als *Freistrahl* ausgebildet, der zwischen vertikalen Seitenwänden geführt wird (Abb. 1). Die in einer solchen Freistrahlstrecke auftretende schwache

Krümmung der Stromlinien (Wurfparabeln) ist für viele Untersuchungen weniger nachteilig als eine starke prozentuale Veränderlichkeit der Kavitationszahl mit der Höhe. Allerdings ist in der Nähe der Düse, aus der der Strahl austritt, noch ein beachtlicher Einfluß des hydrostatischen Druckfeldes des Düsenraumes auf den Freistrahl vorhanden (siehe Kap. 5).

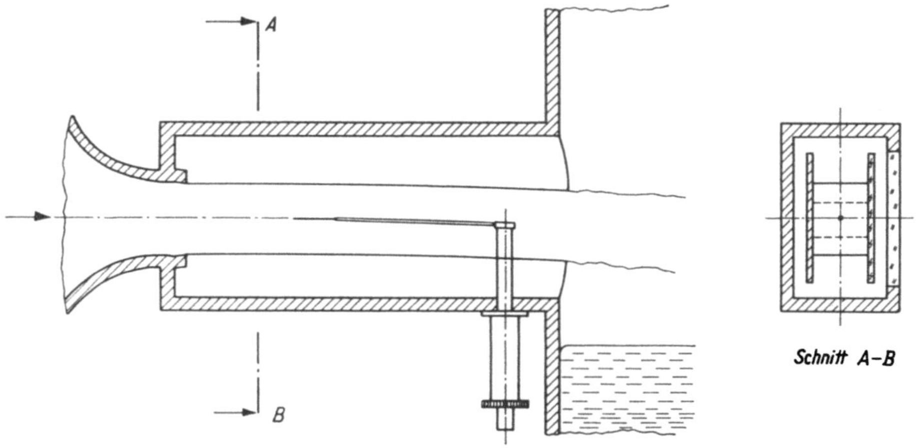

Abb. 1. Versuchsanordnung

2. Problemstellung

Mit dem Fortschreiten der Technik zu immer höheren Geschwindigkeiten gewinnen auch die Strömungsvorgänge bei sehr kleinen Kavitationszahlen größere Bedeutung. Daher muß man in der Lage sein, solche Vorgänge nicht nur zu realisieren, sondern auch meßtechnisch zu beherrschen.

Wenn beispielsweise in der Umgebung eines Modelles $\sigma = (p - p_k)/q = 0{,}010$ betragen soll, so wird damit vorausgesetzt, daß der statische Druck p in der ungestörten Strömung auf $1^0/_{00}$ des Staudruckes genau konstant sei. Wie kann man aber diese Konstanz kontrollieren? Wie will man das Gebiet ermitteln, in dem der hydrostatische Druck, der noch in Düsennähe wirksam ist, so weit abgeklungen ist, daß er um weniger als $1^0/_{00}$ des Staudruckes vom Außendruck p_0 abweicht und womit lassen sich irgendwelche anderen Druckstörungen von dieser Größenordnung nachweisen, die etwa von den Einflüssen der Modellhalterung oder der Wände herrühren?

Da die bekannten statischen Drucksonden solchen Anforderungen auch nicht annähernd gewachsen sind, haben wir uns überlegt, ob es möglich ist, die Erscheinung der Kavitation selbst für eine hinreichend genaue Ermittlung des Druckfeldes nutzbar zu machen. Bekanntlich kann man aus der Größe des Kavitation raumes hinter einem Widerstandskörper auf den Wert der Kavitationszahl σ schließen. Da nun σ vom statischen Druck abhängt, so ist die Größe einer Kavitationsblase zugleich auch ein Maß für den Wert des statischen Druckes in ihrer Umgebung. Wegen des starken Anwachsens der Kavitationsräume mit abnehmendem σ (bei $\sigma \to 0$ werden die Hohlräume ja unendlich groß), ist die Hohlraumgröße gerade bei extrem niedrigen σ-Werten ein besonders empfindliches Kriterium für kleinste Unterschiede des statischen Druckes.

Es ist nun die Frage, ob sich das Prinzip der Beobachtung von Kavitationsräumen zu einer brauchbaren Meßmethode für kleinste Druckunterschiede in Strömungen entwickeln läßt. Dieses Problem ist das Thema des vorliegenden Aufsatzes.[1])

3. Meßverfahren

Wird ein stumpfer zylindrischer Körper in die Strömungsrichtung gestellt, so entwickelt sich mit abnehmender Kavitationszahl an der Stirnfläche des Zylinders ein ellipsoidähnlicher, mit Wasserdampf gefüllter Hohlraum. Die Achse dieses Hohlraumes fällt mit der Zylinderachse zusammen (Abb. 2). Die Länge l des Kavitationsraumes wächst mit abnehmender Kavitationszahl. Die Funktion $l(\sigma)$ (siehe Abb. 3) läßt sich experimentell ermitteln, wenn der Staudruck und der statische Druck der Eichströmung hinreichend genau bekannt sind (Näheres siehe unten).

Um ein örtlich veränderliches Druckfeld ausmessen zu können, muß die Kavitationsblase hinreichend klein sein. Kleine Blasen erfordern aber auch einen geringen Zylinderdurchmesser. Wir benutzten daher als Sonde einen dünnen Draht ($d = 0{,}6$ mm). Die Blasenlängen wurden mit einem Ablesefernrohr gemessen.

Wenn man aus einer Blasenlängenmessung mit Hilfe der Eichkurve $l(\sigma)$ den örtlichen Wert von σ bestimmt hat, so kann man mittels der Definitionsgleichung (1) den örtlichen statischen Druck berechnen, wenn der Hohlraumdruck p_k und der Staudruck q bekannt sind. Der Hohlraumdruck, der praktisch gleich dem Dampfdruck ist, läßt sich sehr genau feststellen. Der Staudruck wird normalerweise mit einem Staurohr bestimmt. Das Staurohr mißt unmittelbar den Gesamtdruck

$$p_g = p + q \tag{2}$$

und zwar mit hoher Genauigkeit.

Durch Elimination von q aus (1) und (2) erhält man für p:

$$p = \frac{\sigma\, p_g + p_k}{1 + \sigma}\,. \tag{3}$$

[1]) Es handelt sich hier nicht um ein Manometerproblem der Messung kleiner Druckunterschiede, sondern um das *Sonden*problem einer hinreichend genauen Erfassung statischer Druckunterschiede, die im Vergleich zum Staudruck der Strömung außerordentlich gering sind.

Abb. 2. Zylinder mit Kavitationsblase (Blasensonde)

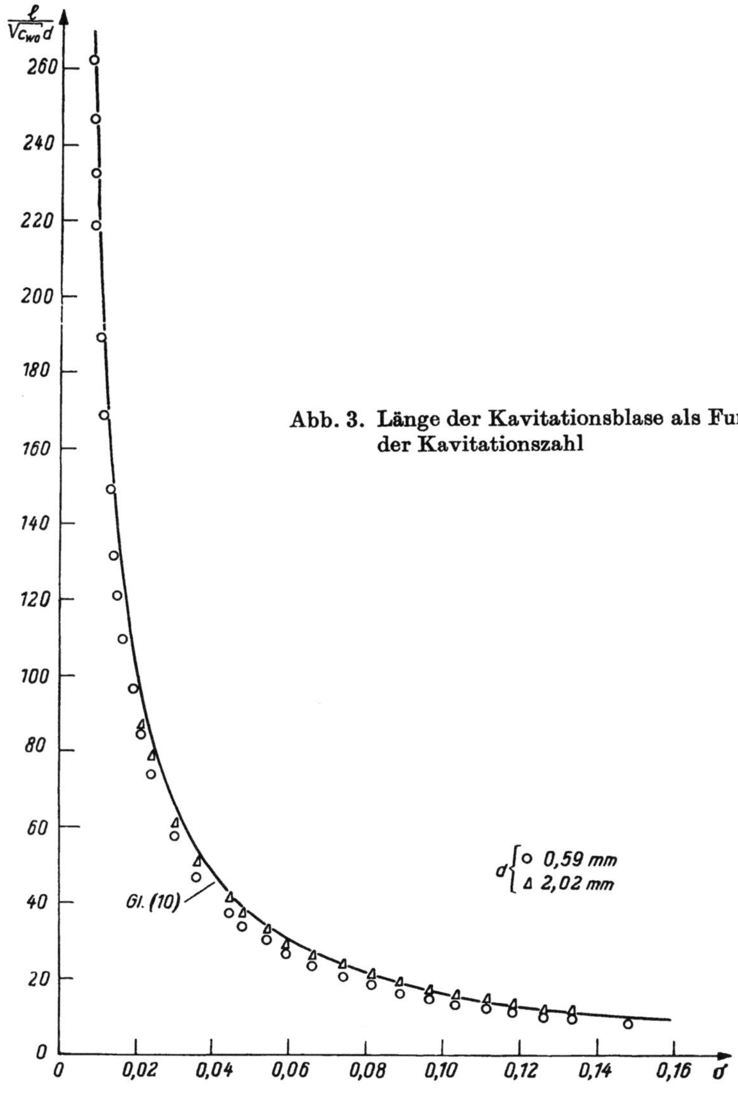

Abb. 3. Länge der Kavitationsblase als Funktion der Kavitationszahl

In dieser Gleichung wird der örtliche statische Druck durch die örtliche Kavitationszahl und die unmittelbar und hinreichend genau meßbaren Drucke p_g und p_k ausgedrückt.

Wir spezialisieren nun die Gl. (3) für den für die Erprobung benutzten Fall des Freistrahles. Da der hydrostatische Druck im Kessel linear mit der Höhe abnimmt, ändert sich der Gesamtdruck in der Düse und im Freistrahl in gleicher Weise. Bezeichnet man den Gesamtdruck in der Mittelebene der Düse mit p_{gm} und den vertikalen Abstand von dieser Ebene mit y, so ist

$$p_g = p_{gm} - y\,.\text{[1]} \qquad (4)$$

In großer Entfernung von der Düse, wo der statische Druck p mit dem Außendruck p_0 an den freien Strahlgrenzen praktisch übereinstimmt, ist

$$p_{gm} \approx q_b + p_0\,, \qquad (5)$$

wenn man mit q_b den in der Höhe $y = 0$ herrschenden „Betriebsstaudruck" bezeichnet.

Unter Benutzung von (4) und (5) und Einführung der „Betriebskavitationszahl"

$$\sigma_b = \frac{p_0 - p_k}{q_b} \qquad (6)$$

kann man Gl. (3) umformen in

$$\frac{p - p_0}{q_b} = \frac{\sigma\,(1 - y/q_b) - \sigma_b}{1 + \sigma}\,. \qquad (7)$$

Für den düsenfernen Bereich des Strahles, wo $p \approx p_0$ ist, folgt aus (7)

$$\sigma = \sigma_b/(1 - y/q_b)\,. \qquad (8)$$

Die örtliche Kavitationszahl wächst also schwach mit y (bzw. vermindert sich mit $-y$). Dies hat seinen Grund in der schwachen linearen Abnahme des Staudruckes mit der Höhe.

4. Eichung der Sonde

In der Annahme, daß sich der Freistrahl unserer Kavitationsanlage besonders gut für die Eichung eignen würde, haben wir zunächst dort orientierende Versuche mit der Sonde vorgenommen, um festzustellen, in welchem Abstande von der Düse der hydrostatische Druck abgeklungen ist bzw. eine Veränderlichkeit des Druckes über dem Querschnitt nicht mehr wahrnehmbar ist. Wir suchten also das Gebiet, in dem der Druck im Strahl gleich dem Außendruck p_0 ist.

Zu unserer Überraschung hatten wir jedoch zunächst ein Gebiet völlig ausgeglichenen Druckes gar nicht feststellen können. Mit zunehmender Entfernung der Sonde von der Düse vergrößerte sich zwar die Blasenlänge sehr stark, was auf ein rasches Abklingen des hydrostatischen Druckes im Strahl schließen ließ

[1]) Die Druckhöhe $\gamma\, y$ (γ = spezifisches Gewicht) ist bei Wasser zahlenmäßig gleich y.

(siehe Abb. 4). Gegen Ende der Versuchsstrecke wurde die Meßblase aber wieder kürzer, d. h., der Druck nahm dort wieder zu. Wie sich später herausstellte, war diese Drucksteigerung auf die Stauwirkung der reichlich kräftig ausgeführten Sondenhalterung (einschließlich Kavitationsblase) zurückzuführen.[1])

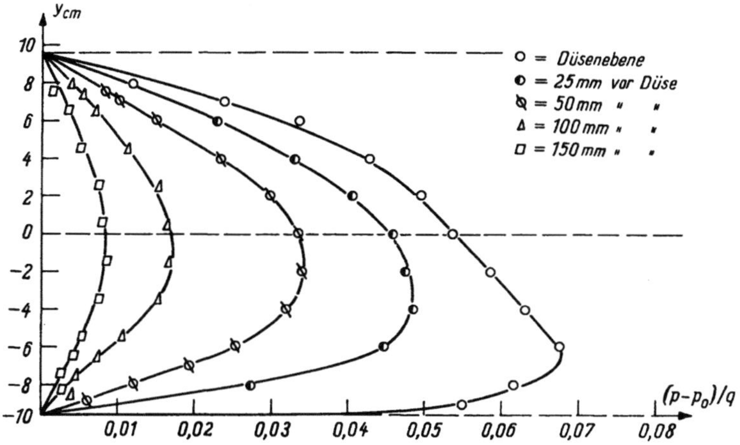

Abb. 4. Verteilungen des Überdruckes im Freistrahl in verschiedenen Entfernungen von der Düsenöffnung

Wenn extrem kleine Druckerhöhungen eine Rolle spielen, so muß noch ein anderer Effekt beachtet werden. Der Unterschied in der Krümmung der freien Oberflächen des Strahles bewirkt ebenfalls einen Überdruck im Strahlinneren [1, 3]. Für diesen Druck Δp gilt folgende Näherungsformel[2]):

$$\frac{\Delta p}{q} = \frac{h^2 - y^2}{2\,H^2} \tag{9}$$

(hier ist h die halbe Strahlhöhe, y der Abstand von der Strahlmitte und $H = u^2/2\,g$ die Druckhöhe). Der auf den Staudruck bezogene Überdruck, der sein Maximum in der Mittelebene ($y = 0$) hat, wächst also quadratisch mit der Strahlhöhe und nimmt quadratisch mit der Druckhöhe ab.

Um die betrachteten Druckstörungen hinreichend klein zu halten, haben wir durch Verwendung einer Einsatzdüse die Höhe des Freistrahles von 200 mm auf 100 mm reduziert. Der Strahl hatte dann die in Abb. 1 gestrichelt einge-

[1]) Wenn die Stauwirkung unterhalb von 1 Promille des Staudruckes liegen soll, so muß man auf einen ziemlich großen Abstand des Meßquerschnittes von dem Halteorgan bedacht sein. Beispielsweise beträgt die Druckerhöhung in einer Entfernung r vor einem kreiszylindrischen Stabe mit dem Durchmesser d (für große r/d) näherungsweise $0{,}5\,(d/r)^2\,q$. Hier wird die Promillegrenze der Druckerhöhung erst in Abständen von mehr als 22 Durchmesser vor dem Stabe unterschritten.

[2]) [1], Seite 9 (Fußnote).

zeichnete Querschnittsform (150 mm · 100 mm). Die Stirnfläche der Sonde war 300 mm von der Düse entfernt und die nunmehr sehr schlank gestaltete Sondenhalterung lag 300 mm hinter der Sondenfläche. Die Druckhöhe betrug normalerweise 380 cm W. S. Unter diesen Umständen lag der durch Gl. (9) dargestellte Überdruck im Strahl weit unter der Promillegrenze bzw. der Druck im Strahl war im Rahmen der geforderten Genauigkeit gleich dem Außendruck p_0 [1]).

Wie bei früheren Untersuchungen wurde an der einen Führungswand des Strahles eine Blase erzeugt und an dieser Stelle der Hohlraumdruck p_k abgenommen. Die Druckdifferenz $p_0 - p_k$ haben wir mit einem Projektionsmanometer nach BETZ gemessen. Als Manometerflüssigkeit diente Paraffinöl, das auch im Hochvakuum nicht verdampft. Die Verwendung von Paraffinöl (anstatt Quecksilber) hatte eine beträchtliche Erhöhung der Ablesegenauigkeit zur Folge. Selbst bei den kleinsten Kavitationszahlen (Größenordnung 0,01) konnte die Druckdifferenz $p_0 - p_K$ noch auf 1% genau ermittelt werden. Da der Staudruck (aus dem Düsenvorkammerdruck) mindestens ebenso genau bestimmt wurde, so durften wir bei den Kavitationszahlen noch die vierte Stelle hinter dem Komma angeben. Die Frage ist allerdings, ob die gemessene Betriebskavitationszahl mit der örtlichen Kavitationszahl für die Strahlmitte (bzw. die Umgebung der Kavitationsblase) auch noch in der 4. Dezimale hinter dem Komma übereinstimmt.

Der Durchmesser der zu eichenden Sonde betrug 0,59 mm. Die im Bereiche von $0{,}0053 < \sigma < 0{,}126$ gemessenen Blasenlängen lagen zwischen $210\,\text{mm} > l > 5{,}4\,\text{mm}$. In Anlehnung an eine frühere Untersuchung haben wir die Blasenlängen auf $\sqrt{c_{w0}}\,d$ bezogen (d = Durchmesser der Stirnfläche der Sonde, $c_{w0} = 0{,}81$ = Widerstandsbeiwert der Stirnfläche (Kreisscheibe) bei $\sigma \to 0$). Die Ergebnisse sind in Tabelle 1 zusammengestellt.

Abb. 3 zeigt die aus den Messungen folgenden Werte $l/\sqrt{c_{w0}}\,d$ in Abhängigkeit von den gemessenen σ-Werten (siehe die Kreise). Zum Vergleich haben wir noch die Funktion

$$\frac{l}{\sqrt{c_{w0}}\,d} = \frac{\sigma + 0{,}008}{(1{,}70\,\sigma + 0{,}066)\,\sigma^{1,5}} \sqrt{\frac{1+\sigma}{1 - 0{,}132\,\sigma^{1/7}}} \tag{10}$$

in Abb. 3 eingezeichnet. Diese Beziehung folgt aus Formeln, die einer früheren Arbeit [2] entnommen sind, in der u. a. das Achsenverhältnis der Kavitationsblasen aus potentialtheoretischen Ansätzen (Quellsenkenmethode) berechnet worden war. Wie man aus der Lage der kreisförmigen Meßpunkte ersieht, sind die gemessenen Blasenlängen etwas geringer als die nach der Formel (10) be-

[1]) Hier ist allerdings vorausgesetzt, daß die Grenzschichten an den seitlichen Führungswänden den Druck nicht beeinflussen. Um die Verdrängungswirkung der Grenzschicht zu kompensieren, haben wir die Seitenwände leicht divergieren lassen. Eine Druckänderung ließ sich dabei aber nicht feststellen. Die freien Strahlgrenzen sorgen eben dafür, daß Druck und Geschwindigkeit im Strahlkern konstant bleiben. Daher ist auch der Einfluß des „Modelles" auf das Druckfeld verschwindend klein, zumal Sonde und Blase nur geringe Querabmessungen haben.

rechneten Längen. Die prozentuale Abweichung ist vor allem bei den kürzeren Blasen auffällig.

Für diese Abweichung gibt es eine plausible Erklärung. Der zylindrische Sondenkörper stellt für das hintere Ende der Blase eine Störung dar. Durch die Ausbildung einer Reibungsschicht am Blasenende wird die Strömungsgeschwindigkeit herabgesetzt, der Druck erhöht und die Blase verkürzt. Der Einfluß des relativ dicken „Stieles" der Sonde auf das Blasenende ist umso größer, je kürzer die Blase ist.

Versuche mit einer Kreisscheibe von 2 mm Durchmesser, die an einem 1,5 mm starken Draht gehalten war, führten zu etwas größeren relativen Blasenlängen $l/\sqrt{c_{w0}}\,d$ (siehe die dreieckigen Zeichen in Abb. 3). Hier liegen die Meßpunkte zum Teil auf der durch Gl. (10) dargestellten Kurve. Eine Kreisscheibe von 2 mm Durchmesser ist aber weniger für Meßzwecke geeignet, da sie wesentlich dickere und längere Blasen hervorruft als die Sonde von 0,6 mm Stärke.

5. Erprobung im Freistrahl

Zur Erprobung der Sonde haben wir in der vertikalen Mittelebene des Freistrahles unserer Kavitationsanlage von 200 mm Höhe und 150 mm Breite Blasenlängenmessungen durchgeführt. Dabei betrug die Strahlgeschwindigkeit 7,20 m/s und der Staudruck $q_b = 260$ cm W. S. Aus der Eichkurve (Abb. 3) wurden die den gemessenen Blasenlängen zugehörigen Werte der Kavitationszahlen abgelesen und mit diesen σ-Werten die dimensionslose Druckzahl $(p - p_0)/q_b$ nach Gl. (7) berechnet. Die so ermittelten Druckzahlen sind in Abb. 4 und 5 dargestellt. Man sieht dort die über der Höhenkoordinate y aufgetragenen Druckwerte für verschiedene Abstände x von der Düsenebene.[1]

In der Austrittsebene beträgt der maximale Überdruck 6,3% des Staudruckes; das sind 16,5 cm W. S. Da die Düse 20 cm hoch ist, so ist der innerhalb der Düse auf der Bodenfläche lastende hydrostatische Druck bis zur Austrittsebene nur um 3,5 cm W. S. abgefallen. Wie man aus der Form der Druckkurve mit ihrem Maximum in unmittelbarer Nähe der Düsenunterkante ersieht, sind die Flächen gleichen Druckes hier noch ziemlich horizontal geschichtet.

Mit wachsender Entfernung von der Düse nehmen die Drucke rasch ab. Dabei verschiebt sich das Druckmaximum allmählich zur Strahlmitte. Die in größeren Entfernungen von der Düse gemessenen Druckverteilungen sind in Abb. 5 in größerem Maßstabe dargestellt. Wie man sieht, beträgt der Überdruck in Strahl-

[1]) Hier wird für jeden x-Abstand die Höhenkoordinate y von der jeweiligen Lage der durch die Fallbewegung gekrümmten Mittelebene des Strahles aus gerechnet. Die Krümmung des Strahles kommt also in dieser Darstellung nicht zum Ausdruck. — Der Einfachheit halber ist die Entfernung der *Stirn*fläche der Sonde von der Düse als x-Meßstelle angesehen worden. Da die Testblase eine gewisse Länge hat, so müßte man für eine genauere Auswertung den Abstand des Mittelpunktes der Blase von der Düse als x-Meßstelle betrachten.

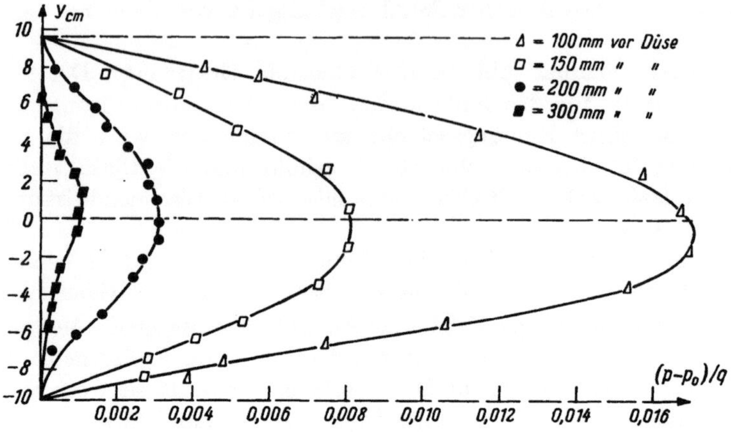

Abb. 5. Verteilungen des Überdruckes im Freistrahl in verschiedenen Entfernungen von der Düsenöffnung

mitte bei $x = d = 200$ mm noch $3^0/_{00}$ des Staudruckes. Bei $x = 1{,}5\, d = 300$ mm ist die Promillegrenze erreicht. Wenn wir die Promillegenauigkeit als ausreichend ansehen, so dürfen wir also sagen, daß bei dem gewählten Staudruck in Abständen $x \geqq 1{,}5\, d$ an allen Stellen des Freistrahles der Außendruck p_0 herrscht.

6. Zusammenfassung

Die Größe des Kavitationsraumes hinter einem Widerstandskörper ist eine Funktion der Kavitationszahl. Da die Kavitationszahl vom statischen Druck abhängt, so ist die Länge einer Kavitationsblase zugleich auch ein Maß für den Wert des statischen Druckes in ihrer Umgebung. Dieser physikalische Tatbestand liegt einem Meßverfahren zugrunde, das im Max-Planck-Institut für Strömungsforschung ausgearbeitet wurde. Ein dünner Draht von 0,6 mm Durchmesser, dessen Achse parallel zur Strömungsrichtung lag, erzeugte eine schmale Kavitationsblase, die durch ein Fernrohr beobachtet werden konnte. In einem Eichstrom wurde die Blasenlänge für verschiedene Kavitationszahlen ermittelt. Nunmehr konnte die „Blasensonde“ als Meßgerät dienen, das die örtliche Kavitationszahl bzw. den örtlichen statischen Druck anzeigt.

Mit dieser Sonde wurde das Druckfeld eines Freistrahles in Düsennähe vermessen. Wie die Meßergebnisse zeigen (Abb. 4 und 5), fällt der hydrostatische Druck im Strahl mit wachsendem Abstande von der Düse rasch ab. In einer Entfernung von anderthalb Düsenhöhe ist jedoch ein schwacher Überdruck von $1^0/_{00}$ des Staudruckes noch deutlich erkennbar, da bei dem Blasenmeßverfahren eine solche Druckempfindlichkeit erreicht wird. Dieses Verfahren ermöglicht daher die Ermittlung sehr kleiner Druckunterschiede, die mit den gebräuchlichen statischen Sonden nicht mehr feststellbar sind.

This work is sponsored by the United States Office of Naval Research.

Tabelle

σ	0,126	0,118	0,111	0,103	0,0960	0,0886	0,0812	0,0738	0,0662
$d = 0,59$: l_{mm}	5,4	6,1	6,4	7,2	7,8	8,7	9,6	11,0	12,5
$d = 0,59$: $l/\sqrt{c_{w0}\,d}$	10,0	11,3	11,9	13,4	14,5	16,2	17,9	20,5	23,3
$d = 2,02$: l_{mm}	22,2	24,0	26,2	28,8	30,8	34,6	38,4	42,0	47,0
$d = 2,02$: $l/\sqrt{c_{w0}\,d}$	12,2	13,2	14,4	15,8	16,9	19,0	21,1	23,1	25,8
Gl. (10) $l/\sqrt{c_{w0}\,d}$	12,0	12,8	13,9	15,2	16,7	18,6	20,7	23,3	25,5
σ	0,0591	0,0541	0,0481	0,0443	0,0361	0,0301	0,0241	0,0217	
$d = 0,59$: l_{mm}	14,4	16,0	17,9	19,9	25,0	30,8	39,4	45,2	
$d = 0,59$: $l/\sqrt{c_{w0}\,d}$	26,8	29,8	33,3	37,1	46,6	57,5	73,5	84,4	
$d = 2,02$: l_{mm}	52,8	59,8	68,0	73,8	91,8	111,5	142,8	157,0	
$d = 2,02$: $l/\sqrt{c_{w0}\,d}$	29,0	32,8	37,4	40,5	50,4	60,7	78,5	86,3	
Gl. (10) $l/\sqrt{c_{w0}\,d}$	30,0	33,4	38,5	42,6	54,0	65,3	83,5	93,5	
σ	0,0193	0,0168	0,0156	0,0144	0,0132	0,0120	0,0108	0,0096	0,0091
$d = 0,59$: l_{mm}	51,6	58,6	64,8	70,6	79,8	90,4	101,4	117,2	124,6
$d = 0,59$: $l/\sqrt{c_{w0}\,d}$	96,4	109,4	121,0	131,8	149,0	168,0	189,3	218,8	232,5
Gl. (10) $l/\sqrt{c_{w0}\,d}$	106,0	122,5	133,0	145,0	162,5	183,0	207,0	237,0	251,0
σ	0,0087	0,0082	0,0077	0,0072	0,0067	0,0063	0,0058	0,0053	
$d = 0,59$: l_{mm}	132,2	140,8	149,2	157,2	168,6	185,6	197,6	211,0	
$d = 0,59$: $l/\sqrt{c_{w0}\,d}$	246,9	262,9	278,6	293,5	314,8	346,6	369,0	394,0	
Gl. (10) $l/\sqrt{c_w\,d}$	264	283	304	330	360	387	425	472	

LITERATUR

[1] H. REICHARDT: Über Kavitationsanlagen für kleine Kavitationszahlen. Deutsche Luftfahrtforschung, UM 6620 (1945).
[2] H. REICHARDT: Gesetzmäßigkeiten der Kavitationsblasen an umströmten Rotationskörpern. Deutsche Luftfahrtforschung, UM 6628 (1945).
[3] A. H. ARMSTRONG: A Further Note on the Distribution of Velocity and Pressure in an Open-jet Cavitation Tunnel. ARE-Report No. 24/50 (1950).

Note on axially symmetric stress distributions in helicoidal shells

By ERIC REISSNER

(Massachusetts Institute of Technology, Cambridge, Mass.)

1. Statement of problem

We consider a thin elastic shell with middle surface equation $z = a\,\Theta$ in a system of cylindrical coordinates r, Θ, z. Choosing r and Θ as coordinates on the middle surface, the coordinate system is orthogonal, but is not a system of lines-of-curvatures coordinates.

We define stress resultants N_r, N_θ, $N_{r\theta}$, $N_{\theta r}$, Q_r, Q_θ and stress couples M_r, M_θ, $M_{r\theta}$, $M_{\theta r}$ with reference to the coordinate curves in the customary way (Fig. 1). These resultants and couples satisfy a system of seven equilibrium differential equations. Six of these are the usual conditions of force and moment equilibrium for elements of the shell. The seventh equation is of a different nature. Its significance has been discussed elsewhere [8].

We assume here that all stress resultants and couples are independent of Θ. The seven equilibrium equations reduce then to the following form:

$$\alpha^2 N_r' + r\,(N_r - N_\theta) + a\,Q_\theta + \alpha^2 p_r = 0\,, \tag{1}$$

$$\alpha^2 N_{r\theta}' + r\,(N_{r\theta} + N_{\theta r}) + a\,Q_r + \alpha^2 p_\theta = 0\,, \tag{2}$$

$$\alpha^2 Q_r' + r\,Q_r - a\,(N_{r\theta} + N_{\theta r}) + \alpha^2 p_n = 0\,, \tag{3}$$

$$\alpha^2 M_r' + r\,(M_r - M_\theta) - \alpha^2 Q_r = 0\,, \tag{4}$$

$$\alpha^2 M_{r\theta}' + r\,(M_{r\theta} + M_{\theta r}) - \alpha^2 Q_\theta = 0\,, \tag{5}$$

$$\alpha^2 (N_{r\theta} - N_{\theta r}) + a\,(M_\theta - M_r) = 0\,, \tag{6}$$

$$12\,\alpha^2 (M_{r\theta} - M_{\theta r}) + h^2 a\,(N_\theta - N_r) = 0\,. \tag{7}$$

The quantity α is defined by $\alpha^2 = r^2 + a^2$, h is the wall thickness of the shell, and primes indicate differentiation with respect to r.[1])

The system of seven equilibrium equations for ten resultants and couples must be supplemented by a system of stress strain relations. These may be

[1]) These formulas may be considered as resulting from corresponding formulas for general orthogonal surface coordinates ξ_1, ξ_2, as stated in [8], by setting $\xi_1 = r$, $\xi_2 = \Theta$, $\alpha_1 = 1$, $\alpha_2 = \alpha$, $R_{11}^{-1} = R_{22}^{-1} = 0$, $\alpha^2 R_{12}^{-1} = a$.

obtained by various methods and to varying degrees of refinement. In what follows we begin with a system of stress strain relations which is obtained from an application of the principle of minimum complementary energy in conjunction with the LAGRANGE multiplier method. In this we follow TREFFTZ, although our

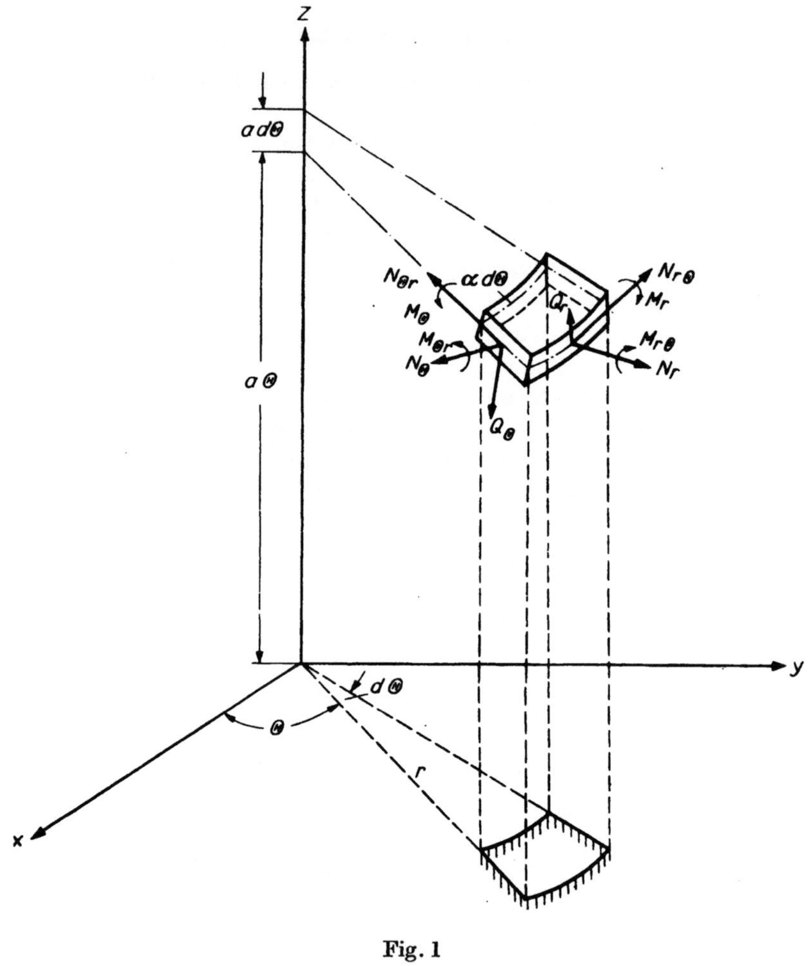

Fig. 1

formulation is more general, through the incorporation of the effects of transverse shear and normal stress deformation and through the use of general orthogonal surface coordinates instead of lines-of-curvature coordinates.

We assume a material which is isotropic insofar as the r, Θ-coordinate curves are concerned, but which may have the normals to the middle surface as preferred directions. We also assume that the elastic moduli do not vary across the thickness of the shell. We then have a complementary energy density of the form

$$\begin{aligned}\Pi = &\frac{1}{2C}\left[N_r^2 + N_\theta^2 - 2\nu N_r N_\theta + \frac{1}{2}(1+\nu)(N_{r\theta} + N_{\theta r})^2\right] \\ &+ \frac{1}{2D^*}\left[M_r^2 + M_\theta^2 - 2\nu M_r M_\theta + \frac{1}{2}(1+\nu)(M_{r\theta} + M_{\theta r})^2\right] \\ &+ \frac{1}{CR}\left[(1+\nu_n)(N_r + N_\theta)(M_{r\theta} + M_{\theta r})\right. \\ &\left.+ \left(1 + \frac{\nu_n}{5}\right)(M_r + M_\theta)(N_{r\theta} + N_{\theta r})\right] + \frac{1}{2B}[Q_r^2 + Q_\theta^2]\,. \end{aligned} \tag{8}$$

The coefficients C, D^* and B are

$$C = E h\,, \qquad D^* = \frac{1}{12} E h^3\,, \qquad B = \frac{5}{6} G h \tag{9}$$

where E and ν are modulus of elasticity and POISSON's ratio with reference to directions tangent to the middle surface, and where G is the modulus of rigidity normal to the middle surface. The quantity ν_n is POISSON's ratio with respect to the normal direction, and R is a curvature-measure function defined by $R = \alpha^2/a$.

Equation (8) incorporates terms of the order h/R in comparison with unity, but not terms of order $(h/R)^2$. If it is assumed that terms of order h/R may be neglected compared with terms of order unity, then the terms with CR in (8) are negligible in comparison with some of the terms having $1/C$ and $1/D^*$ as a factor, in all cases which may occur, namely

(i) M of order $h N$,

(ii) M small compared to $h N$,

(iii) $h N$ small compared to M .

To be consistent, we have for case (i) as consequence of the equilibrium equations (6) and (7) that $N_{r\theta} = N_{\theta r}$ and $M_{r\theta} = M_{\theta r}$. For case (ii) we can only conclude that $N_{r\theta} = N_{\theta r}$ while for case (iii) we can only conclude that $M_{r\theta} = M_{\theta r}$ while, as has in particular been pointed out by KOITER [5], the difference between $N_{r\theta}$ and $N_{\theta r}$ may be significant.

An observation which has been implicit in earlier work is the following. The seven equilibrium equations (1) to (7) separate into two uncoupled systems consisting of

(1) three equations containing N_r, N_θ, Q_θ, $M_{r\theta}$ and M_θ ;

(2) four equations containing $N_{r\theta}$, $N_{\theta r}$, Q_r, M_r and M_θ.

Lagrangian multipliers for the first system are a radial displacement function u_r associated with (1), a circumferential angular displacement function β_θ associated with (5) and an auxiliary angular displacement function Ω associated with (7).

Lagrangian multipliers associated with the second system are a tangential circumferential displacement component u_θ associated with (2), a normal displacement component u_n associated with (3), a radial angular displacement function β_r associated with (4) and a normal angular displacement function ψ associated with (6).

The system of equations for N_r, N_θ, Q_θ, $M_{r\theta}$, and $M_{\theta r}$ is of interest in connection with certain problems for axially symmetric stress systems associated with displacement systems which are not axially symmetric. These problems have been studied recently by KNOWLES [4], SINCLAIR [10] and the writer [4, 6, 9], and will not be considered in what follows.

The system of equations for $N_{r\theta}$, $N_{\theta r}$, Q_r, M_r and M_θ has recently been treated by COHEN [1]. In what follows we will be concerned with additional considerations of this system, in particular in relation to earlier work [7] based on the theory of shallow shells.

2. Differential equations for $N_{r\theta}$, $N_{\theta r}$, Q_r, M_r, M_θ and associated displacement components

Consideration of the four equilibrium equations (2), (3), (4) and (6), together with the complementary energy density portion

$$\frac{1+\nu}{4\,C}(N_{r\theta}+N_{\theta r})^2+\frac{1}{2\,D^*}(M_r^2+M_\theta^2-2\,\nu\,M_r\,M_\theta)$$
$$+\left(1+\frac{1}{5}\,\nu_n\right)\frac{1}{C\,R}(N_{r\theta}+N_{\theta r})\,(M_r+M_\theta)+\frac{1}{2\,B}Q_r^2$$

leads to the following system of stress strain relations

$$\left.\begin{aligned}\varepsilon_{r\theta}&\equiv\frac{du_\theta}{dr}+\frac{u_n}{R}-\psi &(10)\\ \varepsilon_{\theta r}&\equiv-\frac{r\,u_\theta}{\alpha^2}+\frac{u_n}{R}+\psi &(11)\end{aligned}\right\}=\frac{1+\nu}{2\,C}(N_{r\theta}+N_{\theta r})+\left(1+\frac{1}{5}\,\nu_n\right)\frac{M_r+M_\theta}{C\,R}$$

$$\varkappa_r\equiv\frac{d\beta_r}{dr}+\frac{\psi}{R}=\frac{M_r-\nu\,M_\theta}{D^*}+\left(1+\frac{1}{5}\,\nu_n\right)\frac{N_{r\theta}+N_{\theta r}}{C\,R}\tag{12}$$

$$\varkappa_\theta\equiv\frac{r\,\beta_r}{\alpha^2}-\frac{\psi}{R}=\frac{M_\theta-\nu\,M_r}{D^*}+\left(1+\frac{1}{5}\,\nu_n\right)\frac{N_{r\theta}+N_{\theta r}}{C\,R}\tag{13}$$

$$\gamma_r\equiv\beta_r+\frac{du_n}{dr}-\frac{u_\theta}{R}=\frac{Q_r}{B}\,.\tag{14}$$

Equations (10) and (11) may be taken in their alternate forms

$$\gamma_{r\theta}\equiv\frac{du_\theta}{d}-\frac{r\,u_\theta}{\alpha^2}+\frac{2\,u_n}{R}=\frac{1+\nu}{C}(N_{r\theta}+N_{\theta r})+2\left(1+\frac{1}{5}\,\nu_n\right)\frac{M_r+M_\theta}{C\,R}\,,\tag{15}$$

$$2\,\psi=\frac{du_\theta}{dr}+\frac{r\,u_\theta}{\alpha^2}=\frac{1}{\alpha}\,\frac{d(\alpha\,u_\theta)}{dr}\,.\tag{16}$$

Taking (16) as defining equation for ψ we have in equations (12), (13), (14) and (15) four equations for $N_{r\theta}+N_{\theta r}$, M_r, M_θ and Q_r in terms of the three functions u_n, u_θ and β_r. We may obtain three simultaneous equations for u_n, u_θ and β_r by introducing the consequences of (12) to (16) into three equilibrium equations, two of which are (3) and (4) while the third is an equation involving $N_{r\theta}+N_{\theta r}$ and Q_r which is obtained by combining (2) and (6),

$$\frac{1}{2}(N_{r\theta}+N_{\theta r})'+\frac{r}{\alpha^2}(N_{r\theta}+N_{\theta r})-\frac{1}{2}\left(\frac{M_\theta-M_r}{R}\right)'+\frac{Q_r}{R}+p_\theta=0\,. \tag{17}$$

The resultant system is of the sixth order, which is as it should be, considering the fact three boundary conditions may be stipulated at each of the two edges $r=r_i$ and $r=r_0$ of a helicoidal ring shell.

3. Reduction of differential equations

Suitable combinations of the equilibrium equations (2) to (6) lead to two first integrals of this system, leaving just one differential equation, as follows.

Eliminating $N_{r\theta}+N_{\theta r}$ from (2) and (3) gives $a\,\alpha^2 N'_{r\theta}+a^2 Q_r+a\,\alpha^2 p_\theta+r\,\alpha^2 Q'_r+r^2 Q_r+r\,\alpha^2 p_n=0$ and this is recognized to be equivalent to the integrated relation

$$r\,Q_r+a\,N_{r\theta}+\int(a\,p_\theta+r\,p_n)\,dr=0\,. \tag{18}$$

The statical meaning of (18) is recognized by writing $\alpha Z=r\,Q_r+a\,N_{r\theta}$, $\alpha\,p_z=r\,p_n+a\,p_\theta$ where Z and p_z are axial stress resultant and load intensity component, respectively.

The second integrated relation is obtained by combining (2), (6) and (4), as follows: $\alpha^2 N'_{r\theta}+2\,r\,N_{r\theta}+(r\,a/\alpha^2)(M_\theta-M_r)+a\,Q_r+\alpha^2 p_\theta=\alpha^2 N'_{r\theta}+2\,r\,N_{r\theta}+a\,(M'_r-Q_r)+a\,Q_r+\alpha^2 p_\theta=0$. This leads to the formula

$$\alpha^2 N_{r\theta}+a\,M_r+\int\alpha^2 p_\theta\,dr=0\,. \tag{19}$$

The statical meaning of (19) follows from a consideration of an axial torque intensity M_z defined by $\alpha\,M_z=r\,(r\,N_{r\theta}-a\,Q_r)+a\,M_r$. Suitable combination of (18) and (19) indicates that (19) is equivalent to the relation $\alpha\,M_z+\int r\,(r\,p_\theta-a\,p_n)\,dr=0$ where $(r\,p_\theta-a\,p_n)/\alpha$ is the circumferential load intensity component.

Formulas corresponding to (18) and (19) for special classes of load functions have also been obtained by Cohen [1].

Since the stress strain relations contain $N_{r\theta}$ and $N_{\theta r}$ in the combination $N_{r\theta}+N_{\theta r}$ only we use equation (6) to change (18) and (19) into forms containing $N_{r\theta}+N_{\theta r}$, as follows:

$$r\,Q_r+\frac{1}{2}a\,(N_{r\theta}+N_{\theta r})-\frac{a^2}{2\,\alpha^2}(M_\theta-M_r)+\int(a\,p_\theta+r\,p_n)\,dr=0\,, \tag{20}$$

$$\frac{1}{2}\alpha^2(N_{r\theta}+N_{\theta r})+\frac{1}{2}a\,(3\,M_r-M_\theta)+\int\alpha^2 p_\theta\,dr=0\,. \tag{21}$$

Equations (20) and (21) are used in conjunction with the moment equation (4). Since this equation does not contain $N_{r\theta} + N_{\theta r}$ we derive, by combining (20) and (21), an equation for Q_r of the form

$$r\,Q_r = \frac{a^2}{\alpha^2}\,M_r + \frac{a}{\alpha^2}\int \alpha^2\,p_\theta\,dr - \int (a\,p_\theta + r\,p_n)\,dr\,. \tag{22}$$

We will not, in what follows, proceed with the solution of the complete system, but rather consider further the system of first-approximation-theory equations which results if we neglect the effects of transverse shear and normal stress deformation, as well as geometrical refinements having an influence of the same order of magnitude.

4. Reduction of first-approximation-theory equations

The equations of first-approximation-theory are obtained by taking the stress strain relations (12) to (15) in the abbreviated form

$$\frac{d\beta_r}{dr} + \frac{\psi}{R} = \frac{M_r - \nu\,M_\theta}{D^*}\,, \qquad \frac{r\,\beta_r}{\alpha^2} - \frac{\psi}{R} = \frac{M_\theta - \nu\,M_r}{D^*} \tag{23}$$

$$\frac{du_\theta}{dr} - \frac{r\,u_\theta}{\alpha^2} + \frac{2\,u_n}{R} = \frac{1+\nu}{C}(N_{r\theta} + N_{\theta r})\,, \qquad \beta_r + \frac{du_n}{dr} - \frac{u_\theta}{R} = 0\,. \tag{24}$$

Equations (23) are introduced into the moment equation (4) with Q_r eliminated by means of (22),

$$\frac{dM_r}{dr} + \frac{r}{\alpha^2}(M_r - M_\theta) - \frac{a^2}{r\,\alpha^2}\,M_r = \frac{a}{r\,\alpha^2}\int \alpha^2\,p_\theta\,dr - \frac{1}{r}\int (a\,p_\theta + r\,p_n)\,dr\,. \tag{25}$$

This gives us one equation for the two quantities β_r and ψ,

$$\begin{aligned} D\left\{\beta_r'' + \frac{r^2 - a^2}{r\,\alpha^2}\,\beta_r' - \frac{r^2}{\alpha^4}\beta_r\right\} &+ D'\left\{\beta_r' + \nu\,\frac{r}{\alpha^2}\beta_r\right\} \\ + (1-\nu)\,D\left\{\frac{a}{\alpha^2}\,\psi' - \frac{a^3}{r\,\alpha^4}\,\psi\right\} &+ (1-\nu)\,D'\,\frac{a}{\alpha^2}\,\psi \\ = \frac{a}{r\,\alpha^2}\int \alpha^2\,p_\theta\,dr &- \frac{1}{r}\int (a\,p_\theta + r\,p_n)\,dr\,. \end{aligned} \tag{26}$$

We note that (26) reduces to an equation for β_r alone in the event that the terms with ψ in the stress strain relations (23) are omitted. Doing this amounts to working with what at an earlier occasion has been designated as LOVE's first-approximation-theory [2]. It has been pointed out by KOITER [5] that omitting these terms with ψ, while often permissible, may lead to significant inaccuracies in problems where inextensional bending of the middle surface plays a role.

In order to obtain a second equation connecting β_r and ψ we derive a compatibility equation connecting ψ, β_r and $\gamma_{r\theta}$ as defined by (15). It may be verified by direct substitution that the following relation holds

$$\alpha^2\,\psi' = a\,\beta_r + \frac{1}{2}\,(\alpha^2\,\gamma_{r\theta})'\,. \tag{27}$$

A simple derivation, rather than verification, of equation (27) is obtained by introducing axial and circumferential displacement components w and v in terms of which

$$\alpha\, u_\theta = r\, v + a\, w\,, \qquad \alpha\, u_n = r\, w - a\, v \tag{28}$$

and

$$\gamma_{r\theta} = \frac{r\, v' - v + a\, w'}{\alpha}\,, \qquad \psi = \frac{r\, v' + v + a\, w'}{2\,\alpha}\,, \qquad \beta_r = \frac{a\, v' - r\, w'}{\alpha}\,. \tag{29}$$

We note that (29) also implies the relations

$$\alpha^2 \left(\frac{v}{\alpha}\right)' = r\, \gamma_{r\theta} + a\, \beta_r\,, \qquad w' = \frac{a\, \gamma_{r\theta} - r\, \beta_r}{\alpha} + \frac{a}{\alpha^2}\, v \tag{30}$$

which reduces to familiar form for the two limiting cases $a = 0$ and $a = \infty$.

Alternatively we have

$$v = \alpha\, \psi - \frac{1}{2}\, \alpha\, \gamma_{r\theta}\,, \qquad \alpha\, w' = 2\, a\, \psi - r\, \beta_r - \frac{a}{\alpha}\, v \tag{31}$$

which will turn out to be more convenient for the actual determination of v and w.

The quantity $\gamma_{r\theta}$ which occurs in (27) and (30) can be expressed in terms of ψ and β_r by means of equations (24), (23) and (21). We find first from (24) and (21)

$$\gamma_{r\theta} = -\frac{2\,(1+\nu)}{C} \left[\frac{\int \alpha^2\, p_\theta\, dr}{\alpha^2} + \frac{a}{\alpha^2}\, \frac{3\, M_r - M_\theta}{2}\right] \tag{32}$$

and then by introducing (23)

$$\gamma_{r\theta} = -\frac{2\,(1+\nu)}{C}\, \frac{\int \alpha^2\, p_\theta\, dr}{\alpha^2} \\ - \frac{(1+\nu)\, D}{C} \left[(3-\nu)\, \beta_r' - (1 - 3\,\nu)\, \frac{r}{\alpha^2}\, \beta_r + 4\,(1-\nu)\, \frac{a}{\alpha^2}\, \psi\right] \frac{a}{\alpha^2}\,. \tag{33}$$

Upon introducing (33) into (27) it is found that the terms with β_r and ψ in $\gamma_{r\theta}$ are of a negligibly small order compared with the corresponding explicitely occuring quantities. Furthermore, if ψ from (27) is introduced into (26) it is seen that the term with p_θ is also negligibly small with the other terms representing p_θ. Accordingly, for the purpose of complementing (26), equation (27) may be replaced by the abbreviated equation

$$\alpha^2\, \psi' - a\, \beta_r = 0\,. \tag{34}$$

At the same time, equations (31) for the determination of v and w may be replaced by

$$\frac{v}{\alpha} = \psi + \frac{1+\nu}{C}\, \frac{\int \alpha^2\, p_\theta\, dr}{\alpha^2}\,, \qquad w' = \frac{a\, \psi - r\, \beta_r}{\alpha} - \frac{a\,(1+\nu)}{C\, \alpha^3} \int \alpha^2\, p_\theta\, dr\,. \tag{35}$$

We now have in the solution of the system (26), (34) and (35) just six constants of integration, corresponding to the six boundary conditions which may be prescribed. Having β_r and ψ we find M_r and M_θ from

$$M_r = D\left[\frac{d\beta_r}{dr} + \nu\frac{r\,\beta_r}{\alpha^2} + (1-\nu)\frac{a\,\psi}{\alpha^2}\right], \quad M_\theta = D\left[\frac{r\,\beta_r}{\alpha^2} + \nu\frac{d\beta_r}{dr} - (1-\nu)\frac{a\,\psi}{\alpha^2}\right] \tag{36}$$

and $N_{r\theta}$, Q_r, $N_{\theta r}$ from (19), (18) and (6).

5. Solution of first-approximation-theory equations

The system (26) and (34) of one second order and one first order differential equations for β_r and ψ may be solved by power-series expansions in terms of suitable parameters or independent-variable functions in a manner which is analogous to our previous work on the system involving N_r, N_θ, Q_θ, $M_{r\theta}$, $M_{\theta r}$ [4, 9, 10].

An alternate procedure which is specifically designed for the present case is as follows:

1. Solve equation (26) for β_r, assuming $\psi = 0$.
2. Determine ψ from equation (34) and v and w from (35) and satisfy all boundary conditions of the given problem.
3. Introduce the expression for ψ which is obtained in this way into equation (26) and determine an improved expression for β_r.

It is clear in which manner this procedure may be continued to obtain further improvements. It remains to establish the extent and the rapidity of convergence of it.

A significant aspect of this procedure is the fact that the homogeneous starting equation

$$D\left\{\beta_r'' + \frac{r^2 - a^2}{r\,\alpha^2}\beta_r' - \frac{r^2}{\alpha^4}\beta_r\right\} + D'\left\{\beta_r' + \nu\frac{r}{\alpha^2}\beta_r\right\} = 0 \tag{37}$$

has a simple explicit solution not only for the case $D =$ constant, but also when

$$D = D_0\,\alpha^k \tag{38}$$

where k may have any constant value. To see this, we write (37) in the form

$$\frac{\alpha^2}{r}\frac{d}{dr}\left(\frac{\alpha^2}{r}\frac{d\beta_r}{dr}\right) - \beta_r + \frac{\alpha^2}{r}\frac{d\ln D}{dr}\left(\frac{\alpha^2}{r}\frac{d\beta_r}{dr} + \nu\,\beta_r\right) = 0\,. \tag{39}$$

Equation (39) may be simplified by setting $(\alpha^2/r)\,(d/dr) = d/d\xi$, with $\xi = \ln\alpha$ as the independent variable, as follows:

$$\frac{d^2\beta_r}{d\xi^2} - \beta_r + \frac{d\ln D}{d\xi}\left(\frac{d\beta_r}{d\xi} + \nu\,\beta_r\right) = 0\,. \tag{40}$$

When D is given by (38) then (40) is an equation with constant coefficients.

We find specifically that when $D = D_0$, then equation (37) has the general solution

$$\beta_r = C_1\,\alpha + C_2\,\alpha^{-1} \tag{41}$$

which is of particular interest for any applications in which complete neglect of all ψ-terms in (26) and in the moment expressions (36) will lead to a sufficiently accurate result.

6. Shell subject to axial edge force and torque

For the purpose of subsequent extension of earlier work for shallow helicoidal shells [7] we now determine the form of the load terms in (26) and (35) for the case that the applied loads consist in an axial force P and an axial torque T per winding of the shell.

Setting $p_\theta = p_n = 0$ in (18) and observing that $P = 2\pi\alpha Z$ we have from (18)

$$-\int (a\, p_\theta + r\, p_n)\, dr = \frac{P}{2\pi}. \tag{42}$$

Setting $p_\theta = 0$ in (19) and observing that $T = 2\pi\alpha M_z$ we have from (19) and (18)

$$-\int \alpha^2\, p_\theta\, dr = \frac{P a + T}{2\pi}. \tag{43}$$

From (42) and (43) follows for the right hand side of the differential equation (26)

$$\frac{a}{r\,\alpha^2}\int \alpha^2\, p_\theta\, dr - \frac{1}{r}\int (a\, p_\theta + r\, p_n)\, dr = \frac{P r^2 - T a}{2\pi r \alpha^2}. \tag{44}$$

There remain in the solution of (26), (34) and (35) four constants of integration and these are determined, in terms of P and T, by one homogeneous condition each for $r = r_i$ and $r = r_0$ on β_r or M_r and by conditions $v(r_0) = w(r_0) = 0$.

In addition to the stress distribution in the shell, we shall wish to find, in particular, the magnitudes of the edge displacement components $v(r_i)$ and $w(r_i)$ which in the form $w(r_i) = k_P\, P + k_{PT}\, T$, $v(r_i)/r_i = k_T\, T + k_{TP}\, P$ describe the load-deflection characteristics of the structure [7].

Results of this nature and other considerations on the problem of this note are the subject of a dissertation by Diormuid O'Mathuna [11].

Acknowledgment

Preparation of this paper has been supported by the Office of Naval Research of the United States Navy under a contract with the Massachusetts Institute of Technology.

REFERENCES

[1] J. W. COHEN: The inadequacy of the classical stress strain relations for the right helicoidal shells. Proc. IUTAM Symposium on Shell Theory 1959, 415—433, Amsterdam 1960.

[2] J. K. KNOWLES and E. REISSNER: A derivation of the equations of shell theory for general orthogonal coordinates. J. Math. and Phys. **35** (1956) 351—358.

[3] J. K. KNOWLES and E. REISSNER: Note on stress strain relations for thin elastic shells. J. Math. and Phys. **37** (1958) 269—282.

[4] J. K. KNOWLES and E. REISSNER: Torsion and extension of helicoidal shells. Qu. Appl. Math. **17** (1959) 409—422.

[5] W. T. KOITER: A consistent approximation in the general theory of thin elastic shells. Proc. IUTAM Symposium on Shell Theory 1959, 12—33, Amsterdam 1960.

[6] E. REISSNER: On finite bending and twisting of circular ring sector plates and shallow helicoidal shells. Qu. Appl. Math. **11** (1953) 473—483.

[7] E. REISSNER: Small rotationally symmetric deformations of shallow helicoidal shells. J. Appl. Mech. **22** (1955) 31—34.

[8] E. REISSNER: On some problems of shell theory. Proc. First Symp. Naval Structural Mechanics (1958) 74—114, Pergamon Press 1960.

[9] E. REISSNER: On twisting and stretching of helicoidal shells. Proc. IUTAM Symposium on Shell Theory 1959, 434—466, Amsterdam 1960.

[10] R. G. SINCLAIR: Axial torsion and extension of helicoidal shells. Ph. D. Thesis, M. I. T. September 1960.

[11] D. O'MATHUNA: Rotationally symmetric deformations of helicoidal shells. Ph. D. Thesis, M. I. T. February 1962.

On the BERNOULLI theorem for turbulent flow

By HUNTER ROUSE

(Iowa Institute of Hydraulic Research, State University of Iowa, Iowa City)

Because its several terms represent directly measurable quantities, the so-called BERNOULLI equation (actually first drived by EULER) for an incompressible, inviscid fluid is frequently adapted to viscous flow by adding a term representing cumulative losses between successive sections. Moreover, if such flow is turbulent, it is sometimes assumed that terms should be introduced as well for the kinetic energy of the turbulence. In order to be correct, of course, the resulting expression must be derivable from the basic equations of motion, an integral form of which is generally known as the equation of energy. Since the BERNOULLI equation itself is also called an energy relationship, it is significant to note that neither is written in terms of energy as such — the former being an equation of power (i. e., temporal rate of energy change) and the latter involving energy per unit volume, mass, or weight. This distinction, as well as other ponts essential to the following discussion, is illustrated by the customary derivation of the two relationships for inviscid flow.

The EULERian equation of acceleration for steady incompressible flow in the direction s tangent to a streamline is simply

$$\frac{\partial}{\partial s}\left(\frac{\varrho\, U^2}{2}\right) = -\frac{\partial\,(p + \gamma\, z)}{\partial s} \tag{1}$$

in which ϱ is the density, U the velocity, p the pressure, γ the specific weight, and z the elevation. Integration between points 1 and 2 on the same streamline immediately yields the BERNOULLI equation

$$\frac{\varrho\, U_1^2}{2} + p_1 + \gamma\, z_1 = \frac{\varrho\, U_2^2}{2} + p_2 + \gamma\, z_2\,. \tag{2}$$

However, if each term of Eq. (1) is first multiplied by the velocity, as in the usual energy analysis, integration with respect to s can proceed in a comparable fashion only by virtue of the fact that in the differential expression

$$U\,\frac{\partial}{\partial s}\left(\frac{\varrho\, U^2}{2}\right) ds\, dA = -\,U\,\frac{\partial\,(p + \gamma\, z)}{\partial s}\, ds\, dA \tag{3}$$

the product $U\,dA$ (i. e., the rate of flow past any section of a streamtube of cross-sectional area dA) is independent of s. Usually a second integration — now with respect to A — is performed thereafter to yield a power relationship for the gross flow section. If, instead, the result of the first integration is divided by $U\,dA$, Eq. (2) will again result. This procedure would hence be of trivial importance were it not for the fact that it is the most significant way by which a true dissipation term can eventually be obtained in the BERNOULLI equation for a viscid fluid.

The relationship for turbulent flow [1] that corresponds to the foregoing product of the velocity and the equation of EULER is derived from the sum of the REYNOLDS equations for the tangential, normal, and binormal directions of the mean motion, each multiplied by the corresponding component of the mean velocity:

$$\bar{U}\frac{\partial}{\partial s}\left(\frac{\varrho\,\bar{U}^2}{2}\right)+\varrho\,\bar{u}_i\frac{\partial\overline{u_i'\,u_j'}}{\partial x_j}=-\bar{U}\frac{\partial(\bar{p}+\gamma\,z)}{\partial s}+\mu\,u_i\frac{\partial^2\bar{u}_i}{\partial x_j\,\partial x_j}\,. \tag{4}$$

Herein, as usual, the bars denote temporal mean values and the primes the instantaneous deviations; the subscripts $i = 1, 2, 3$ and $j = 1, 2, 3$ each indicate the tangential, normal, and binormal directions, respectively, and the use of a particular subscript twice in any term implies summation over all values that the subscript can take. Since the mean velocity $\bar{U}$ is wholly tangential, it follows that $\bar{u}_1 = \bar{U}$, $\bar{u}_2 = 0$, $\bar{u}_3 = 0$.

If the notation of Eq. (4) for the mean flow is simplified by the usual designation for viscous and turbulent stresses

$$\bar{\tau}_{ij}=\mu\left(\frac{\partial\bar{u}_i}{\partial x_j}+\frac{\partial\bar{u}_j}{\partial x_i}\right)-\varrho\,\overline{u_i'\,u_j'} \tag{5}$$

and if the result is multiplied by the elementary volume $ds\,dA$, it will have the form corresponding to Eq. (3),

$$\bar{U}\frac{\partial}{\partial s}\left(\frac{\varrho\,\bar{U}^2}{2}\right)ds\,dA=-\bar{U}\frac{\partial(\bar{p}+\gamma\,z)}{\partial s}ds\,dA+\bar{u}_i\frac{\partial\bar{\tau}_{ij}}{\partial x_j}ds\,dA\,. \tag{6}$$

This can be integrated along the streamtube to yield, after division by the elementary rate of flow,

$$\frac{\varrho\,\bar{U}_1^{\,2}}{2}+\bar{p}_1+\gamma\,z_1=\frac{\varrho\,\bar{U}_2^{\,2}}{2}+\bar{p}_2+\gamma\,z_2-\int_{s_1}^{s_2}\frac{\bar{u}_i}{\bar{U}}\frac{\partial\tau_i}{\partial x_{ij}}\,ds \tag{7}$$

which presumably corresponds to the expression that is sought when the BERNOULLI equation is arbitrarily modified for the case of turbulent flow. As will be seen at once, however, no explicit terms for the kinetic energy of the turbulence are present. Moreover, the fact that the term at the right is not restricted as to sign indicates that the viscous and turbulent stresses can cause the unit energy along a particular streamtube to increase as well as decrease. Evidently, a reduction in the BERNOULLI sum — i. e., a negative value of the integral — can be produced not only by energy dissipation but also by energy transfer to neighboring streamtubes; accordingly, a positive value will represent a local gain in excess of the local dissipation at the expense of the surrounding flow. Thus it is a mistake to assume that the customary additive term (even so far as the mean viscous effects are concerned) represents purely an irrecoverable loss.

By means of the rule of the calculus for the derivative of a product, the rate at which the stresses do work in changing the BERNOULLI sum can be written as the difference between the total rate at which work is done and what is usually considered the rate at which energy is dissipated:

$$\bar{u}_i \frac{\partial \bar{\tau}_{ij}}{\partial x_j} = \frac{\partial(\bar{u}_i \bar{\tau}_{ij})}{\partial x_j} - \bar{\tau}_{ij} \frac{\partial \bar{u}_i}{\partial x_j} . \tag{8}$$

Incorporation of the latter rates into Eq. (7) then yields the more explicit form of the equation for the mean flow:

$$\frac{\varrho \bar{U}_1^2}{2} + \bar{p}_1 + \gamma z_1 = \frac{\varrho \bar{U}_2^2}{2} + \bar{p}_2 + \gamma z_2 - \int_{s_1}^{s_2} \frac{1}{\bar{U}} \frac{\partial(\bar{u}_i \bar{\tau}_{ij})}{\partial x_j} ds + \int_{s_1}^{s_2} \frac{\bar{\tau}_{ij}}{\bar{U}} \frac{\partial \bar{u}_i}{\partial x_j} ds . \tag{9}$$

This statement of the BERNOULLI theorem is complete and rigorous. In many cases, however, the viscous stresses expressed in terms of mean velocity are small in comparison with the REYNOLDS stresses of the turbulence and can be neglected without appreciable error. The BERNOULLI equation then reduces to the form

$$\frac{\varrho \bar{U}_1^2}{2} + \bar{p}_1 + \gamma z_1 = \frac{\varrho \bar{U}_2^2}{2} + \bar{p}_2 + \gamma z_2 + \varrho \int_{s_1}^{s_2} \frac{1}{\bar{U}} \frac{\partial(\bar{u}_i \overline{u_i' u_j'})}{\partial x_j} ds - \varrho \int_{s_1}^{s_2} \frac{\overline{u_i' u_j'}}{\bar{U}} \frac{\partial \bar{u}_i}{\partial x_j} ds . \tag{10}$$

The last or dissipative term now warrants the following consideration: Including the negative sign before it, it is inherently positive; but whereas it thus represents a loss to the mean flow, it is not a true measure of dissipation in that it does not contain the viscosity. In other words, it indicates solely the extent to which the energy of the turbulence has been increased at the expense of the mean flow.

To illustrate the physical interrelationship of the several terms of Eq. (10) under rather extreme conditions, use is made of published data for the mean and turbulent characteristics of flow over a simple wall [2], in which the zone of separation behind the wall is of particular significance. The mean pattern of streamlines for such flow is reproduced in the upper half of the accompanying figure (Fig. 1); the two supplemental lines indicate the approximate upper limit of the turbulent diffusion and the locus of points of zero horizontal velocity. Since the approaching flow was essentially irrotational, the usual three terms of the BERNOULLI equation should have a constant sum up to the diffusion zone. In fact, if the values of the piezometric sum $p + \gamma z$ are referred to that of the ambient flow and if all terms are then divided by the ambient value $\varrho U_0^2/2$, the sum of the nondimensional kinetic and piezometric terms K and P will be unity over the entire wall section and at all other points not affected by the turbulence. Even within the diffusion zone, moreover, the difference between these terms and the change Δ produced by the REYNOLDS stresses should remain constant along a streamline, in accordance with Eq. (7). Thus, outside the zone of separation the quantity $K + P - \Delta$ is seen to retain at all cross sections the magnitude of unity determined by conditions at the initial section. The streamlines of

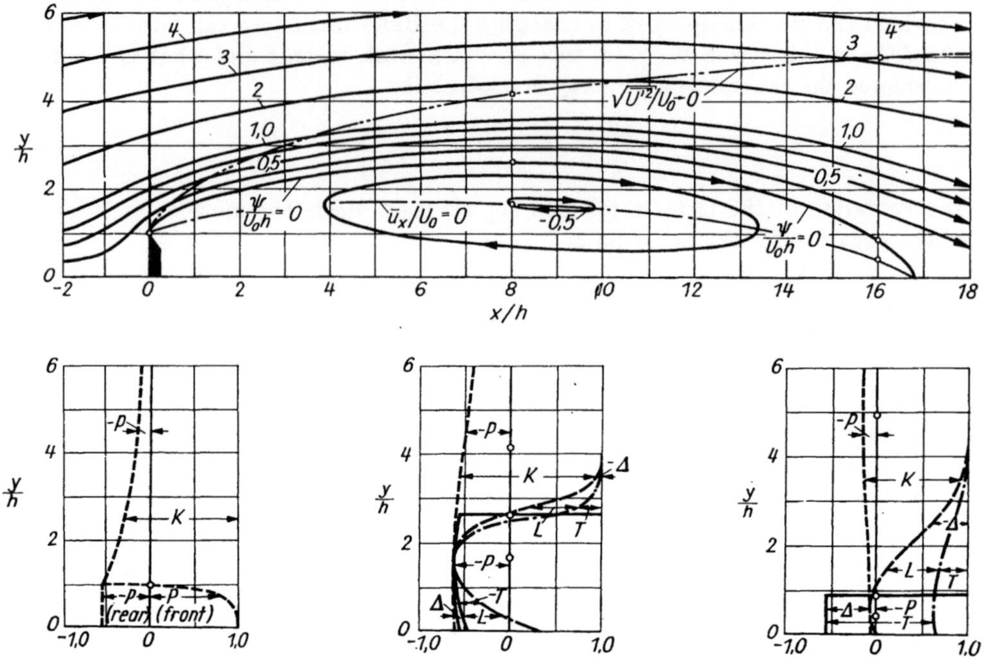

Fig. 1

the eddy, on the other hand, are closed curves, and their "initial" section must be chosen arbitrarily — the curve of zero forward velocity being the most logical choice. The initial energy level of the eddy, given as before by the local sum of K and P, is evidently well below that of the primary flow. Comparison of the two zones at successive sections, on the other hand, will show that the sum $K + P$ for the primary flow decreases (that is, Δ is negative) as energy is transferred through the REYNOLDS stresses to the fluid below, the sum of $K + P$ for the eddy thereby increasing (and Δ accordingly becoming positive).

Since the quantity $K + P - \Delta$ must remain constant along any streamline, the loss term can be included only by simultaneously adding and subtracting it. The right side of Eq. (10), in other words, is of the form $K + P + T + L$, in which T and L denote energy transfer and loss. As indicated qualitatively in the figure (the shear measurements being too inexact to permit quantitative analysis), the loss necessarily becomes continuously greater in the direction of flow. This produces an apparent anomaly within the eddy, since each streamline closes upon itself; evidently, the circuit is simply repeated indefinitely.

If, as in the usual energy (i. e., power) analysis, instead of division by $\overline{U}\, dA$ the relationship is integrated laterally to a limit beyond the zone of diffusion (or from wall to wall of a closed conduit), the internal effects of lateral transfer will disappear and the term for total work will reduce to the difference between the integrals of the velocities times the REYNOLDS stresses over the two end sections. The "dissipation" term will then correspond to the net loss per unit volume which occurs over the reach under consideration, usually evaluated as a residual quantity in the one-dimensional application of the BERNOULLI theorem.

Whether the analysis is one-, two-, or three-dimensional, the fact remains that the loss term under discussion does not represent true dissipation, nor has the expected term for the kinetic energy of the turbulence as yet appeared. Only through introduction of the energy equation for the turbulence itself [1] can terms of the types sought be obtained. This equation, in contradistinction to Eq. (4) for the mean flow, is derived by multiplying each of the NAVIER-STOKES equations by the corresponding velocity component before substituting the REYNOLDS notation and averaging. Subtraction of Eq. (4) therefrom then yields

$$\overline{U}\frac{\partial}{\partial s}\left(\frac{\varrho\,\overline{U'^2}}{2}\right)+\overline{u_j'\frac{\partial}{\partial x_j}\left(\frac{\varrho\,U'^2}{2}\right)}+\varrho\,\overline{u_i'\,u_j'}\,\frac{\partial u_i}{\partial x_j}=-\overline{u_i'\frac{\partial p'}{\partial x_i}}+\mu\,\overline{u_i'\frac{\partial^2 u_i'}{\partial x_j\,\partial x_j}} \tag{11}$$

wherein $\overline{U'^2}$ is the sum of the mean squares of the turbulence components u_1', u_2', u_3'. Like the term for the work done in transferring energy by the mean stresses in Eq. (4), the term at the end of Eq. (11) can be replaced by the difference between the total rate at which work is done by the instantaneous stresses and the rate of dissipation which they produce:

$$\mu\,\overline{u_i'\frac{\partial u_i'}{\partial x_j\,\partial x_j}}=\mu\,\frac{\partial}{\partial x_j}\left(\overline{u_i'\frac{\partial u_i'}{\partial x_j}}\right)-\mu\,\overline{\frac{\partial u_i'}{\partial x_j}\frac{\partial u_i'}{\partial x_j}}\,. \tag{12}$$

Multiplication of the resulting equation by $ds\,dA$, integration along the stream tube, division by $\overline{U}\,dA$, and solution for the term representing rate of turbulence production will then yield the desired equality:

$$-\varrho\int_{s_1}^{s_2}\frac{\overline{u_i'\,u_j'}}{\overline{U}}\frac{\partial\bar u_i}{\partial x_j}\,ds=\frac{\varrho\,\overline{U_2'^2}}{2}-\frac{\varrho\,\overline{U_1'^2}}{2}+\int_{s_1}^{s_2}\overline{\frac{u_j'}{\overline{U}}\frac{\partial}{\partial x_j}\left(\frac{\varrho\,U'^2}{2}\right)}\,ds$$

$$+\int_{s_1}^{s_2}\overline{\frac{u_i'}{\overline{U}}\frac{\partial p'}{\partial x_i}}\,ds-\mu\int_{s_1}^{s_2}\frac{1}{\overline{U}}\frac{\partial}{\partial x_j}\left(\overline{u_i'\frac{\partial u_i'}{\partial x_j}}\right)ds+\mu\int_{s_1}^{s_2}\frac{1}{\overline{U}}\overline{\frac{\partial u_i'}{\partial x_j}\frac{\partial u_i'}{\partial x_j}}\,ds\,. \tag{13}$$

Herein the term at the left is obviously the loss integral already discussed. At the right are, first of all, the anticipated terms for the kinetic energy of the turbulence at the two sections; these represent, it should be remarked, the effect of longitudinal mean-flow convection on the turbulence distribution. The next integral, accordingly, represents the corresponding effect of turbulent diffusion — now lateral as well as longitudinal. Thereafter comes a term for the fluctuating pressure, corresponding to those already at hand for the mean pressure, and then a term for the total work done by the instantaneous viscous stresses of the turbulence, corresponding to that already at hand for the total work done by the REYNOLDS stresses. The final term — at last one that is truly dissipative — represents the rate at which mechanical energy is transformed into heat by the turbulence.

Substitution of these six additional terms into the equation of BERNOULLI would obviously introduce such complexities as to render the equation for the present quite unusable. As a matter of fact, not all of the terms have as yet been measured satisfactorily for even the simplest of conditions — uniform pipe flow [3]. There is, to be sure, evidence [4] that under conditions of separation, such as in the example illustrated, the equation of turbulent energy can be reduced with fair approximation to terms for production, convection, and dissipation — provided that the relationship is integrated laterally beyond the limits of diffusion. For the analysis of flow-pattern details, however, one is evidently restricted to the BERNOULLI relationship of Eq. (9) or (10) until such time as the terms of Eq. (13) become either more readily measurable or better understood.

REFERENCES

[1] A. A. TOWNSEND: The Structure of Turbulent Shear Flow, Cambridge (1956).

[2] M. ARIE and H. ROUSE: Experiments on Two-dimensional Flow over a Normal Wall, Journal of Fluid Mechanics **1** (1956) Part 2.

[3] J. LAUFER: The Structure of Turbulence in Fully Developed Pipe Flow, N.A.C.A. Report 1174 (1954).

[4] H. ROUSE, T. T. SIAO and S. NAGARATNAM: Turbulence Characteristics of the Hydraulic Jump, Trans. A.S.C.E. **124** (1959).

Numerische Experimente in der Gasdynamik

Von ROBERT SAUER

(Technische Hochschule München, Rechenzentrum)

Eine meiner ersten Begegnungen mit Herrn TOLLMIEN fand während des Krieges bei einem gasdynamischen Symposion statt. Dabei stellte sich heraus, daß Herr TOLLMIEN, Herr BUSEMANN und ich selbst ohne gegenseitige Kenntnis unserer Arbeiten zu äquivalenten Charakteristikenverfahren für die Berechnung achsensymmetrischer stationärer Überschallströmungen gelangt waren. In Erinnerung an diese Begebenheit möchte ich hier als kleine Geburtstagsgabe für Herrn TOLLMIEN über einige numerische Experimente berichten, die in letzter Zeit von Herrn G. SEEGMÜLLER am Rechenzentrum der TH München mit unserer Rechenanlage PERM (= programmgesteuerte elektronische Rechenanlage München) angestellt wurden, um die Genauigkeit der mit dem Charakteristikenverfahren gewonnenen numerischen Ergebnisse abzuschätzen.

Ursprünglich wurde die Charakteristikenmethode in der Gasdynamik in Form graphischer Verfahren verwendet. Dabei waren der Genauigkeit von vornherein enge Grenzen gesetzt und man kümmerte sich nur von Fall zu Fall um eine rohe Abschätzung der erzielten Genauigkeit. Inzwischen hat der Einsatz moderner digitaler Rechenanlagen dazu geführt, daß man sich überwiegend numerischer Verfahren bedient. Diese Verfahren liefern die Ergebnisse mit sehr viel höherer Genauigkeit. Eine sinnvolle Auswertung der Ergebnisse ist erst möglich, wenn man ihre Genauigkeit hinreichend gut und zuverlässig abschätzen kann. Vorschriften für Genauigkeitsabschätzungen, die einerseits möglichst enge Fehlerschranken liefern und andrerseits keinen zu großen Arbeitsaufwand erfordern, sind daher von größter praktischer Wichtigkeit.

1. Erläuterung des zugrundegelegten Charakteristikenverfahrens

Betrachtet wird eine stationäre achsensymmetrische isentropische Überschallströmung unter Vernachlässigung der Viskosität und Wärmeleitung. x, y sind die cartesischen Koordinaten in einer Ebene durch die Symmetrieachse, u, v die Komponenten des Vektors der Strömungsgeschwindigkeit.

Die Richtungsbedingungen und Verträglichkeitsbedingungen in den beiden MACHrichtungen ($i = 1, 2$) haben folgende Struktur

$$\left(\frac{dy}{dx}\right)_i = D_i(u, v)\,, \quad A_i(u, v)\left(\frac{du}{dx}\right)_i + B_i(u, v)\left(\frac{dv}{dx}\right)_i + \frac{1}{y}\,C_i(u, v) = 0\,. \qquad (1)$$

Wenn man die Differentialquotienten $\left(\frac{dy}{dx}\right)_i$ usw. durch Differenzenquotienten $\frac{y_i - y_0}{x_i - x_0}$ usw. ersetzt, erhält man aus den Gleichungen (1) Differenzengleichungen für u_i, v_i, x_i und y_i und zwar (a) *lineare* Gleichungen, wenn man in den Koeffizienten D_i, A_i, B_i und $\frac{1}{y} C_i$ für u, v und y die bereits bekannten Werte u_0, v_0, y_0 einsetzt, oder (b) im allgemeinen *nichtlineare* Gleichungen, wenn man Mittelwerte von u_0, v_0, y_0 und u_i, v_i, y_i bei der Berechnung der Koeffizienten verwendet. Im Fall (a) sprechen wir von einem *expliziten*, im Fall (b) von einem *impliziten* Verfahren.

Herr SEEGMÜLLER hat mit der hier skizzierten numerischen Methode die folgende Anfangswertaufgabe behandelt: Längs eines Kurvenbogens AB in der x, y-Ebene, dessen Tangenten nicht in MACHrichtungen verlaufen, sind u und v vorgegeben. Gesucht ist u, v in dem zugehörigen, stromabwärts liegenden Bestimmtheitsbereich ABP; er ist begrenzt von den MACHlinien AP und BP.

Die numerische Rechnung wird in einem Gitter durchgeführt, das durch eine bestimmte *Maschenweite* h gekennzeichnet ist; h möge etwa die Länge einer Seite des aus n gleichlangen Sehnen gebildeten, der Kurve AB einbeschriebenen Polygons sein. Außerdem wollen wir annehmen, daß die Rechnung durchgängig mit der Stellenzahl N (dezimal oder binär) erfolgt.

Sind x, y, u, v die strengen Werte der Lösung des Anfangswertproblems in P und x_h, y_h, u_h, v_h die entsprechenden, aus der numerischen Rechnung gewonnenen Näherungwerte, so ist

$$E(h, N) = f_h - f$$

der *globale Fehler* des numerischen Ergebnisses; f steht hierbei für x, y, u und v. Der Fehler hängt von der Maschenweite h und der Stellenzahl N ab. Wenn das numersiche Verfahren konvergent und stabil ist, muß für $h \to 0$ $(n \to \infty)$ und $N \to \infty$ der globale Fehler $E \to 0$ gehen.

2. Ausschaltung des Einflusses der Rundungsfehler

Der globale Fehler E resultiert einerseits aus den *Rundungsfehlern* (Abbrechen der Zahlen nach N Stellen) und andererseits aus dem *Verfahrensfehler* (= Abweichung der strengen Lösung des vorliegenden analytischen Problems von der strengen Lösung des approximierenden finiten, d. h. durch die Differenzengleichungen bestimmten Problems beim expliziten bzw. impliziten Verfahren). Der Einfluß der Rundungsfehler ließ sich folgendermaßen ausschalten: Für eine Anfangswertaufgabe, deren strenge analytische Lösung bekannt war, wurde bei Festhaltung der Maschenweite h der Fehler E in Abhängigkeit von der Stellenzahl N aufgetragen. Es zeigte sich, daß von einer gewissen Stellenzahl N_0 an der Fehler E praktisch konstant blieb. Das Verfahren ist also numerisch stabil und der Einfluß der Rundungsfehler kann vernachlässigt werden, wenn man durchwegs $N > N_0$ nimmt.

3. Größenordnung des Verfahrensfehlers

Wenn man für dieselbe Anfangswertaufgabe wie in Ziff. 2 den Fehler E bei festgehaltener Stellenzahl $N > N_0$ in Abhängigkeit von der Maschenweite h aufträgt, erhält man Aufschlüsse über die Größenordnung des Verfahrens

$$E(h) \approx O(h^k)\,. \tag{2}$$

Durch Auftragen in doppelt logarithmischen Papier ergaben sich für $E(h)$ in sehr guter Annäherung gerade Linien mit der Neigung

$$k = \begin{cases} 1 \\ 2 \end{cases} \text{beim} \begin{cases} \text{expliziten Verfahren (a)}\,, \\ \text{impliziten Verfahren (b)}\,. \end{cases}$$

Dieses experimentelle Ergebnis ist in plausibler Übereinstimmung mit früher von Herrn F. Bauhuber (Diss. TH München 1954) gewonnenen Abschätzungen für den Verfahrensfehler im Kleinen, d. h. den Fehler je Gittermasche. Neuerdings wurde es durch theoretische Überlegungen (H. J. Stetter, G. Seegmüller) strenger begründet.

4. Faustregeln für die Fehlerabschätzung

Auf Grund der Größenordnungsrelation (2) mit $k = 1$ bzw. 2 kommt man (ebenso wie bei den numerischen Verfahren für die Lösung gewöhnlicher Differentialgleichungen) zu einfachen Faustregeln für die Fehlerabschätzung:

Wir setzen in

$$E \approx O(h^k) = C\,h^k$$

für den bei kleinem $|h|$ nahezu konstanten Koeffizienten C die beiden ersten Glieder der Taylorentwicklung, also

$$E \approx C_0\,h^k + C_m\,h^{k+m}; \tag{3}$$

dabei ist k nach dem Vorangehenden bekannt ($k = 1$ bzw. 2), die Ordnung m (= ganze positive Zahl) dagegen zunächst unbekannt. Liegen nun die numerischen Ergebnisse f_h, f_{2h}, f_{4h} für verschiedene Maschenweiten vor, so bildet man die Ausdrücke

$$\Delta_1 = f_{2h} - f_h\,, \quad \Delta_2 = f_{4h} - f_{2h} - 2^k\,\Delta_1 \tag{4}$$

und erhält aus Gl. (3) nach einigen Umformungen

$$E = f - f_h = -\frac{\Delta_1}{2^k - 1} + \frac{\Delta_2}{(2^k - 1)(2^{k+m} - 1)}\,. \tag{5}$$

Man kann hiermit aus den numerischen Ergebnissen selbst den Fehler von f_h überschlägig bestimmen.

Das erste Glied auf der rechten Seite der Gl. (5) erfordert die zweimalige Durchrechnung der Aufgabe mit den Maschenweiten h und $2\,h$. Das zweite Glied, das wir fortan als *Korrektionsglied* bezeichnen wollen, erfordert eine Durchrechnung der Aufgabe mit mindestens vier Maschenweiten h, $2\,h$, $4\,h$, $8\,h$. Aus den numerischen Ergebnissen f_h, f_{2h} und f_{4h} erhält man die in Gl. (4) definierte Größe Δ_2.

Aus f_{8h} ergibt sich dann auch die noch unbekannte Ordnung m auf folgende Weise:

Wie eine einfache Rechnung zeigt, ist

$$\delta(h) = \frac{\Delta_2}{\Delta_1} = \frac{f_{4h} - f_{2h}}{f_{2h} - f_h} - 2^k = q - 2^k \sim O(h^m) . \tag{6}$$

Wenn man also $\delta(h)$ und außerdem noch

$$\delta(2h) = \frac{f_{8h} - f_{4h}}{f_{4h} - f_{2h}} - 2^k \sim O((2h)^m)$$

aus den numerischen Ergebnissen f_h bis f_{8h} ermittelt, so folgt m aus der Beziehung

$$\frac{\delta(2h)}{\delta(h)} \approx 2^m . \tag{7}$$

Die durchgerechneten Beispiele für das implizite Verfahren (b) lieferten in sehr befriedigender Annäherung $2^m = 4$, also $m = 2$. Nachdem die Ordnung $m = 2$ bekannt ist, genügt für die Bestimmung des Korrektionsgliedes in Gl. (5) bei weiteren Beispielen natürlich bereits eine dreimalige Durchrechnung mit h, $2h$ und $4h$.

5. Praktische Folgerungen

Gl. (5) läßt sich folgendermaßen interpretieren: Liegen die beiden numerischen Resultate f_h und f_2 vor, so kann man die Näherung

$$f^{\mathrm{I}} = f_h - \frac{\Delta_1}{2^k - 1} \quad \text{(Extrapolation 1. Ordnung)} \tag{8}$$

bilden. Mit Hinzunahme des dritten numerischen Resultats f_{4h} ergibt sich die Korrektion

$$K = \frac{\Delta_2}{(2^k - 1)(2^{k+m} - 1)} \tag{9}$$

als überschlägiger Fehler von f^{I} und hieraus die verbesserte Näherung

$$f^{\mathrm{II}} = f^{\mathrm{I}} + K \quad \text{(Extrapolation 2. Ordnung)} . \tag{10}$$

Für ein Problem mit bekannter Lösung f wurde die Rechnung sechsmal mit $h = h_0\, 2^{-j}$ $(j = 1, 2, \ldots, 6)$ durchgeführt. Dabei zeigte sich folgendes bemerkenswerte Resultat: Die aus den 3 gröbsten Rechnungen $(j = 1, 2, 3)$ gewonnene Extrapolation 2. Ordnung lieferte bereits in der gesamten Stellenzahl der PERM (40 Binärstellen) bis auf Rundungen in der letzten Stelle das richtige Ergebnis. Der Rechenaufwand betrug dabei nur etwa 3% des Aufwandes für die Rechnung mit $j = 6$ ohne Extrapolation. Trotzdem war das Ergebnis dieser so viel aufwendigen Rechnung sehr viel schlechter als das mit $j = 1, 2, 3$ erhaltene Extrapolationsergebnis. Man erkennt daraus die große Wirksamkeit der Extrapolationen.

Die hier vorgetragenen fast trivialen Überlegungen führen nicht zu mathematisch strengen Aussagen über Fehlerschranken. Sie haben aber den Vorteil, daß sie nicht wie die meisten theoretischen Abschätzungen Kenntnisse über höhere Ableitungen der Lösung erfordern und daß sie, wie das vorliegende numerische Material erwarten läßt, eine sehr viel bessere Genauigkeitsabschätzung mit verhältnismäßig kleinem Arbeitsaufwand liefern.

Versuch einer Elastizitätstheorie des zweidimensionalen ebenen Cosserat-Kontinuums

Von Hermann Schaefer

(Institut für Technische Mechanik, Technische Hochschule Braunschweig)

1. Einführung

Daß in der Kontinuumsmechanik der Satz von der Gleichheit zugeordneter Schubspannungen „keineswegs a priori evident" ist, daraufhat Ludwig Boltzmann im Jahre 1899 in seinen Vorlesungen „Über die Grundprinzipien und Grundgleichungen der Mechanik" aufmerksam gemacht [1]. Er erwähnt dabei, daß Lord Kelvin gelegentlich einer Untersuchung über den Lichtäther die Symmetrie des Spannungstensors — den Satz X, wie Boltzmann sagt — aufgegeben habe, und „daß derselbe ohne alle Widersprüche Bewegungsgleichungen für die Volumelemente eines festen Körpers ausarbeiten konnte, für welchen der Satz X nicht gilt". G. Hamel nennt in seiner Axiomatik der Mechanik [2] diesen Satz „Boltzmannsches Axiom" und bezeichnet eine Mechanik ohne dieses Axiom als „Nichtboltzmannsche Systemmechanik".

Spannungen haben ihre physikalischen Ursachen in den Deformationen des Kontinuums. Unsymmetrie des Spannungstensors muß deshalb durch die Geometrie des Kontinuums bedingt sein.

In der üblichen Auffassung wird jedem Punkte des Kontinuums ein Verschiebungsvektor zugeordnet. Das Prinzip der virtuellen Arbeit zusammen mit dem Lagrangeschen Befreiungsprinzip zeigt dann, daß der Satz X, das Boltzmannsche Axiom, erfüllt ist [2].

In Verallgemeinerung dieses Punktkontinuums (systèmes ponctuels continus) ordnen die Brüder E. und F. Cosserat [3] jedem Punkte des Kontinuums ein starres Koordinatensystem (trièdre) zu, dessen Drehvektor gleichberechtigt neben den Verschiebungsvektor tritt. „La continuité mathematique que l'on suppose dans une telle définition laisse, comme on voit, subsister en chaque point la trace d'un solide invariable" ([3], Seite 2). Bei einer Deformation bewegen sich demnach die kleinsten Elemente des Kontinuums wie starre Körper. Diese etwas vage Aussage zu präzisieren muß selbstverständlich einer mathematisch-kinematischen Formulierung vorbehalten bleiben. Dabei aber stellte sich heraus, daß im Cosseratkontinuum eine Nichtboltzmannsche Mechanik gilt, eine Kontinuumsmechanik, die Theorien wie die von Lord Kelvin über den Licht-Äther oder von W. Voigt über Kristallphysik umfaßt und verallgemeinert.

Als die Monographie der Brüder Cosserat, eine Zusammenfassung voraufgegangener Veröffentlichungen, im Jahre 1909 erschien, hatte die Theoretische Physik ihre alte Hypothese von der mechanischen Deutbarkeit aller Natur-erscheinungen bereits als sinnlos erkannt und aufgegeben. Ganz anders aber ist die Bedeutung der COSSERATschen Arbeiten für die Elastizitätstheorie einzuschätzen. Denn wir finden hier die denkbar allgemeinste Theorie der ein-, zwei- und dreidimensionalen Kontinua mit endlich großen Deformationen. So haben auch in den um 1913 geschriebenen Enzyklopädieartikeln von HEUN und HELLINGER [4, 5] die COSSERATschen Ideen die ihnen gebührende Beachtung gefunden. Aber dann scheinen sie mehrere Jahrzehnte lang in Vergessenheit geraten zu sein.

Im Jahre 1958 endlich hat die COSSERATsche Theorie in zwei Veröffentlichungen die ihr angemessene Darstellung im modernen Tensorkalkül gefunden. ERICKSEN und TRUESDELL [6] entwickelten auf Grund der COSSERATschen Vorstellungen eine Kinematik und Statik endlich verformter Balken und Schalen. W. GÜNTHER [7] gab eine Darstellung der Kinematik und Statik des dreidimensionalen COSSERATkontinuums mit kleinen Deformationen und zeigte überdies, daß die neue „Kontinuumstheorie der Versetzungen und Eigenspannungen“ [8] ein kinematisches Modell benutzt, das einem COSSERAT-Kontinuum mit inkompatiblen Deformationen entspricht.

Merkwürdigerweise haben die Brüder COSSERAT ihre höchst theoretischen Betrachtungen niemals durch konkrete Beispiele illustriert. So allgemein gehalten sind ihre Untersuchungen, daß von solchem Niveau aus z. B. die lineare Elastizitätstheorie des isotropen COSSERAT-Kontinuums als fast trivialer Sonderfall erscheinen muß. Demgegenüber verfolgt die hier vorliegende Arbeit[1]) das bescheidene Ziel, an einfachsten Belastungsfällen des zweidimensionalen, isotropen und elastischen Kontinuums mit kleinen Deformationen die Konsequenzen der COSSERATschen Kontinuumsauffassung zu demonstrieren.

Zu der nun folgenden Aufstellung der kinematischen und statischen Grundgleichungen sei auf die oben erwähnte GÜNTHERsche Arbeit [7] verwiesen, in der Ableitungen und Zusammenhänge ausführlich dargestellt sind.

2. Die Deformationen und ihre Kompatibilität

Deformations- und Verschiebungsgrößen werden als infinitesimal vorausgesetzt. Wir benutzen ein rechtwinkliges (x_1, x_2)-Koordinatensystem. Zu jedem Punkte (x_1, x_2) des Kontinuums gehört ein *lokales* starres Koordinatenkreuz, dessen Mittelpunkt mit dem Punkte (x_1, x_2) zusammenfällt. Bei der Deformation des Kontinuums werden die Mittelpunkte der lokalen Koordinatenkreuze um (v_1, v_2) verschoben und die Koordinatenkreuze um den Winkel ω aus ihrer Anfangslage herausgedreht. Der Deformationszustand wird durch 6 Deformationsgrößen beschrieben:

$$\left.\begin{aligned} \varepsilon_{11} &= \partial_1 v_1; \quad \varepsilon_{21} = \partial_2 v_1 + \omega\,, \\ \varepsilon_{22} &= \partial_2 v_2; \quad \varepsilon_{12} = \partial_1 v_2 - \omega\,, \end{aligned}\right\} \tag{1}$$

$$\chi_1 = \partial_1 \omega; \quad \chi_2 = \partial_2 \omega\,. \tag{2}$$

[1]) Ausführliche Fassung eines Vortrages auf dem Niedersächsischen Mechanik-Kolloquium am 26. Jan. 1957.

Die Bedingungen für die Kompatibilität der Deformationen lauten

$$\partial_1 \varepsilon_{21} - \partial_2 \varepsilon_{11} - \chi_1 = 0\,, \tag{3}$$

$$\partial_1 \varepsilon_{22} - \partial_2 \varepsilon_{12} - \chi_2 = 0\,, \tag{4}$$

$$\partial_1 \chi_2 - \partial_2 \chi_1 = 0\,. \tag{5}$$

Der Anschauung förderlich ist die Aufspaltung des unsymmetrischen Tensors ε_{ik} in seinen symmetrischen Teil

$$\left.\begin{aligned} \varepsilon_{11} = \partial_1 v_1; \quad \varepsilon_{22} = \partial_2 v_2\,, \\ \frac{1}{2}(\varepsilon_{21} + \varepsilon_{12}) = \frac{1}{2}(\partial_1 v_2 + \partial_2 v_1) \end{aligned}\right\} \tag{6}$$

und den Vektor

$$\frac{1}{2}(\varepsilon_{21} - \varepsilon_{12}) = \omega - \frac{1}{2}(\partial_1 v_2 - \partial_2 v_1)\,. \tag{7}$$

(6) beschreibt den Anteil der Deformation, der vom Verschiebungsfeld (v_1, v_2) allein stammt. Die Deformation (7) ist die Relativdrehung der lokalen Koordinatenkreuze gegenüber der im Verschiebungsfeld (v_1, v_2) vorhandenen mittleren Drehung. Die Verdrehung benachbarter lokaler Koordinatenkreuze gegeneinander wird durch die Deformationen χ_1 und χ_2 nach (2) beschrieben.

3. Die Gleichgewichtsbedingungen

Den 6 Deformationsgrößen sind 6 Spannungsgrößen zugeordnet. Zunächst haben wir die 4 Komponenten des unsymmetrischen Tensors σ_{ik} der Kraftspannungen, verursacht durch den unsymmetrischen Tensor ε_{ik}. Die beiden restlichen Spannungsgrößen sind die von den Deformationen χ_1 und χ_2 verursachten Momentenspannungen m_1 und m_2 (*moments de deformation* nach COSSERAT). Sie sind zunächst eine rein logische Konsequenz der Definition des COSSERAT-Kontinuums durch seine Deformationen.

Die Gleichgewichtsbedingungen der 6 Spannungen lauten

$$\partial_1 \sigma_{11} + \partial_2 \sigma_{21} + \mathfrak{X}_1 = 0\,, \tag{8}$$

$$\partial_1 \sigma_{12} + \partial_2 \sigma_{22} + \mathfrak{X}_2 = 0\,, \tag{9}$$

$$\partial_1 m_1 + \partial_2 m_2 - (\sigma_{21} - \sigma_{12}) + \mathfrak{M} = 0\,. \tag{10}$$

Man kann sie durch Betrachtung des Gleichgewichtes am erstarrten Element (dx_1, dx_2) des Kontinuums gewinnen, Abb. 1.

Die Komponenten σ_{ik} haben die Dimension Kraft/Länge, m_1 und m_2 sind Momente/Länge. $(\mathfrak{X}_1, \mathfrak{X}_2, \mathfrak{M})$ ist die flächenhaft verteilte Dyname der äußeren Belastung.

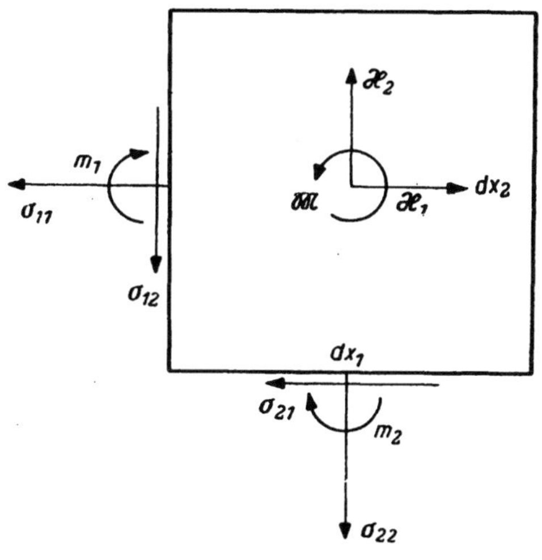

Abb. 1. Kraftspannungen, Momentenspannungen und Flächenbelastungen am Element (dx_1, dx_2) des COSSERAT-Kontinuums

Sofern es sich um das Gleichgewicht allein handelt, dürfen nach dem Erstarrungsprinzip m_1, m_2 und $\mathfrak{M}$ als Kräftepaare angesehen werden. Dies ist jedoch nicht mehr erlaubt, wenn man den Zusammenhang zwischen Belastungen und Deformationen betrachtet.

4. Die Spannungsfunktionen

Zur identischen Erfüllung der homogenen Gleichgewichtsbedingungen ($\mathfrak{X}_1 = 0$, $\mathfrak{X}_2 = 0$, $\mathfrak{M} = 0$) werden 3 Spannungsfunktionen benötigt:

$$\sigma_{11} = \partial_2 \Omega_1; \quad \sigma_{21} = -\partial_1 \Omega_1, \tag{11}$$

$$\sigma_{12} = \partial_2 \Omega_2; \quad \sigma_{22} = -\partial_1 \Omega_2, \tag{12}$$

$$m_1 = \partial_2 \Phi - \Omega_1; \quad m_2 = -\partial_1 \Phi - \Omega_2. \tag{13}$$

Ihre statische Deutung ist, wie man durch einfache Rechnung feststellt, die folgende (Abb. 2).

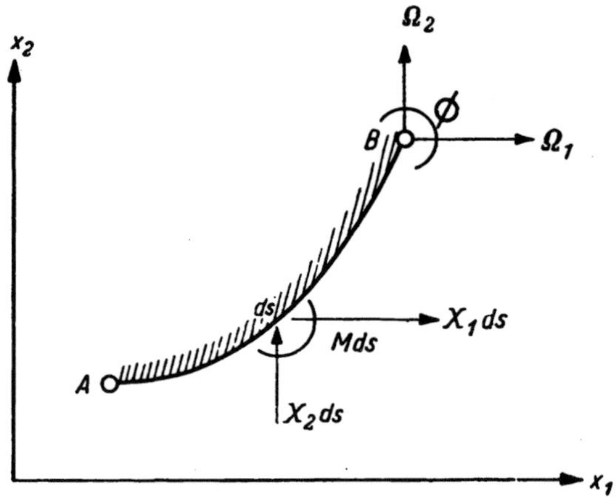

Abb. 2. Die Spannungsfunktionen Ω_1, Ω_2, Φ als resultierende Dyname der Belastung des Randstücks A—B

Auf einem Randstück $A - B$ des Kontinuums sei die Belastungsdyname (X_1, X_2, M) gegeben. Dann ist (Ω_1, Ω_2, Φ) die resultierende Dyname der gesamten Randbelastung von $A - B$ im Endpunkte B.

Bei vorgegebener Randbelastung sind also die Randwerte der 3 Spannungsfunktionen sofort berechenbar.

5. Die Elastizitätsgesetze

Wir kommen nun zu einem heiklen Kapitel der Theorie. Die vorstehenden kinematischen und statischen Gleichungen müssen ergänzt werden durch die Naturgesetze, die zwischen den Deformationen und Spannungen des Kontinuums bestehen. Grundsätzlich hat hier das Experiment einzugreifen. Aber um experimentieren zu können, benötigt man bereits die vollständige Theorie als Arbeitshypothese. So setzen wir im Falle der Isotropie, auf den wir uns beschränken, die (durch Experimente nachzuprüfende) Gültigkeit der hier erläuterten Elastizitätsgesetze voraus.

Für den Zusammenhang zwischen den symmetrischen Teilen von Deformations- und Spannungstensor übernehmen wir das HOOKEsche Gesetz:

$$\varepsilon_{11} = \frac{1}{E}(\sigma_{11} - \nu\,\sigma_{22}); \quad \varepsilon_{22} = \frac{1}{E}(\sigma_{22} - \nu\,\sigma_{11}), \tag{14}$$

$$\frac{1}{2}(\sigma_{21} + \sigma_{12}) = 2\,G\,\frac{1}{2}(\varepsilon_{21} + \varepsilon_{12}), \tag{15}$$

$$E = 2\,(1 + \nu)\,G. \tag{16}$$

Wir erinnern, daß diese Deformationen drehungsfrei sind. Die lokalen Koordinatenkreuze bewegen sich dabei translativ.

Um unter den 3 restlichen Deformationen $\frac{1}{2}(\varepsilon_{21} - \varepsilon_{22})$, χ_1, χ_2 die erste zu isolieren, nehmen wir im Hinblick auf (2) ω als konstant an. Unter der Voraussetzung, daß die Momentenspannungen m_1 und m_2 allein durch die Deformationen χ_1 und χ_2 bestimmt sind, dürfen wir als Folge eines konstanten ω die Momentenspannungen als verschwunden ansehen. Von der Gleichgewichtsbedingung (10) bleibt

$$\sigma_{21} - \sigma_{12} = \mathfrak{M}. \tag{17}$$

Um also den *reinen* Deformationszustand $\frac{1}{2}(\varepsilon_{21} - \varepsilon_{12})$ am Element (dx_1, dx_2) zu erzeugen, benötigen wir ein Flächenmoment von der Größe $\mathfrak{M}\,dx_1\,dx_2$, das — gleichmäßig über das Flächenelement (dx_1, dx_2) verteilt — an den lokalen Koordinatenkreuzen angreift. Das Flächenmoment steht im Gleichgewicht mit der an der Berandung des Elementes (dx_1, dx_2) angreifenden Schubspannung $\frac{1}{2}(\sigma_{21} - \sigma_{12})$, Abb. 3.

Als Elastizitätsgesetz nehmen wir

$$\frac{1}{2}(\sigma_{21} - \sigma_{12}) = 2\,R\,\frac{1}{2}(\varepsilon_{21} - \varepsilon_{12}). \tag{18}$$

Die neue Elastizitätskonstante R hat dieselbe Dimension wie G und E (Kraft/Länge).

Bei Isotropie können gleichgroße Deformationen $\chi_1 = \partial_1\omega$ und $\chi_2 = \partial_2\omega$ nur mit gleichgroßen Momentenspannungen m_1 bzw. m_2 zusammenhängen. Demnach setzen wir

$$m_1 = D\,\chi_1; \quad m_2 = D\chi_2. \tag{19}$$

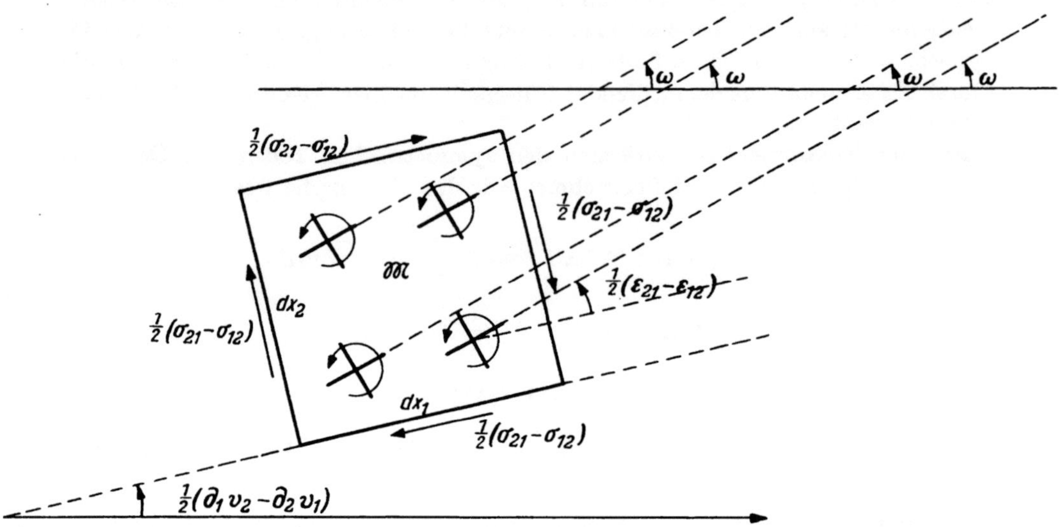

Abb. 3. Der Deformationszustand $\frac{1}{2}(\varepsilon_{21} - \varepsilon_{12}) = \omega - \frac{1}{2}(\partial_1 v_2 - \partial_2 v_1)$

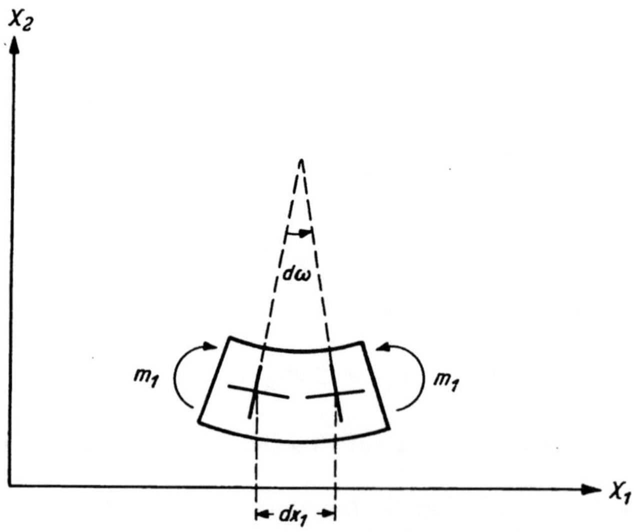

Abb. 4. Der Deformationszustand $\chi_1 = \frac{\partial \omega}{\partial x_1}$

Die zweite neue Elastizitätskonstante D hat die Dimension Kraft · Länge. In Erinnerung an das Elastizitätsgesetz der Balkenbiegung in der klassichen Elastizitätstheorie schreiben wir

$$D = \frac{1}{12} E\, l^2 . \tag{20}$$

l hat die Dimension einer Länge. Bei einem Werkstoff, der als elastisches COSSERAT-Kontinuum aufgefaßt wird, müssen die Werte der neuen Elastizitätskonstanten R und l experimentell bestimmt werden. Über ihre wahrscheinlichen Größenordnungen sprechen wir später noch.

6. Die Differentialgleichungen der 3 Verschiebungsgrößen

In den Gleichgewichtsbedingungen (8), (9), (10) ersetzten wir die Spannungen durch die Deformationen und diese wiederum durch die 3 Verschiebungen v_1, v_2, ω. Für das nur randbelastete Kontinuum ($\mathfrak{X}_1 = 0$, $\mathfrak{X}_2 = 0$, $\mathfrak{M} = 0$) erhält man dann die 3 Differentialgleichungen

$$\partial_1 \varepsilon - (1 - \nu)\, \partial_2 \left[\omega - \left(\frac{1}{G} + \frac{1}{R}\right) \frac{D}{4}\, \Delta\omega\right] = 0\,, \tag{21}$$

$$\partial_2 \varepsilon + (1 - \nu)\, \partial_1 \left[\omega - \left(\frac{1}{G} + \frac{1}{R}\right) \frac{D}{4}\, \Delta\omega\right] = 0\,, \tag{22}$$

$$\frac{D}{4\,R} \Delta\omega = \omega - \frac{1}{2} (\partial_1 v_2 - \partial_2 v_1)\,, \tag{23}$$

wobei wir die Abkürzungen

$$\varepsilon = \partial_1 v_1 + \partial_2 v_2 \tag{24}$$

und

$$\Delta\omega = \partial_1 \partial_1 \omega + \partial_2 \partial_2 \omega \tag{25}$$

benutzen (Abb. 4).

Es ist nützlich zu vermerken, daß

$$\partial_1 m_1 + \partial_2 m_2 = D \Delta\omega \tag{26}$$

und

$$D\Delta\omega = \sigma_{21} - \sigma_{12}\,. \tag{27}$$

Eine einfache aber wichtige *Partikularlösung* von (21), (22), (23) ist

$$\omega = \omega_0; \quad \Delta\omega_0 = 0\,, \tag{28}$$

bei der die Verschiebungen v_1, v_2 dem auch in der klassischen Elastizitätstheorie gültigen Gleichungssystem

$$\partial_1 \varepsilon - (1 - \nu)\, \partial_2 \omega_0 = 0\,, \tag{29}$$

$$\partial_2 \varepsilon + (1 - \nu)\, \partial_1 \omega_0 = 0\,, \tag{30}$$

$$\omega_0 = \frac{1}{2} (\partial_1 v_2 - \partial_2 v_1) \tag{31}$$

genügen.

Da nach (26) für diese Partikularlösung

$$\partial_1 m_1 + \partial_2 m_2 = 0 \tag{32}$$

gilt, also

$$M\, ds = -m_1\, dx_1 + m_1\, dx_2 \tag{33}$$

ein totales Differential ist, hält sich die Momentenbelastung des Randes für sich alleine schon das Gleichgewicht. Wegen (27) ist der Spannungstensor unserer Partikularlösung symmetrisch. Übrigens ist wegen (19) und (33) die Momentenbelastung des Randes

$$M = D \frac{\partial \omega}{\partial n} \tag{34}$$

ganz allgemein, nicht nur bei unserer Partikularlösung.

Bei harmonischem $\omega\,(x_1, x_2)$ sind zwar Momentenbelastung und Kraftbelastung des Randes je für sich im Gleichgewicht, jedoch sind sie über ω_0 durch (34) verbunden, können somit im Rahmen unserer Partikularlösung nicht unabhängig voneinander gewählt werden.

Im späteren Beispiel der reinen Biegung kommen wir auf diese Partikularlösung zurück.

Die allgemeinste Lösung von (21), (22), (23) entsteht, wenn wir unserer Partikularlösung ω_0 die Lösung der Gleichung

$$\omega^* - \left(\frac{1}{G} + \frac{1}{R}\right) \frac{D}{4} \Delta \omega^* = 0 \tag{35}$$

überlagern, also

$$\omega = \omega_0 + \omega^* \tag{36}$$

setzen. Nach (27), das jetzt

$$D \Delta \omega^* = \sigma_{21} - \sigma_{12} \tag{37}$$

lautet, gibt erst ω^* Anlaß zur Unsymmetrie des Spannungstensors.

In der klassischen Elastizitätstheorie, die keine Momentenspannungen kennt, ist $D = 0$, also auch $\omega^* = 0$. Man kann dann bekanntlich nur 2 Randbedingungen vorschreiben, etwa die Verschiebungen v_1 und v_2, und $\omega = \omega_0$ ist nach (31) dadurch mitbestimmt. Im elastischen COSSERATkontinuum dagegen haben wir durch ω^* als Lösung der Differentialgleichung (35) eine dritte Randbedingung zur Verfügung. So können wir z. B. neben v_1 und v_2 auch die Drehung ω am Rande vorschreiben.

7. Die Differentialgleichungen der Spannungsfunktionen

In den Kompatibilitätsbedingungen (3), (4), (5) haben wir die Deformationen durch die Spannungen und diese wiederum durch die Spannungsfunktionen zu ersetzen. Es entstehen 3 Differentialgleichungen für die 3 Spannungsfunktionen Ω_1, Ω_2, Φ.

Nun gestattet aber die Kompatibilitätsgleichung (5), die mit (19)

$$\partial_1 m_2 - \partial_2 m_1 = 0 \tag{38}$$

lautet, die Zahl der Spannungsfunktionen auf zwei zu reduzieren. (38) läßt sich durch

$$m_1 = \partial_1 \Psi; \quad m_2 = \partial_2 \Psi \tag{39}$$

identisch erfüllen, und durch Elimination von Ω_1 und Ω_2 in (11), (12), (13) bekommen wir

$$\left.\begin{aligned} \sigma_{11} &= \partial_2 (\partial_2 \Phi - \partial_1 \Psi); & \sigma_{21} &= -\partial_1 (\partial_2 \Phi - \partial_1 \Psi), \\ \sigma_{12} &= -\partial_2 (\partial_1 \Phi + \partial_2 \Psi); & \sigma_{22} &= \partial_1 (\partial_1 \Phi + \partial_2 \Psi). \end{aligned}\right\} \tag{40}$$

Daraus folgt

$$\sigma_{11} + \sigma_{22} = \Delta \Phi, \tag{41}$$

$$\sigma_{21} - \sigma_{12} = \Delta \Psi. \tag{42}$$

Natürlich ist Ψ, da sie bereits eine Kompatibilitätsbedingung zu befriedigen hat, keine echte Spannungsfunktion. Ein Vergleich von (19) mit (39) zeigt, daß

$$\Psi = D\omega. \tag{43}$$

Nach (14) und (41) ist

$$\varepsilon = \varepsilon_{11} + \varepsilon_{22} = \frac{1-\nu}{E} \Delta \Phi. \tag{44}$$

Somit bekommen wir die Differentialgleichungen der Spannungsfunktionen Φ und Ψ einfach, indem wir (21) und (22) umschreiben zu:

$$\left.\begin{aligned} \partial_1 \Delta \Phi - \frac{E}{D} \partial_2 \left[\Psi - \left(\frac{1}{G} + \frac{1}{R}\right) \frac{D}{4} \Delta \Psi\right] &= 0, \\ \partial_2 \Delta \Phi + \frac{E}{D} \partial_1 \left[\Psi - \left(\frac{1}{G} + \frac{1}{R}\right) \frac{D}{4} \Delta \Psi\right] &= 0. \end{aligned}\right\} \tag{45}$$

Der Ersatz von Ω_1 und Ω_2 durch Ψ muß leider damit erkauft werden, daß bei vorgegebener Randbedingung (X_1, X_2, M) die Randbedingungen für Φ und Ψ ineinander verfilzt sind. Wir wollen darauf nicht weiter eingehen. Aber wiederum können insgesamt 3 Randbedingungen erfüllt werden. Was oben über die Partikularlösung $D\omega_0 = \Psi_0$ gesagt wurde, gilt sinngemäß auch für (45).

Wenn das Kontinuum durch Flächenmomente $\mathfrak{M}$ belastet ist, so lassen sich die Gleichgewichtsbedingungen (8), (9), (10) mit $\mathfrak{X}_1 = 0$; $\mathfrak{X}_2 = 0$; $\mathfrak{M} \neq 0$ identisch erfüllen durch

$$\left.\begin{aligned} \sigma_{11} &= -\partial_1 \partial_2 (\Psi + H); & \sigma_{21} &= \partial_1 \partial_1 (\Psi + H), \\ \sigma_{12} &= -\partial_2 \partial_2 (\Psi + H); & \sigma_{22} &= \partial_1 \partial_2 (\Psi + H), \\ m_1 &= \partial_1 \Psi; \quad m_1 = \partial_2 \Psi \end{aligned}\right\} \tag{46}$$

mit

$$\sigma_{11} + \sigma_{22} = 0, \tag{47}$$

$$\sigma_{21} - \sigma_{12} = \Delta (\Psi + H), \tag{48}$$

$$\Delta H = \mathfrak{M}. \tag{49}$$

Dieser besondere Gleichgwichtszustand hat, wie man leicht nachrechnet, der Kompatibilitätsbedingung

$$\Psi - \left(\frac{1}{G} + \frac{1}{R}\right) \frac{D}{4} \Delta (\Psi + H) = 0 \tag{50}$$

zu genügen. Demnach bestimmt sich Ψ aus

$$\Delta\Psi - \frac{1}{\left(\frac{1}{G}+\frac{1}{R}\right)\frac{D}{4}}\Psi = -\mathfrak{M}\,. \tag{51}$$

(48) wird

$$\sigma_{21}-\sigma_{12} = \frac{\psi}{\left(\frac{1}{G}+\frac{1}{R}\right)\frac{D}{4}}\,. \tag{52}$$

8. Einfache Verschiebungs- und Gleichgewichtszustände

8.1. Reine Biegung

Die Spannungsfunktion Φ in (45), die der AIRYschen des klassichen Kontinuums entspricht, ist auch hier biharmonisch:

$$\Delta\Delta\Phi = 0\,. \tag{53}$$

$$\Psi_0 = \Psi - \left(\frac{1}{G}+\frac{1}{R}\right)\frac{D}{4}\Delta\Psi \tag{54}$$

ist harmonisch:

$$\Delta\Psi_0 = 0\,. \tag{55}$$

In der klassischen Elastizitätstheorie kennt man

$$\Phi = \frac{c}{6}x_2^3 \tag{56}$$

als AIRYsche Spannungsfunktion der reinen Biegung. Übernehmen wir hier dieses Φ, so wird nach (45) und (54)

$$\Psi_0 = -c\frac{D}{E}x_1\,. \tag{57}$$

$\Psi = \Psi_0$ ist gleichzeitig eine Partikularlösung von (54). Die beiden Spannungsfunktionen Φ und Ψ_0 ergeben nach (39) und (40) nur

$$m_1 = -c\frac{D}{E}\,; \quad \sigma_{11} = c\,x_2 \tag{58}$$

als von Null verschiedene Spannungen (Abb. 5). Also auch hier ein Spannungszustand, der als „reine Biegung“ zu bezeichnen ist. Die einzelnen Biegemomente sind

$$S = \int_{-\frac{h}{2}}^{+\frac{h}{2}} \sigma_{11}\,x_2\,dx_2 = c\frac{h^3}{12}\,, \tag{59}$$

$$T = -m_1 h = c\frac{D}{E}h = c\frac{h\,l^2}{12}\,. \tag{60}$$

Somit ist das gesamte auf die Höhe des Balkens bezogene Biegemoment

$$m = \frac{1}{h}(S + T) = \frac{c}{12}(h^2 + l^2)\,. \tag{61}$$

Wegen

$$\Psi_0 = D\omega_0; \quad \Delta\omega_0 = 0 \tag{62}$$

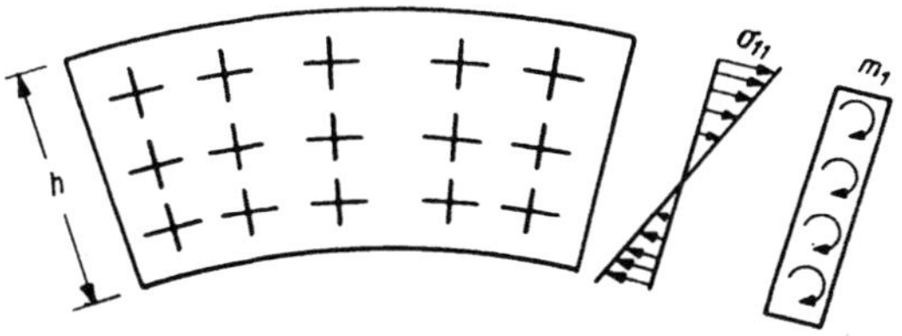

Abb. 5. Reine Biegung mit Kraftspannungen σ_{11} und Momentenspannungen m_1

haben wir es mit der Partikularlösung (28) zu tun. Man hat also denselben Deformationszustand wie bei der klassischen reinen Biegung. Nach (57) und (62) ist die Drehung der Balkenelemente

$$\omega_0 = -\frac{c}{E}x_1\,, \tag{63}$$

woraus sich die infinitesimale Verkrümmung der Balkenmittellinie zu

$$\frac{1}{\varrho} = -\frac{c}{E} \tag{64}$$

berechnet. So erhalten wir schließlich mit (61)

$$\frac{1}{\varrho} = -\frac{m}{\frac{E}{12}(h^2 + l^2)}\,. \tag{65}$$

Für $h \to 0$ geht diese Gleichung über in unser Elastizitätsgesetz (19)

$$\chi_1 = \frac{m_1}{\frac{E}{12}l^2}\,. \tag{66}$$

Am Verhältnis

$$\frac{S}{T} = \frac{h^2}{l^2} \tag{67}$$

erkennt man, daß für $h \leqq \frac{l}{10}$ an der Verkrümmung des Balkens praktisch nur noch die Momentenspannungen beteiligt sind. Nun steckt in (66) die Voraussetzung, daß durch eine Verdrehung benachbarter lokaler Koordinatenkreuze nur Momentenspannungen geweckt werden und keine Momente von Kraftspannungen. Demnach hat man $l/10$ als Größenordnung für den Starrheitsbereich der kleinsten Elemente des COSSERAT-Kontinuums anzusehen.

Diese Betrachtungen geben auch der in der Mechanik oft gebrauchten Idealisierung „unendlich dünner Draht mit Biegesteifigkeit" einen Sinn. Ein solches Gebilde ist eben nichts anderes als ein eindimensionales COSSERAT-Kontinuum, in dem zwischen Verkrümmung und Biegemoment das Elastizitätsgesetz (66) gilt. Den geraden Balken als einfachstes Modell eines COSSERAT-Kontinuums findet man in der Arbeit von W. GÜNTHER [7] ausführlich besprochen.

8.2. Schubbelastung des unendlich langen Streifens

Die 3 Verschiebungsgrößen v_1, v_2, ω seien unabhängig von x_1. Ferner setzen wir $v_2 \equiv 0$. Dann ist nach (24) auch $\varepsilon \equiv 0$.

Zur Bestimmung von v_1 und ω hat man nach (21), (22) und (23) die beiden Differentialgleichungen

$$\delta^2 \frac{d^2\omega}{dx_2^2} - \omega = K , \tag{68}$$

$$\beta^2 \frac{d^2\omega}{dx_2^2} - \omega = \frac{1}{2} \frac{dv_1}{dx_2}. \tag{69}$$

Als Abkürzungen wurden

$$\delta^2 = \frac{D}{4}\left(\frac{1}{G} + \frac{1}{R}\right); \quad \beta^2 = \frac{D}{4}\frac{1}{R} \tag{70}$$

eingeführt. K in (68) ist eine noch festzulegende Konstante.

Die Deformationen

$$\frac{1}{2}(\varepsilon_{21} + \varepsilon_{12}) = \frac{1}{2}\frac{dv_1}{dx_2}, \tag{71}$$

$$\frac{1}{2}(\varepsilon_{21} - \varepsilon_{12}) = \frac{1}{2}\frac{dv_1}{dx_2} + \omega \tag{72}$$

drücken wir mit Hilfe von (69) durch ω aus und berechnen nach den Elastizitätsgesetzen die zugehörigen Spannungen

$$\frac{1}{2}(\sigma_{21} + \sigma_{12}) = 2G\left(\frac{D}{4R}\frac{d^2\omega}{dx_2{}^2} - \omega\right), \tag{73}$$

$$\frac{1}{2}(\sigma_{21} - \sigma_{12}) = \frac{D}{2}\frac{d^2\omega}{dx^2{}_2}. \tag{74}$$

Durch Addition folgt daraus mit (68)

$$\sigma_{21} = 2GK , \tag{75}$$

wodurch die Konstante K festgelegt ist.

Nach dieser Vorbereitung betrachten wir den in x_1-Richtung unbegrenzten Streifen $-\frac{h}{2} \leqq x_2 \leqq \frac{h}{2}$ (Abb. 6), dessen Ränder, durch die Schubspannung σ_{21} belastet, parallel zueinander verschoben werden. Wir verlangen, daß bei der Deformation die Randbedingungen

$$\omega\left(+\frac{h}{2}\right) = \omega\left(-\frac{h}{2}\right) = 0 \tag{76}$$

erfüllt bleiben, Bedingungen, die der klassischen Elastizitätstheorie gänzlich fremd sind. Die entsprechende Lösung von (68) lautet

$$\omega = -\frac{\sigma_{21}}{2\,G}\left(1 - \frac{\cosh\dfrac{x_2}{\delta}}{\cosh\dfrac{h}{2\,\delta}}\right), \tag{77}$$

woraus nach (74)

$$\sigma_{21} - \sigma_{12} = \sigma_{21}\,\frac{2\,R}{R+G}\,\frac{\cosh\dfrac{x_2}{\delta}}{\cosh\dfrac{h}{2\,\delta}} \tag{78}$$

folgt.

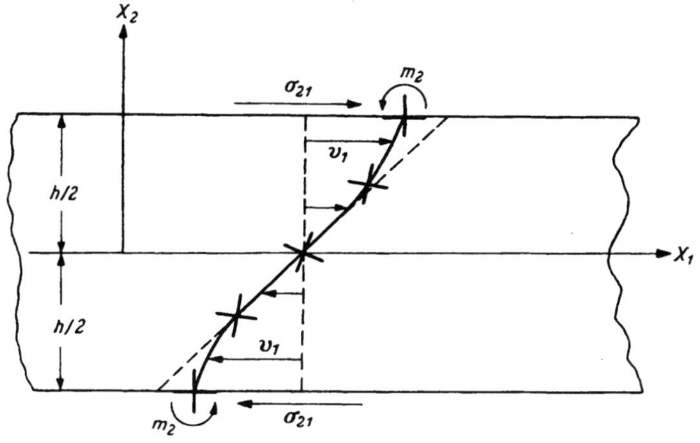

Abb. 6. Schubverformung eines Streifens mit verhinderter Drehung an den Rändern

v_1 findet man dann aus (69) durch Integration:

$$v_1 = \frac{\sigma_{21}}{G}\left(x_2 - \delta\,\frac{R}{R+G}\,\frac{\sinh\dfrac{x_2}{\delta}}{\cosh\dfrac{h}{2\,\delta}}\right), \tag{79}$$

die Momentenspannung m_2 aus (77) durch Differentiation:

$$m_2 = D\,\frac{d\omega}{dx_2} = \sigma_{21}\,\delta\,\frac{2\,R}{R+G}\,\frac{\sinh\dfrac{x_2}{\delta}}{\cosh\dfrac{h}{2\,\delta}}\,. \tag{80}$$

Der Streifen ist also an seinen Rändern nicht nur durch die konstante Schubspannung σ_{21} beansprucht, sondern auch noch durch die konstante Momentenspannung

$$m_2 = \sigma_{21} \frac{2R}{R+G} \delta \tanh \frac{h}{2\delta}, \tag{81}$$

die dort das Verschwinden der Drehung ω erzwingt.

Solange über die Konstante R im Elastizitätsgesetz (18) keine Messungen vorliegen, kann man nur aussagen, daß R die Größenordnung von G haben wird, weil der Deformationszustand $\frac{1}{2}(\varepsilon_{21} - \varepsilon_{12})$ letzten Endes auch nur ein Zustand reiner Schubspannung ist. So wollen wir bei der Diskussion unserer obigen Ergebnisse

$$R = G \tag{82}$$

setzen. Damit wird nach (70) und (20)

$$\delta^2 = \frac{D}{2G} = \frac{1+\nu}{12} l^2 \approx \frac{l^2}{10}. \tag{83}$$

Nun ist, wie wir oben bei der reinen Biegung festgestellt hatten, $\frac{l}{10}$ die Größenordnung des Starrheitsbereiches der kleinsten Elemente. Wenn wir unsere Streifenbreite nur eine Größenordnung größer als l oder δ wählen, lassen sich unsere obigen Formeln wegen des asymptotischen Verhaltens der Hyperbelfunktionen schon wesentlich bequemer interpretieren. In Nähe des Randes $x_2 = \frac{h}{2}$ ist dann die Drehung nach (77)

$$\omega = -\frac{\sigma_{21}}{2G}\left[1 - e^{-\frac{1}{\delta}\left(\frac{h}{2} - x_2\right)}\right], \tag{84}$$

die Verschiebung nach (79)

$$v_1 = \frac{\sigma_{21}}{G}\left[x_2 - \frac{\delta}{2} e^{-\frac{1}{\delta}\left(\frac{h}{2} - x_2\right)}\right], \tag{85}$$

die Momentenspannung nach (80)

$$m_2 = \sigma_{21}\, \delta\, e^{-\frac{1}{\delta}\left(\frac{h}{2} - x_2\right)}, \tag{86}$$

und schließlich die Differenz der Schubspannungen nach (74)

$$\sigma_{21} - \sigma_{12} = \sigma_{21}\, e^{-\frac{1}{\delta}\left(\frac{h}{2} - x_2\right)}. \tag{87}$$

Man erkennt, daß hier der typische Fall eines *Grenzschichteffektes* vorliegt. In einer Entfernung 1,5 l vom Rande sind die *Randstörungen* bereits auf 1% ihrer Randwerte abgeklungen. Die Verschiebungen und Spannungen haben praktisch von da ab den Verlauf, wie er sich nach der klassischen Elastizitätstheorie berechnet. (35) kann die *Grenzschichtgleichung* des elastischen COSSERATkontinuums genannt werden.

8.3. Singuläres Moment im unendlichen Kontinuum

Zur Berechnung der Beanspruchung durch ein im Anfangspunkt angreifendes Einzelmoment M benutzen wir die Spannungsfunktionen (46). (49) lautet hier

$$\Delta H = M\, \boldsymbol{\delta}(x_1)\boldsymbol{\delta}(x_2) \tag{88}$$

und hat die Lösung

$$H = \frac{M}{2\pi} \ln \sqrt{x_1^2 + x_2^2}\,. \tag{89}$$

Wegen der Rotationssymmetrie unseres Spannungszustandes benutzen wir von jetzt ab Polarkoordinaten. Die zweite Spannungsfunktion Ψ ist aus (51) zu berechnen:

$$\frac{d^2\Psi}{dr^2} + \frac{1}{r}\frac{d\Psi}{dr} - \frac{1}{\delta^2}\Psi = -M\, \boldsymbol{\delta}(r)\,. \tag{90}$$

Die Lösung ist

$$\Psi(r) = \frac{M}{2\pi} K_0\left(\frac{r}{\delta}\right). \tag{91}$$

Die Zylinderfunktion $K_0\left(\frac{r}{\delta}\right)$ verhält sich

$$\text{für} \begin{cases} r \to 0 \\ r \to \infty \end{cases} \quad \text{wie} \begin{cases} -\ln r \\ \sqrt{\dfrac{\pi\delta}{2r}}\, e^{-\frac{r}{\delta}}. \end{cases} \tag{92}$$

Nach (52) ist die Differenz der Schubspannungen

$$\sigma_{21} - \sigma_{12} = \frac{M}{2\pi}\frac{1}{\delta^2} K_0\left(\frac{r}{\delta}\right). \tag{93}$$

Die Spannungsfunktion $\Psi = D\,\omega$ klingt sehr rasch ab; die Dicke der durch sie gebildeten Grenzschicht um den Angriffspunkt des Momentes herum ist wiederum von der Größenordnung $1{,}5\, l$. Außerhalb dieser Grenzschicht herrscht der Spannungszustand der klassischen Elastizitätstheorie, der sich aus H nach (46) und (89) mit $\Psi \equiv 0$ berechnet. H ist übrigens harmonisch konjugiert zur AIRYschen Spannungsfunktion. Bemerkenswert ist noch, wie natürlich und einfach die Spannungsfunktion H des singulären Momentes gefunden wird. Charakteristisch für diese Singularität ist die Unsymmetrie des Spannungstensors im Angriffspunkt. In der klassischen Elastizitätstheorie, die auf dem BOLTZMANNschen Axiom beruht, ist diese Singularität ein Fremdkörper, und man versteht jetzt, warum dort die AIRYsche Spannungsfunktion der Momentensingularität nur heuristisch gefunden werden kann.

9. Schlußbetrachtungen

Wir haben noch den Hinweis nachzuholen, daß — der Fachmann wird es längst bemerkt haben — eine formale Ähnlichkeit der oben dargelegten Theorie besteht mit der Biegetheorie ebener Platten von E. REISSNER [9, 10], in der die Querkraftsverformungen berücksichtigt werden. Ein genauerer Vergleich, der allerdings hier nicht in unserer Absicht liegt, zeigt sogar, daß beide Theorien gleichungsweise analog sind, mit dem einzigen Unterschiede, daß dort der Momententensor der Platte — er entspricht unserem Deformationstensor ε_{ik} — als symmetrisch vorausgesetzt wird. Unsere beiden Momentenspannungen sind das Analogon der beiden REISSNERschen Querkraftsverformungen. Jedoch bleibt die REISSNERsche Plattentheorie, eine Verfeinerung der KIRCHHOFFschen Theorie, im Rahmen der klassischen Elastizitätstheorie.

Die in dieser Arbeit aufgestellte Theorie des elastischen COSSERATkontinuums kann so lange nicht beanspruchen, eine *Verfeinerung* der klassischen Elastizitätstheorie zu sein, als die experimentelle Bestätigung der COSSERATschen Momentenspannungen fehlt. Ihr Nachweis durch *Effekte*, wie z. B. Grenzschichten, setzt aber eine Theorie voraus, und eine solche wurde hier versucht.

LITERATUR

[1] L. BOLTZMANN: Populäre Schriften. 3. Aufl., S. 298; Leipzig 1925.

[2] G. HAMEL: Die Axiome der Mechanik. Handbuch der Physik, Bd. 5, S. 9, 30, 38; Berlin 1927.

[3] E. COSSERAT und F. COSSERAT: Théorie des corps déformables. Paris 1909.

[4] K. HEUN: Ansätze und allgemeine Methoden der Systemmechanik. Enzy. d. Math. Wiss. IV, 2 (1914) 11.

[5] E. HELLINGER: Die allgemeinen Ansätze der Mechanik der Kontinua. Enzy. d. Math. Wiss. IV, 4 (1914) 30.

[6] J. L. ERICKSEN and C. TRUESDELL: Exact theory of stress and strain in rods and shells. Arch. Rat. Mechanics and Analysis **1** (1958) 4.

[7] W. GÜNTHER: Zur Statik und Kinematik des Cosseratschen Kontinuums. Abh. Braunschweigische Wiss. Ges. **10** (1958).

[8] E. KRÖNER: Kontinuumstheorie der Versetzungen und Eigenspannungen. Berlin/Göttingen/Heidelberg 1958. Allgemeine Kontinuumstheorie der Versetzungen und Eigenspannungen. Arch. Rat. Mechanics and Analysis **4** (1960) 4.

[9] E. REISSNER: The effect of transverse shear deformation on the bending of elastic plates. J. Appl. Mech. **12** (1945) A69—A77.

[10] M. SCHÄFER: Über eine Verfeinerung der klassischen Theorie dünner schwach gebogener Platten. ZAMM **32** (1952) 161.

Zur Anwendung der mehrdimensionalen Charakteristikentheorie in der Gasdynamik

Von MANFRED SCHÄFER

(Max-Planck-Institut für Strömungsforschung, Göttingen)

Als der Schreiber dieser Zeilen knapp vor Ausbruch des letzten Krieges als junger Assistent an dem Dresdner Lehrstuhl von WALTER TOLLMIEN seine wissenschaftliche Tätigkeit begann, lernte er im Rahmen von Forschungsaufträgen einen für ihn neuartigen Zugang zur Charakteristikentheorie hyperbolischer Differentialgleichungen kennen, der sich als äußerst fruchtbar zur Gestaltung eines praktischen Berechnungsverfahrens erweisen sollte. In gemeinschaftlicher Arbeit wurde binnen kurzem ein derartiges Verfahren entwickelt und vervollkommnet, so daß das „Dresdner Forschungsteam" die ihm übertragene numerische Berechnung von Überschallströmungsfeldern bereits zu einer Zeit durchgeführt hatte, als man an anderen Stellen noch nicht wesentlich über erste methodische Ansätze hinausgekommen war. Auch der Ausbau der Charakteristikenmethode über zwei Dimensionen hinaus war damals schon erwogen, indessen bald wieder fallengelassen worden, da die Bewältigung des damit verbundenen Rechenaufwandes kaum möglich erschien. Diese Situation hat sich durch die Entwicklung der Rechenautomaten inzwischen grundlegend geändert. Als Zeichen dankbarer Verehrung möchte der Verfasser mit seinem Festbeitrag nun dem Jubilar gewissermaßen eine Neubelebung alter gemeinsamer Ideen widmen, freilich in der seinerzeit eben nicht vollzogenen *Erweiterung*. Dabei soll es sich um eine einfache und — wie der Verfasser hofft — durchsichtige Darlegung der Charakteristikentheorie für das gasdynamisch *umfassende* Problem der *räumlichen instationären Strömung* ohne höhere Hilfsmittel handeln, die unmittelbar auch eine Spezialisierung auf wenigerdimensionale Fälle gestattet. Die praktische Nutzbarmaehung dieser zunächst etwas abstrakten mathematischen Betrachtungen für ein numerisches Näherungsverfahren kann dabei allerdings nur gestreift werden; zur Abrundung sollen aber wenigstens die Grundzüge des *Tetraëderverfahrens* entwickelt werden, das vollständig den mathematischen Abhängigkeitsverhältnissen sachgemäß angepaßt ist.

1. Grundgleichungen

Aus formalen Zweckmäßigkeitsgründen seien im folgenden die räumlichen (cartesischen) Koordinaten mit x_1, x_2, x_3 und mit t die Zeit im x, t-*Hyperraum* bezeichnet; dabei wird ein *Raum*punkt durch den zugehörigen Ortsvektor[1]) $\mathfrak{r}(x)$ festgelegt. Der dort herrschende Strömungszustand ist beschrieben durch den Geschwindigkeitsvektor[1]) $\mathfrak{v}$ mit den entsprechenden Komponenten v_1, v_2, v_3, den Druck p und die Dichte ϱ sowie im Falle anisentropischer Strömungen durch die Entropie s, deren Wert bei Vernachlässigung von Reibung und Wärmeleitung für jedes einzelne Massenteilchen des Gases unverändert bleibt; alle diese Größen sind Funktionen von x und t.

Bei Verwendung des substantiellen Differentialoperators

$$\frac{D}{Dt} \equiv \frac{\partial}{\partial t} + v_1 \frac{\partial}{\partial x_1} + v_2 \frac{\partial}{\partial x_2} + v_3 \frac{\partial}{\partial x_3} \equiv \frac{\partial}{\partial t} + (\mathfrak{v} \cdot \operatorname{grad})$$

schreiben sich die EULERsche *Bewegungsgleichung* (bei Fehlen von Massenkräften)

$$\frac{D\mathfrak{v}}{Dt} = -\frac{1}{\varrho} \operatorname{grad} p \tag{1}$$

$$\left(\text{dabei gelte } (\mathfrak{v} \cdot \operatorname{grad})\, \mathfrak{v} = \operatorname{grad} \frac{\mathfrak{v}^2}{2} - \mathfrak{v} \times \operatorname{rot} \mathfrak{v}\right),$$

die *Kontinuitätsgleichung*

$$\frac{D\varrho}{Dt} + \varrho \operatorname{div} \mathfrak{v} = 0 \tag{2}$$

und die *Entropieerhaltungsaussage*

$$\frac{Ds}{Dt} = 0\,. \tag{3}$$

Hinzu tritt noch eine *Zustandsgleichung*

$$p = p(\varrho, s)\,. \tag{4}$$

Mit Einführung der (lokalen) *Schallgeschwindigkeit*

$$a^2 = \left(\frac{\partial p}{\partial \varrho}\right)_{s\,=\,\mathrm{const}} \tag{5}$$

(für ideale Gase mit konstanten spezifischen Wärmen c_p, c_v gilt[2]) bei adiabatischen Vorgängen $a^2 = \varkappa \frac{p}{\varrho}$ $(\varkappa = c_p/c_v)$, was aber hier nicht vorausgesetzt zu werden braucht) läßt sich zufolge (3) wegen

$$\frac{Dp}{Dt} = \frac{\partial p}{\partial \varrho}\frac{D\varrho}{Dt} + \frac{\partial p}{\partial s}\frac{Ds}{Dt} = a^2 \frac{D\varrho}{Dt}$$

die Kontinuitätsgleichung umformen in

$$\frac{1}{a^2 \varrho}\frac{Dp}{Dt} + \operatorname{div} \mathfrak{v} = 0\,. \tag{2'}$$

---

[1]) Man beachte, daß die hier verwendeten Vektoren (aus physikalischen Gründen) rein *räumlich*, also dreidimensional, eingeführt sind.

[2]) Die Zustandsgleichung (4) lautet dann

$$p \cdot \varrho^{-\varkappa}\, e^{-\frac{s}{c_v}} = \mathrm{const.}$$

2. Charakteristische Bedingung

Das grundlegende Gleichungssystem (1), (2′) wird nun auf zunächst ganz allgemeine neue *unabhängige* Veränderliche $\xi_i = \xi_i(t, x_1, x_2, x_3)$ $(i = 1, 2, 3, 4)$ umgerechnet. In der neuen Form schreiben wir die Ableitungen nach ξ_1 auf die linke Seite, während wir die übrigen Ableitungen auf der rechten Seite der Gleichungen zusammenfassen. Wie man leicht übersieht, ergibt die Umrechnung

$$\frac{\partial \mathfrak{v}}{\partial \xi_1} \frac{D\xi_1}{Dt} + \frac{1}{\varrho} \frac{\partial p}{\partial \xi_1} \operatorname{grad} \xi_1 = -\mathfrak{f} \tag{$\bar{1}$}$$

mit

$$\mathfrak{f} = \sum_{i=2}^{4} \frac{\partial \mathfrak{v}}{\partial \xi_i} \frac{D\xi_i}{Dt} + \frac{1}{\varrho} \frac{\partial p}{\partial \xi_i} \operatorname{grad} \xi_i\,, \tag{6}$$

$$\frac{\partial \mathfrak{v}}{\partial \xi_1} \cdot \operatorname{grad} \xi_1 + \frac{1}{a^2 \varrho} \frac{\partial p}{\partial \xi_1} \frac{D\xi_1}{Dt} = -g \tag{$\bar{2}$}$$

mit

$$g = \sum_{i=2}^{4} \frac{\partial \mathfrak{v}}{\partial \xi_i} \cdot \operatorname{grad} \xi_i + \frac{1}{a^2 \varrho} \frac{\partial p}{\partial \xi_i} \frac{D\xi_i}{Dt}\,. \tag{7}$$

Die linken Seiten seien nochmals ausführlich aufgeschrieben:

$$\left.\begin{array}{l} \dfrac{\partial v_1}{\partial \xi_1} \dfrac{D\xi_1}{Dt} + \quad \cdot \qquad \cdot \; + \dfrac{1}{\varrho} \dfrac{\partial p}{\partial \xi_1} \dfrac{\partial \xi_1}{\partial x_1} = -f_1\,, \\ \cdot \quad \dfrac{\partial v_2}{\partial \xi_1} \dfrac{D\xi_1}{Dt} + \quad \cdot \; + \dfrac{1}{\varrho} \dfrac{\partial p}{\partial \xi_1} \dfrac{\partial \xi_1}{\partial x_2} = -f_2\,, \\ \cdot \qquad \cdot \quad \dfrac{\partial v_3}{\partial \xi_1} \dfrac{D\xi_1}{Dt} + \dfrac{1}{\varrho} \dfrac{\partial p}{\partial \xi_1} \dfrac{\partial \xi_1}{\partial x_3} = -f_3\,, \end{array}\right\} \tag{$\bar{1}$}$$

$$\frac{\partial v_1}{\partial \xi_1} \frac{\partial \xi_1}{\partial x_1} + \frac{\partial v_2}{\partial \xi_1} \frac{\partial \xi_1}{\partial x_2} + \frac{\partial v_3}{\partial \xi_1} \frac{\partial \xi_1}{\partial x_3} + \frac{1}{a^2 \varrho} \frac{\partial p}{\partial \xi_1} \frac{D\xi_1}{Dt} = -g\,. \tag{$\bar{2}$}$$

An die Koordinaten-Hyperflächen $\xi_1(t, \mathfrak{r}) = \text{const}$ stellen wir nun die *Forderung* (deren Erfüllbarkeit natürlich keineswegs von vornherein feststeht!), daß das obige Gleichungssystem nur Ableitungen der Strömungsgrößen (abhängigen Veränderlichen) *innerhalb* solcher Hyperflächen miteinander verknüpfen soll, und daß demnach *keine herausführenden* Ableitungen $\partial/\partial\xi_1$ auftreten dürfen. Das bezüglich der Ableitungen lineare Gleichungssystem $(\bar{1})$, $(\bar{2})$ wird unabhängig von den herausführenden Ableitungen, wenn die *Koeffizientendeterminante verschwindet*. (Man kann sich hierzu aus dem System drei Ableitungen eliminiert denken und hat dann den Koeffizienten der verbleibenden Ableitung gleich D nullzusetzen.) Da diese *charakteristische Bedingung* weiter auch für die übrigen Koordinaten-Hyperflächen zu fordern ist, schreiben wir sie gleich allgemein ohne Index; vorerst ist aber noch der Index 1 ergänzt zu denken. Sie lautet

$$D = \frac{1}{\varrho} \begin{vmatrix} \dfrac{D\xi}{Dt} & 0 & 0 & \xi_{x_1} \\ 0 & \dfrac{D\xi}{Dt} & 0 & \xi_{x_2} \\ 0 & 0 & \dfrac{D\xi}{Dt} & \xi_{x_3} \\ \xi_{x_1} & \xi_{x_2} & \xi_{x_3} & \dfrac{1}{a^2} \dfrac{D\xi}{Dt} \end{vmatrix} = 0$$

oder

$$\left(\frac{D\xi}{Dt}\right)^2 \left\{\left(\frac{D\xi}{Dt}\right)^2 - a^2 \operatorname{grad}^2 \xi\right\} = 0\,. \tag{8}$$

Für die Punkte der Hyperflächen $\xi(t, \mathfrak{r}) = \text{const}$ gilt, indem wir noch einen Parameter σ einführen,

$$0 = \frac{d\xi}{d\sigma} = \xi_t \frac{dt}{d\sigma} + \operatorname{grad}\xi \cdot \frac{d\mathfrak{r}}{d\sigma}\,. \tag{9}$$

(Die Flächennormale ist senkrecht jedem raum-zeitlichen Linienelement der Fläche; hierzu sei an die Fußnote 1 auf Seite 294 erinnert.)

Die charakteristische Bedingung zerfällt in zwei alternative Aussagen. Die erste liefert im x, t-Hyperraum (doppelt) das einparametrige Richtungsfeld der *Bahnkurven* (die sich zu Scharen von „Bahn-Hyperflächen" zusammenfassen lassen). Daß sie die Rolle von (ausgearteten) *Charakteristiken* spielen, hängt mit der substantiellen Entropieerhaltung zusammen; denn eine Bahnkurve als raumzeitliches Abbild („Lebenslinie") der Bewegung *eines* gewissen Gasteilchens ist durch die herausfallenden Querableitungen von s ausgezeichnet.[1]) Die zweite Aussage ergibt die (nichtlineare) Differentialgleichung für die „allgemein-charakteristischen" Hyperflächen.

2.1. Bahnkurven

Für

$$\frac{D\xi}{Dt} \equiv \frac{\partial\xi}{\partial t} + \operatorname{grad}\xi \cdot \mathfrak{v} = 0 \tag{10}$$

folgt mit Berücksichtigung von (9) wegen der Willkür der Flächenrichtung

$$\frac{d\mathfrak{r}}{d\sigma} = \mathfrak{v}\big(t(\sigma), \mathfrak{r}(\sigma)\big) = \mathfrak{v}(\sigma)\,, \quad \frac{dt}{d\sigma} = 1 \tag{11a}$$

oder, indem die Zeit als *Parameter* benutzt wird,

$$\frac{d\mathfrak{r}}{dt} = \mathfrak{v}(t, x_1, x_2, x_3)\,. \tag{11b}$$

Jedem Raumpunkt (= Punkt einer Hyperebene $t = \text{const}$) ist also gerade *ein* (noch zeitabhängiges) Linienelement zugeordnet, dessen Richtung die des Geschwindigkeitsvektors $\mathfrak{v}$ hat; mithin haben wir das *zeitabhängige* Richtungsfeld der *räumlichen Bahnkurven aller* Gasteilchen[2]) vor uns. Wenn $\mathfrak{v}$ *nicht explizit* von t abhängt (*stationäre* Strömung), sind die Bahnkurven mit den *Stromlinien* identisch.

---

[1]) Sei etwa die Bahnkurve durch die *drei* „charakteristischen" Hyperflächen $\xi_i = c_i = \text{const}$ mit $\frac{D\xi_i}{Dt} = 0$ $(i = 1, 2, 3)$ festgelegt, dann folgt aus (3)

$$0 = \frac{Ds}{Dt} \equiv \sum_{i=1}^{4} \frac{\partial s}{\partial \xi_i} \cdot \frac{D\xi_i}{Dt} = \frac{\partial s}{\partial \xi_4} \cdot \frac{D\xi_4}{Dt} \quad \left(\frac{D\xi_4}{Dt} \neq 0\right), \qquad \text{also } s_{\xi_4} = 0\,.$$

[2]) Oder in hyperräumlicher Auffassung: die Gesamtheit der Richtungselemente *jeder* Raum-Zeit-Bahn für *ein* Gasteilchen.

2.2. Bicharakteristiken mit MONGEschem Hyperkegel

Die (nichtlineare) allgemein-charakteristische Bedingung lautet

$$\frac{D\xi}{Dt} = \pm\, a \mid \operatorname{grad} \xi \mid . \tag{12}$$

Elimination von ξ_t mittels (9) mit $\sigma = t$ führt auf

$$\left(\frac{d\mathfrak{r}}{dt} - \mathfrak{v}\right) \cdot \operatorname{grad} \xi = \mp\, a \, |\operatorname{grad} \xi| . \tag{13}$$

Nun ist $\frac{\operatorname{grad} \xi}{|\operatorname{grad} \xi|} = \mathfrak{n}$ die Normalenprojektion einer charakteristischen ξ-Hyperfläche in den x-Raum vom Betrag 1. Wir führen diesen Einheitsvektor $\mathfrak{n}$ als Parameter ein, was *zwei* skalaren Parametern entspricht, da von den drei Richtungswinkeln ν_1, ν_2, ν_3 nur zwei voneinander unabhängig sind.

Bei beliebigem $\mathfrak{n}$ wird (13) durch

$$\frac{d\mathfrak{r}}{dt} - \mathfrak{v} = \mp\, a\, \mathfrak{n} \tag{14}$$

befriedigt. Damit wird jedem Raumpunkt (t = const) das *zwei*parametrige *zeitabhängige* Richtungsfeld der „*bicharakteristischen*" *Kurven* (kurz „Bicharakteristiken" genannt)

$$\frac{d\mathfrak{r}}{dt} = \mathfrak{v} \mp a\, \mathfrak{n} \tag{14'}$$

zugeordnet[1]) (wobei das Doppelvorzeichen hier belanglos ist, da neben ν_i auch $\pi - \nu_i$ vorkommt, was auf einen Vorzeichenwechsel der Richtungscosinus hinausläuft). In jedem Punkt des x, t-Hyperraumes (wobei $\mathfrak{v}$ vorgegeben zu denken ist) bildet dieses Richtungsfeld[2]) $(v_1 \mp a \cos \nu_1 : v_2 \mp a \cos \nu_2 : v_3 \mp a \cos \nu_3 : 1)$ die Erzeugenden des „(infinitesimalen) MONGE*schen Elementar-Hyperkegels*"; seine „schiefe" Achse liegt in Bahnrichtung[2]) $(v_1 t : v_2 t : v_3 t : t = v_1 : v_2 : v_3 : 1)$ des betreffenden Gasteilchens. Die Gleichung seiner Hypermantelfläche gewinnt man durch Elimination des vektoriellen Parameters $\mathfrak{n}$:

$$\left.\begin{aligned} &\left(\frac{d\mathfrak{r}}{dt} - \mathfrak{v}\right)^2 = a^2 \\ \text{oder} \quad &(dx_1 - v_1\, dt)^2 + (dx_2 - v_2\, dt)^2 + (dx_3 - v_3\, dt)^2 = a^2\, dt^2 . \end{aligned}\right\} \tag{15}$$

Die MONGEschen Elementar-Hyperkegel sind hier (im instationären Fall) stets *reell* (und nicht entartet), das Gleichungssystem (1), (2') ist also immer *hyperbolisch*.

---

[1]) Für $t = t_0$ kann (14') auch als Richtungsfeld der in den Raum $t = t_0$ = const projizierten bicharakteristischen Kurven gedeutet werden.

[2]) Bezogen auf den Parameter σ ist noch die vierte Richtungsbedingung $\frac{dt}{d\sigma} = 1$ ergänzt zu denken!

Wegen der physikalischen Bedeutung dieses „Kegels“ (15) nennt man ihn in der Aerodynamik „MACH*schen Kegel*“. Im Endlichen hüllen also die charakteristischen Integral-Hyperflächen durch jeden Punkt P das zugeordnete charakteristische *Hyperkonoid* (MACH-Konoid) ein, wobei die Normalen in P (wie die Bicharakteristiken) ein „*kegelförmiges*“ *Richtungsfeld* bilden (im Unterschied zum *linearen* Fall der Bahnkurven, wo der „Elementarkegel“ in seine Achsenrichtung $\mathfrak{v}$ entartet). Da das grundlegende Differentialgleichungssystem nichtlinear (genauer quasilinear) ist, liegen die charakteristischen Hyperkegel (Hyperkonoide) nicht von vornherein fest — wie etwa die MACH-Kegel der ungestörten Anströmung bei der linearisierten Tragflügeltheorie —, sondern hängen implizit von den zusätzlichen Vorgabewerten (Anfangs- bzw. Randwerten) ab; sie sind also bei Konstruktion der Lösung erst mitzubestimmen.

2.3. Charakteristische Hyperflächen als Träger von Unstetigkeiten

Die geometrische Veranschaulichung dieser bislang vorwiegend formalen Betrachtungen werden wir später bei der Spezialisierung auf drei Dimensionen nachholen. Zuvor wollen wir noch die wesentliche Eigenschaft der charakteristischen Hyperflächen kurz herleiten, daß sich auf ihnen *Unstetigkeiten* in den ersten Ableitungen der Strömungsgrößen fortpflanzen.

Beim Durchgang durch eine (vorerst beliebige) Hyperfläche $\xi_1(t, \mathfrak{r}) = c$ mögen die Ableitungen quer zu ihr einen endlichen Sprung erleiden: $[\mathfrak{v}_{\xi_1}]$, $[p_{\xi_1}]$, während die tangentiellen Ableitungen $\frac{\partial}{\partial \xi_i}$ $(i = 2, 3, 4)$ stetig bleiben. Nun denke man sich die Beziehungen $(\bar{1})$, $(\bar{2})$ für zwei durch diese Hyperfläche getrennte Punkte angeschrieben und lasse darauf beide Punkte in einen gemeinsamen Hyperflächenpunkt zusammenrücken. Dann heben sich die stetigen Bestandteile in $(\bar{1})$, $(\bar{2})$ auf ($\mathfrak{f} = g = 0$), und es verbleibt ein lineares *homogenes* Gleichungssystem für die Sprunggrößen $[\mathfrak{v}_{\xi_1}]$, $[p_{\xi_1}]$ (die in $(\bar{1})$, $(\bar{2})$ an die Stelle von $\mathfrak{v}_{\xi_1}$ bzw. p_{ξ_1} treten). Diese sind aber nur dann von Null verschieden, wenn $D = 0$ wird, d. h. die Hyperfläche ist *charakteristisch*.

Somit läßt sich (15) folgendermaßen deuten:

Der Betrag der Ausbreitungsgeschwindigkeit einer „Störung“ (= Ableitungssprung) $\frac{d\mathfrak{r}}{dt}$ relativ zur Strömungsgeschwindigkeit $\mathfrak{v}$ ist gleich der Schallgeschwindigkeit a:

$$\left| \frac{d\mathfrak{r}}{dt} - \mathfrak{v} \right| = a . \tag{15+}$$

Das Bündel der charakteristischen Hyperflächen durch einen Punkt bzw. das eingehüllte charakteristische Hyperkonoid (MACH-Konoid) stellt den *Einflußbereich* für die Ausbreitung einer Störung in diesem Punkt dar; gleichzeitig ist damit die Bedeutung des charakteristischen Hyperkonoids als *Fortsetzungsbereich* seiner Basishyperfläche erkannt.

2.4. Spezialisierung auf niedere Dimensionen

Durch die vorstehenden Darlegungen ist im Rahmen der Gasdynamik die erste Teilaufgabe der Charakteristikentheorie, nämlich die Konstruktion angepaßter Koordinatenhyperflächen, jedenfalls grundsätzlich, allgemein entwickelt. Die gewonnenen Ergebnisse wollen wir noch *spezialisieren* und veranschaulichen für niederdimensionale Fälle. Da wir hier lediglich *lokale* Betrachtungen durchführen, können wir einfach die charakteristischen Flächen durch ihre Tangentialebenen sowie das eingehüllte MACH-Konoid durch den (endlichen) MACH-Kegel ersetzen. Hierzu ist in (15) $d\mathfrak{r}$ durch $\mathfrak{r} - \mathfrak{r}_0$ und dt durch $t - t_0$ zu ersetzen, wobei die Spitze des Hyperkegels in den Ursprung ($\mathfrak{r}_0 = t_0 = 0$) gelegt sei.

2.41. Stationäre Fälle

Zunächst befassen wir uns mit *stationären dreidimensionalen* Strömungsfeldern. Der x-Raum $t = 1$ (über die Dimensionsunrichtigkeit möge man im folgenden hinwegsehen!) schneidet aus dem Hyperkegel (15)

$$(\mathfrak{r} - \mathfrak{v}\, t)^2 = a^2\, t^2$$

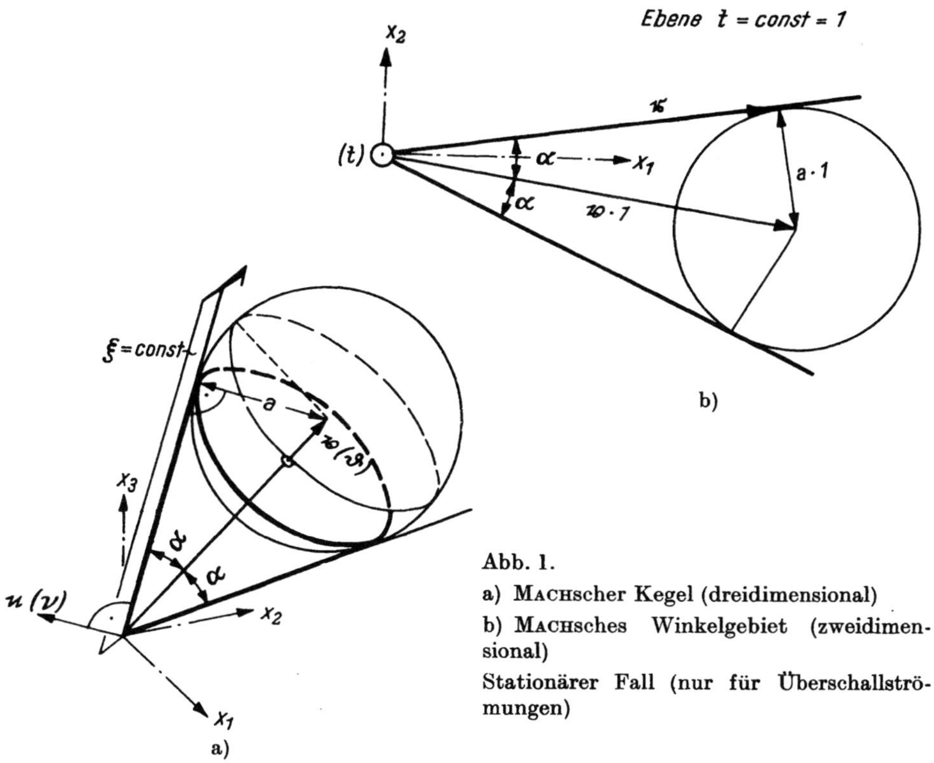

Abb. 1.

a) MACHscher Kegel (dreidimensional)

b) MACHsches Winkelgebiet (zweidimensional)

Stationärer Fall (nur für Überschallströmungen)

die Kugel[1])

$$\left.\begin{aligned}(\mathfrak{r}-\mathfrak{v})^2 &= a^2\\ \text{oder}\qquad (x_1-v_1)^2+(x_2-v_2)^2+(x_3-v_3)^2 &= a^2\end{aligned}\right\}\tag{16}$$

aus und schneidet die Tangentialhyperebenen des MACH-Hyperkonoids in einem Ebenenbündel durch $\mathfrak{r}=0$ (Ursprung O unseres x-Raumes), das diese Kugel und einen ‚MACH-Kegel' (Spitze in O) einhüllt, sofern O *außerhalb* der Kugel (16) liegt, d. h. $|\mathfrak{v}|>a$ gilt, also für *Überschallströmungen*. Andernfalls existieren *keine reellen* Tangentialebenen an diese Kugel; das Problem ist elliptisch. Dieser Fall steht hier nicht zur Diskussion.

Daß der betrachtete Kegel den MACHschen Winkel α als halben Öffnungswinkel hat und somit das räumliche Analogon zum ebenen MACH-Winkelgebiet 2α darstellt, ist geometrisch unmittelbar einzusehen (vgl. Abb. 1), da der Kugelradius gleich $a\cdot 1$ ist und die Kugelmitte von O den Abstand $|\mathfrak{v}|\cdot 1$ hat. Daher gilt

$$\sin\alpha=\frac{a}{|\mathfrak{v}|}\,.\tag{17}$$

Die Kugelfläche (16) stellt bekanntlich die Wellenfront — hier zur Zeit $t=1$ — einer räumlichen akustischen Störung dar, deren Zentrum von der Strömung mit der Überschallgeschwindigkeit $\mathfrak{v}$ fortgetragen wird.

Im *zweidimensionalen* Fall hat man anstelle der Kugel (16) einen entsprechenden Kreis in der Ebene $t=1$ des für *instationäre* zweidimensionale Probleme zugrunde gelegten x_1, x_2, t-Raumes samt den Tangenten der beiden charakteristischen Grundkurven durch $O(0, 0, 1)$ zu betrachten. Analog zeigt die rechte Figur in Abb. 1, daß das Tangentenpaar miteinander den doppelten MACHschen Winkel $2\,\alpha$ einschließt.

Wir wollen nun die Zusammenhänge auch noch analytisch verfolgen; dafür ist $\frac{\partial}{\partial t}\equiv 0$.

Das Richtungsfeld der *Stromlinien* ergibt sich nach (11a) zu

$$\frac{d\mathfrak{r}}{d\sigma}=\mathfrak{v}(\mathfrak{r}(\sigma))=\mathfrak{v}(\sigma)\qquad(\sigma \text{ Kurvenparameter mit einer Zeitdimension});\tag{18a}$$

statt dessen wird vielfach auch

$$dx_1:dx_2:dx_3=v_1(x_1,x_2,x_3):v_2(x_1,x_2,x_3):v_3(x_1,x_2,x_3)\tag{18b}$$

geschrieben.

Mit $\xi_t\equiv 0$ bekommt (12) nach Division von $|\mathfrak{v}|$ die Gestalt

$$\frac{\mathfrak{v}}{|\mathfrak{v}|}\cdot\mathfrak{n}=\pm\frac{a}{|\mathfrak{v}|}=\pm\sin\alpha\quad\left(\mathfrak{n}=\frac{\operatorname{grad}\xi}{|\operatorname{grad}\xi|}\right).\tag{19}$$

Ist $\omega=\sphericalangle(\operatorname{grad}\xi,\mathfrak{v})$, so folgt

$$\cos\omega=\pm\sin\alpha$$

[1]) $\mathfrak{v}$ ist wieder vorgegeben zu denken!

oder

$$|\omega| = \frac{\pi}{2} + \alpha\,, \tag{20}$$

d. h. die Bicharakteristiken senkrecht $\mathfrak{n}$, welche die Mantellinien des MONGEschen Kegels bilden, schließen mit dem Geschwindigkeitsvektor $\mathfrak{v}$, der Kegelachse, den MACHschen Winkel α ein.

Das zweiparametrige Richtungsfeld der *Bicharakteristiken* ergibt sich durch Kombination von (12) mit (9); hierzu muß (9) wegen der Willkür des Parameters σ zuvor mit einem (geeignet dimensionierten) Faktor λ versehen werden:

$$\lambda \frac{d\mathfrak{r}}{d\sigma} = \mathfrak{v} \mp a\,\mathfrak{n}\,. \tag{21}$$

(Tatsächlich sind nur 2 Parameter unabhängig, nämlich λ und *ein* Richtungswinkel ν_i, da $\mathfrak{n}$ der Richtungsbedingung (19) genügen muß.)

Durch Elimination der Parameter gewinnt man die Gleichung des MACHschen Elementarkegels. Zu diesem Zweck wird unter Berücksichtigung von (19) gebildet

$$\lambda^2 \left(\frac{d\mathfrak{r}}{d\sigma}\right)^2 = \mathfrak{v}^2 \mp 2\,a\cdot(\pm\,a) + a^2 = \mathfrak{v}^2 - a^2$$

und

$$\lambda \frac{d\mathfrak{r}}{d\sigma}\cdot\mathfrak{v} = \mathfrak{v}^2 \mp a\cdot(\pm\,a) = \mathfrak{v}^2 - a^2\,,$$

woraus

$$\left(\frac{d\mathfrak{r}}{d\sigma}\right)^2 \frac{\mathfrak{v}^2 - a^2}{\mathfrak{v}^2} = \left(\frac{d\mathfrak{r}}{d\sigma}\cdot\frac{\mathfrak{v}}{|\mathfrak{v}|}\right)^2,$$

oder mit Einführung der Stromlinienwinkel $\frac{v_1}{\cos\vartheta_1} = \frac{v_2}{\cos\vartheta_2} = \frac{v_3}{\cos\vartheta_3} = |\mathfrak{v}|$,

$$(dx_1^2 + dx_2^2 + dx_3^2)\cos^2\alpha = (\cos\vartheta_1\,dx_1 + \cos\vartheta_2\,dx_2 + \cos\vartheta_3\,dx_3)^2 \tag{22}$$

folgt.

Im *zweidimensionalen* Fall ist für die Richtungsbedingung der Charakteristiken die Einführung von λ überflüssig, da σ herausfällt, jedoch (da kein freier Parameter vorhanden!) die Vorzeichenunterscheidung wesentlich, die zufolge (20) hier auf zwei *gekoppelte* charakteristische Kurvenscharen führt $\left(\text{mit } \vartheta_1 = \vartheta,\ -\vartheta_2 = \frac{\pi}{2} - \vartheta;\ \nu_1 = \omega + \vartheta = \frac{\pi}{2} + \vartheta \mp \alpha,\ -\nu_2 = \frac{\pi}{2} - \nu_1\right)$:

$$\frac{dx_2}{dx_1} = \frac{\sin\vartheta \mp \sin\alpha\cdot\cos(\vartheta \mp \alpha)}{\cos\vartheta \mp \sin\alpha\,\{-\sin(\vartheta \mp \alpha)\}} = \frac{\cos\alpha\,\{\sin\vartheta\cos\alpha \mp \cos\vartheta\sin\alpha\}}{\cos\alpha\,\{\cos\vartheta\cos\alpha \pm \sin\vartheta\sin\alpha\}} = \operatorname{tg}(\vartheta \mp \alpha)$$

$$\left(|\alpha| < \frac{\pi}{2}\right).$$

Die voraufgegangene Bemerkung weist auf den grundsätzlichen Unterschied zwischen *zwei*dimensionalen und n-dimensionalen Problemen ($n > 2$) hin, bei denen man zwischen den $(n-1)$-*dimensionalen charakteristischen Mannigfaltigkeiten* und den *bicharakteristischen Kurven* zu unterscheiden hat.

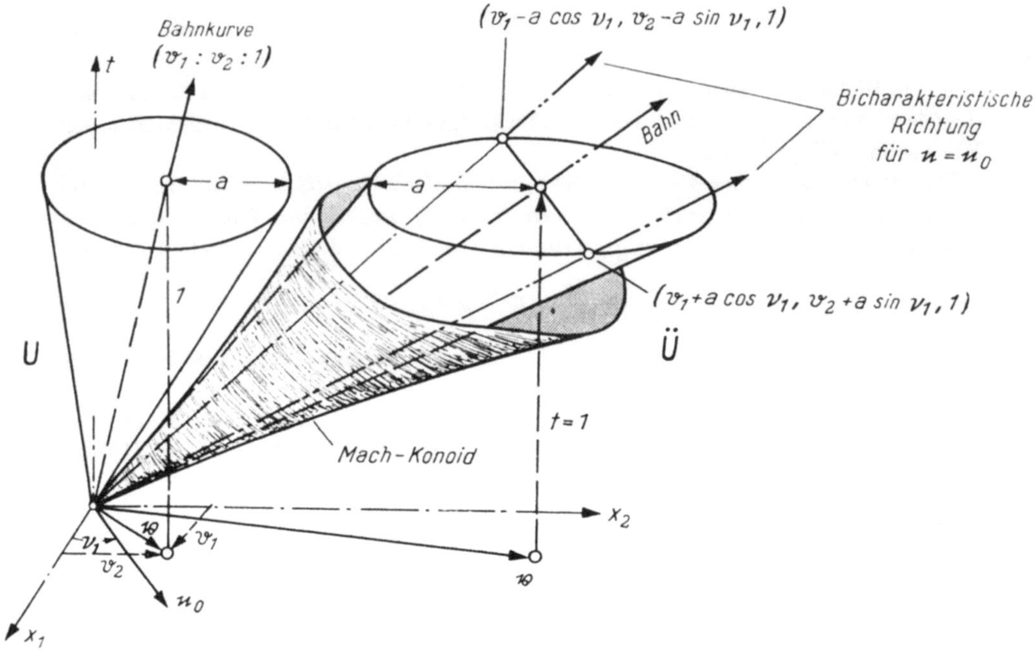

Abb. 2. MACH-Kegel
bei Unterschallgeschwindigkeit (U), bei Überschallgeschwindigkeit ($\ddot{U}$).
Instationärer (zweidimensionaler) Fall

2.42. Instationäre Fälle

Die Spezialisierung auf instationäre *zweidimensionale* Strömungen (hier ist $\frac{\partial}{\partial x_3} \equiv 0$ zu setzen) bringt naturgemäß keine neuen Gesichtspunkte. Infolge der vektoriellen Darstellungsweise gelten alle einschlägigen Formeln bei Reduktion auf niedere Dimensionen formal unverändert (so bekommt etwa (15^+) bei *einer* Raumkoordinate die geläufige Form $\frac{dx}{dt} - v = \mp a$). Abb. 2 veranschaulicht in cartesischer Auftragung den Unterschied zwischen der Lage eines MACH-Kegels bei Unterschallgeschwindigkeiten (U), wo die t-Achse *innerhalb* des Kegels verläuft, und bei Überschallgeschwindigkeiten ($\ddot{U}$). In diesem Fall (t-Achse *außerhalb* des Kegels) liefert der Schnitt mit der Ebene $t = 1$ den Kreis $|\mathfrak{x} - \mathfrak{v}| = a$ von Abb. 1, Figur b (*zweidimensionales stationäres* Strömungsfeld). Man erkennt, daß nur dann zwei reelle (und verschiedene) Tangentialebenen durch die t-Achse (senkrecht x_1,x_2-Ebene) an einen MACH-Kegel gelegt werden können, wenn diese Achse *außerhalb* des Kegels verläuft, also für $|\mathfrak{v}| > a$ ($\ddot{U}$). Hingegen existieren im *instationären eindimensionalen* Fall stets zwei reelle Tangentialebenen durch die x_2-Achse an den MACH-Kegel; das instationäre Problem ist stets hyperbolisch, was bereits an früherer Stelle (vgl. S. 297, unten) allgemein erkannt wurde.

Schließlich sei noch angemerkt, daß singuläre Erscheinungen irgendwelcher Art in unseren Ausführungen nicht in Betracht gezogen wurden.

3. Charakteristische Strömungsgleichung(en)

Zur Abrundung dieser Darlegungen möge noch im Hinblick auf die praktische Durchführung der numerischen Berechnung wenigstens in den Grundzügen auf das zweite Teilproblem der Charakteristikentheorie eingegangen werden, wobei wir uns hier auf *zweidimensionale instationäre* Strömungen beschränken.

Die charakteristische Bedingung (8): $D = 0$ — bei entsprechender Vereinfachung (Streichung der 3. Spalte und 3. Zeile in der Determinante) — zieht naturgemäß das Verschwinden aller Determinanten nach sich, die durch Ersetzen einer Spalte von D mit den rechten Seiten von $(\bar{1})$, $(\bar{2})$: $-f_1$, $-f_2$, $-g$ gebildet werden können. Da durch *einen* solchen Spaltenersatz bereits der Rang der gesamten Koeffizientenmatrix festgelegt ist, resultiert daraus aber nur *eine* unabhängige Bindungsgleichung, die zwischen f_1, f_2 und g auf den allgemein-charakteristischen Flächen besteht. Diese Beziehung zwischen den inneren Ableitungen $\left(\frac{\partial}{\partial \xi_2}, \frac{\partial}{\partial \xi_3}\right)$ der Strömungsgrößen (abhängigen Veränderlichen) wollen wir „*charakteristische Strömungsgleichung*" nennen. Sie entspricht der charakteristischen Hodographengleichung im stationären Fall; da jedoch im Unterschied zu dieser jetzt eine *partielle* Differentialgleichung vorliegt, ist eine Deutung in einem v_1, v_2, p-Raum (als Analogon zum Hodographenplan) offenbar nicht mehr möglich.

Aus der allgemein-charakteristischen Bedingung (12) (in quadratischer Form) folgt nach $(\bar{1})$, $(\bar{2})$ die *charakteristische Strömungsgleichung*

$$\mathfrak{f} \cdot \operatorname{grad} \xi_1 = g \frac{D\xi_1}{Dt}, \tag{23a}$$

oder ausführlich geschrieben mit (6) und (7)

$$\sum_{i=2}^{3} \left[\frac{\partial v_1}{\partial \xi_i} \left\{\frac{D\xi_i}{Dt}\frac{\partial \xi_1}{\partial x_1} - \frac{\partial \xi_i}{\partial x_1}\frac{D\xi_1}{Dt}\right\} + \frac{\partial v_2}{\partial \xi_i} \left\{\frac{D\xi_i}{Dt}\frac{\partial \xi_1}{\partial x_2} - \frac{\partial \xi_i}{\partial x_2}\frac{D\xi_1}{Dt}\right\} + \frac{1}{\varrho}\frac{\partial p}{\partial \xi_i}\left\{\frac{\partial \xi_i}{\partial x_1}\frac{\partial \xi_1}{\partial x_1} + \frac{\partial \xi_i}{\partial x_2}\frac{\partial \xi_1}{\partial x_2} - \frac{1}{a^2}\frac{D\xi_i}{Dt}\frac{D\xi_1}{Dt}\right\}\right] = 0\,. \qquad \text{(23b)[1]}$$

Legen wir als Regelfall das CAUCHY*sche Anfangswertproblem* zugrunde, so ist auf einer allgemeinen (nicht charakteristischen) Fläche eine Anfangsverteilung $v_1 = \bar{v}_1$, $v_2 = \bar{v}_2$, $p = \bar{p}$ vorgegeben und daraus die Lösung im „Fortsetzungskonoid" zu ermitteln. Da es sich um die Bestimmung von *drei* Lösungsfunktionen v_1, v_2, p handelt, muß ein Tripel von charakteristischen Strömungsgleichungen

[1]) Allgemein folgt

$$\sum_{i=2}^{4} \left[\frac{\partial \mathfrak{v}}{\partial \xi_i} \cdot \left(\operatorname{grad} \xi_1 \frac{D\xi_i}{Dt} - \operatorname{grad} \xi_i \frac{D\xi_1}{Dt}\right) + \frac{1}{\varrho}\frac{\partial p}{\partial \xi_i}\left(\operatorname{grad} \xi_i \cdot \operatorname{grad} \xi_1 - \frac{1}{a^2}\frac{D\xi_i}{Dt}\frac{D\xi_1}{Dt}\right)\right] = 0\,.$$

zur Verfügung stehen, d. h. je eine solche Strömungsgleichung (23b) auf *drei ausgewählten* charakteristischen Flächen durch einen Punkt. (Man beachte den grundlegenden Unterschied gegenüber dem zweidimensionalen Fall, bei dem zwei *wohlbestimmte* Scharen von charakteristischen Grundkurven zur Verfügung stehen, längs deren jeweils eine gewöhnliche Differentialgleichung zwischen zwei Strömungsgrößen zu lösen ist.)

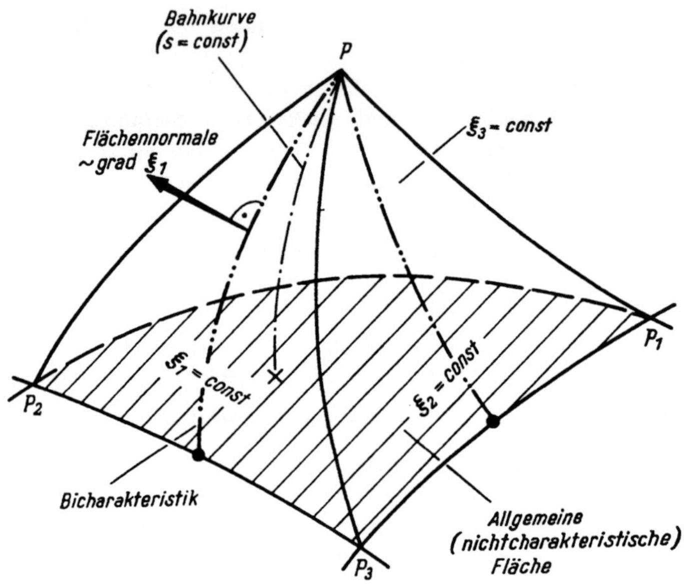

Abb. 3. Charakteristisches Tetraëder (mit Bicharakteristiken)

4. Praktische Durchführung: Tetraëderverfahren nach TEOFILATO und THORNHILL

Die voraufgegangene Überlegung führt zum Begriff des „*charakteristischen Tetraëders*", welches das geometrische Grundelement für das „*Tetraëderverfahren*" nach P. TEOFILATO [1] und G. K. THORNHILL [2] zur praktischen Berechnung bildet. Bei diesem einfachsten[1]) Verfahren werden aus den bekannten Strömungsgrößen $\overline{v}_1$, $\overline{v}_2$, $\overline{p}$ in drei benachbarten Punkten P_1, P_2, P_3 mittels (23b) ihre Werte in einem neuen Nachbarpunkt P ermittelt, der sich als vierter Eckpunkt des über dem Grunddreieck $P_1P_2P_3$ errichteten Tetraëders mit den drei charakteristischen Seitenflächen $\xi_1 = \text{const.}$, $\xi_2 = \text{const.}$, $\xi_3 = \text{const.}$ ergibt (Abb. 3). Für die numerische Rechnung werden diese Flächen durch ihre *Tangentialebenen* an das MACH-Konoid durch P angenähert; und entsprechend werden

[1]) Da jeder Punkt ein ganzes Bündel von charakteristischen Flächen enthält, könnte man natürlich auch — etwa zu Kontrollzwecken — mit einer „charakteristischen Pyramide" arbeiten.

auch in den drei charakteristischen Strömungsgleichungen (23b), die man durch zyklische Vertauschung der ξ_i $(i = 1, 2, 3)$ gewinnt, die Differentiale in der üblichen Weise durch *endliche Differenzen* approximiert. Für *anisentropische* Strömungen sind außerdem zur Festlegung des Entropiewertes s die *Bahnkurven* gesondert mit zu berechnen.

Für das Rechnen längs der charakteristischen Flächen bieten sich zwei ausgezeichnete „Fortschreitungslinien" an, nämlich einmal die *Bicharakteristiken* (Thornhill) und dann die *Tetraëderkanten* (Teofilato). In seiner Göttinger Diplomarbeit (1958) hat G. Gross [3] bei der Berechnung eines konkreten Anwendungsbeispiels das Kantenverfahren von Teofilato bevorzugt. Die entscheidende mathematische Frage, welches Vorgehen man hinsichtlich seiner Konvergenz bei abnehmender Schrittweite als das günstigere anzusehen hat, ist noch ungeklärt.

Die praktische Durchführung des Verfahrens erfordert freilich außerdem noch mancherlei Spezialüberlegungen und zusätzliche Rechnung (so z. B. für die Lagebestimmung des „Neupunktes" P und die Vereinfachung der charakteristischen Strömungsgleichung, etwa auf $\xi_1 = \text{const}$, in einer von der speziellen Wahl der beiden anderen Flächen unabhängigen Form), deren Darlegung aber nicht mehr Raum in diesem Aufsatz finden kann. Wesentlich ist jedoch der abschließende Hinweis, daß bei andersartigen Verfahren, die nicht den Abhängigkeitsverhältnissen eines hyperbolischen Gleichungssystems unmittelbar angepaßt sind, sich die zur numerischen Berechnung notwendige Koppelung der verschiedenen Schrittweiten als recht lästig auswirken kann. Eine kritische Beurteilung mit näheren Literaturangaben findet sich bei G. Gross [3].

LITERATUR

[1] P. Teofilato: Determinazione della corrente supersonica tridimensionale col metodo delle caratteristiche, generalisazione del problema. Acta Pontif. Acad. Sci. XIV, 4 (1950) 33—44.

[2] G. K. Thornhill: The Numerical Method of Characteristics for Hyperbolic Problems in Three Independent Variables. Aeron. Res. Coun. Rep. & Mem. No. 2615 (1952).

[3] G. Gross: Charakteristikenverfahren für zweidimensionale instationäre Strömungen eines kompressiblen Gases. Diplomarbeit, Göttingen 1958 (unveröffentlicht).

Analysis of the 'Vortex Breakdown' phenomenon. Part I.

By H. B. Squire M. A. †

(Imperial College of Science and Technology, University of London)

Summary

The theory of long standing waves on a cylindrical vortex motion is developed and applied to three cases of uniform axial velocity and different swirl velocity distributions. It is shown that very long waves may be present when the maximum swirl is rather larger than the axial velocity. This condition is proposed as the criterion for vortex breakdown.

1. Introduction

The formation of vortices above slender wings with sharp leading edges has been extensively studied. It was observed by Gray [1] and others [2, 3, 4] that at high wing incidence these vortices lose their simple structure. This phenomenon has been described as *vortex breakdown* and the present report gives a theoretical investigation of it.

2. Analysis

The conditions for the possible existence of standing waves in the field of flow will be sought, the idea being that, if they can exist, disturbances, which are generally present downstream, will spread forward along the vortex and cause the breakdown.

We consider only cylindrical vortices and symmetrical disturbances. Although vortices depend for their formation on viscosity, the direct effects of viscosity are ignored in this investigation.

We measure x along the axis of the vortex and r radially from this axis. In the unperturbed motion U and V are the axial and circumferential velocities respectively, and are functions of r only. It is supposed that the cylindrical vortex has superposed on it a steady disturbance of small amplitude. Then the stream function Ψ of the combined motion satisfies the equation (see Ref. [5])

$$D^2\Psi = \frac{r^2}{p}\frac{dH}{d\Psi} - \frac{d(K^2)}{2\,d\Psi} \tag{1}$$

where

$$D^2 = \frac{\partial^2}{\partial x^2} + \frac{\partial^2}{\partial r^2} - \frac{1}{r}\frac{\partial}{\partial r},$$

p = pressure,
ϱ = density,
H = total head,
$2\pi K$ = circulation,

so that $K = V r$ for the undisturbed motion.

Put

$$\Psi = \psi_0 + \psi_1 \tag{2}$$

where ψ_0 is the stream function of the main flow and ψ_1 is the stream function of the disturbance. ψ_0 is a function of r only, because the main flow is cylindrical, and satisfies (1), so that

$$D^2\psi_0 = \frac{r^2}{\varrho}\frac{dH}{d\psi_0} - \frac{d(K^2)}{2\,d\psi_0}\,. \tag{3}$$

Substituting from (2) in (1) and making use of (3) we obtain

$$D^2\psi_1 = \psi_1\left[\frac{r^2}{\varrho}\frac{d^2H}{d\psi_0^2} - \frac{d^2(K^2)}{2\,d\psi_0^2}\right]. \tag{4}$$

It is shown in Appendix I that equation (4) is equivalent to

$$D^2\psi_1 + \psi_1\left[\frac{2\,K\,K_r}{r^3\,U^2} + \frac{U_r - r\,U_{rr}}{r\,U}\right] = 0\,. \tag{5}$$

We now suppose that the disturbance is periodic in the stream direction and take

$$\psi_1 = f(r)\cos\alpha x\,.$$

Substitution in (5) gives

$$f_{rr} - \frac{1}{r}f_r + f\left[\frac{2\,K\,K_r}{r^3\,U^2} + \frac{U_r - r\,U_r}{r\,U} - \alpha^2\right] = 0\,. \tag{6}$$

Appendix II shows that an alternative form of this equation, obtained by putting $r^2 = t$ and $f(r) = g(t)$, is

$$g_{tt} + g\left[\frac{K\,K_t}{t^2\,U^2} - \frac{U_{tt}}{U} - \frac{\alpha^2}{4\,t}\right] = 0\,. \tag{7}$$

For the important case of uniform axial velocity U, (6) and (7) can be written

$$f_{rr} - \frac{1}{r}f_r + f\,[L(r) - \alpha^2] = 0 \tag{8}$$

where

$$L(r) = \frac{2\,K\,K_r}{r^3\,U^2}$$

and

$$g_{tt} + g\left[M(t) - \frac{\alpha^2}{4\,t}\right] = 0 \tag{9}$$

where

$$M(t) = \frac{K\,K_t}{t^2\,U^2}\,.$$

The boundary conditions require that

$$f(0) = 0 = g(0) \,,$$

because the axis remains a streamline for a symmetrical disturbance. In addition

$$f_r \to 0 \quad \text{as} \quad r \to \infty$$

or

$$g_t \to 0 \quad \text{as} \quad t \to \infty$$

if the field is infinite. If there is a wall at a finite distance f and g must vanish there. If there is a discontinuity in $L(r)$ or $M(t)$ (see Case I) then f, f_r or g, g_t must be continnous there, in order that the disturbance velocities shall be continuous.

It is shown for Case I that standing waves first become possible for $\alpha = 0$, which corresponds to very long waves. This is also accepted in the other cases, because the waves depend on the quantity $[L(r) - \alpha^2]$ in (8) being sufficiently positive, and this condition is first achieved for $\alpha = 0$.

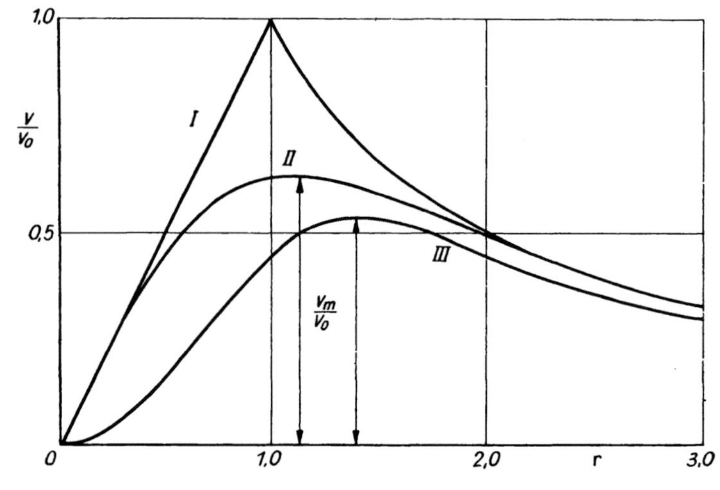

Fig. 1. Swirl velocity distributions

3. Solutions in three cases of uniform axial velocity

CASE I. Forced and free vortex

We suppose that the field of flow consists of a core of unit radius with solid body rotation, surrounded by a potential flow vortex (Fig. 1). Thus we take

$$V = V_0 r \,, \quad K = V_0 r^2 \,, \quad \text{for} \quad r \leq 1 \,,$$
$$V = V_0/r \,, \quad K = V_0 \,, \quad \text{for} \quad r \geq 1 \,,$$

where V_0 is a constant. Then

$$L(r) = \frac{2\,K\,K_r}{r^3\,U^2} = k^2\,, \qquad \text{for} \quad r \leqq 1\,,$$

$$L(r) = 0\,, \qquad \text{for} \quad r \geqq 1\,,$$

where

$$k = 2\,V_0/U\,.$$

With this form for $L(r)$ the required solution of (8) is

$$f = \frac{r\,J_1\,[(k^2 - \alpha^2)^{1/2}\,r]}{J_1\,[(k - \alpha^2)^{1/2}]} \qquad \text{for} \quad r \leqq 1\,,$$

$$f = \frac{r\,K_1(\alpha\,r)}{K_1(\alpha)} \qquad \text{for} \quad r \geqq 1\,.$$

This is continuous at $r = 1$ and tends to zero at ∞. The condition of continuity of f_r at $r = 1$ leads to the frequency equation

$$\frac{(k^2 - \alpha^2)^{1/2}\,T_0\,[(k^2 - \alpha^2)^{1/2}]}{J_1\,[(k^2 - \alpha^2)^{1/2}]} = -\frac{\alpha\,K_0(\alpha)}{K_1(\alpha)} \tag{10}$$

since

$$\frac{d}{dx}\,[x\,J_1(x)] = x\,J_0(x)$$

and

$$\frac{d}{dx}\,[x\,K_1(x)] = -\,x\,K_0(x)\,.$$

The right hand side of this equation is negative for $\alpha > 0$ and is zero for $\alpha = 0$. The left hand side is equal to 2.0 for $k = \alpha$ and decreases steadily to zero for $(k^2 - \alpha^2)^{1/2} = 2.40$. It follows that the smallest value of k for which (10) has a solution is given by

$$k = 2.40\,, \quad \alpha = 0\,.$$

For values of $\alpha > 0$ there will be corresponding values of $k > 2.40$ which satisfy (10). The critical value of $k = 2\,V_0/U$, which must be reached for waves to be possible is thus 2.40 and this corresponds to a value of the ratio of maximum swirl velocity V_m to axial velocity U given by

$$\frac{V_m}{U} = \frac{V_0}{U} = 1.20\,.$$

CASE II

We take swirl velocity distribution (Fig. 1) given by

$$V = \frac{V_0}{r}\,[1 - \exp\,(-\,r^2)]$$

so that

$$K(r) = V\,r = V_0\,[1 - \exp\,(-\,r^2)]$$

and

$$K(t) = V_0 [1 - e^{-t}] .$$

This is more realistic than Case I as it is of the type which occurs in actual vortices. Thus

$$M(t) = \frac{K K_t}{t^2 U^2} = \lambda \left[\frac{e^{-t}(1 - e^{-t})}{t^2}\right]$$

where $\lambda = (V_0/U)^2$. We take $\alpha = 0$ as explained above, and then require the solution of

$$g_{tt} + \lambda \left[\frac{e^{-t}(1 - e^{-t})}{t^2}\right] g = 0 \tag{11}$$

which satisfies the boundary conditions. Solutions of (11) have been obtained numerically for $\lambda = 2.25$ and 2.50. It was then found by interpolation that the correct value of $\lambda = 2.44$ and the corresponding values of $V_0/U = 1.56$. The maximum circumferential velocity is $V_m = 0.638\, V_0$, (Fig. 1) and hence the critical condition for stability is given by

$$\frac{V_m}{U} = 0.638 \frac{V_0}{U} = 1.00 .$$

CASE III

This has been constructed to give an explicit solution of (9) for uniform axial velocity and $\alpha = 0$. The swirl velocity distribution (Fig. 1) is taken to be

$$\left(\frac{V}{V_0}\right)^2 = \frac{1}{t} \int_0^t y^2 \operatorname{sech}^2 y \, dy ,$$

so that

$$K^2 = V^2 t = V_0^2 \int_0^t y^2 \operatorname{sech}^2 y \, dy$$

and

$$\frac{K K_t}{t^2 U^2} = \frac{V_0^2}{2 U^2} \operatorname{sech}^2 t .$$

Then, with $U =$ constant, $\alpha = 0$, (9) becomes

$$g_{tt} + g \left(\frac{V_0^2}{2 U^2}\right) \operatorname{sech}^2 t = 0 .$$

The solution of this equation which satisfies the boundary conditions is

$$g = \tanh t ,$$

and corresponds to $V_0/U = 2$. The maximum value of V is given by

$$\frac{V_m}{U} = 0.560 \frac{V_0}{U} = 1.12 .$$

4. Conclusion

The results of the above analysis can be summarised as follows:

Case	I	II	III
Critical Value of V_m/U	1.20	1.00	1.12

The range of values is fairly small although the velocity distributions differ considerably. It is concluded that vortex breakdown may occur provided that the maximum swirl velocity is rather larger than the axial velocity.

5. Comparison with experiment

Some experiments made with a vortex in a tube have shown that breakdown is present for $V_m/U = 1.22$. Details of this investigation are given in a later report. [6]

Recent work by Brooke Benjamin has done much to demonstrate that vortex breakdown may be treated as a critical phenomenon, analogous to the hydraulic jump. His analysis leads to the same conditions for breakdown as those given in the present paper.

Appendix I

Derivation of Equation (5)

We are here concerned with the main flow, which has axial velocity $U(r)$ and swirl velocity $V(r)$, where

$$d\psi_0 = U\, r\, dr\,, \qquad k = V\, r\,.$$

Also

$$\frac{H}{\varrho} = \frac{U^2 + V^2}{2} + \frac{p}{\varrho}\,,$$

$$\frac{d}{dr}\left(\frac{p}{\varrho}\right) = \frac{V^2}{r} = \frac{K^2}{r^3}\,.$$

Then

$$\frac{1}{\varrho}\frac{dH}{d\psi_0} = \frac{1}{r}\frac{dU}{dr} + \frac{1}{2\,U\,r}\frac{d}{dr}\left(\frac{K^2}{r^2}\right) + \frac{K^2}{U\,r^4} = \frac{U_r}{r} + \frac{(K^2)_r}{2\,U\,r^3}$$

so that

$$\frac{r^2}{\varrho}\frac{d^2H}{d\psi_0^2} = \frac{r}{U}\frac{d}{dr}\left[\frac{U_r}{r} + \frac{(K^2)_r}{2\,U\,r^3}\right] = \frac{r\,U_{rr} - U_r}{r\,U} + \frac{(K^2)_{rr}}{2\,U^2\,r^2} - (K^2)_r\left[\frac{3\,U + r\,U_r}{2\,U^3\,r^3}\right].$$

Also

$$\frac{d^2(K^2)}{d\psi_0^2} = \frac{d}{Ur\,dr}\left[\frac{d(K^2)}{Ur\,dr}\right] = \frac{(K^2)_{rr}}{U^2 r^2} - (K^2)_r \left[\frac{U + r\,U_r}{U^3 r^3}\right].$$

Hence

$$\frac{r^2}{\varrho}\frac{d^2H}{d\psi_0^2} - \frac{d^2(K^2)}{2\,d\psi_0^2} = \frac{r\,U_{rr} - U_r}{r\,U} - \frac{(K^2)_r}{U^2 r^3}$$

so that equation (4) becomes

$$D^2\psi_1 + \psi_1\left[\frac{2\,K\,K_r}{r^3\,U^2} + \frac{U_r - r\,U_{rr}}{r\,U}\right] = 0\,.$$

Appendix II

Transformation of Equation (7)

We put $t = r^2$ and $f(r) = g(t)$. Then

$$f_{rr} - \frac{1}{r} f_r = r\,\frac{d}{dr}\left(\frac{1}{r}\,\frac{df}{dr}\right) = 4\,t\,\frac{d^2g}{dt^2}\,,$$

$$U_{rr} - \frac{1}{r}\,U_r = 4\,t\,\frac{d^2U}{dt^2}\,,$$

$$\frac{K\,K_r}{r^3} = \frac{2\,K}{t}\,\frac{dK}{dt}$$

so that (6) is equivalent to

$$g_{tt} + g\left[\frac{K\,K_t}{t^2\,U^2} - \frac{U_{tt}}{U} - \frac{\alpha^2}{4\,t}\right] = 0\,.$$

REFERENCES

[1] Gray: Unpublished R.A.E. Technical Note.

[2] Elle: An investigation at low speed of the flow near the apex of thin delta wings with sharp leading edges. A.R.C. Report **19**, 780 (1958).

[3] Harvey: Some measurements on a yawed slender delta wing with leading edge separation. A.R.C. Report **20**, 451 (1958).

[4] Werle: La Recherche Aeronautique No. **74** (1960) 23—30.

[5] H. B. Squire: Rotating Fluids in Surveys in Mechanics edited by Batchelor and Davies. Cambridge 1956.

[6] J. K. Harvey: Analysis of the Vortex Breakdown Phenomenon, Part II. Imperial College, Department of Aeronautics, Report No. 103 (1960).

On scraping viscous fluid from a plane surface

By Sir Geoffrey Taylor

(Cavendish Laboratory, University of Cambridge, England)

The stream function ψ, representing two-dimensional fluid flow, satisfies $\nabla^4\psi = 0$ when the flow is so slow that inertia is negligible. Simple solutions of this equation expressed in polarcoordinates can be found in the form $\psi = r^n f(\Theta)$ but they seldom have much physical interest except as terms in series expansions. When n is greater than 1 they usually represent flow in a corner produced by agents which can only be described by other types of solution. When n is less than 1 the flow velocity near the origin is infinite. The case when $n = 1$ has physical significance because it can represent flow of a viscous fluid when a flat scraper moves over a flat sheet pushing fluid before it.

The general solution of $\nabla^4\psi = 0$ when $n = 1$ is

$$\psi = r\,(A\cos\Theta + B\sin\Theta + C\,\Theta\cos\Theta + D\,\Theta\sin\Theta)\,. \tag{1}$$

If (1) represents the flow in front of a scraper moving with velocity U over a flat surface (taken as $\Theta = 0$) it is convenient to superpose a velocity $-U$ parallel to $\Theta = 0$ so as to reduce the motion to steady flow. The radial and tangential velocities are $u = -\frac{1}{r}\frac{\partial\psi}{\partial\Theta}$ and $v = \frac{\partial\psi}{\partial r}$. If the scraper is inclined at angle α to the flat plate the boundary conditions are

$$\psi = 0\,,\quad \frac{1}{r}\frac{\partial\psi}{\partial\Theta} = U \quad \text{at} \quad \Theta = 0 \quad \text{and} \quad \psi = \frac{\partial\psi}{\partial\Theta} = 0 \quad \text{at} \quad \Theta = \alpha\,.$$

Using these conditions (1) becomes

$$\psi = \frac{U\,r}{\alpha^2 - \sin^2\alpha}\left\{\alpha^2\sin\Theta - \sin^2\alpha\,\Theta\cos\Theta - \left(\frac{\alpha\sin^3\alpha + \alpha^2\cos\alpha - \cos\alpha\sin^2\alpha}{\sin\alpha + \alpha\cos\alpha}\right)\Theta\sin\Theta\right\}. \tag{2}$$

If P and S are the stresses normal and tangential to the scraper at distance r from the point of contact and μ is the viscosity

$$P = \frac{2\,\mu\,U}{r}\left(\frac{\alpha\sin\alpha}{\alpha^2 - \sin^2\alpha}\right), \tag{3}$$

$$S = \frac{2\,\mu\,U}{r}\,\frac{\sin\alpha - \alpha\cos\alpha}{\alpha^2 - \sin^2\alpha}\,. \tag{4}$$

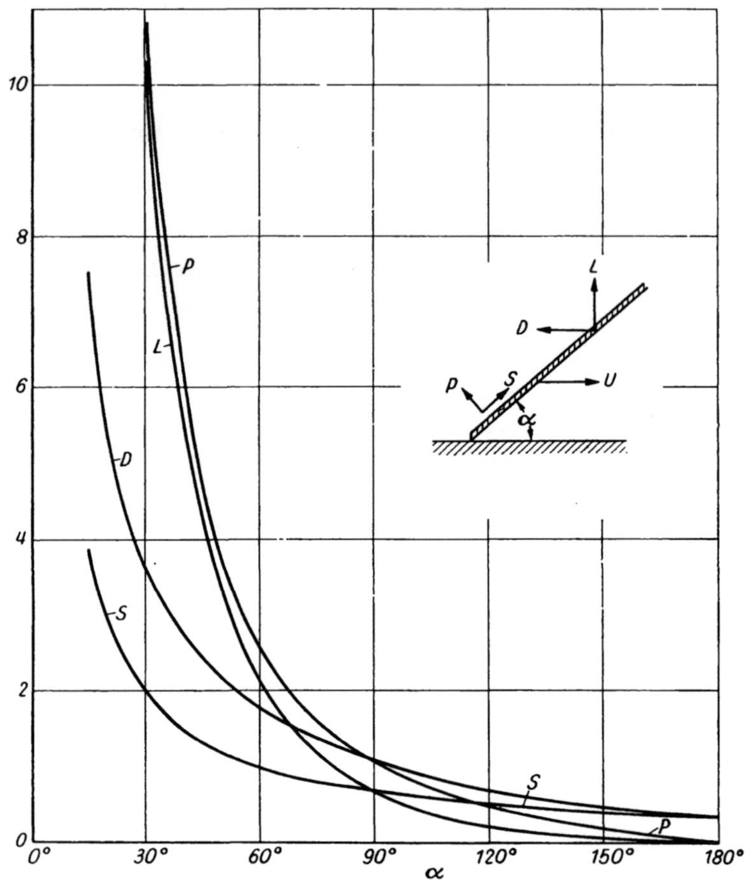

Fig. 1 Values of P, S, L and D divided by $\frac{2\mu U}{r}$.

When α is small these tend to $P = \frac{6\mu U}{r\alpha^2}$ and $S = \frac{2\mu U}{r\alpha}$ which are the values that can be found using the approximate equations of lubrication theory.

Resolving the stress in direction L at right angle to the plate and D parallel with it,

$$L = P\cos\alpha + S\sin\alpha = \frac{2\mu U}{r}\left(\frac{\sin^2\alpha}{\alpha^2 - \sin^2\alpha}\right),$$

$$D = P\sin\alpha - S\cos\alpha = \frac{2\mu U}{r}\left(\frac{\alpha - \sin\alpha\cos\alpha}{\alpha^2 - \sin^2\alpha}\right).$$

Values of L, D, P and S divided by $2\mu U/r$ are displayed in the figure. It will be seen that D descreases as α increases, attains its least value $\frac{2\mu U}{\pi r}$ when

$\alpha = \pi$. The most interesting and perhaps unexpected feature of the calculations is that L does not change sign in the range $0 < \alpha < \pi$. In the range $\frac{\pi}{2} < \alpha < \pi$ the contribution to L due to normal stress is of opposite sign to that due to tangential stress, but the latter is the greater. The palette knives used by artists for removing paint from their palettes are very flexible scrapers. They can therefore only be used at such an angle that P is small and as will seen in the figure this occurs only when α is nearly 180°. In fact artists instinctively hold their palette knives in this position.

A plasterer on the other hand holds a smoothing tool so that α is small. In that way he can get the large values of L/D which are needed enforcing plaster from protuberances to hollows.

Though the fluid velocity is everywhere finite the stress becomes infinite at $r = 0$ in this solution. In fact in any real situation continuous contact between scraper and plate along a line will not occur so that infinite stress at $r = 0$ will be relieved over a region comparable with the width of the gap.

Table 1

α^0	$P\Big/\frac{2\mu U}{r}$	$S\Big/\frac{2\mu U}{r}$	$L\Big/\frac{2\mu U}{r}$	$D\Big/\frac{2\mu U}{r}$
0	∞	∞	∞	∞
15	43	3.82	42	7.5
30	10.8	2.03	10.3	3.67
45	4.8	1.31	4.30	2.44
60	2.61	0.98	2.15	1.77
75	1.61	0.80	1.19	1.36
90	1.07	0.68	0.68	1.07
105	0.73	0.60	0.38	0.85
120	0.50	0.53	0.21	0.70
120	0.50	0.53	0.21	0.70
135	0.33	0.47	0.10	0.56
150	0.20	0.42	0.04	0.46
165	0.08	0.37	0.014	0.38
180	0	0.32	0	0.32

Zum Erlöschen der Turbulenz unter dem Einfluß einer stabilen Zentrifugalkraftschichtung

Von Walter Tillmann

(Max-Planck-Institut für Strömungsforschung, Göttingen)

Ist eine Strömung senkrecht zur Strömungsrichtung durch Schwerekräfte statisch oder durch Zentrifugalkräfte dynamisch stabil geschichtet, so wird eine vorhandene Turbulenz geschwächt; denn die gegen die Querkräfte zu leistende Arbeit der turbulenten Schwankungsbewegung muß dem Vorrat entnommen werden, der nach dem bekannten Reynoldsschen Satz sonst allein für die Erhaltung der Turbulenz zur Verfügung steht. Wenn die Arbeit gegen die Querkräfte einen gewissen Anteil des Arbeitsvorrates übersteigt, dann kommt die Turbulenz sogar zum Erliegen. Das Verhältnis der beiden Energiebeträge führt offensichtlich zu einer für geschichtete Strömungen maßgebenden Kennzahl. Dies hat L. Prandtl [1] an je einem Beispiel zur statischen und dynamischen Schichtung gezeigt. Danach kommt es bei der waagerechten Strömung einer Flüssigkeit mit nach oben (d. i. in positiver y-Richtung) abnehmender Dichte ϱ auf die Größe

$$Ri = -g \frac{d\varrho}{dy} \Big/ \varrho \left(\frac{du}{dy}\right)^2 \tag{1}$$

an, die man die Richardsonsche Zahl nennt (g ist die Erdbeschleunigung und u die Strömungsgeschwindigkeit). Im Falle der Strömung zwischen rotierenden koaxialen Zylindern lautet die entsprechende Größe

$$Ri^* = 2 \Big/ \frac{d \ln \omega}{d \ln r} \tag{2}$$

(ω ist die Winkelgeschwindigkeit und r der radiale Abstand von der Zylinderachse). Einen zuverlässigen Wert von Ri und Ri^* an der Turbulenzgrenze liefern die energetischen Abschätzungen von L. Prandtl nicht.

Während weitere Untersuchungen zu dem statischen Fall bereits näheren Aufschluß über den Grenzwert von Ri gegeben haben, soll hier auf den dynamischen Fall eingegangen werden. Eine unmittelbare experimentelle Bestimmung des Grenzwertes von Ri^* stößt auf Schwierigkeiten; denn die Verteilung der Winkelgeschwindigkeit läßt sich in der Strömung zwischen zwei rotierenden Zylindern kaum einwandfrei messen, da man nicht verhüten kann, daß die Meßsonde ihrem eigenen Nachlauf ausgesetzt ist. Nimmt man zur Vereinfachung an, daß Ri^* längs der ganzen Spaltbreite konstant ist, so folgt aus Gl. (2) durch Integration und nach Einsetzen der Wandwerte (durch den Index i wird der innere, durch den Index a der äußere Zylinder gekennzeichnet)

$$\frac{\omega_i}{\omega_a} = \left(\frac{r_i}{r_a}\right)^{2/Ri^*}. \tag{3}$$

Für den Wert von Ri^* an der Turbulenzgrenze bieten die bisher im statischen Fall bekanntgewordenen Werte einen Anhalt. Wählt man probeweise den Wert 1/4, den G. I. TAYLOR [2] für eine freie scherende Strömung mit Dichteschichtung durch eine Untersuchung nach der Methode der kleinen Schwingungen gefunden hat, so ergibt sich als Grenze, an der die Turbulenz erlöschen soll,

$$\frac{\omega_i}{\omega_a} = \left(\frac{r_i}{r_a}\right)^{8}. \tag{4}$$

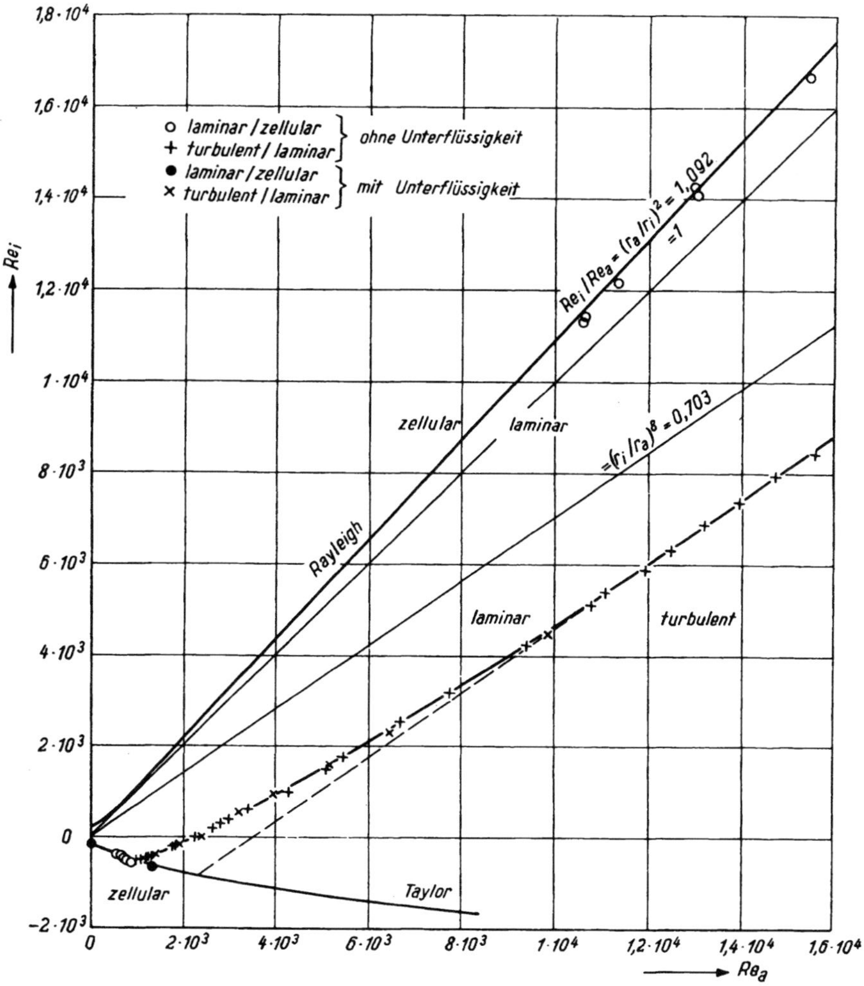

Abb. 1. Bereich der laminaren Strömung bei $r_a/r_i = 1{,}045$

Um zu prüfen, wo die Grenze wirklich liegt, sind Versuche mit einer Einrichtung durchgeführt worden, bei der der äußere und innere Zylinder mit verschiedener Drehzahl angetrieben werden konnten. Im Ringspalt zwischen beiden Zylindern war Wasser eingefüllt. Da der äußere Zylinder aus Plexiglas war, konnten die Strömungsformen mit der Farbfadenmethode unmittelbar beobachtet und dabei die Wertepaare kritischer Winkelgeschwindigkeiten der Zylinder bequem gemessen werden. Aus den Winkelgeschwindigkeiten und einem beidemal gleichen Faktor werden die REYNOLDSschen Zahlen

$$Re_a = \frac{\omega_a r_m (r_a - r_i)}{\nu} \quad \text{und} \quad Re_i = \frac{\omega_i r_m (r_a - r_i)}{\nu}$$

gebildet, wobei $r_m = \frac{r_a + r_i}{2}$ und ν die kinematische Zähigkeit des Wassers ist. In dem Diagramm mit den Koordinaten Re_a und Re_i, das für jede untersuchte Spaltbreite getrennt gezeichnet worden ist, lassen sich dann die Strömungsverhältnisse anschaulich übersehen, vgl. die Abbildungen 1, 2 und 3.

In den Abbildungen 1 und 2 sind eigene Messungen bei $r_a/r_i = 1{,}045$ und $1{,}149$ wiedergegeben. Um einen etwaigen Einfluß des Spaltbodens auf die Meßergebnisse aufzudecken, sind die Versuchsreihen *ohne Unterflüssigkeit* und *mit Unterflüssigkeit* durchgeführt worden. Bei den letzteren wurde versucht, die durch den

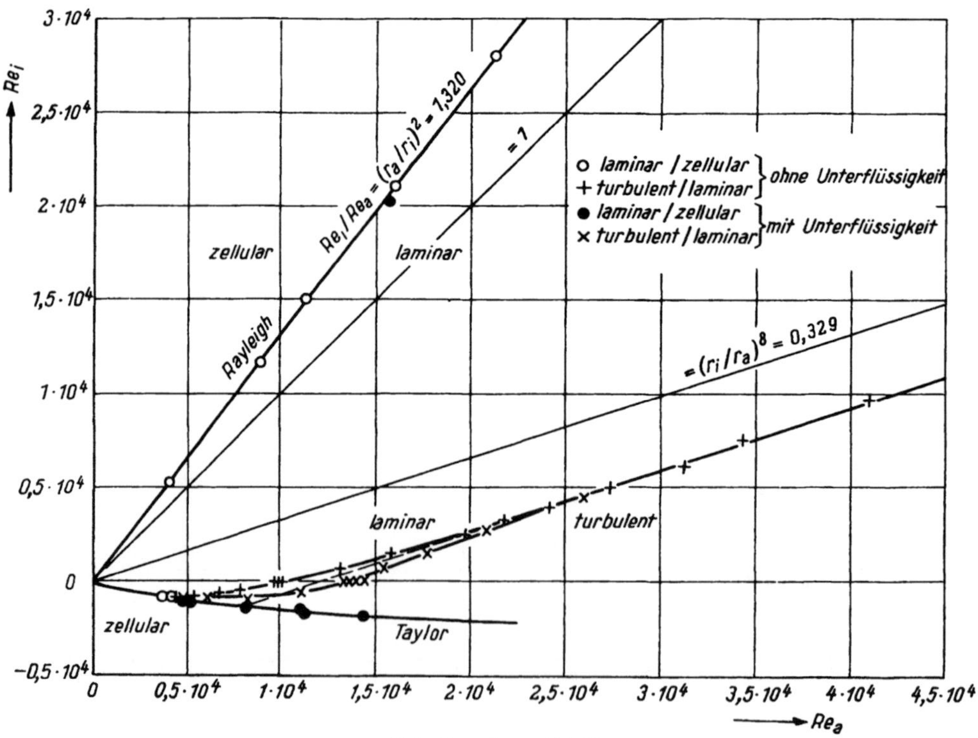

Abb. 2. $r_a/r_i = 1{,}149$

Spaltboden verursachten Störungen durch eine Schicht zäherer Flüssigkeit von der eigentlichen Versuchsströmung fernzuhalten. In Abb. 3 ist eine Meßreihe bei $r_a/r_i = 1{,}125$ von D. COLES [3] verwendet worden. Durch Einzeichnen der RAYLEIGHschen bzw. TAYLORschen Stabilitätsgrenze ist in jeder Abbildung der dynamisch stabil geschichtete Bereich kenntlich gemacht. Die bei den einzelnen Radienverhältnissen für das Erlöschen der Turbulenz (Meßpunkte *turbulent/laminar*) bzw. für $\gamma = 0$ (γ = Intermittenzfaktor) gemessenen Grenzen fallen zwar nicht mit den durch Gl. (4) geforderten zusammen, verlaufen aber bei größeren REYNOLDSschen Zahlen parallel zu diesen. Bedenkt man, daß durch die RICHARDSONsche Zahl nur das Mitwirken der Querkräfte beim Erlöschen von Turbulenz erfaßt wird, so stehen die geforderte und gemessene Turbulenzgrenze in gutem Einklang miteinander. Einen weiteren Fortschritt darf man hier erst erwarten, wenn der eigentliche Vorgang des Erlöschens, wie er sich auch ohne Schichtungseinfluß abspielt, besser verstanden wird.

Nach neueren Erwägungen von L. BIERMANN [4] könnte man im dynamisch stabil geschichteten Bereich vielleicht noch eine weitere Turbulenzgrenze vermuten, und zwar bei größeren REYNOLDSschen Zahlen zwischen der RAYLEIGHgrenze und der Geraden für starre Rotation. Die Beobachtungen ließen aber bis zu den größten erreichten REYNOLDSschen Zahlen nur Turbulenz oberhalb der RAYLEIGHgrenze erkennen. Die in den Abbildungen eingetragenen Meßpunkte *laminar/zellular* gelten auch für den Übergang *zellular/laminar*, da kein meßbarer Unterschied zwischen beiden festzustellen war. Bei größeren REYNOLDSschen Zahlen ging die zellulare Strömungsform aber gleich in unmittelbarer Nähe der RAYLEIGHgrenze in die turbulente Form über und umgekehrt.

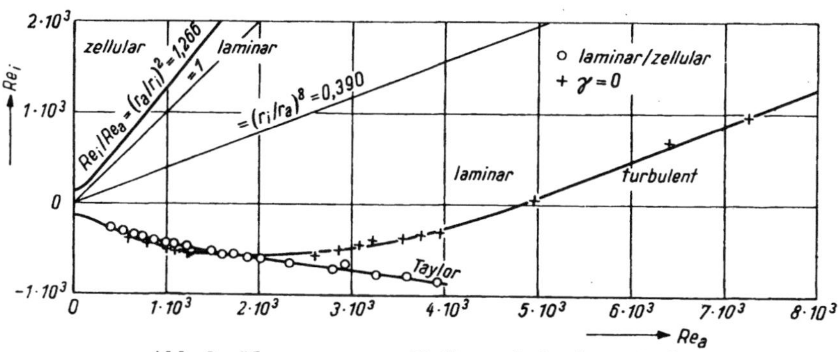

Abb. 3. Messungen von D. COLES bei $r_a/r_i = 1{,}125$

LITERATUR

[1] L. PRANDTL: Einfluß stabilisierender Kräfte auf die Turbulenz. Vortr. Aerodyn. u verw. Geb. (Aachen 1929), Berlin 1930, S. 1—7.

[2] G. I. TAYLOR: Effect of variation in density on the stability of superposed streams of fluid. Proc. Roy. Soc. London (A) **132** (1931) 499—523.

[3] D. COLES: Investigation of stability of fluid flow. Interim Report, California Institute. of Technology, Pasadena 1958.

[4] L. BIERMANN: Bemerkungen über das Rotationsgesetz in irdischen und stellaren Instabilitätszonen. Z. Astrophys. **28** (1951) 304—309.

Dreidimensionale Staupunktsströmung mit Absaugen und Ausblasen

Von Walter Wuest

(Aerodynamische Versuchsanstalt Göttingen)

1. Einführung

Bei einem zylindrischen Körper bildet sich in der Umgebung der Staulinie eine ebene Staupunktsströmung aus, entsprechend bei einem symmetrisch angeströmten Rotationskörper eine rotationssymmetrische Staupunktsströmung. Beide Fälle sind als strenge Lösungen der Navier-Stokesschen Differentialgleichungen bekannt [1]. Bei Körpern allgemeinerer Form mit zwei voneinander verschiedenen Hauptkrümmungsradien im Bereich des Staupunktes (z. B. bei einem mehrachsigen Ellipsoid) bildet sich dagegen eine dreidimensionale Staupunktsströmung aus. Bei undurchlässiger Wand ist dieses Problem von L. Howarth [2] behandelt. Im folgenden werden diese Untersuchungen auf eine durchlässige Wand mit Absaugen oder Ausblasen erweitert.

2. Mathematische Grundlagen

Wir beschränken uns im folgenden auf einen kleinen Bereich in der Umgebung des Staupunktes und können daher die Wand durch ihre Tangentialebene ersetzen. Die Geschwindigkeitsverteilung der reibungslosen Potentialströmung in der Umgebung des bei $x = y = z = 0$ gelegenen Staupunktes ist dann gegeben durch

$$U = a\,x\,, \qquad V = b\,y\,, \qquad W = -(a+b)\cdot z\,, \tag{1}$$

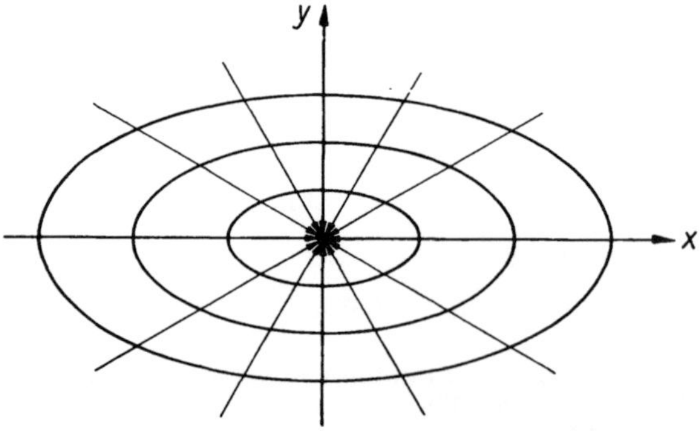

Abb. 1. Linien konstanter Geschwindigkeit in der $x\,y$-Ebene

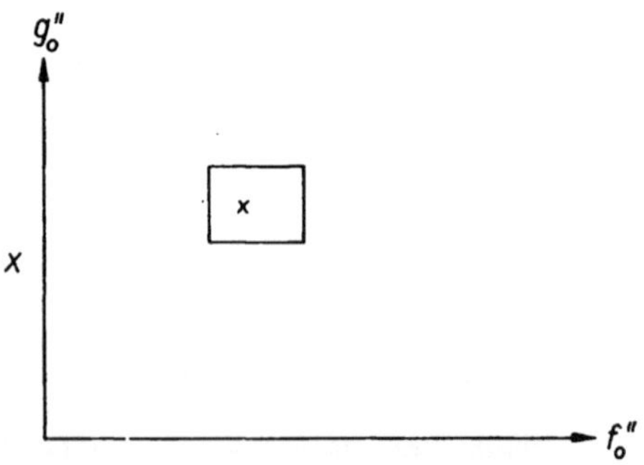

Abb. 2. Rechteck der Anfangswerte f_0'', g_0'' für die Berechnung der Differentialgleichungen (4)

wobei die W-Komponente und die z-Achse senkrecht zur Wand stehen. Die Linien konstanter Geschwindigkeit sind demnach Ellipsoidflächen

$$a^2 x^2 + b^2 y^2 + (a + b)^2 z^2 = \text{const} ,$$

deren Schnittlinien mit der x, y-Ebene Ellipsen konstanten Achsenverhältnisses bilden (Abb. 1). Als Sonderfälle ergeben sich die ebene Staupunktsströmung mit $b = 0$ und die rotationssymmetrische Staupunktsströmung mit $a = b$.

Die Lösungen (1) erfüllen nicht die Haftbedingungen an der Wand. Wir suchen Lösungen, welche diese Bedingungen erfüllen, indem wir in die NAVIER-STOKESschen Differentialgleichungen

$$u \frac{\partial u}{\partial x} + v \frac{\partial u}{\partial y} + w \frac{\partial u}{\partial z} = -\frac{1}{\varrho} \frac{\partial p}{\partial x} + \nu \left(\frac{\partial^2 u}{\partial x^2} + \frac{\partial^2 u}{\partial y^2} + \frac{\partial^2 u}{\partial u^2} \right) , \tag{2a}$$

$$u \frac{\partial v}{\partial x} + v \frac{\partial v}{\partial y} + w \frac{\partial v}{\partial z} = -\frac{1}{\varrho} \frac{\partial p}{\partial y} + \nu \left(\frac{\partial^2 v}{\partial x^2} + \frac{\partial^2 v}{\partial y^2} + \frac{\partial^2 v}{\partial z^2} \right) , \tag{2b}$$

$$u \frac{\partial w}{\partial x} + v \frac{\partial w}{\partial y} + w \frac{\partial w}{\partial z} = -\frac{1}{\varrho} \frac{\partial p}{\partial z} + \nu \left(\frac{\partial^2 w}{\partial x^2} + \frac{\partial^2 w}{\partial y^2} + \frac{\partial^2 w}{\partial z^2} \right) , \tag{2c}$$

$$\frac{\partial u}{\partial x} + \frac{\partial v}{\partial y} + \frac{\partial w}{\partial z} = 0 \tag{2d}$$

mit dem Ansatz

$$\frac{u}{U} = f'(\zeta), \quad \frac{v}{V} = g'(\zeta) \tag{3}$$

eingehen, wobei $\zeta = z \sqrt{\frac{a}{\nu}}$ ist. Aus der Kontinuitätsgleichung folgt dann

$$w = -[a f(\zeta) + b g(\zeta)] \sqrt{\frac{\nu}{a}} . \tag{4}$$

Ferner setzen wir für den Druckunterschied gegenüber dem Staupunktsdruck p_0 an

$$p - p_0 = -\frac{\varrho}{2} \left(a^2 x^2 + b^2 y^2 + F(\zeta) \right) \tag{5}$$

und erhalten dann das Gleichungssystem

$$\left. \begin{aligned} f'''(\zeta) &= -f'' \left(f + \frac{b}{a} g \right) - (1 - f'^2) , \\ g'''(\zeta) &= -g'' \left(f + \frac{b}{a} g \right) - \frac{b}{a} (1 - g'^2) , \\ F'(\zeta) &= \frac{2a}{\nu} \{ (a f + b g)(a f' + b g') + a (a f'' + b g'') \} \end{aligned} \right\} \tag{6}$$

mit den Randbedingungen

$$\left. \begin{aligned} &\zeta = 0 , \quad f' = g' = 0 , \quad f = f_0 , \quad g = g_0 , \quad F(\delta) = 0 , \\ &\zeta = \infty , \quad f' = g' = 1 . \end{aligned} \right\} \tag{7}$$

Die ersten beiden Gleichungen (6) enthalten die Druckfunktion $F(\zeta)$ nicht und können also auch ohne deren Kenntnis gelöst werden. Bei undurchlässiger Wand ist $f_0 = g_0 = 0$. Für diesen Fall sind die Gleichungen (6) von HOWARTH [2] für $b/a = 0$, 0,25, 0,5, 0,75 und 1 gelöst werden.

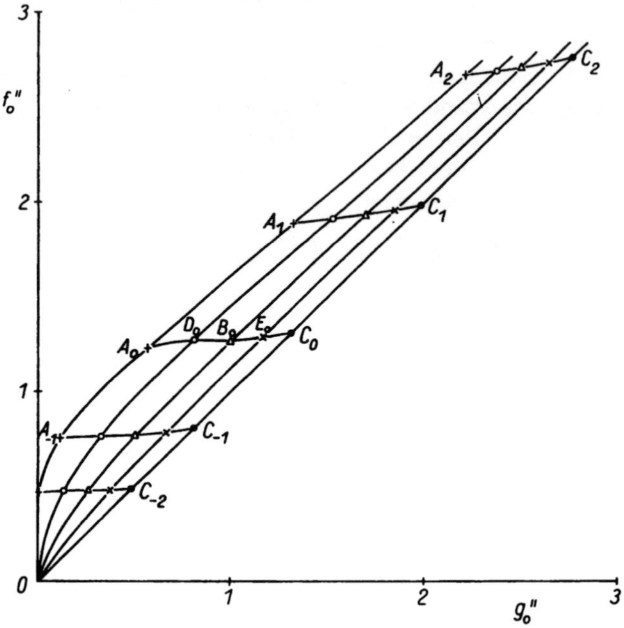

Abb. 3. Zweite Ableitungen f_0'' und g_0'' an der Wand bei den berechneten Fällen. Diese Größen sind gleichzeitig ein Maß für die Wandschubspannungskomponenten

$$\tau_x = \sqrt{a \mu \varrho}\, U f'' \qquad \text{und} \qquad \tau_y = \sqrt{a \mu \varrho}\, V g''$$

4. Ergebnisse der Rechnung

Die Berechnung der Grenzschichtprofile ist für folgende Parameter vorgenommen worden:

	f_0 b/a	0	0,25	0,5	0,75	1,0
Absaugen	2	A_2	D_2	B_2	E_2	C_2
	1	A_1	D_1	B_1	E_1	C_1
	0	A_0	D_0	B_0	E_0	C_0
Ausblasen	—1	A_{-1}	D_{-1}	B_{-1}	E_{-1}	C_{-1}
	—2	A_{-2}	D_{-2}	B_{-2}	E_{-2}	C_{-2}
		ebene Staupunktsströmung	undurchlässige Wand von HOWARTH [2] berechnet (mittlere Zeile)			rotationssymmetrische Staupunktsströmung

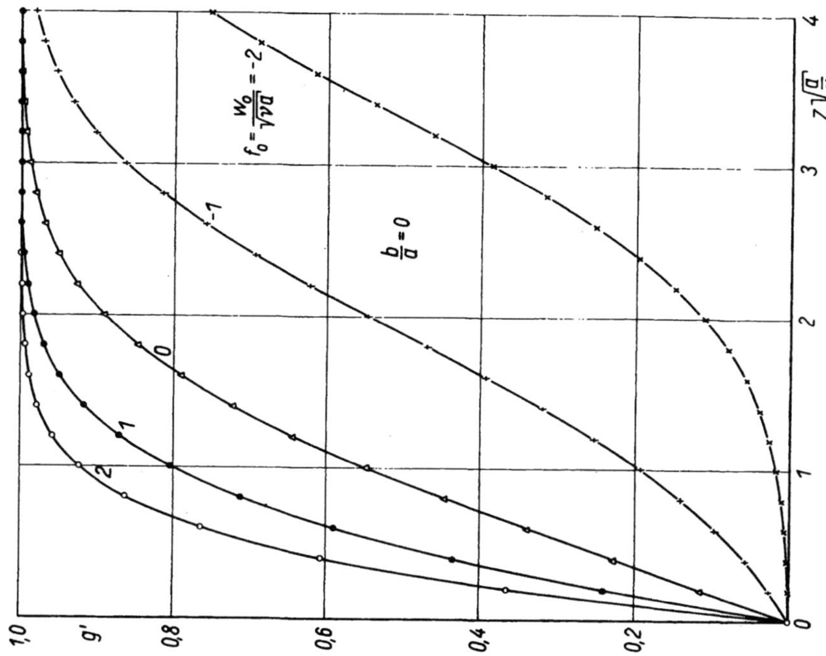

Abb. 5. Geschwindigkeitsprofile v/V für $b/a = 0$ (ebene Staupunktsströmung) für Absaugen und Ausblasen

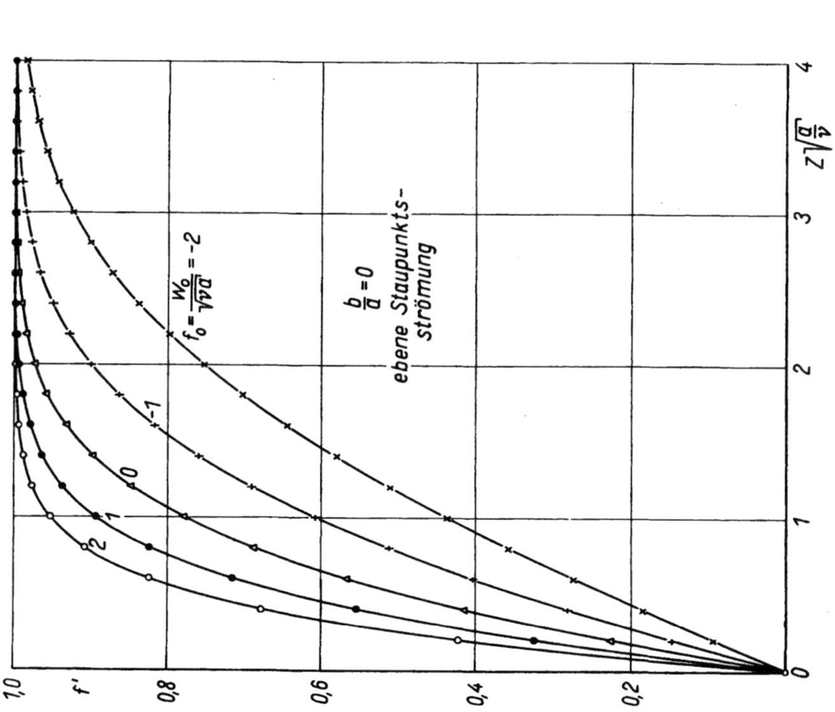

Abb. 4. Geschwindigkeitsprodile u/U für $b/a = 0$ (ebene Staupunktsströmung) bei Absaugen und Ausblasen

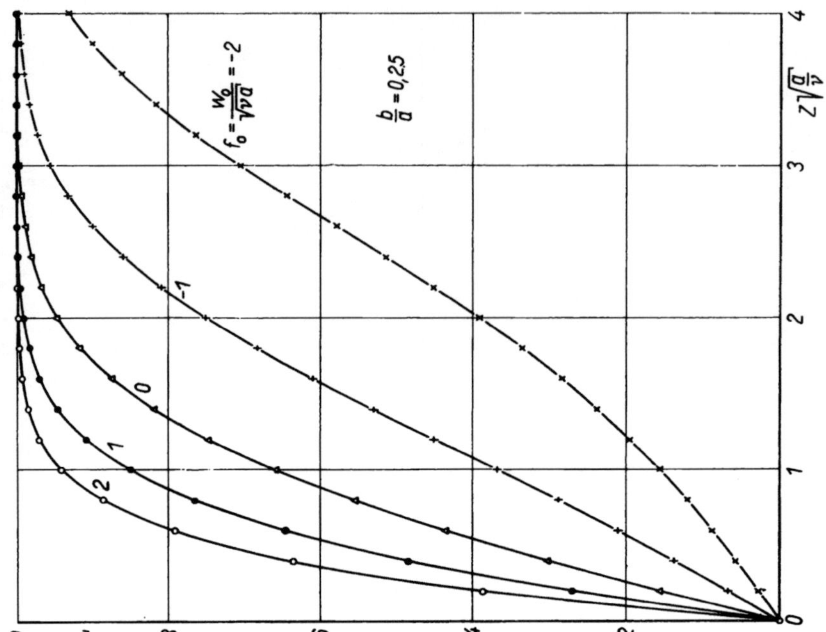

Abb. 7. Geschwindigkeitsprofile v/V für $b/a = 0{,}25$ bei Absaugen und Ausblasen

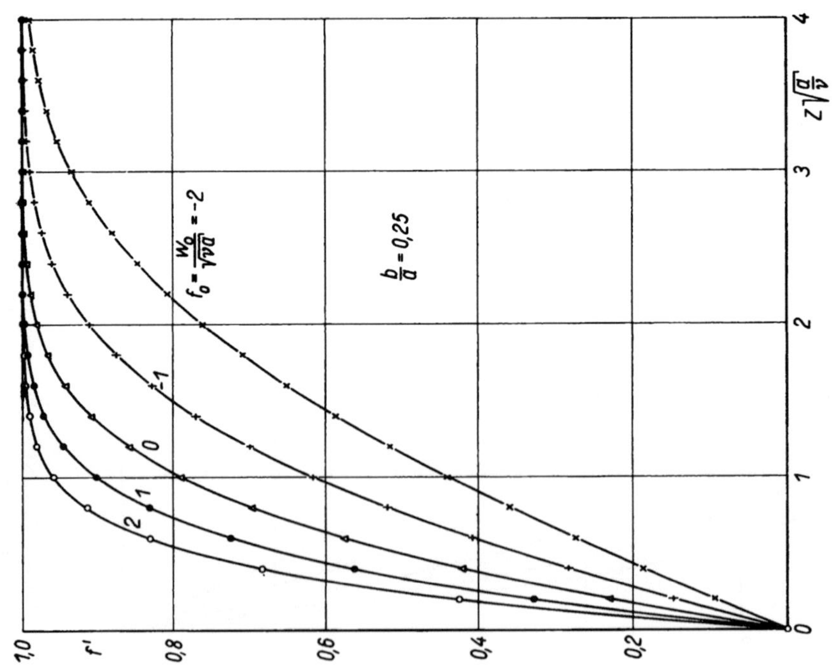

Abb. 6. Geschwindigkeitsprofile u/U für $b/a = 0{,}25$ bei Absaugen und Ausblasen

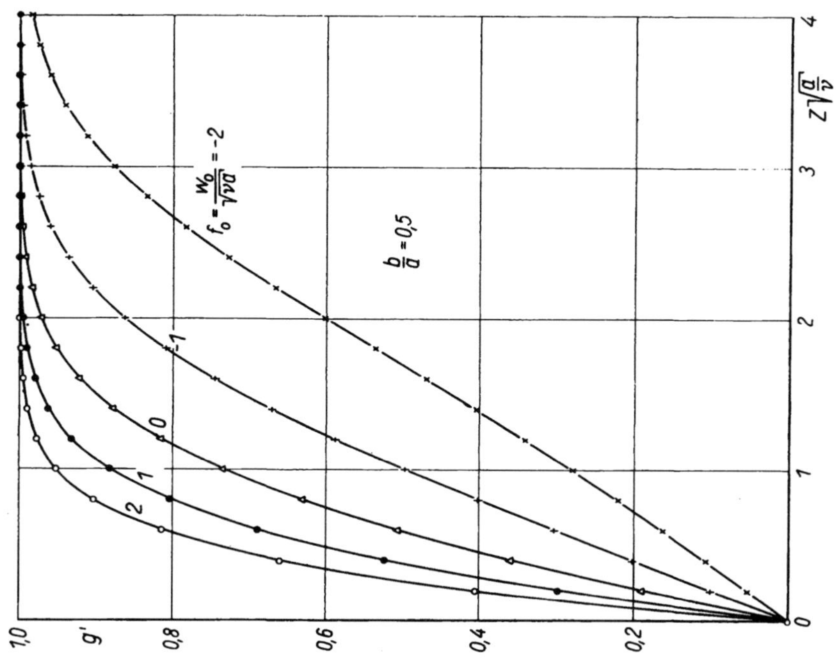

Abb. 9. Geschwindigkeitsprofile v/V für $b/a = 0,5$ bei Absaugen und Ausblasen

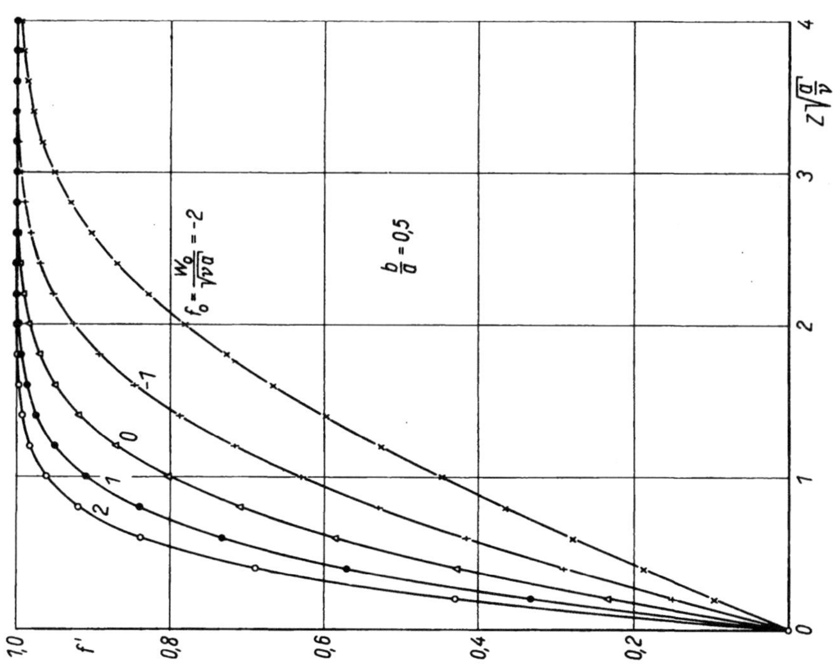

Abb. 8. Geschwindigkeitsprofile u/U für $b/a = 0,5$ bei Absaugen und Ausblasen

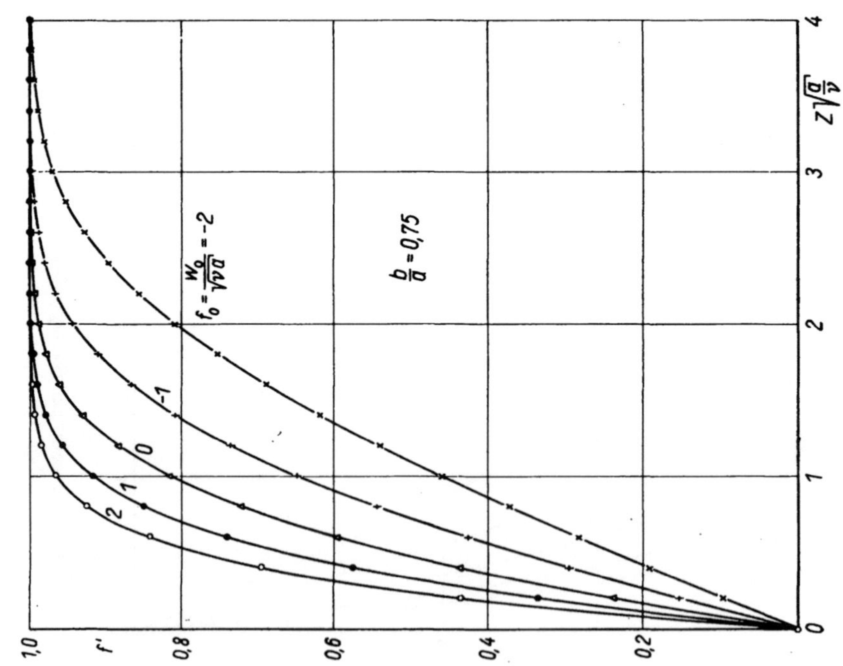

Abb. 10. Geschwindigkeitsprofile u/U für $b/a = 0{,}75$ bei Absaugen und Ausblasen

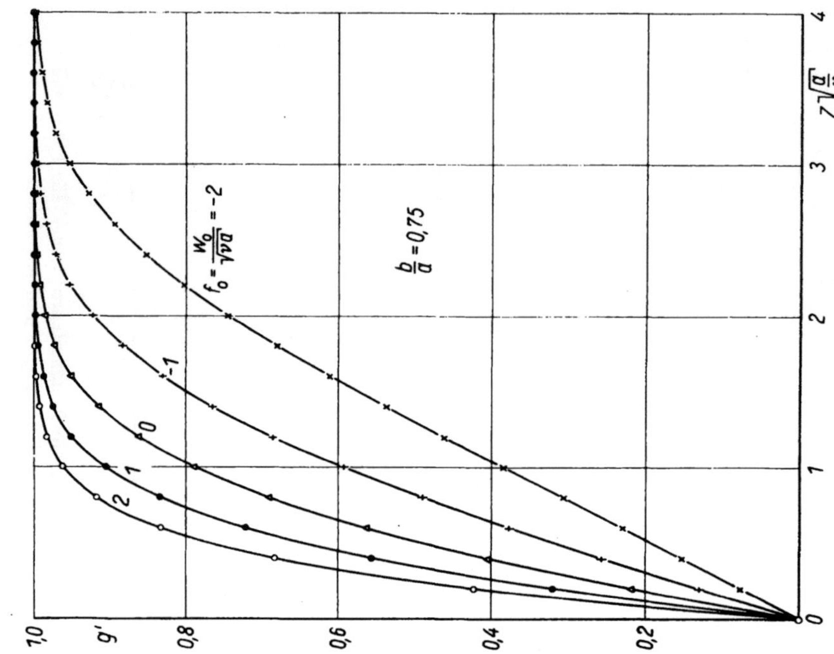

Abb. 11. Geschwindigkeitsprofile v/V für $b/a = 0{,}75$ bei Absaugen und Ausblasen

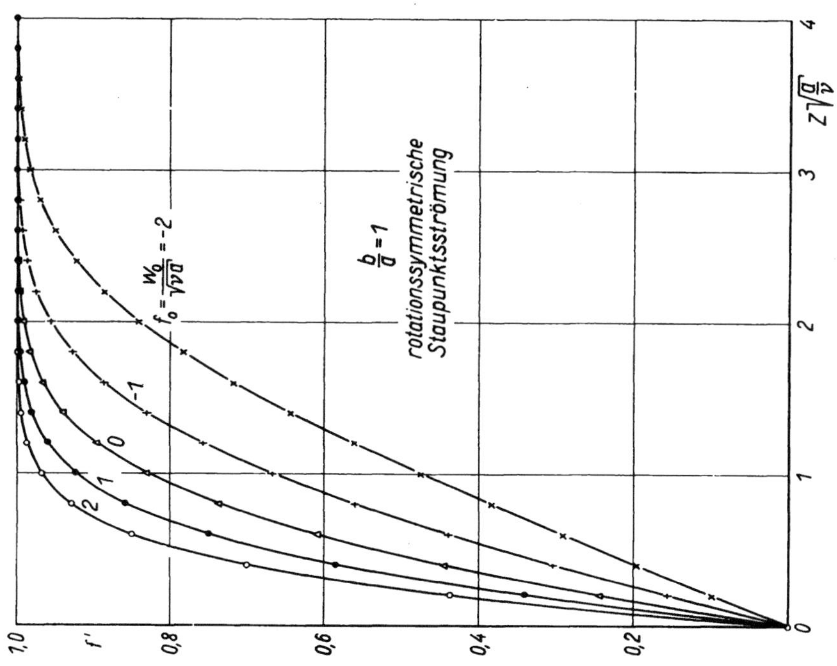

Abb. 12. Geschwindigkeitsprofile u/U für $b/a = 1$ (rotationssymmetrische Staupunktsströmung) bei Absaugen und Ausblasen

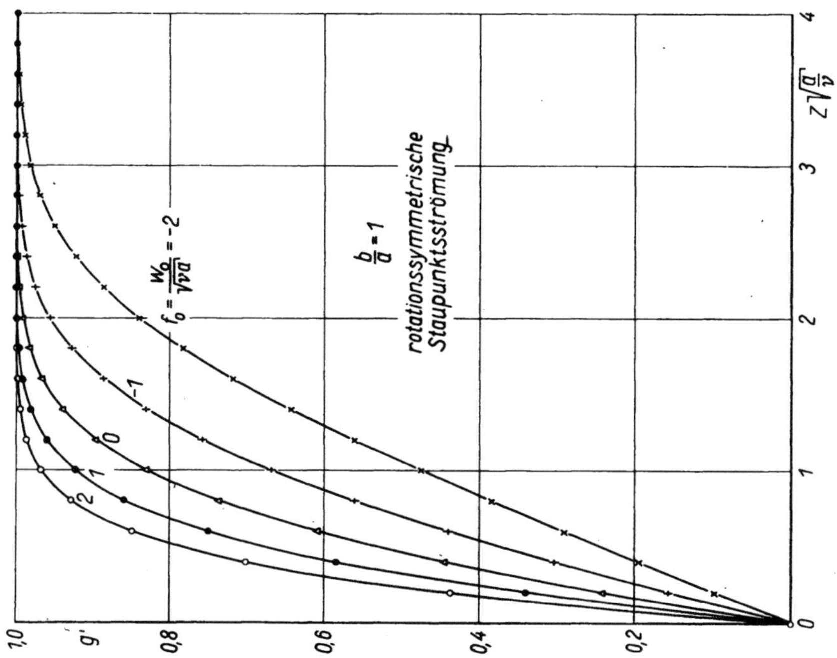

Abb. 13. Geschwindigkeitsprofile v/V für $b/a = 1$ (rotationssymmetrische Staupunktsströmung) bei Absaugen und Ausblasen

Die Rechnung wurde für 25 Beispiele ausgeführt, unter denen die bereits bekannten Fälle der ebenen und rotationssymmetrischen Staupunktsströmung mit Absaugen und Ausblasen [4], sowie der Fall der undurchlässigen Wand mit enthalten waren.

Abb. 4 zeigt in einem Diagramm die schließlich gefundenen Anfangswerte f_0'', g_0'' für die 25 Fälle. Abb. 5 bis 13 zeigt die Geschwindigkeitsprofile f' und g' für die berechneten Fälle.

5. Zusammenfassung

Die laminare Grenzschicht in der Umgebung eines räumlichen Staupunktes wurde für konstantes Absaugen oder Ausblasen als strenge Lösung der NAVIER-STOKESschen Differentialgleichungen dritter Ordnung für die elektronische Rechenmaschine IBM 650 programmiert. Der wesentliche Rechenaufwand lag im Aufsuchen der richtigen Anfangswerte. Die eigentliche Berechnung dauerte mit Ausstanzen der Ergebnisse für ein Beispiel etwa 90 sec. Insgesamt waren jedoch je Beispiel 20—40 min. Rechenzeit erforderlich. Es wurden 25 Beispiele durchgerechnet, darunter auch die bereits bekannten Lösungen für die ebene und rotationssymmetrische Staupunktsströmung.

LITERATUR

[1] H. SCHLICHTING: Grenzschicht-Theorie. 3. Aufl., G. Braun, Karlsruhe 1958.

[2] L. HOWARTH: The Boundary Layer in Three-dimensional Flow. Part II. The Flow Near a Stagnation Point. Phil. Mag. **42** (7) (1951) p. 1433.

[3] R. ZURMÜHL: Runge-Kutta-Verfahren zur numerischen Integration von Differentialgleichungen n-ter Ordnung. Z. angew. Math. Mech. **28** (1948) S. 173—182. Praktische Mathematik für Ingenieure und Physiker. 2. Aufl., Springer, Berlin/Göttingen/Heidelberg 1957.

[4] H. SCHLICHTING und K. BUSSMANN: Exakte Lösungen für die laminare Reibungsschicht mit Absaugung und Ausblasen. Schriften d. dt. Akad. d. Luftfahrtforschung **7B**, Heft 2 (1943).

Auszug aus der Veröffentlichungsliste*) von Walter TOLLMIEN

Die Windverteilung über dem Erdboden, errechnet aus den Gesetzen der Rohrströmung.

Zeitschrift für Geophysik **1** (1924), S. 47.

Berechnung turbulenter Ausbreitungsvorgänge.

ZAMM **6** (1926), S. 468—478.

Luftwiderstand und Druckverlauf bei der Fahrt von Zügen in einem Tunnel.

Zeitschrift des VDI (1927) S. 199.

Über die Entstehung der Turbulenz. 1. Mitteilung.

Nachrichten d. Gesellschaft d. Wissensch., Göttingen 1929, Math.-Phys. Klasse, S. 21—44.

Grenzschichttheorie.

Handbuch der Experimentalphysik, IV, 1. Teil (1931), S. 241—287.

Die Kármánsche Ähnlichkeitshypothese in der Turbulenztheorie und das ebene Windschattenproblem.

Aus dem Guggenheim Aeronautical Laboratory, California Institute of Technology, Pasadena, Publ. No. 29, Ingenieur-Archiv, **IV.**, (1933), S. 1—15.

Ein allgemeines Kriterium der Instabilität laminarer Geschwindigkeitsverteilungen.

Nachrichten d. Gesellschaft d. Wissensch., Göttingen 1935, Math.-Phys. Klasse, Fachgr. I, **1**, Nr. 5, S. 79—114.

Zum Übergang von Unterschall- in Überschallströmungen.

ZAMM **17** (1937), S. 117—136.

Über die Fehlerabschätzung beim Adamsschen Verfahren zur Integration gewöhnlicher Differentialgleichungen.

ZAMM **18** (1938), S. 83—90.

---

*) Entnommen den Akten des Max-Planck-Instituts für Strömungsforschung, Göttingen.

Über die Unbestimmtheit des Strömungsimpulses in einer unendlich ausgedehnten Flüssigkeit.

ZAMM **18** (1938), S. 151—154.

Über Kräfte und Momente in schwach gekrümmten oder konvergenten Strömungen.

Ingenieur-Archiv **IX** (1938), S. 308—326.

Zur Theorie der Windkanalturbulenz. 1. Mitteilung (gemeinsam mit M. Schäfer).

ZAMM **21** (1941), S. 1—17.

Grenzlinien adiabatischer Potentialströmungen.

ZAMM **21** (1941), S. 140—152.

Ergänzung zur Theorie der Grenzlinien adiabatischer Potentialströmungen.

ZAMM **21** (1941), S. 308.

Rotationssymmetrische Überschallströmungen (gemeinsam mit M. Schäfer).

LGL-Bericht **139** (1941), II. Teil, S. 5—15.

Ein Wirbelsatz für stationäre isoenergetische Gasströmungen.

Luftfahrtforschung **19** (1942), S. 145—147.

Ausbildung eines Verdichtungsstoßes in der Nachbarschaft einer konvexen stetig gekrümmten Wandkontur (gemeinsam mit M. Schäfer).

AVA-Bericht **114** (1946), 50 S.

Laminare Grenzschichten.

Naturforschung und Medizin in Deutschland 1939—1946, Bd. 11: Hydro- und Aerodynamik, S. 21—53.

Asymptotische Integration der Störungsdifferentialgleichung ebener laminarer Strömungen bei hohen Reynoldsschen Zahlen.

ZAMM **25/27** (1947), S. 33—50, S. 70—83.

The direct hodograph method in the theory of the flow of compressible fluids.

Reissner Anniversary Volume: Contributions to Applied Mechanics.

J. W. Edwards, Ann Arbor, Mich./USA 1949, pp. 89—110.

Über das Restglied der Mittelwertformeln für angenäherte Quadratur.

ZAMM **29** (1949), S. 193—198.

Die Verteilung der Durchflußmenge in einem ebenen Verzweigungssystem (gemeinsam mit H. Reichardt).

Mitteilungen aus dem Max-Planck-Institut für Strömungsforschung, Nr. 7, Göttingen 1952, 48 S.

Über Schwingungen in laminaren Strömungen und die Theorie der Turbulenz.

Proceedings of the Eighth International Congress on Theoretical and Applied Mechanics, Istanbul 1952, pp. 23—47.

Bemerkung zur Fehlerabschätzung beim Adamsschen Interpolationsverfahren. R. v. Mises zum 70. Geburtstag gewidmet.

ZAMM **33** (1953), S. 151—155.

Fortschritte der Turbulenzforschung. Zusammenfassender Bericht.

ZAMM **33** (1953), S. 200—211.

Ludwig Prandtl zum Gedächtnis.

Jahrbuch der WGL 1953, S. 22—27.

Über Stabilitätsprobleme gasförmiger Grenzschichten.

Jahrbuch der WGL 1953, S. 215—224.

Abnahme der Windkanalturbulenz nach dem Heisenbergschen Austauschansatz als Anfangswertproblem.
Prof. Dr. phil. Fr. A. Willers zum 70. Geburtstag.

Wiss. Zeitschrift d. TH Dresden **2** (1952/53), Heft 3, S. 443—448, I. Fakultät für Mathematik und Naturwissensch., Publ. Nr. 42.

Machsches Netz und direkte Hodographenmethode beim Studium von Strömungssingularitäten.

Prof. Dr. O. Hahn zum 75. Geburtstag, 21 S.

50 Jahre Grenzschichtforschung. Eine Festschrift in Originalbeiträgen, hrsg. in Gemeinschaft mit H. Görtler.

Verlag Friedrich Vieweg u. Sohn, Braunschweig 1955.

Hierin: 50 Jahre Grenzschichtforschung. Ihre Entwicklung und Problematik.

S. 1—12.

Spektralanalyse der homogenen Turbulenz.
Zum 75. Geburtstag von Prof. Dr. Th. v. Kármán.

ZFW 4 (1956), S. 195—198.

Miscellen aus der Turbulenzforschung.

Corso sulla teoria della Turbolenza del Centro Internazionale di Matematica Estivo, Varenna, September 1957, Vol. 2.

The Nature of Transition (gemeinsam mit D. Grohne).

Contribution to the Monograph 'Boundary layer Control — Principles and Applications', edited by G. Lachmann, Pergamon Press, London 1961, pp. 602—636.

Bei Fragen zur Produktsicherheit wenden Sie sich bitte an:
If you have any questions regarding product safety,
please contact:

Walter de Gruyter GmbH
Genthiner Straße 13
10785 Berlin
productsafety@degruyterbrill.com